普通高等教育“十二五”规划教材

密码学教程

陈少真 编著

科学出版社
北京

内 容 简 介

本书全面讲解了密码学的基本知识，并对密码学近几年来的最新研究成果作了介绍．特别是在序列密码体制、分组密码体制、公开密钥密码体制和密码学新进展的章节中，不仅介绍了经典的密码体制和算法，而且阐述了部分算法的安全性分析，并进一步介绍了网络安全协议及近几年密码发展的新成果，如量子密码、生物密码和云计算等．为了使读者更好地掌握密码学知识，书中讲授了必要的数学背景，并在附录中提供了相关参考资料，以便读者进行相关研究．本书表达清晰，论证严谨，习题丰富，并穿插有密码学史上的趣闻轶事．

本书可作为高等院校“信息安全”、“计算机安全”、“网络安全”、“通信安全”和“应用数学”等课程的教材或参考书，也可供信息安全系统设计开发人员、密码学和信息安全爱好者参考．

图书在版编目(CIP)数据

密码学教程/陈少真编著．—北京：科学出版社，2012
普通高等教育“十二五”规划教材
ISBN 978-7-03-034911-8

Ⅰ.①密… Ⅱ.①陈… Ⅲ.①密码-理论-高等学校-教材 Ⅳ.①TN918.1

中国版本图书馆 CIP 数据核字(2012)第 130613 号

责任编辑：张中兴 / 责任校对：宋玲玲
责任印制：张 伟 / 封面设计：迷底书装

科 学 出 版 社出版
北京东黄城根北街 16 号
邮政编码：100717
http://www.sciencep.com

北京九州迅驰传媒文化有限公司 印刷

科学出版社发行 各地新华书店经销

*

2012 年 8 月第 一 版 开本：B5(720×1000)
2021 年10月第五次印刷 印张：20 3/4
字数：404 000

定价：45.00 元

(如有印装质量问题，我社负责调换)

序　言

随着计算机网络的广泛应用，信息的保密和认证、网络的安全和防护越来越受到社会的广泛关注. 密码学是信息安全的重要组成部分，有着广阔的实用价值和重要的理论价值. 密码的使用与研究有着悠久的历史，但密码学作为一门科学诞生并有长足的发展是20世纪50年代才开始的，特别是近30年来，随着技术的迅猛发展，现代密码学与数学、计算机科学、信息论等多学科交叉融合，形成了独特的理论体系，有着独特的研究对象.

目前，密码学作为信息安全专业的核心课程之一，已走进了大学课堂，是培养高水平密码与信息安全专业人才的重要基础课程. 除了信息安全专业，在数学、计算机、通信等相关专业的本科生教学中，密码学也普遍开设. 近些年来，随着密码理论研究的不断深入，国内外出版了许多有关密码学前沿研究的专著，但能够较全面体现密码理论基础、适合本科生学习的教材较少，因此，亟需一批适合现阶段我国密码学教学的本科生教材.

在这种情况下，解放军信息工程大学的陈少真教授编写了《密码学教程》一书. 本书是作者从事22年密码学教学工作的总结，是作者多年来教学经验的积累. 书中较全面细致地讲述了现代密码学所基于的数学知识、计算复杂性理论和信息论等基础理论，以及密码体制的设计思想与分析方法. 本书重视理论基础，知识点全面，理论体系与研究方法重点突出，前沿知识内容选择较为准确，还加入了近几年密码学发展的新成果，如量子密码、生物密码和云计算等知识，内容丰富，具有一定的前瞻性；加入了大量的算法和标准，便于学生对密码学理论的实践和应用，每章还有大量的习题以提高学生的理解能力，这些正是一般密码学教材缺乏的内容.

本书表达清晰、论证严谨、内容新颖、选材精良，是一本优秀的密码学本科教材，将对我国信息安全人才的培养起到很好的作用.

本书可作为信息安全、数学、计算机、通信等专业的本科教材，也可供相关科研人员和技术人员阅读参考.

王育民

2012年6月

前 言

随着计算机网络的广泛应用和快速发展，信息的保密和认证、网络的安全和防护越来越受到社会各界的广泛关注.因此，解决信息的安全问题成为世界各国的重大战略课题，有关密码学的理论和技术的书籍也开始不断涌现，从事密码学研究的人也越来越多.为了适应时代的需要，编者根据现有的公开书籍和资料，并结合教学实践，在《密码学基础》之上编写了这本基础理论型的《密码学教程》.

与《密码学基础》相比，本书在内容上作了较大修改，不仅改进了原有内容的结构科学性，而且增加了网络安全协议及近几年密码发展的新成果，如量子密码、生物密码和云计算等，使全书内容更加丰富，更加具有前瞻性.

在编写本书的过程中，编者力求语言表达清晰、论证严谨、选材精良、内容新颖、习题丰富.由于密码学是一门包含很多数学背景知识的学科，这使学生们开始学习密码学时会感到困难.编者采用按需引用相应数学背景的手段来避免数学背景知识不足的情况，并在书的最后部分增加了附录，以便同学们补习背景知识.本书除了阐述密码理论，还加入了大量的算法和标准，使学生对密码学理论的实践应用更加了解.希望本书能对培养信息安全方面的人才起到承前启后和抛砖引玉的作用.

本书共 11 章，其中带 * 号的章节可以作为知识拓展内容.

第 1 章介绍密码与信息安全的关系、密码体制的类型，阐述了密码分析的类型、方法、主要依据及需具备的知识.同时，对密码学的相关基础知识——香农理论和计算复杂性理论加以介绍.第 2 章介绍古典密码和近代机械密码体制及其分析.第 3 章介绍布尔函数的相关知识.第 4 章着重介绍序列密码体制的理论基础和设计思想.第 5 章介绍分组密码的设计思想、数据加密标准 DES 和高级数据加密标准 AES 的加密原理、分组密码的工作模式.第 6 章介绍公开密钥密码体制的产生背景、两个著名的公钥密码体制(RSA 和 ElGamal 公钥体制)的加密原理和安全性分析.第 7 章介绍数字签名和 Hash 函数的概念，并着重介绍数据杂凑算法——SHA-1，以及 RSA 和 ElGamal 签名体制.第 8 章介绍有关密钥管理问题，主要是密钥分配和密钥协商协议，以及对称密钥密码体制与非对称密钥密码体制密钥管理的不同之处.第 9 章介绍有关零知识证明和身份认证的知识.第 10 章介绍主要的网络安全协议——IPsec 协议和 SSL 协议.第 11 章介绍密码学新进展——量子密码、生物密码和云计算.

在本书的编写过程中，田甜博士，鲁林真、王庆滨、戴艺滨、王海斌、刘佳和徐田敏等硕士协助编者做了大量工作. 很多同事给予编者以鼓励,指出了书中的编写和排版错误,对选材的处理给予建议,在此表示感谢! 还要特别感谢学校院系领导给予的鼓励和支持.

由于时间仓促,书中不足之处在所难免,希望读者不吝指导.

编　者

2012 年 1 月

目　录

第 1 章

引　论

本章主要对密码学中的基本概念进行简要介绍，并对密码学中常用的一些符号和密码分析的类型加以说明，同时对密码学相关的信息论和计算复杂性基础知识加以阐述.

1.1　密码学与信息安全概述

研究信息的保密和复原保密信息以获取其真实内容的学科称为密码学(cryptology). 它包括以下两个方面：

密码编码学(cryptography)　它是研究对信息进行编码、实现隐蔽信息的一门学科.

密码分析学(cryptanalytics)　它是研究复原保密信息或求解加密算法与密钥的学科.

在邮政系统和信息的电气化传输发展以前，通信主要由秘密信使来完成. 然而，信使有被抓获和叛变的可能，所以人们希望他们的通信不能为那些没有获得他们所提供的特殊的解密信息的人们所理解. 完成这一目的的技术就构成了密码编码学. 因此，密码编码学是一门使传递的信息只为预定的接收者所理解而不向他人泄漏的学科. 这里所说的信息包括文字、语音、图像和数据等一切可用于人们思想交流的工具.

密码的出现迫使人们使用这样或那样的方法去揭开使用了密码技术保密通信的秘密. 当然，这一过程是在缺乏隐蔽此消息的密码技术的任何细节知识的情况下进行的. 完成这一目的的过程就构成了密码分析学，有时也称为破译或攻击. 因此，密码分析学是研究如何获得使用了密码技术的保密通信的真实内容的一门学科.

密码方法的使用和研究起源颇早. 4000 多年以前，人类创造的象形文字就是原始的密码方法. 我国周朝姜太公为军队制定的阴符(阴书)就是最初的密码通信方式.

19 世纪末，无线电的发明使密码学进入一个初始发展的时期. 这一时期密码的主要标志是它以手工操作或机械操作实现,通常称为初等密码. 这类密码的编码思想是:要么错乱明文的顺序,要么用一个字母去替换另一个明文字母,要么用一组字母去替换另一组明文字母,要么对明文信息进行多次代替和置换,以达到文字加密的目的. 这一阶段始于 20 世纪初,一直延续到 20 世纪 50 年代末. 这些密码广泛应用于第一次世界大战和第二次世界大战. 例如,第一次世界大战中使用的单表代替密码、多表代替密码、多码代替密码,第二次世界大战中德军使用的 Enigma(恩尼格玛)、盟军使用的 Hagelin(哈格林)密码以及日军使用的"蓝密"和"紫密"都是这种类型的密码. 这些密码几乎已全部被破解. 已经证明只要给予足够数量的已加密消息,整个消息就可以被解开. 本书第 2 章将会介绍这样的一些密码及其破译方法.

1949 年,香农(Shannon)发表了"秘密体制的通信理论(The communication theory of secrecy systems)",从此密码学就发展为一个专门学科,密码学的发展也进入一个快速发展的时期. 这一时期密码的主要标志是以电子技术代替了手工操作和机械操作,极大地提高了加密和解密的速率,因此,通常称之为电子密码. 电子密码包括序列密码(stream cipher)、分组密码(block cipher)和公开密钥密码(public key cryptosystem).

序列密码将明文划分成字符,并且用一个随时间变化的函数逐个对字符进行加密. 此函数的时间相关性由序列密码的内部状态决定. 在每个字符都被加密以后,此密码设备依照某种规则改变状态. 因此,相同明文字符的两次出现通常将不会变成相同的密文字符.

分组密码将明文划分成固定大小的字块,并且独立地处理每一个字块. 分组密码是简单的置换密码,必须具有大容量的字母表以阻止穷举攻击. 1977 年,美国的数据加密标准 DES(data encryption standard)的公布,使密码的应用进入到社会的各个领域;而在网络化蓬勃发展的今天,密码的应用更加显示出广阔的前景.

促成初等密码向电子密码过渡的主要原因有两条:一条是香农发表的划时代论文"秘密体制的通信理论",它证明了密码编码学是如何置于坚实的数学基础之上的;另一条是微电子学的发展,它促使人们跟随香农的某些思想,并引入新的思想和方法,利用电子技术设计了各种类型的电子密码,并广泛应用于军事、外交、商业等方面. 本书第 4～6 章将介绍这些密码的设计思想,研究这些密码的一些破译方法.

1976 年,迪菲(Diffie)和赫尔曼(Hellman)发表的革命性论文"密码学新方向(New derections in cryptography)",突破了传统密码体制使用秘密密钥所带来的密钥管理难题,使密码的发展进入了一个全新的发展时期. 这一时期密码的主要标志是加密和解密使用了不同的密钥,加密密钥可以公开,解密密钥需要保密. 因此,通常称之为公开密钥密码. 在这种密码体制中,理论上可以做到不仅加密算法公开,而且加密密钥也是公开的.根据这种体制,凡是要使用这种密码装置的人都分配给一个加密密钥,并像电话号码本一样将加密密钥公布于众.任何人想把一份消息发给某用户,只需查阅该用户使用的加密密钥,并用此加密密钥将消息加密后发给该用户,而且只有该用户才能解开用此加密密钥加密的消息,这是因为只有该用户拥有相应的解密密钥.由于公钥体制下加密密钥是公开的,所以人们易于采用主动攻击,如伪造、篡改消息等,以达到扰乱信息、冒名顶替的目的.为了防止消息被篡改、删除、重放和伪造,必须使发送的消息具有被验证的能力,使接收者或第三者能够识别和确认消息的真伪,实现这种功能的密码系统称为认证系统.认证系统主要包括数据源的认证和实体的认证,数字签名是实现认证的重要技术之一.

随着人类社会的进步与发展,密码学逐渐成为政治、军事、外交、商业等领域内相互斗争的工具.斗争的双方围绕信息的保密和破译进行着激烈的、有时甚至是生死存亡的斗争,这种斗争也推动了密码学的不断发展.历史充满了这样的事实:理想的密码体制和成功的密码分析在取得外交成功、获得军事胜利、掌握贸易谈判的主动权、捕捉罪犯、制止间谍犯罪等方面起着重要的作用.

密码学家一般都相信自己所编的密码天衣无缝,但事实往往是山外有山,天外有天.

第二次世界大战时,德国人认为自己的“恩尼格玛”密码是不可破的.谁知,正是这套“不可破译”的密码使德国兵败如山倒.1940年8月8日,德国空军元帅戈林下达了“老鹰行动”的命令,雄心勃勃地要在短时间内消灭英国空军,但他做梦也没有想到,他的命令发出不到一小时就被送到了英国首相丘吉尔手中.德国飞机还未离开法国的西海岸,其航向、速度、高度、架数就被标在了英国的军用地图上.当英国人欢呼他们空军的战绩时,并没有想到破译者们作出的贡献.1941年12月,日本海军采用无线电静默和战略伪装骗过了美国人,成功地偷袭了珍珠港.但是,1942年6月,日本海军对中途岛发起的登陆作战因日本密码被破译,终于遭到毁灭性的失败,太平洋战争从此出现转机.中途岛海战从根本上来说是情报工作的胜利.

1943年4月,日本海军大将山本五十六决定到所罗门群岛各基地视察,他将自己的行程计划用高级密码通知下属.其实,日本人认为万无一失的密码已被美国的破译专家所破译,山本的行程通知无异于死亡通知,山本因而丧命于南太平洋.

第二次世界大战中,美国还利用破译密码所获得的情报为其外交服务.1939年,日本使用最高级的安全密码“紫密”与驻外国的13个使馆和领事馆进行通信.由于美国破译了日本的“紫密”,掌握了日本外交谈判的底牌,每每逼日本就范.

战后,密码也显过多次神威.在1962年的古巴导弹危机中,苏美剑拔弩张,形势严峻.据悉,美国人心生一计,故意用能被苏联截收、破译的密码告知其军队,准备与苏联开战.这一手果然吓住了赫鲁晓夫,他终于在美国人面前丢人现眼.埃以多次开战,以色列人频频得手,其原因之一是他们破译了埃及的密码,甚至用埃及的密码调动埃及的军队.海湾战争中美军取得了胜利.美参院情报委员会主席评价这场战争时说:没有情报,就不会有“沙漠风暴”的胜利.

1994年,美国的情报机构通过截获的国际电讯得知法国与沙特阿拉伯正在进行一笔数亿美元的军火交易,从而使美国先行一步从法国人手中抢下了这笔大生意.

从以上事实不难看出,成功的密码分析也为打赢未来高科技条件下的局部战争提供可靠的保障.

当今时代,高新技术的发展日新月异,计算机网络的建设方兴未艾.电子政府、知识经济、数字化部队、信息化战争等均立足于计算机网络之上,融合于计算机网络发展之中.而要解决计算机网络的安全保密问题,必须建立信息安全保障体系.这个体系由保护、检测、反应和恢复四大部分构成,其中信息安全保护是信息安全保障体系的核心和基础,信息安全保护要在构建安全体系结构的前提下,制定安全技术规范,实现安全服务,建立安全机制,以维持网络安全可靠的运行,并满足用户的合理需求和保证信息的安全.信息安全服务依靠安全机制来完成,而安全机制主要依赖于密码技术.因此,密码技术是计算机网络安全保障体系的支柱,这已成为信息安全专家们的共识.

毫无疑问,通信的安全和保护在未来将继续发展,这不仅因为它在军事和政治方面的重要作用,也由于它在公众事业和商业领域里是十分重要的.

1.2 密码体制与密码分析

密码编码学是改变信息形式以隐蔽其真实含义的学科.具有这种功能的系统称为*密码体制*或*密码系统*(cryptographic system).被隐蔽的信息称为*明文*(plaintext),经过密码方法将明文变换成另一种隐蔽的形式称为*密文*(ciphertext).实现明文到密文的变换过程称为*加密变换*(encryption),这种变换的规则称为*加密算法*.*合法接收者*(receiver)将密文还原成明文的过程称为*解密变换*(decryption),这种还原的规则称为*解密算法*.加密变换和解密变换一般是可逆的.通常,加密算法和解密算法都是在一组信息的控制下进行的.控制加密算法或解密算法的信息分别称为加密密钥或解密密钥.报文或数字保密通信的过程如图1.1所示,其中发出信息的一方为发方,收到信息的一方为收方.发方把信源(明文源)的待加密的信息m送入加密器,在加密密钥k_1的控制下,将明文m变换成密文c.密文c经过信道(有线、无线或其他方式)发给收方.收方收到密文c后,将c送入解密器,在解密密钥k_2的控制下,将密文c还原成明文m.在保密通信的过程中,存在着两种攻击的方式,即非法接入者的主动攻击和窃听者的被动攻击,主动攻击者将经过篡改的密

文信息 c' 插入信道，而被动攻击者只是窃听密文 c 进行分析，试图获得明文 m.

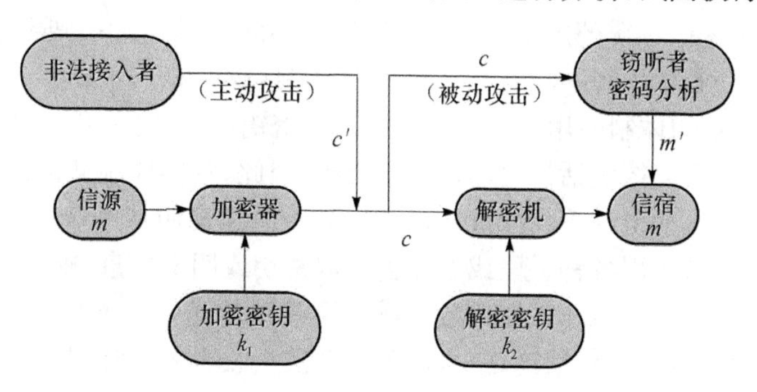

图 1.1 报文或数字保密通信示意图

设明文空间为 M，密文空间为 C，密钥空间分别为 K_1 和 K_2，其中 K_1 为加密密钥构成的集合，K_2 为解密密钥构成的集合. 如果 $K_1=K_2$，则此时加密密钥需经由安全密钥信道由发方传送给收方. 加密变换 $E_{k_1}:M\to C$，其中 $k_1\in K_1$，它由加密器完成. 解密变换 $D_{k_2}:C\to M$，其中 $k_2\in K_2$，它由解密器完成. 称总体 $(M,C,K_1,K_2,E_{k_1},D_{k_2})$ 为一个密码系统或密码体制. 对给定的明文 $m\in M$，密钥 $k_1\in K_1$，加密变换将明文 m 变换成密文 c 为

$$c = E_{k_1}(m). \tag{1.1}$$

收方利用解密密钥 $k_2\in K_2$，对收到的密文 c 施行解密变换得到原明文 m 为

$$m = D_{k_2}(c). \tag{1.2}$$

如果一个密码系统的加密密钥和解密密钥相同，或者从一个易于得到另一个，则称此密码系统为单钥体制或对称密码体制(one-key or symmetric cryptosystem). 单钥体制的密码的保密性能主要取决于密钥的安全性. 产生满足指定要求的密钥是这类密码体制设计和实现的主要课题. 将密钥安全地分配给通信双方，在网络通信的条件下更为复杂，它包括密钥的产生、分配、存储、销毁等多个方面的问题，统称为密钥管理(key management). 这是影响单钥体制的密码系统安全的关键因素. 即使密码算法很好，倘若密钥管理不当，也很难实现系统的安全保密.

单钥体制的密码系统可以分为以下几种：

(1) 代数作业体制　它将明文信息输入密码机，经过多次代替、置换，然后输出密信息. 例如，初等密码中的单表代替、多表代替、多码代替和乘积密码等都属于这种类型的密码体制. 转轮密码及在转轮密码的基础上发展起来的纸带密码也属于这种类型.

(2) 序列密码体制　它将明文信息按字符逐位加密或用序列逐位控制明信息加密. 例如，模拟话密和数字话密都属于这种类型.

(3) 分组密码体制　它是将信息按一定长度分组后逐组进行加密.

如果一个密码系统的加密密钥和解密密钥不同,并且由一个难以推出另一个,则称此密码系统为双钥体制或非对称密码体制(two-key or asymmetric cryptosystem).使用双钥体制的用户都有一对选定的密钥,一个是公开的,另一个是秘密的.公开的密钥可以像电话号码那样注册公布,因此,双钥体制又称公钥体制.

在图 1.1 中,如果敌手(opponent)通过某些渠道窃听或侦收到正在被发送的密文信息,然后试图用各种手段或方法去获取密钥或明文信息,则这种攻击方法称为被动攻击(passive attack).如果敌手通过更改被传送的密文信息或将自己的扰乱信息插入到对方的通信信道之中,以破坏合法接收者的正常解密,则这种攻击称为主动攻击(active attack).

密码分析(cryptanalysis)是被动攻击,它是在不知道解密密钥及通信者所采用的加密体制的细节的条件下,试图通过密码分析达到获得机密消息的目的.密码分析在军事、外交、公安、商务、反间谍等领域中起着相当重要的作用.例如,在第二次世界大战中,美军破译了日本的"紫密",使得日本在中途岛战役大败.一些专家们估计,同盟军在密码破译上的成功至少使第二次世界大战缩短了 8 年.

密码分析的工具应包括以下几个方面:①概率论和数理统计;②线性代数和抽象代数;③计算的复杂性理论;④信息理论及其他一些特定的知识等.例如,分析语音加密要懂得语音的三大要素和语音的语图特性,分析报文加密需掌握明文的统计特性等.

密码分析的类型可以分为以下几种:

(1) 唯密文攻击(ciphertext only attack)　破译者仅仅知道密文,利用各种手段和方法去获取相应的明文或解密密钥.

(2) 已知明文攻击(known plaintext attack)　破译者除了有被截获的密文外,利用各种方法和手段得到一些与已知密文相对应的明文.

(3) 选择明文攻击(chosen plaintext attack)　破译者可获得对加密机的访问权限,这样,他可以利用他所选择的任何明文,在同一未知密钥下加密得到相应的密文,即可以选定任何明文——密文对来进行攻击,以确定未知密钥.数据库系统可能最易受到这种类型的攻击,这是因为用户能够将某些要素插入数据库,然后再观察所储存的密文的变化,从而获得加密密钥.

(4) 选择密文攻击(chosen ciphertext attack)　破译者可获得对解密机的访问权限,这样,他可以利用所选择的任何密文在同一未知密钥下解密得到相应的明文,即可以选定任何密文——明文对来进行攻击,以确定未知密钥.攻击公开密钥密码体制时常采用这种攻击方法.虽然原文是不太明了的,但密码分析者可用它来推断密钥.

密码分析的方法有穷举法和分析法两大类.穷举法是对截获的密文依次用各

种可能的密钥或明文去试译密文，直至得到有意义的明文，或在同一密钥下(即密钥固定)，对所有可能的明文加密，直至得到与截获密文一致为止. 前者称为*密钥穷举*，后者称为*明文穷举*. 只要有足够的时间和存储容量，原则上，穷举法是可以成功的. 但是，任何一种能保证信息安全的密码体制都会设计得使这一方法实际上不可行. 为了使这一方法实际上可计算，破译者会千方百计地减少穷举量. 减少穷举量的方法大体上有两种. 一种是根据已经掌握的信息或密码体制上的不足，先确定密钥的一部分结构，或从密钥总体中排除那些不可能使用的密钥，再利用穷举法去破译实际使用的密钥. 另一种是将密钥空间划分成若干个(如 q 个)等可能的子集，对密钥可能落入哪个子集进行判断(至多进行 q 次). 在确定了密钥所在的子集后，再对该子集进行类似的划分，并检验实际密钥所在的子集. 依此类推，就可以正确地判定出实际密钥.

分析法又分为*确定性分析*和*统计分析*两大类. 确定性分析是利用一个或几个已知量，用数学的方法去求出未知量. 已知量和未知量的关系由加密和解密算法确定. 寻找这种关系是确定性分析的关键步骤. 例如，n 级线性移位寄存器序列作为加密序列时，就可在已知 $2n$ 个比特的加密序列下通过求解线性方程组破译. 应用统计的方法进行破译也可以分为两类. 一类是利用明文的统计规律进行破译. 破译者对截获的密文进行统计分析，总结其间的规律，并与明文的统计规律进行对照分析，从中提取明文和密文的对应或变换信息. 例如，第 2 章中单表代替密码的破译方法就属于这种类型. 另一类是利用密码体制上的某些不足(如明密信息之间存在某种相关性)，采用统计的方法进行优势判决，以区别实际密钥和非实际密钥. 本书将在后面的章节中介绍这类方法的实现.

在破译时，破译者必须认真研究破译对象的具体特性，找出其内在的规律性，才能确定应当使用何种分析方法. 在一般情况下，破译一个密码，甚至破译一个密码体制的部分结构，往往不是仅采用一种破译方法就可以达到破译的目的，而是要综合利用各种已知条件，使用多种分析手段和方法，有时甚至要创立新的破译方法，才能达到较满意的效果.

密码破译的结果可分为*完全破译*和*部分破译*. 如果不管采用密钥空间中哪个密钥加密的密文，都能从密文迅速恢复原明文，则此密码已完全破译，这也意味着敌手能够迅速地确定该密码系统实际使用的密钥. 如果对于部分实际使用的密钥，敌手能由密文迅速恢复原明文，或能从密文确定部分原明文，则说该密码部分破译. 完全破译又分为*绝对破译*和*相对破译*. 绝对破译是指破译的结果完全符合合法接收者解密密文的过程；否则，称之为相对破译. 相对破译往往是根据密文可以迅速得到相应的明文，但由明文并不一定能加密成相应的密文.

密码分析之所以能破译密码，最根本的是依赖于明文的多余度. 这是香农在 1949 年所创立的信息理论第一次透彻地阐明了密码分析的基本原理. 密码分析的成功除了靠上述的数学演绎和统计推断外，还必须充分利用保密通信中的侧面消息和密码的编制特点.

任何一个密码体制都包含两类资料——公开资料和秘密资料. 所谓公开资料是指信息加密时所用的一系列规则和算法. 公开资料是公开的. 如果密码体制是通过硬件设计的，则其技术指标和规格都将公布，操作说明书也可以得到. 通过软件来实现的密码体制也是如此. 公开资料也可能在一定时间内不公开，但它绝不会像秘密资料那样绝对地保密. 因此，所谓体制泄密是指公开资料已为人知，然而，这并未对密码的安全构成多大威胁. 所谓秘密资料就是敌方所得不到的资料，一般是指此密码所使用的密钥，这是一个密码绝对保密的一部分资料，一旦泄漏便严重危害密码的安全.

破译密钥的主要任务是研究密码体制的编制特点以及使用中出现的故障和侧面消息，以确定使用何种密码分析方法来获得其密钥.

侧面消息是指通信双方各种因素的相对稳定性及其内在联系. 例如，下面一段密文：

DFOR KIBUC TECRELOHV DONSHU KADCRAP GEDOD LADCLIAC NOCILLN

出现在弗吉尼亚的一个中国餐馆的餐桌布上. 如同侦察一个案件一样，当知道上述密文与汽车有关时，就容易得出这段密文中的单词是字母换位的结论，从而可推出其对应的明文为

FORD BUICK CHEVROLET HUDSON PACKARD DODEG CADILLAC LINCOLN

这是一个侧面消息的例子，它使得这段密文几乎没有什么价值了.

侧面消息还包括正在传输的数据、报文及语音等情况的相对固定性及它们之间的内在联系. 例如，传输销售数据时，用户的姓名和地址编为第一部分，售出报单编为第二部分，交货日期编为第三部分. 这些都是相对固定的，报文的开头和结尾也是固定的. 同时，在传输销售数据的一份密报中可能会多次出现像计划、交货、日期之类的词. 破译者可以根据它们去猜出部分密文的实际内容，从而得到一些明文-密文对，把唯密文破译转为已知明文破译.

侧面消息既可以通过保密通信双方间的联络得到，也可以由公开渠道得到. 侧面消息的内容也是广泛的，它可能涉及通信的内容，也可能涉及密码机的内部结构和使用故障等.

任何一个密码体制都是按照一定的编码思想设计的. 所谓编制，即是实现某一编码思想的全过程. 对于非代数作业的密码体制来说，其编制是由加密器和加密密钥来实现的. 因此，密码的编制规律是指由明信息到密信息的变换过程中所具有的整体的和个别的特征. 由于编码思想往往受各种主客观条件的影响，所以密码体制

的实现和设计不可能十全十美,往往在体制的个别部分出现一些小的疏忽.这些小的疏忽可以为破译其实际密钥打开一个缺口.同时,同类密码体制(如序列密码体制)往往具有共同的设计思想或结构,可以通过寻找它们的共同特征去研究具体密码的结构和特征.破译者的任务之一是寻找密码编制上的规律,确定或创造出分析或破译这类密码的方法.序列密码的相关攻击和攻击 DES 密码的差分分析等都是利用密码编制上的缺陷而创立的破译方法.

密码在使用过程中暴露出来的异常现象(一般是由使用不当或机器故障造成的)也可以被我们利用.破译者通过侦察和分析他所截获的大量密文,力图找出使用密码机的过程中出现的某些矛盾(如重复报、重码或某些异常现象等)以获取有关密钥使用或密码体制等方面的信息.

密码体制往往受到当代科学技术的极大影响.例如,语言文字学、数学、声学、电子学、计算机理论等最新成就都不同程度地渗透到密码设计之中,这样就决定了密码分析是一项艰巨的、复杂的、探索性很强的工作.正如爱·伦坡所说:"人类智慧编造不出一种人类智慧所不能解开的密码."只要认真研究密码体制及其设计思想,努力发掘编制和使用等方面的内在规律,总可以找到一个切实可行的分析方法.

1.3　密码体制的安全性

在以后的章节中将会碰到对密码体制安全性的评价,下面定义几个有用的准则[1].

1.3.1　计算安全性

计算安全性(computational security)这种度量涉及攻击密码体制所作计算上的努力.如果使用最好的算法攻破一个密码体制需要至少 N 次操作,其中 N 为一个特定的非常大的数字,则可以定义这个密码体制是计算安全的.问题是没有一个已知的实际的密码体制可以在这个定义下被证明是安全的.但由于这种标准的可操作性,它又成为最适用的标准之一.

1.3.2　可证明安全性

通过有效的转化,将对密码体制的任何有效攻击都归约到解一类已知难处理问题(1.5 节中将给出定义),即使用多项式归约技术形式化证明一种密码体制的安全性,称为*可证明安全性*(provable security).例如,可以证明这样一类命题:如果给定的整数是不可分解的,则给定的密码体制是不可破解的.但必须注意:这种途径只是说明了安全性和另一个问题是相关的,并没有完全证明是安全的.

1.3.3 无条件安全性

无条件安全性(unconditional security)这种度量考虑的是对攻击者的计算量没有限制时的安全性.即使提供了无穷的计算资源,也是无法被攻破的,定义这种密码体制为无条件安全的.

在讨论密码体制的安全性时,同时规定了正在考虑的攻击类型.例如,前面讲过的移位密码、代换密码和维吉尼亚密码对唯密文攻击都不是计算上安全的(如果给了足够的密文),而在下面研究对唯密文攻击是无条件安全的密码体制.这个理论从数学上证明了:如果给出的密文足够少,则某些密码体制是安全的.例如,可以证明,如果只有单个的明文用给定的密钥加密,则移位密码和代数密码都将是无条件安全的.

在上面三种安全标准的判定中,只有无条件安全性和信息论有关,即通过信息论来证明传递过程中无信息泄露.

1.4 香农理论简介

1949年,香农在 *Bell Systems Technical Journal* 上发表了题为"Communication theory of secrecy systems"的论文[2].这篇论文对密码学的研究产生了巨大的影响.本章讨论了若干香农的思想.下面来建立密码学中的信息论模型.

1.4.1 密码学中的信息论模型

密码系统的保密性能及破译一个密码系统都和信息论密切相关.已经知道,信息的传输是由通信系统完成的,而信息的保密则是由密码系统来完成的.在通信过程中,发送方发出的信息 m 在信道中进行传输时往往受到各种干扰,使 m 出错而变成 m',一般地,$m' \neq m$.合法接收者要从 m' 恢复 m,必须识别 m' 中哪些信息是出错的.为此,他要求发送方对 m 进行适当编码,即按一定的规则增加部分码字,使合法接收者通过译码器把 m' 中的错误纠正过来.对消息 m 进行加密的作用类似于对 m 进行干扰,密文 c 相当于被干扰的信息 m',破译者相当于在有干扰的信道下的接收者,他要设法去掉这种"干扰"恢复原明文.这样便出现了如下问题:密码设计者在设计密码体制时,要尽可能地使破译者从密文 c 中少获得原明文信息,而破译者则要从密文 c 中尽可能多地获得原明文信息,于是便产生了密码学的信息理论.香农[3]用信息理论描述了被截获的密文量与成功破译的可能性之间的关系.利用信息理论,他确定了一种密码的唯一解码量 n_0.他把这种唯一解码量描述如下:当密文字符大于 n_0 时,这种密码就存在一个解;而当密文字符小于 n_0 时,就会出现多个可能的解.

一个密码系统可如图 1.2 所示，其中信源是产生消息的源.在离散情况下，它可以产生字母或符号，可以用明文空间来描述离散的无记忆源.设信源字母表为 $M=\{a_i|i=0,1,\cdots,q-1\}$，字母 a_i 出现的概率为 $p_i\geqslant 0$，并且

$$\sum_{i=0}^{q-1} p_i = 1.$$

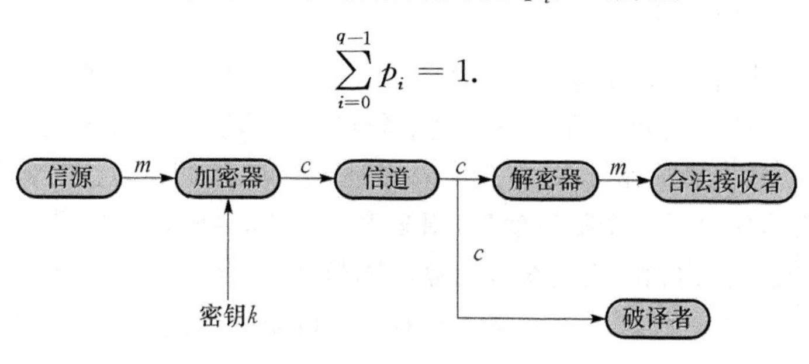

图 1.2 密码系统

信源产生的任一长为 L 的消息序列设为 $\boldsymbol{m}=(m_1,m_2,\cdots,m_L)(m_i\in M)$.若研究所有长为 L 的信源的输出，则称 $\boldsymbol{m}\in M^L$ 的全体为明文空间，它包含 q^L 个元素.当信源无记忆时，

$$p(\boldsymbol{m}) = p(m_1,m_2,\cdots,m_L) = \prod_{i=1}^{L} p(m_i).$$

破译由此信源加密的密码时，需研究此信源的统计特性.

加密是在密钥 k 的控制下由加密器完成的.密钥源是产生密钥的源.一般来说，密钥是离散的.设密钥字母表为 $B=\{b_t|t=0,1,\cdots,s-1\}$，字母 b_t 出现的概率为 $p(b_t)\geqslant 0$，并且

$$\sum_{t=0}^{s-1} p(b_t) = 1.$$

密码设计一般都使密钥源为无记忆的均匀分布源，所以各密钥符号为独立同分布的.称长为 r 的密钥序列 $\boldsymbol{k}=(k_1,k_2,\cdots,k_r)(k_i\in B)$的全体为密钥空间 K，并且有 $K=B^r$.在一般情况下，明文空间与密钥空间彼此独立.合法接收者知道密钥 $\boldsymbol{k}$ 和密钥空间 K，故能把由 $\boldsymbol{k}$ 控制的加密消息 $\boldsymbol{c}$ 还原成明文 $\boldsymbol{m}$，而破译者则不知道密钥 $\boldsymbol{k}$.

一个密码体制也可以记为 $E=\{E_{\boldsymbol{k}}|\boldsymbol{k}\in K\}$，加密变换是将明文空间中元素 $\boldsymbol{m}$ 在密钥 $\boldsymbol{k}$ 的控制下变为密文 $\boldsymbol{c}$，即 $\boldsymbol{c}=(c_1,c_2,\cdots,c_v)=E_{\boldsymbol{k}}(m_1,m_2,\cdots,m_L)(E_{\boldsymbol{k}}\in E)$.称 $\boldsymbol{c}$ 的全体为密文空间 C.在通常情况下，密文字母集和明文字母集相同，因而明文与密文的长度一般也相同.密文的统计特性一般由明文的统计特性和密钥的统计特性决定.

破译者可以得到密文 $\boldsymbol{c}$，一般也假定他知道明文的统计特性、密码机的结构、

密钥空间及密文的统计特性，但不知道加密截获的密文 $\boldsymbol{c}$ 所用的密钥 $\boldsymbol{k}$，要破译出原明文 $\boldsymbol{m}$ 或密钥 $\boldsymbol{k}$.

1.4.2 完善保密性

在本小节中，假设(P,C,K,E,D)是一个特定的密码体制，密钥 $k\in K$ 只用于一次加密. 假设明文空间 P 存在一个概率分布. 因此，明文元素定义了一个随机变量，用 x 表示. $\Pr[\mathrm{x}=x]$表示明文 x 发生的先验概率. 还假设以固定的概率分布选取密钥，密钥也定义了一个随机变量，用 k 表示. $\Pr[\mathrm{k}=k]$表示密钥 k 发生的概率. 可以合理地假设密钥和明文是统计独立的随机变量. P 和 K 的概率分布导出了 C 的概率分布. 因此，同样可以把密文元素看成随机变量，用 y 表示. 对于任意的 $y\in C$ 有

$$\Pr[\mathrm{y}=y]=\sum_{\{K:y\in C(K)\}}\Pr[\mathrm{k}=k]\Pr[\mathrm{x}=d_k(y)],$$

其中 $C(K)=\{e_k(x)\mid x\in P\}$，表示密钥为 K 时所有可能的密文.

同样，对任意的 $y\in C$ 和 $x\in P$，可计算条件概率

$$\Pr[\mathrm{y}=y\mid \mathrm{x}=x]=\sum_{\{K:x=d_K(y)\}}\Pr[\mathrm{k}=k].$$

现在可以用 Bayes 定理计算条件概率，

$$\Pr[\mathrm{x}=x\mid \mathrm{y}=y]=\frac{\Pr[\mathrm{x}=x]\Pr[\mathrm{y}=y\mid \mathrm{x}=x]}{\Pr[\mathrm{y}=y]},$$

并称之为后验概率.

例 1.1 假设 $P=\{a,b\}$ 满足 $\Pr[a]=1/4$，$\Pr[b]=3/4$，设 $K=\{K_1,K_2,K_3\}$，$\Pr[K_1]=1/2$，$\Pr[K_2]=\Pr[K_3]=1/4$. 设 $C=\{1,2,3,4\}$，加密函数定义为 $e_{K_1}(a)=1$，$e_{K_1}(b)=2$，$e_{K_2}(a)=2$，$e_{K_2}(b)=3$，$e_{K_3}(a)=3$，$e_{K_3}(b)=4$，这个密码体制可以用表 1.1 的加密表表示. 计算：

(1) e 上的概率分布 $\Pr[\mathrm{y}=1]$，$\Pr[\mathrm{y}=2]$，$\Pr[\mathrm{y}=3]$，$\Pr[\mathrm{y}=4]$；

(2) 条件概率 $\Pr[a|1]$，$\Pr[a|2]$，$\Pr[a|3]$，$\Pr[a|4]$和 $\Pr[b|1]$，$\Pr[b|2]$，$\Pr[b|3]$，$\Pr[b|4]$.

表 1.1 例 1.1 的加密表

密钥 \ 明文	a	b
K_1	1	2
K_2	2	3
K_3	3	4

定义 1.1 一个密码体制具有完善保密性，如果对于任意的 $x \in P$ 和 $y \in C$ 有 $\Pr[x|y]=\Pr[x]$. 也就是说，给定密文 y，明文 x 的后验概率等于明文 x 的先验概率. 通俗地讲，完善保密性就是不能通过观察密文得到明文的任何信息，即无条件安全性.

定理 1.1 假设密码体制 (P,C,K,E,D) 满足 $|K|=|C|=|P|$. 这个密码体制是完善保密的，当且仅当每个密钥被使用的概率都是 $1/|K|$，并且对任意的 $x \in P$ 和 $y \in C$，存在唯一的密钥 k，使得 $e_k(x)=y$.

一个著名的具有完善保密性的密码体制是"一次一密"密码体制. 这个体制首先由吉博特·维纳姆(Gibert Vernam)于 1917 年用于报文消息的自动加密和解密. "一次一密"很多年来被认为是不可破的，但是一直都没有一个数学证明，直到 30 年后香农提出了"完善保密性"的概念. 但是，密码体制的无条件安全性基于每个密钥仅用一次的事实. 例如，"一次一密"对已知明文攻击将是脆弱的. 这就带来了一个严峻的密钥管理问题，因此，限制了"一次一密"在商业上的应用.

从安全保密的角度而言，密文给出一些有关其对应明文的信息是不可避免的. 一个好的密码算法可使这样的信息最少，一个好的密码分析者利用这类信息可确定明文. 在密码学的发展历史中，人们试图设计出密钥可以加密相对长的明文(即一个密钥可以加密许多消息)，并且仍然可以保持一定的计算安全性. 一个这样的例子就是数据加密标准(DES).

1.4.3 熵及其性质

在 1.4.2 小节中，讨论了完善保密性的概念，本小节将注意力集中在密钥只能用于一次加密的特殊情况. 下面看看用一个密钥加密多个消息会怎样，并且还要看看给密码分析员足够的时间，进行一次成功的唯密文攻击有多大的可能性. 研究这个问题的基本工具是熵(entropy). 这个概念来自于香农于 1948 年创建的信息论. 熵可以看成是对信息或不确定性的数学度量，是通过一个概率分布的函数来计算的.

定义 1.2 随机变量 X 取值点 x_i 的熵为 $H(x_i)=-\log_2 p_i$，其中 p_i 为 x_i 发生的概率.

定义 1.3 (如图 1.3)假设随机变量 X 在有限集合 X 上取值，则随机变量 X 的熵定义为

$$H(X)=-\sum_{x\in X}\Pr[x]\log_2\Pr[x].$$

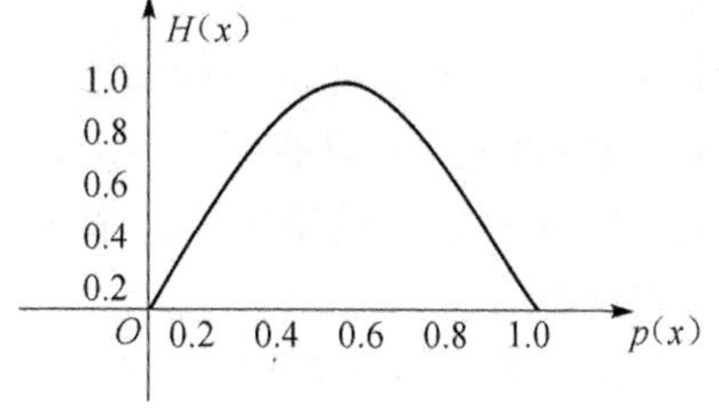

图 1.3 $H(X)$随 p 的变化曲线

例 1.2 $X=\{x_1,x_2\}$，$p(x_1)=p$，$p(x_2)=1-p$，则

$$H(X) = -p\log_2 p - (1-p)\log_2(1-p) = f(p) \quad (\text{仅与 } p \text{ 有关}) \tag{1.3}$$

当 $p=0$ 或 1 时，$H(X)=0$，它表示 X 中事件 x_i 的不确定性的平均值为 0，即 X 是完全确定的. 如果 $p=1/2$，则 $H(X)=1$，$H(X)$ 取得最大值，这表明 X 中事件的平均不确定性达到最大，因而 X 是完全不确定的.

可以计算均匀分布的熵，如果 $|X|=n$ 且对所有的 $x\in X$，$\Pr[x]=1/n$，则 $H(X)=\log_2 n$. 同样，容易计算对于任意的随机变量 X，$H(X)\geqslant 0$.

定义 1.4　区间 I 上的实值函数 f 是凸函数，如果对任意的 $x,y\in I$ 满足

$$f\left(\frac{x+y}{2}\right)\geqslant\frac{f(x)+f(y)}{2}.$$

f 是区间 I 上严格的凸函数，如果对任意的 $x,y\in I$，$x\neq y$ 满足

$$f\left(\frac{x+y}{2}\right)>\frac{f(x)+f(y)}{2}.$$

定理 1.2(Jensen 不等式)　假设 f 是区间 I 上连续的严格的凸函数，

$$\sum_{i=1}^{n} a_i = 1,$$

其中 $a_i>0(1\leqslant i\leqslant n)$，则

$$\sum_{i=1}^{n} a_i f(x_i)\leqslant f\left(\sum_{i=1}^{n} a_i x_i\right),$$

其中 $x_i\in I(1\leqslant i\leqslant n)$. 当且仅当 $x_1=\cdots=x_n$ 时等号成立.

定理 1.3　假设 X 是一个随机变量，概率分布为 $p_1,p_2,\cdots,p_n$，其中 $p_i>0$ $(1\leqslant i\leqslant n)$，则

$$0\leqslant H(X)\leqslant\log_2 n, \tag{1.4}$$

当且仅当 $p_i=1/n(1\leqslant i\leqslant n)$ 时右边等号成立.

定理 1.3 中的 $H(X)\geqslant 0$ 称为熵的非负性. 熵的这种非负性说明当且仅当有一个 $p_i=1$，其余所有 $p_j(j\neq i)$ 均为 0 时才有 $H(X)=0$；否则，$H(X)>0$. 称 $H(X)\leqslant\log_2 n$ 为最大离散熵定理. 它表明在所有元素个数相同而概率分布不同的离散集中，以先验等概的离散集的熵值为最大，最大熵取决于该集中元素的个数 n. 最大熵定理同时指明，只有当 $p_i=1/n(i=1,2,\cdots,n)$ 时，式(1.4)才能达到其最大值，故均匀分布下集 X 的不确定性最大. 因此，密码设计时往往使密钥集的概率分布取均匀分布.

定理 1.4　$H(X,Y)\leqslant H(X)+H(Y)$，当且仅当 X 和 Y 统计独立时等号成立.

定义 1.5　假设 X 和 Y 是两个随机变量. 对于 Y 的任何固定值 y，得到一个 X 上的(条件)概率分布，记相应的随机变量为 $X|y$. 显然，

$$H(X \mid y)=-\sum_x \Pr[x \mid y]\log_2 \Pr[x \mid y].$$

定义条件熵 $H(X|Y)$ 为熵 $H(X|y)$ 取遍所有的 y 的加权平均值，

$$\begin{aligned} H(X \mid Y) &= -\sum_y \sum_x \Pr[y]\Pr[x \mid y]\log_2 \Pr[x \mid y] \\ &= -\sum_y \sum_x \Pr[x,y]\log_2 \Pr[x \mid y]. \end{aligned}$$

条件熵度量了 Y 揭示的 X 的平均信息量.

定理 1.5 $H(X,Y)=H(Y)+H(X|Y)$.

推论 1.1 $H(X|Y)\leqslant H(X)$，当且仅当 X 和 Y 统计独立时等号成立.

1.4.4 伪密钥和唯一解距离

在本小节中，应用证明过的有关密码体制的熵的结果. 首先，给出密码体制组成部分的熵的基本关系. 条件熵 $H(K|C)$ 称为密钥含糊度，度量了给定密文下密钥的不确定性.

定理 1.6 设 (P,C,K,E,D) 是一个密码体制，则

$$H(K \mid C)=H(K)+H(P)-H(C).$$

证明 因为

$$H(K,P,C)=H(C \mid K,P)+H(K,P)=H(K,P)=H(K)+H(P),$$
$$H(K,P,C)=H(P \mid K,C)+H(K,C)=H(K,C),$$

所以

$$H(K \mid C)=H(K,C)-H(C)=H(K,P,C)-H(C)=H(K)+H(P)-H(C).$$

密码分析的基本目的是确定密钥. 考虑唯密文攻击，并且假设分析者有无限的计算资源. 同时假定攻击者知道明文是某一自然语言. 一般来说，攻击者能排除某些密钥，但仍存在许多可能的密钥，这其中只有一个密钥是正确的. 那些可能的但不正确的密钥称为伪密钥.

设语言 L 的字母集为 P，一般地，定义 P^n 为构成所有 n 字母报的概率分布的随机变量. 使用以下定义：

定义 1.6 假设 L 是自然语言，语言的熵定义为

$$H_L=\lim_{n\to 8}\frac{H(P^n)}{n}.$$

语言 L 的冗余度(redundacy)定义为

$$R_L=1-\frac{H_L}{\log_2 |P|}.$$

注 1.1 H_L 中度量了语言 L 中每个字母的平均熵. 一个随机的语言具有熵 $\log_2|P|$. 因此, R_L 度量了“多余字母”的比例, 即冗余度.

定义 P^n 为代表明文 n 字母报的随机变量. 类似地, 定义 C^n 为代表密文 n 字母报的随机变量. 给定 $y\in C^n$, 定义

$$K(y)=\{k\in K\mid \exists x\in P^n,\text{使得 }\Pr[x]>0, e_k(x)=y\}.$$

也就是说, $K(y)$ 是一个密钥的集合, 在这些密钥下, y 是长为 n 的有意义的明文串的密文. 或者说, $K(y)$ 是密文为 y 的可能密钥的集合. 如果 y 是被观察的密文串, 则伪密钥的个数为 $|K(y)|-1$, 因为只有一个可能的密钥是正确的密钥. 伪密钥的平均数目(在所有可能的长为 n 的密文串上)记为 $\overline{s_n}$, 其值的计算如下:

$$\overline{s_n}=\sum_{y\in C^n}\Pr[y](|K(y)-1|).$$

定理 1.7 假设 (P,C,K,E,D) 是一个密码体制, $|C|=|P|$, 并且密钥是等概率选取的. 设 R_L 表示明文语言的冗余度, 则给定一个充分长(长为 n)的密文串, 伪密钥的期望数满足

$$\overline{s_n}\geqslant\frac{|K|}{|P|^{nR_L}}-1.$$

当 n 增加时, $\frac{|K|}{|P|^{nR_L}}-1$ 以指数速度趋近于 0.

定义 1.7 一个密码体制的唯一解距离定义为使得伪密钥的期望数等于 0 的 n 的值, 记为 n_0, 即在给定足够的计算时间下, 分析者能唯一计算出密钥所需密文的平均量.

由定理 1.7, 令 $\overline{s_n}=0$, 可以得到唯一解距离的一个近似估计, 即

$$n_0\cong\frac{\log_2|K|}{R_L\log_2|P|}.$$

唯一解距离指出了当进行穷举攻击时可能解密出唯一有意义的明文所需要的最少密文量, 是对存在唯一合理的密码分析所需要的密文数量的指标. 长于这个解距的密文可合理地确定唯一的有意义的解密文本; 较这一解距短的多的密文则可能会有多个同样有效的解密文本, 因而使敌人从其中选出正确的一个是困难的, 从而获得安全性. 一般来说, 唯一解距离越长, 密码系统越好. 唯一解距离与冗余度成反比. 当冗余度接近零时, 即使一个普通的密码系统也可能是不可破的.

1.4.5 乘积密码体制

在 2.4 节中将看到, 如果代替表的周期太长, 则对于安全密钥的产生和管理都将成为一个难题. 香农在 1949 年发表的论文中介绍了另一种新思想是通过“乘积”

来组合密码体制的.这种思想在现代密码体制的设计中非常重要,如 DES 加密标准的设计.为简单起见,本小节将注意力集中在 $C=P$ 的密码体制上.这种类型的密码体制称为内包的密码体制(endomorphic cryptosystem).设 $S_1=(P,P,K_1,E_1,D_1)$,$S_2=(P,P,K_2,E_2,D_2)$是两个具有相同明文空间(密文空间)的内包的密码体制,则 S_1 和 S_2 的乘积密码体制 $S_1\times S_2$ 定义为$(P,P,K_1\times K_2,E,D)$.乘积密码体制的密钥形式是 $K=(K_1,K_2)$,加密和解密的规则定义如下:

对于任意一个 $K=(K_1,K_2)$,加密 e_K 定义为

$$e_{(K_1,K_2)}(x)=e_{K_2}(e_{K_1}(x)).$$

解密 d_K 定义为

$$d_{(K_1,K_2)}(y)=d_{K_1}(d_{K_2}(y)).$$

如果将(内包的)密码体制和自己作乘积,则得到密码体制 $S\times S$,记为 S^2.如果作 n 重乘积,则得到的密码体制记为 S^n.

如果 $S^2=S$,则称一个密码体制为幂等的.如果密码体制不是幂等的,则多次迭代有可能提高安全性.这个思想在 DES 中已经使用过了,其中包括了 16 轮的迭代.

*1.5 计算复杂性理论简介

现代密码学将它的安全性基础建立在所谓的复杂性理论模型之上.此类密码体制的安全性是以某些问题难处理的各种假设为条件的.这里“难处理”表示广泛可利用的一般计算方法不能有效地计算这些问题.无论是密码设计者还是破译者,都十分重视密码的实际保密性能,他们关心的一个共同问题是该密码系统在现有的资源下,被破译所需的时间是否同消息的最小保密时间相符,所需的空间是否大于现有的计算机容量.因此,算法的复杂性理论在密码分析中也占有十分重要的位置.

破译者总是把某个密码系统的破译归结为一个典型的问题(如数学问题),他要考虑的是求解该问题的各种算法中哪种算法最好(即时间复杂性与空间复杂性最小),而密码设计者考虑的是近期可否找到更有效的求解该问题的算法.如果能找到,则他必须通知用户立即停止使用他设计的密码.

问题的复杂性(complexity of problem)理论,利用算法的复杂性(complexity of algorithm)理论做工具,将大量的典型问题按求解所付出的代价进行分类,以此度量问题的复杂性.同时,利用算法的复杂性理论也可以度量破译密码时所给出的算法在实际上是否是不可计算的.如果不可计算,能否改进算法,以降低其计算的复杂性,使之实际上可计算.

1.5.1　问题与算法

科学研究或密码分析常常需要用计算机来处理要研究的问题. 然而,计算机在不断改进,处理器的速度也有差异,一台计算机或许比另一台计算机快一倍,那么到底应当如何来度量一个问题的复杂性与计算机的速度无关呢? 这就是本节要解决的问题.

问题(problem)是指需要回答的含有若干个未知参数或自由变量的一般性提问. 描述一个问题必须做到以下两点:①描述所有未知参数具有什么性质;②叙述其解必须满足的条件. 如果给问题的所有未知参数均指定了具体的值,就得到该问题的一个实例(instance).

算法(algorithm)是求解某个问题的一系列的具体步骤,也可以认为是求解某个问题的通用计算机程序. 例如,求解域 F 上线性方程组的高斯消元法,求两个整数最大公因数的欧几里得算法,以及求两个整数 λ 和 μ,使得 $\lambda a+\mu b=\gcd(a,b)$ 的扩展的欧几里得算法都是算法,其中 $\gcd(a,b)$ 表示 a 与 b 的最大公因数.

如果一个算法能解一个问题的任何实例,则称这个算法能求解这个问题. 如果至少存在一个算法能求解这个问题,则称这个问题为可解的(resolvable);否则,称之为不可解的(unresolvable). 求解一个问题的最优算法是指求解此问题的最快或最节省资源的算法.

问题实例的规模是求解此问题实例的算法所需输入变量的个数或二元数据的位数. 因为算法的复杂性是规模 n 的函数,所以规模 n 又应当是计算此问题实例复杂性函数中的变量. 因此,不同的问题,其实例规模有不同的描述. 例如,多项式的乘法和除法的规模是多项式的次数,矩阵运算的规模是矩阵的阶,集合运算的规模是集合中元素的个数,甚至于通信带宽,数据总量也是某些问题实例的规模.

例 1.3　求解 F_2 上布尔方程组问题. 设 F_2 上的布尔方程组为

$$\begin{cases} f_1(x_1,x_2,\cdots,x_n)=0, \\ f_2(x_1,x_2,\cdots,x_n)=0, \\ \quad\cdots\cdots \\ f_m(x_1,x_2,\cdots,x_n)=0, \end{cases} \tag{1.5}$$

其参数集合为 $\{f_i(x_1,x_2,\cdots,x_n)\mid 1\leqslant i\leqslant m\}$,求此问题的解是找出 $(u_1,u_2,\cdots,u_n)\in \mathrm{F}_2^n$,使得对所有的 $i(1\leqslant i\leqslant m)$,

$$f_i(u_1,u_2,\cdots,u_n)=0.$$

求解

$$\begin{cases} x_1 + x_2x_3 = 0, \\ 1 + x_1x_2 = 0, \\ 1 + x_1 + x_2 + x_3 + x_1x_2x_3 = 0 \end{cases}$$

是例 1.3 的一个实例.

算法 A

```
输入:{f_i(x_1,x_2,…,x_n)|1≤i≤m}.
输出: U=(u_1,u_2,…,u_n).
1. U←(0,0,…,0);
2. for  i=1  to  m,计算 f_i(u_1,u_2,…,u_n)
          if  存在 i 使 f_i(u_1,u_2,…,u_n)≠0,then
3.        U←U+(0,0,…,0,1)     go to 2
            end
   end
```

显然,算法 A 能解 m 个布尔方程且每个布尔方程有 n 个变量的布尔方程组. 完成 $2^n \times m$ 次计算 $f_i(u_1, u_2, \cdots, u_n)$就决定了解 F_2 上布尔方程组(1.5)的复杂性.

1.5.2 算法与复杂性

一个算法的复杂性就是运算它所需的计算能力,由该算法所需的最长时间与最大存储空间所决定. 因此,算法的复杂性包括算法的时间复杂性 T 和空间复杂性 S. 因为一个算法用于同一个问题的不同规模的实例所需的时间 T 与空间 S 往往不同,所以总是将 T 和 S 表示为问题规模 n 的函数 $T(n)$和 $S(n)$.

算法的时间复杂性 $T(n)$反映了用该算法解某问题的时间需求,即对每一可能的规模 n,该算法解此问题规模为 n 的最困难的实例所需时间(以算术运算次数计算). 算法的空间复杂性 $S(n)$反映了用该算法解某问题的空间需求,即对每一可能的规模 n,该算法解此问题规模为 n 的最困难的实例所需的存储空间(以存储单元计算). 通常,可实现的算法都自动引入了对空间复杂性 $S(n)$的某种限制,如 $S(n)$不超过 n 的某个低次数多项式,所以人们特别注重算法的时间复杂性研究.

算法的时间复杂性 $T(n)$与用此算法所解问题的规模 n 有关. 对于大的 n,真正重要的是执行此算法的时间随 n 增长的速度. 例如,若密钥长为 100 比特,则用穷举搜索的方法求解密钥的搜索次数为 2^{100},而当密钥长为 50 比特时则仅为 2^{50} 次. 关心的是破译一个密码体制所需的大致接近于实际的工作量级. 一般地,很难给出$T(n)$的确切表达式. 所幸的是,当 n 很大时,$T(n)$随 n 变化的速度将起主要作用. 例如,计算某一规模为 n 的问题有两种算法,其时间复杂性分别为 $T_1(n)$和 $T_2(n)$. 当 n 很小时,$T_2(n) < T_1(n)$. 随着 n 的增大,$T_2(n)$迅速增大,当 $n > 2^{25}$ 后,

就有 $T_2(n) > T_1(n)$. 数学上,可以用大写 O 表征 $T(n)$ 随 n 的变化速度.

算法的时间复杂性 $T(n)=O(g(n))$ 的充分必要条件是存在常数 c 和正整数 n_0,使得当 $n \geqslant n_0$ 时有

$$| T(n) | \leqslant c | g(n) |. \tag{1.6}$$

例 1.4 计算 n 次实多项式 $f(x)=a_n x^n + a_{n-1} x^{n-1} + \cdots + a_1 x + a_0$ 的值的时间复杂性.

设 $f(x)=a_n x^n + a_{n-1} x^{n-1} + \cdots + a_1 x + a_0$ 是 $n \geqslant 1$ 次实多项式,并且系数 a_0, $a_1, \cdots, a_n$ 和 x 是已知的,要计算 $f(x)$ 的值.

(1) 逐项法 通常采用逐项计算相加的方法来计算多项式函数 $f(x)$ 的值. 该方法是计算每一项的值,并把它加到已计算好的另一些项的和上.

算法 A(逐项法)

输入:放在数组 A 中的 f(x)的系数,X;且 n≥1.(注意:用 A(i)表示 A 中第 i 个系数 a_i (i= 1,2,…,n))

输出:f(x)的值 F.

```
1. F←A(0)+A(1)×X;XPOWER←X;
2. for  i=2  to  n, do
   XPOWER←XPOWER×X
3. F←F+A(i)×XPOWER
   end
```

算法 A 共作了 $2n-1$ 次乘法和 n 次加法,所以其时间复杂性为 $O(3n-1)$.

(2) HORNER 方法 对 $f(x)$ 进行如下特殊的表达:

$$f(x) = [\cdots((a_n x + a_{n-1})x + a_{n-2})x + \cdots + a_1]x + a_0,$$

则有如下求多项式函数值的 HORNER 方法:

算法 B(HORNER 方法)

输入:放在数组 A 中的 f(x)的系数,X;且 n≥1.

输出:f(x)的值 F.

```
1. F←A(n)
2. for  i=n- 1  down  to  0  do
        F←F×X+A(i)
   end
```

算法 B 共作了 n 次乘法和 n 次加法,即作了 $2n$ 次算术运算,因此,其时间复杂性为 $O(2n)$. 显然,NORNER 方法优于逐项法.

例 1.5 求出用欧几里得算法 C 求正整数 a 与 b 最大公因数 $r=\gcd(a,b)$ 的时间复杂性,$0<a,b\leqslant N$.

算法 C

```
输入:a,b;
输出:r;
1. G(0)←a;G(1)←b;i←1;
2. if G(i)≠0,do
   G(i+1)←G(i-1)modG(i),i←i+1;
         else
3. r←G(i-1)
end
```

假定算法 C 在执行步骤 2 时,只要 $G(i)>1$,总有 $G(i)<G(i-1)<2G(i)$. 在这种情况下,用 $G(i)$除 $G(i-1)$之商仅为 1,并且所需除法次数最多. 因为时间复杂性是计算规模为 n 的最难实例的时间需求,所以要在这种最困难的情况下去考虑算法 C 的复杂性. 设 a 与 b 为相邻的两个斐波那契(Fibonacci)数 f_{k+1},f_k,其中

$$\begin{cases} f_k = k, & k = 0 \text{ 或 } 1, \\ f_k = f_{k-1} + f_{k-2}, & k \geqslant 2. \end{cases}$$

算法 C 计算 $\gcd(f_{k+1}, f_k)$共需 k 次除法. 利用数学归纳法可证

$$f_{k+1} \geqslant R^{k-1}, \quad R = \frac{1+\sqrt{5}}{2},$$

所以当 $f_{k+1} \leqslant N$ 时有 $R^{k+1} \leqslant N$. 两边取对数得

$$k \leqslant 1 + \log_R N,$$

故算法 C 所需的除法次数顶多为

$$\log_R N + 2 \approx 1.45\log_2 N \approx 1.5\log_2 N.$$

因为用算法 C 求 a 与 b 的最大公因数的输入数据长度 $n=\log_2 N$,所以此问题实例的规模为 n. 若将除法视为基本运算,则 $T(n)=O(1.5n)$.

扩展算法 C,可导出求 a 模 m 的逆的扩展的欧几里得算法如下:

算法 D($a(\bmod m)$的逆)

```
输入:a,m;
输出:x= a⁻¹(mod m)
1. G(—1)←m;G(0)←a;
   P(—1)←0;P(0)←1;
   Q(—1)←1;Q(0)←0;
i←0;
2. if  G(i)≠0,do
```

```
  y←[G(i-1)/G(i)]
  G(i+1)←G(i-1)-y×G(i)
  P(i+1)←P(i-1)-y×P(i)
  Q(i+1)←Q(i-1)-y×Q(i)
  i←i+1
  end
3. x←P(i-1)
  if  x<0,then  x←x+m;
end
```

为了直观地展示这个算法,给出如下例子:

例 1.6　整数 8 模 35 的逆

算法 D 的第 2 步可以分成以下两步进行:

1. 用 $G(-1)=35$ 和 $G(0)=8$ 做辗转相除得到

$$
\begin{aligned}
35 &= 8\times 4+3,\\
8 &= 3\times 2+2,\\
3 &= 2\times 1+1,\\
2 &= 1\times 2,
\end{aligned}
$$

于是得到 $G(1)=3, G(2)=2, G(3)=1$.

2. 可用表 1.2 计算 $P(i)$ 和 $Q(i)$.

表 1.2

i	-1	0	1	2	3	4
Y			4	2	1	2
$P(i)$	0	1	-4	9	-13	35
$Q(i)$	1	0	1	-2	3	-8
$G(i)$	35	8	3	2	1	

由算法第 3 步知 $x\leftarrow P(i-1)=p(4)=-13, x=35-13=22$. 这就是说,8 模 35 的逆是 22. 算法 D 与算法 C 相比,只是多了 $P(i)$ 和 $Q(i)$ 的计算(如果仅为了求 $a(\bmod m)$ 的逆,不用计算 $Q(i)$,如果要求 λ 和 μ,使得 $\lambda a+\mu b=1$,则必须计算 $Q(i)$). 因此,算法 D 的时间复杂性是计算 a 与 m 的最大公因数 $\gcd(a,m)$(见例 1.5)和计算 $P(i), Q(i), x$ 的时间复杂性之和. 仍假定 a 和 m 是两个相邻的斐波那契数 f_k 和 f_{k+1},算法 D 计算 $\gcd(f_k, f_{k+1})$ 共需做 k 次除法,因而有 k 个商 y. 对每个商 y 都要计算 $P(i-1)-y\times P(i)$ 和 $Q(i-1)-y\times Q(i)$,故共有 $4k$ 次算术运

算，加上还可能要计算 $x+m$，则共有 $4k+1$ 次算术运算，连同计算 $\gcd(f_k,f_{k+1})$ 的 k 次除法，求 $f_k(\bmod f_{k+1})$ 的逆一共要做 $5k+1$ 次算术运算. 由于 $k\leqslant 1+\log_R N$，所以算法 D 所需算术运算次数顶多为

$$6+5\log_R N\approx 7.25\log_2 N.$$

一种算法用于某个问题相同规模 n 下的不同实例，其时间需求也可能有很大差异，所以有时需要研究其平均时间复杂性函数 $\widetilde{T}(n)$，它表示用这种算法求解该问题规模为 n 的所有实例的时间需求的平均值.

设 $p(n)$ 是规模为 n 的某个多项式，称时间复杂性为 $O(p(n))$ 的算法是多项式时间算法(polynomial time algorithm). 如果一个算法的时间复杂性不依赖于问题实例的规模 n，即为 $O(1)$，则它是常数的(constant)；如果它的时间复杂性是 $O(an+b)$，则它是线性的(linear)，记为 $O(n)$，如本小节给出的算法 A～算法 D 的时间复杂性均可以记为 $O(n)$；有些算法的复杂性还可以分为二次方的(quadratic)、三次方的等. 所有这些算法都是多项式时间的算法. 为简便起见，将非多项式时间算法统称为指数时间算法(exponential time algorithm). 时间复杂性为 $O(n^{c\log_2 n})$，$O(e^{\sqrt{n\ln n}})$ 之类的算法被称为亚指数时间算法(superpolynomial time algorithm).

1.5.3 问题的复杂性

问题的复杂性(problem complexity)是解此问题的最难实例的最有效的算法所需的最小时间和空间.

例 1.7 模指数问题. 设 x,t,p 均为正整数，计算 $y\equiv x^t(\bmod p)$.

算法 A

```
输入:x,t,p;
输出:y;
1. y←x;
2. for i= t-1 down to 1 do y←yx(mod p);
   end
```

因为做一次 $xy(\bmod p)$ 要做一次乘法和一次模运算，所以算法 A 至少做了 $2(t-1)$ 次乘除运算. 当 t 很大时，这种算法显然是不可取的.

算法 B(“反复平方——乘”求幂法)

令

$$t=t_n2^n+t_{n-1}2^{n-1}+\cdots+t_12+t_0,\tag{1.7}$$

其中 $n=\lfloor\log_2 t\rfloor$，$t_i\in\{0,1\}$，$t_n=1$，则

$$x^t=((\cdots((x^{t_n})^2\cdot x^{t_{n-1}})^2\cdots x^{t_2})^2\cdot x^{t_1})^2\cdot x^{t_0}.$$

算法 C

```
输入:x,p 和 t 的二进制表示;
```

```
输出:y;
1. y←x;
2. for i= n-1 down to 0 do
   y←y^2 x^{t_i} (modp);
   end
```

不妨设 $t_n=t_{n-1}=\cdots=t_0=1$. 每个括号内做一次乘法(平方),再模 p(除法),然后再和下一个相乘. 因为有 $\log_2 t$ 个括号,共需乘除法次数不超过 $3\log_2 t$,因此,其时间复杂性为 $O(n)$,$n=\lfloor \log_2 t \rfloor$. 因为该算法输入变量的二元数据的位数是 n,所以该问题实例的规模为 n.

如果一个算法可以成功地求得问题 Q 的任一实例的解,则称此算法可以求解问题 Q. 显然,上面的算法 A 和算法 B 都可以求解模指数问题. 然而,例 1.7 说明了问题的复杂性估计依赖于算法的复杂性. 新的更有效的算法总是不断地修改着人们对相应问题的复杂性的估计.

例 1.8 求解域 F 上的线性方程组

$$\begin{cases} a_{11}x_1+a_{12}x_2+\cdots+a_{1n}x_n=b_1, \\ a_{21}x_1+a_{22}x_2+\cdots+a_{2n}x_n=b_2, \\ \cdots\cdots \\ a_{m1}x_1+a_{m2}x_2+\cdots+a_{mn}x_n=b_m. \end{cases} \tag{1.8}$$

算法 D(高斯消去法)

不妨设 $m=n$. 把系数矩阵的第一行乘以 $-a_{11}^{-1}\times a_{21}$ 加到第 2 行,使第 2 行的第 1 列变为 0,共要做 $3(n+1)$ 次算术运算(求逆、相乘和相加三种运算). 用这样的方法将系数矩阵的第 1 列中除第 1 行外的元素均变成 0,共要作 $3(n+1)(n-1)\approx 3n^2$ 次算术运算. 因为系数矩阵共有 n 列,所以用高斯消去法解 n 个变元的线性方程组顶多做 $3n^3$ 次算术运算,故其时间复杂性为 $O(n^3)$,也称时间复杂性的指数阶 $r=3$.

算法 E(Coppersmith-Winogrand 消去法)

将方程组(1.8)记作

$$\boldsymbol{AX}=\boldsymbol{B}, \tag{1.9}$$

称 $\boldsymbol{A}^*=(\boldsymbol{A}\parallel\boldsymbol{B})$ 为 $\boldsymbol{A}$ 的增广矩阵.

Coppersmith-Winogrand 消去法是先把增广矩阵 $\boldsymbol{A}^*$ 化成上(下)三角矩阵

$$\begin{bmatrix} b_{11} & b_{12} & \cdots & b_{1n} & b_1' \\ & b_{22} & \cdots & b_{2n} & b_2' \\ & & \ddots & \vdots & \vdots \\ & & & b_{nn} & b_n' \end{bmatrix}, \tag{1.10}$$

然后把 $x_n = b'_n / b_{nn}$ 代回到上一方程，求出 x_{n-1}；再把 x_n, x_{n-1} 代回到上一方程，求出 x_{n-2}；……依此类推，直到求得 x_1. Coppersmith-Winogrand 消去法的时间复杂性是化 $\boldsymbol{A}^*$ 为式(1.10)的复杂性与回代的复杂性之和. 回代的复杂性是 $O(n^2)$，设把 $\boldsymbol{A}^*$ 化为矩阵(1.10)的复杂性为 $O(x)$，则这个消去法的时间复杂性为 $O(n^2)+O(x)$. 1982 年，Coppersmith 证明了这个消去法的时间复杂性为 $O(n^r)$，其中 $r<2.495548$.

从例 1.8 可以看出，对于较复杂的问题，要给出问题复杂性的一个紧的上、下界是相当困难的，这是因为无法断定是否存在比已知算法更有效的求解算法. 正因为这样，研究问题的复杂性更加注重较大范围里的分类.

1.5.4　P 类　PP 类　NP 类

计算复杂性理论是将问题放在图灵机[4](Turing machine，TM)上求解来将其分类的. 一个图灵机是一个具有无限读写纸带的有限自动机，它是目前数字计算机的理论模型.

确定型图灵机是以有限指令组和程序以及无限多的初始空存单元的计算机，并且输出结果完全取决于输入和初始状态.

如果一个算法能直接求出问题的解或在确定型图灵机上可解，则称之为*确定型算法*. 例如，迄今为止所给出的求最大公因数的欧几里得算法等例子都是确定型算法.

能证明无法构造一个算法去求解(或者说，在图灵机上没有办法写出求解算法)的问题称为*不可判定*(undecidable)*问题*. 例如，任意一个计算机程序在接受任意一个输入后最终是否停机问题、有限表示群的平凡问题、整数多项式的可解性问题等都是不可判定问题. 这类问题当然是最难的，因而也无法讨论它们.

定义 1.8(P 类)　*记 P 类表示具有下列特征的问题类：问题 L 在 P 类中，如果存在一个图灵机 M 和一个多项式 $p(n)$，使得对任意非负整数 n，M 可以在时间 $T_{\mathrm{M}}(n)\leqslant p(n)$ 内解决任意实例 $I\in L$，其中 n 为表示实例 I 规模的整数参数，则称 L 为在多项式内可解的.*

例如，$N\times N$ 阶矩阵求逆、N 个整数的排序、两个正整数的乘积以及可以由库存子程序求解的任何问题等都是 P 类问题.

能找到一个算法去求解(在图灵机上可解或可用“是”或“否”回答)的问题称为*可判定*(decidable)*问题*. 自然，P 类中问题都是可判定问题. 然而，对实际中的一些问题，既难于证明无法构造一个算法去求解，又找不到一个算法去求解它，于是就无法确定这样的问题是不是可判定问题. 这样，只好研究可判定问题是难解的或是易解的.

人们已经广泛接受，如果一个问题不属于 P 类，那么不存在总能解决它的图灵机.但是,有一类问题具有下列特性:没有证明它们属于 P 类,但它们总能用一种图灵机有效地解决,有时也会出现错误.

这种机器有时会出错的原因是有些操作步骤机器会做随机运动.尽管有些移动也产生正确的结果,但其他移动则会产生错误的结果.这种图灵机称为非确定型图灵机.这种图灵机在解决问题时,总是先进行猜测的一系列移动,然后再进行确定性运算.下面介绍的是判定性问题的一个子类[5],它具有下面的有界差错特性:回答判定性问题时,非确定型图灵机出错概率的界是一个常数(概率空间是机器的随机纸带).

习惯上,称具有有界差错的非确定型图灵机为概率式图灵机,因此,"非确定型图灵机"实际上是指另一类不同的判定问题,将在随后介绍.

由于涉及随机输入,概率式图灵机对输入实例 I 解决的算法的时间复杂性不再是确定性函数,而是与一个随机变量有关,也就是说,是机器随机输入的一个函数.该随机变量对 I 的解造成了一定的差错概率.概率式图灵机可解问题类称为概率多项式时间问题类,记为 PP 类.

定义 1.9(PP 类) 我们记 PP 类表示具有下列特征的问题类:问题 L 在 PP 类中,如果存在一个概率式图灵机 PM 和一个多项式 $p(n)$,使得对任意非负整数 n,PM 可以在时间 $T_{\mathrm{PM}}(n)\leqslant p(n)$ 内以一定的差错概率解决任意实例 $I\in L$,其中 n 为表示实例 I 规模的整数参数,差错概率是关于 PM 随机移动的一个随机变量.

"一定的差错概率"可以表示成以下两个条件概率界:

$$\Pr[\text{PM 解问题的实例 } I\in L \mid I\in L]\geqslant \varepsilon, \tag{1.11}$$

$$\Pr[\text{PM 解问题的实例 } I\in L \mid I\notin L]\leqslant \delta, \tag{1.12}$$

其中 ε 和 δ 为参数,满足 $\varepsilon\in(1/2,1]$,$\delta\in[0,1/2)$.

下面定义几个 PP 类的子类.

定义 1.10(ZPP 类) (它表示零边差错概率多项式时间)PP 类的一个子类称为 ZPP 类,如果式(1.11)和(1.12)中的差错概率界具有下列特性:对任意 $L\in$ ZPP 类,存在一个随机算法 A,对任意实例 I 满足

$$\Pr[\text{A 解问题的实例 } I \mid I\in L]=1,$$

$$\Pr[\text{A 解问题的实例 } I \mid I\notin L]=0.$$

这一概率特性表示随机化算法里的随机操作根本就没有出错.因此,乍一看,ZPP 类应该和 P 类没有区别.但是,有一类问题它既可以用确定性算法求解,也可以用随机性算法求解,都是多项式时间.尽管所用的随机化算法不会产生任何错误,但比对应的确定算法快得多.把这个子类形象地描述为"总是很快且正确的"子类.

定义 1.11(PP(Monte Carlo)类) PP 类的一个子类称为 PP(Monte Carlo)

类，如果式(1.11)和(1.12)中的差错概率界具有下列特性：对任意 $L\in$ PP(Monte Carlo)类，存在一个随机算法 A，使得对任意实例 I 满足

$$\Pr[\text{A 解问题的实例 } I \mid I \in L] = 1,$$
$$\Pr[\text{A 解问题的实例 } I \mid I \notin L] \leqslant \delta.$$

注 1.2 现在 $\delta\neq 0$；否则，该子类退化为特例 ZPP 类. 这样的算法有可能出错，错误地接受一个非实例. 但是，如果输入的确是一个实例，则它总是可解的. 算法的这个子类称为 Monte Carlo 算法. 在第 6 章中将会给出一个具体的 Monte Carlo 算法的例子. 把这个子类形象地描述为"总是快速且很可能正确的"子类.

定义 1.12(PP(Las Vegas)类) PP 类的一个子类称为 PP(Las Vegas)类，如果式(1.11)和(1.12)中的差错概率界具有下列特性：对任意 L∈PP(Las Vegas)类，存在一个随机化算法 A，使得对任意实例 I 满足

$$\Pr[\text{A 解问题的实例 } I \mid I \in L] \geqslant \varepsilon,$$
$$\Pr[\text{A 解问题的实例 } I \mid I \notin L] = 0.$$

注 1.3 现在 $\varepsilon\neq 1$；否则，该子类退化为 ZPP 类的一种特例. 这样的算法有可能出错，错误地没有解决一个实例. 但是，如果解决了一个实例，则它不可能是错的. 算法的这个子类称为 Las Vegas 算法，即要么给出正确答案，要么不给出任何答案的随机化算法. 在第 6 章中将会给出一个具体的 Las Vegas 算法的例子. 把这个子类形象地描述为"很可能快且总是正确的"子类.

观察 P 类、ZPP 类、PP(Monte Carlo)类、PP(Las Vegas)类的概率特征，下列等式是成立的：

$$\text{ZPP 类} = \text{PP(Monte Carlo) 类} \cap \text{PP(Las Vegas) 类}$$

$$\text{P 类} \subseteq \text{ZPP 类} \subseteq \frac{\text{PP(Monte Carlo)}}{\text{PP(Las Veas)}} \subseteq \text{PP 类}$$

定义 1.13(有效算法) 能够解决以上任何一类问题的算法称为有效算法.

定义 1.13 给出了易解性概念. 不管是确定性的还是随机性的，存在有效算法可解的问题是易解的. 也就是说，即使这类问题的规模非常大，它要求的资源也是可以处理的. 易解问题以外的问题是难解的.

实际应用中，一个算法是否是计算上可行的，在相当程度上也取决于问题实例的规模或算法输入的数据长度. 对特别大的 n，多项式时间算法在计算上未必可行，而对很小的 n，指数时间算法却可能是可行的. 例如，当 $n\leqslant 26$ 时，时间复杂性为 $O(2^n)$ 的指数型算法比时间复杂性为 $O(n^5)$ 的多项式时间算法的复杂性要小. 称次数很小的多项式时间算法为实际有效算法.

为了定义 NP 问题类，定义非确定型算法如下：非确定型算法由猜想阶段与验证阶段组成. 给定判定问题的一个实例 I，非确定型算法首先(不计时间代价)"猜

想出”某个结构 S，然后将 I 和 S 作为验证阶段的输入，再以普通确定型算法进行运算，所得的结果无非是以下两种：

(1) 停机在答案“是”；

(2) 停机在答案“否”或不停地运算下去.

如果对判定问题 W 的任意实例 I，$I\in Y_W$ 的充分必要条件是存在结构 S，使得在非确定型算法的验证阶段对输入 I 和 S 出现情况(1)，则称非确定型算法可以求解判定问题 W.

对于解判定问题的非确定型算法 A，如果存在多项式时间 P，使得对任意的 $I\in Y_W$，由猜想的 S 导出以 I 和 S 为输入的算法 A 的验证阶段在时间 $P(n)$ 内停机在答案“是”，其中 n 表示实例 I 的规模，则称非确定型算法 A 在多项式时间内可以求解判定问题 W.

定义 1.14(NP 类)　NP 类表示用非确定型图灵机在多项式时间内可解或用非确定型算法 A 用多项式时间可解的问题.

例 1.9(背包(knapsack)问题或称为子集和(subset sum)问题)　给定 n 个整数的集合 $A=\{a_1,a_2,\cdots,a_n\}$(通常称 $A=\{a_1,a_2,\cdots,a_n\}$ 为背包向量)和一个整数 s，问是否存在 A 的一个子集合 A'，使得

$$\sum_{x\in A'} x = s.$$

对于给定的 A 的一个子集 A'，容易验证 A' 的所有元素之和是否为 s. 然而，要找一个 A 的子集 A'，使其元素之和为 s 要困难得多. 因为 A 有 2^n 个可能的子集，试验所有子集的时间复杂性为 $O(2^n)$. 所以背包问题是 NP 问题.

例 1.10　可满足(satisfiability)问题(简称 SAT).

为统一记号，设 $X=\{x_1,x_2,\cdots,x_n\}$ 为布尔(Boolean)变量集，X 上一个赋值定义为函数

$$v: X\to\{T,F\},\quad x_i\to v(x_i).$$

如果 $x\in X$，$v(x)=T$ 当且仅当 x 在 v 下取值 T. $v(\bar{x})=T$ 当且仅当 $v(x)=F$. X 上析取式 c 为 X 上某些变元的或，如 $c=x_1\vee\bar{x}_3\vee x_8$ 是一个析取式. 赋值 v 满足析取式 c 当且仅当 c 中至少有一个 x_i 或 $\bar{x}_i$ 在 v 下取值 T. X 上的 n 元布尔函数 $f(x_1,x_2,\cdots,x_n)$ 定义为 $f(x_1,x_2,\cdots,x_n)=c_1\wedge c_2\wedge\cdots\wedge c_r$(其中 c_i 为 X 上的析取式). 赋值 v 满足 $f(x_1,x_2,\cdots,x_n)$ 当且仅当 v 满足 C 中所有的 $c_i(i=1,2,\cdots,n)$. 于是可满足如下问题：设 $X=(x_1,x_2,\cdots,x_n)$ 是布尔变元集，$f(x_1,x_2,\cdots,x_n)=c_1\wedge c_2\wedge\cdots\wedge c_r$ 是 X 上的 n 元布尔函数，问是否存在满足 $f(x_1,x_2,\cdots,x_n)$ 的赋值 v?

对于给定的赋值 $v=(v(x_1),v(x_2),\cdots,v(x_n))$，容易验证 $f(v(x_1),v(x_2),\cdots,$

$v(x_n)$)是否等于 T,即 $v=(v(x_1),v(x_2),\cdots,v(x_n))$是否满足 $f(x_1,x_2,\cdots,x_n)$. 然而,要找一个赋值 $v=(v(x_1),v(x_2),\cdots,v(x_n))$使得 $f(v(x_1),v(x_2),\cdots,v(x_n))$等于 T 要困难得多. 因为有 2^n 个可能的赋值,试验所有可能赋值的时间复杂性为 $O(2^n)$,所以可满足问题是 NP 类问题.

任一确定型算法和与之相应的非确定型算法的检查阶段等同,因此 P 类$\subseteq$NP 类. 同时

ZPP 类、PP(Monte Carlo)类、PP(Las Vegas)类$\subseteq$NP 类.

事实上,ZPP 类、PP(Monte Carlo)类和 PP(Las Vegas)类都是真正的 NP 类问题,因为它们实际上都是非确定性多项式时间问题,NP 类问题的这些子类可以有效求解的唯一原因是这些 NP 类问题有大量的辅助输入,通过随机猜测可以很容易找到它们. 通过限制 NP 类为只有稀疏辅助输入的非确定多项式时间(判定性)问题类,这只是个习惯约定. 这里"稀疏辅助输入"的含义是在一个 NP 类问题的计算中,分数=随机的可解实例/所有可能的实例,它是一个可忽略的量.

如果一个 NP 类问题只有稀疏辅助输入,则引入随机猜测步骤的非确定性算法实际上并不能提供任何有用的(即有效的)算法来解它,这与非确定性算法对有大量辅助输入的 NP 类问题是不同的情形,称这类问题为 NP 难解问题.

因为 NP 类问题包含在 P 类中当且仅当用非确定型算法在多项式时间内可解的问题一定可用确定型算法在多项式时间内求解,所以除肯定 P 类$\subseteq$NP 类外,人们倾向于 P 类$\neq$NP 类. 1979 年,Garey 证明了如下定理:

定理 1.8 对任意 $w\in$ NP 类,存在多项式 P 类,使得能用时间复杂性 $O(2^{p(n)})$的确定型算法解出 w.

定理 1.8 表明,可以用确定型算法求解 NP 类中的一切问题 w,但其时间复杂性是指数型的,除非 $w\in$P 类. 对定理 1.8 中的判定问题 $w\in$NP 类,因为尚无法证明 $w\in$P 类,自然认为 w 是难的. 由于尚未证明 P 类$\neq$NP 类,所以也无法断定 $w\in$NP 类$-$P 类,因而只好设法去证明"如果 P 类$\neq$NP 类,则 $w\in$NP 类$-$P 类"这一较弱的结论. 既然这些问题都没有解决,也只好研究"NP 类中最难的一类问题". 其定义如下:

如果判定问题 $w'\in$NP 类,并且对任意的 $w\in$NP 类,w 均可"多项式地变换到"w'(记作 $w\propto w'$,也称为图灵归约),则称 w'为 NP 完全的. 而 $w\propto w'$是指存在一个 $f:D_w\to D_{w'}$,满足条件:

(1) 能用一个多项式时间算法完成变换 f;

(2) 对任意 $I\in D_w$,$I\in Y_w$ 当且仅当 $f(I)\in Y_{w'}$.

$w\propto w'$可以解释为"至少同 w 一样难". 因为以上条件指出,在忽略变换 f 的一个多项式时间代价的前提下,Y_w 中的任一实例 I 的代替物 $f(I)$总能以某种身份在 $Y_{w'}$ 中出现,所以若 w'的实例 $f(I)$得解,则 w 的实例 I 得解.

根据NP完全问题的定义，如果w是一个NP完全问题，并且能用确定型算法在多项式时间内求解它，则P类=NP类. 反之，若P类=NP类，则NP完全问题可以用确定型算法在多项式时间内求解. 由于人们倾向于P类≠NP类，故NP完全问题是不能在多项式时间内求解的判定问题. 记

$$\mathrm{NPC} = \{w \mid w \text{是 NP 完全问题}\}.$$

定理 1.9　若$w_1 \propto w_2$，$w_2 \propto w_3$，则$w_1 \propto w_3$.

定理 1.10　已知$w_1, w_2 \in$ NP类，$w_1 \propto w_2$，则

(1) 若$w_2 \in$ P类，则$w_1 \in$ P类；

(2) 若$w_1 \in$ NPC，则$w_2 \in$ NPC.

以下是6个基本的NP完全问题：

(1) 3元可满足问题(3SAT)　设$X=\{x_1, x_2, \cdots, x_n\}$，$C=\{c_1, c_2, \cdots, c_r\}$是$X$上的析取式集，$|c_i|=3(i=1,2,\cdots,r)$，问是否存在满足$C$的赋值$v$?

(2) 3元匹配问题(3DM)　设集$M \subset W \times X \times Y$，$W, X, Y$为三个互不相交的集合，并且$|W|=|X|=|Y|=q$，问$M$是否包含一个匹配，即是否存在子集$M' \subset M$，使得$|M'|=q$且$M'$中任何两元素的任何两坐标均不相同?

(3) 顶点覆盖问题(VC)　设图$G=(V,E)$，正整数$z \leqslant |V|$，问G中是否存在k个顶点的覆盖，即是否存在子集$V' \subset V$，使得$|V'| \leqslant z$，并且对每一个边$(u,v) \in E$，u和v中至少有一个属于V'?

(4) 团问题(Cligue)　设图$G=(V,E)$，正整数$z \leqslant |V|$，问G中是否有阶大于等于z的团，即是否存在子集$V' \subset V$，使得$|V'| \geqslant z$且V'中任意两顶点都有E中一条边连接?

(5) 哈密顿回路问题(HC)　设图$G=(V,E)$，问G中是否有哈密顿回路，即设$|V|=n$，是否有G的顶点的一个排列$\{v_1, v_2, \cdots, v_n\}$，使得$(v_i, v_{i+1}) \in E(1 \leqslant i \leqslant n-1)$且$(v_n, v_1) \in E$?

(6) 划分问题(Patition)　设A为有穷集，对任意$a \in A$，a的大小$s(a) \in \mathbf{Z}^+$，问是否有子集$A' \subset A$，使得

$$\sum_{a \in A'} s(a) = \sum_{a \in A-A'} s(a) = \frac{\sum\limits_{a \in A} s(a)}{2}.$$

作为本节的结束语，算法的复杂性与问题的复杂性理论是现代密码体制设计与分析的基础. 例如，在典型的序列产生器的设计与分析中，人们对典型的加密序列的线性复杂度的认识在不断深化. 在设计线性复杂度高且对抗驱动序列与输出序列的相关性研究中取得了不少有意义的结果. 在研究某些密码体制的破译时，应注意到以下几点：

(1) 人们对问题复杂性的估计受到自身知识水平的限制. 因为问题的复杂性

依赖于他给出的最好算法的复杂性，而人们又在不断地改进自己的算法. 由此也可以看到，虽然有些密码体制的破译在当时是相当困难的，甚至被证明是计算上不可行的，但当科学技术稍有发展之后，就变得可以实现了.

(2) 破译一个密码体制的理论上的复杂性还依赖于破译的类型. Lemple 在 1979 年曾给出一个背包问题的实例，若使用唯密文破译，则它是 NP 完全问题(一般地，NP 完全问题被认为是不可计算的问题)，而使用已知明文破译，求解密钥可归结为求解 n 元线性方程组. 因此，在破译某个密码时，一方面要考虑此密码问题的复杂性，另一方面要利用信息理论和已知条件，努力转化破译类型.

(3) 对有些破译问题，尽管已经证明它是 NP 完全的，但它仍然是可破的. 因为复杂性理论是以求解某个问题的最难实例为代价来度量的. 例如，背包问题已经证明了是 NP 完全的，但 Merkle-Hellman 却给出了破译背包问题的算法. 又如，运用遗传算法求解背包问题也是切实可行的. 由此看来，设计一个好的破译密码问题的算法也是十分重要的.

小结与注释

本章主要对密码学中的基本概念和基础知识进行简要介绍.

香农理论为密码学的研究奠定了坚实的理论基础，因此，介绍了香农理论在密码学中的主要结果，包括完善保密性、熵及性质和唯一解距等问题. 同时，可以看到在香农理论中，对密码体制语义的刻画也是非常有意义的. 密文消息空间是所有可能的消息空间，而原文消息空间是消息空间中很小的一个区域，在这个区域中的消息具有某种相当简单的统计结构，也就是说，它们是有意义的. (好的)加密算法是一种混合变换，它将有意义的小区域中的有意义的消息相当均匀地分布到整个消息空间中. 这种混合特性如下：

$$\lim_{n\to\infty}\bigcup_{n} F^{n}R = \Omega,$$

其中 F 表示空间(消息空间)自身的一个映射(加密算法)，R 表示 Ω 中初始的小区域(原文区域).

上式说明一个好的加密算法应该有这样的一个混合变换性：它可以将空间中的一个初始小区域映射到整个空间. 因此，在后面讲述的各种密码体制，其最终目的都是使密文的分布具有接近随机的分布.

结合 1883 年产生的，Kerchoffs 原理[6]：加密算法的公开，不应该影响明文和密钥的安全。再加上对后面各章密码体制有更好的理解后，我们将对好的密码体制给出下面的总结：

(1) 加解密算法不包含秘密的成分或设计部分；

(2) 加密算法将有意义的消息相当均匀地分布在整个密文消息空间中，甚至可以由加密算法的某些随机运算来获得随机的分布；

(3) 使用正确的密钥，加解密算法是实际有效的；

(4) 不使用正确的密钥，要由密文恢复出相应的明文是一个由密钥参数的大小唯一决定的困难问题，通常取长为 s 的密钥，使得解这个问题所要求计算资源的量级超过 $p(s)$，其中 p 为任意多项式.

随着对密码学认识的加深，可以提出更加严格的要求.

计算复杂性是现代密码学的一个重要基础，本章中给出了计算复杂性理论的主要概念、算法的复杂性、问题的复杂性、易解问题和难解问题等概念.

完善保密系统的思想和熵在密码学中的使用香农理论已有综述[2,3].

对图灵机的一般性描述参见文献[4].

习题 1

1.1　密码分析的类型有哪几种？

1.2　什么是对称密码和非对称密码？

1.3　评价密码体制安全性有哪些标准？

1.4　设集合 $X=\{0,1,2\}$，$p(0)=1/2$，$p(1)=p(2)=1/4$.

(1) 求每个 $x\in X$ 的信息量；

(2) 求 $H(X)$.

1.5　设有两个集合 $X=\{x_1,x_2,\cdots,x_6\}$，$Y=\{y_1,y_2,y_3\}$，其中 $p(x_1)=p(x_2)=p(x_3)=1/4$，$p(x_4)=p(x_5)=p(x_6)=1/12$，$p(y_i)=1/3(i=1,2,3)$，证明 $H(X)>H(Y)$.

1.6　证明：定义 1.3 的熵函数 $H(X)=f(p)=-p\log_2 p-(1-p)\log_2(1-p)$ 具有如下性质：

(1) $H(p)\leqslant 1$ 且等式成立当且仅当 $p=1/2$；

(2) $H(p)=H(1-p)$；

(3) $H'(p)=\log_2\dfrac{1-p}{p}$；

(4) $H''(p)=-\dfrac{1}{p(1-p)\ln 2}$，

其中 $H'(p)$ 和 $H''(p)$ 分别为 $H(p)$ 的一阶导数和二阶导数.

1.7　证明：对任意有 n 个事件的集合 $X=\{x_1,x_2,\cdots,x_n\}$ 有

(1) $H(X)=0$ 当且仅当存在一个 i，使得 $p(x_i)=1$ 且对所有的 $j\neq i$ 有 $p(x_i)=0$；

(2) $H(X)=\log_2 n$ 当且仅当对所有的 $1\leqslant i\leqslant n$ 有 $p(x_i)=\dfrac{1}{n}$.

1.8 设有两个事件集 X_1 和 X_2，证明 $H(X_1X_2) \leqslant H(X_1)+H(X_2)$，且等号成立当且仅当 X_1 和 X_2 统计独立.

1.9 设有两个事件集 X_1 和 X_2，证明 $H(X_1|X_2) \leqslant H(X_1)$，并且等号成立当且仅当 X_1 和 X_2 统计独立.

1.10 证明:当且仅当 $H(P|C)=H(P)$ 时，密码体制是完善保密的.

1.11 证明:在任何密码体制中，$H(K|C) \geqslant H(P|C)$.（从直观上讲，给定密文，分析者对密钥的不确定性至少和对明文的不确定性一样大.）

1.12 考虑一个密码体制，其中 $P=\{a,b,c\}$，$K=\{k_1,k_2,k_3\}$，$C=\{1,2,3,4\}$. 假设加密矩阵如下：

密钥 \ 明文	a	b	c
k_1	1	2	3
k_2	2	3	4
k_3	3	4	1

假设密钥是等概率选取的，明文的概率分布是 $\Pr[a]=1/2$，$\Pr[b]=1/3$，$\Pr[c]=1/6$，计算 $H(P)$，$H(C)$，$H(K)$，$H(K|C)$，$H(P|C)$.

1.13 对仿射密码计算 $H(K|C)$ 和 $H(K|P,C)$.

1.14 证明密钥等概率选取的移位密码是幂等的.

1.15 假设 S_1 是移位密码(密钥等概率)，S_2 是密钥满足概率分布 P_k(不必是等概率的)的移位密码，证明 $S_1 \times S_2 = S_1$.

1.16 (1) 描述 n 个数 $x_0,x_1,\cdots,x_{n-1}$ 的排序问题；

(2) 给出该问题的一个实例；

(3) 给出通过比较两个数的大小对 n 个数 $x_0,x_1,\cdots,x_{n-1}$ 进行排序的算法 A，然后再确定此问题实例的规模.

1.17 对两个实数项的 $n \times n$ 的矩阵，

(1) 描述矩阵的乘法；

(2) 给出两个实数项的 $n \times n$ 矩阵的乘法问题的一个实例；

(3) 按照矩阵乘法的定义写出实施两个 $n \times n$ 的矩阵的乘法的算法 B；

(4) 矩阵乘法实例的规模是多少？

1.18 设 x,t,p 均为正整数，计算 $y \equiv x^t \pmod{p}$. 这个问题称为模指数问题.

(1) 给出一个算法(“反复平方——乘”求幂法)来计算 $y \equiv x^t \pmod{p}$；

(2) 求上述算法的时间复杂性.

1.19 已知斐波那契数列 0,1,1,2,3,5,8,11,…满足

$$\begin{cases} f_k = k, & k=0,1, \\ f_k = f_{k-2}+f_{k-1}, & k \geqslant 2. \end{cases}$$

用数学归纳法证明：

$$f_{k+1} \geqslant R^{k-1},$$

其中 $R=\frac{1+\sqrt{5}}{2}$.

1.20 求二元域 F_2 上两个一元多项式 $f_1(x)$和 $f_2(x)$的最大公因式 $d(x)=\gcd(f_1(x),f_2(x))$的欧几里得算法 C 可描述如下：

算法 C

输入：$f_1(x)$和 $f_2(x)$；

输出：$d(x)$

1. $G_0(x) \leftarrow f_1(x)$；$G_1(x) \leftarrow f_2(x)$；$i \leftarrow 1$；
2. if $G_i(x) \neq 1$, do

   $G_{i+1}(x) \leftarrow G_{i-1}(x) (\bmod G_i(x))$；

   $i \leftarrow i+1$；
3. $d(x) \leftarrow G_{i-1}(x)$；

end

试估计算法 C 的时间复杂性.

1.21 设 $f(x)$和 $m(x)$是 $F_2[x]$中的两个一元多项式，求 $f(x)$模 $m(x)$的逆的扩展的欧几里得算法可描述如下：

算法 D

输入：$f(x)$和 $m(x)$；

输出：$h(x)=f(x)^{-1} (\bmod m(x))$；

1. $G_{-1}(x) \leftarrow m(x)$；$G_0(x) \leftarrow f(x)$；

   $P_{-1}(x) \leftarrow 0$；$P_0(x) \leftarrow 1$；

   $Q_{-1}(x) \leftarrow 1$；$Q_0(x) \leftarrow 0$；

   $i \leftarrow 0$；
2. if $G_i(x) \neq 1$, do

   $y \leftarrow [G_{i-1}(x)/G_i(x)]$；

   $G_{i+1}(x) \leftarrow G_{i-1}(x) + y \times G_i(x)$；

   $P_{i+1}(x) \leftarrow P_{i-1}(x) + y \times P_i(x)$；

   $Q_{i+1}(x) \leftarrow Q_{i-1}(x) + y \times Q_i(x)$；

   $i \leftarrow i+1$；
3. $h(x)=P_{i-1}(x)$；

试估计算法 D 的时间复杂性.

1.22　在度量一个算法的计算复杂度时，为什么比特复杂度，即计算比特运算次数，比计算如整数乘法次数的度量更可取？（提示：考虑一个问题可能有不同规模的实例.）

1.23　什么是有效算法？什么是实际有效算法？

1.24　为什么安全性基于 NP 完全问题的密码体制不一定是安全的？

1.25　说出下列问题的区别与联系：

(1) 难处理的；

(2) 易处理的；

(3) 确定性多项式时间；

(4) 实际有效的.

第 2 章

古典密码体制

本章研究一些早期密码体制(或称古典密码体制)及其攻击方法. 这些密码体制大都比较简单,可通过手工操作或机械操作实现加密和解密,因此,现在已极少使用了. 但是研究这些密码的构成原理和攻击这些密码体制的技术,对于序列密码和分组密码的设计与分析都是有益的.

已经知道,通信保密的内容是用于进行思想交流的语言、文字、图像和数据,它们统称为明文. 明文都具有其独特的性质,即使是语言和图像,它们的数字描述也都有各自的统计特性. 为了研究初等密码的攻击技术,首先要了解明文的统计特性.

2.1 语言的统计特性

加密是将明文转换成密文,以达到隐蔽明文信息的目的. 一般来说,明文主要是某些语言的文字、语音、图像(经过数字化处理的)或数据. 研究一种密码的保密性能或探讨这种密码的破译方法,必须研究明文信息在密文信息中有多大程度的泄漏,这首先要研究明文信息自身所具有的统计规律性,建立适当的统计模型.

假设所讨论的明文信息是某种语言的文字,那么加密就是对该语言的明文(由文字组成)进行一种变换,使其成为密文信息. 这种语言的明文可能是英文文字、计算机程序或数据等. 然而,明文和密文都是由被称为字母表的有限字符集中的字符组成的. 设字母表为

$$X\{x_0, x_1, \cdots, x_{m-1}\}.$$

为方便起见,也可用 $0\sim(m-1)$ 的数字 i 来表示. 此时,可将字母表记作

$$Z_m = \{0,1,\cdots,m-1\}.$$

例如,明文信息为英文报文,可将其字母表分别记为 $X=\{a,b,c,\cdots,x,y,z\}$ 或 $Z_m=\{0,1,2,\cdots,24,25\}$,其中 0 表示 a,1 表示 b,……,25 表示 z. 如果给字母表中

的字母之间规定一个结合规则，则可以确定一种语言. 例如，汇编语言、Fortran 语言及诸如英语之类的自然语言都是这样确定的. 明文是由 Z_m 中的元素和固定的结合规则确定的，因此，它具有该语言的统计特性. 例如，在汇编语言中，指令数字通常在 70～80 行中出现；在英语中，字母 q 后面总是跟着字母 u 等.

对于自然语言，如果取一本非专业书籍，统计足够长的课文就会发现，字母(或字符)出现的频率会反映出相应语言的统计特性. 统计大量的课文一定会发现，相应语言中每个字母出现的频率也是相对稳定的，因此，可以用每个字母出现的频率近似地代替该字母在相应语言中出现的概率. 于是便得到该语言字母表 X 上的一个概率分布

$$P=(p_0,p_1,\cdots,p_{m-1}),\tag{2.1}$$

也称(2.1)为该语言的一阶统计特性.

例 2.1　英文字母表 $X=\{a,b,c,\cdots,x,y,z\}$，由独立试验产生明文单码，贝克(Beker)在 1982 年统计的样本总数为 100362[7]，得到单码的概率分布如表 2.1 所示. 这就是英文语言的一阶统计特性. 根据表 2.1，英文字母出现的概率按大小排列如下：

E T A O I N S H R D L C U M W F G Y P B V K J X Q Z

表 2.1　英文字母的概率分布

字　母	概　率	字　母	概　率	字　母	概　率
A	0.08167	J	0.00153	S	0.06327
B	0.01492	K	0.00772	T	0.09056
C	0.02782	L	0.04025	U	0.02758
D	0.04253	M	0.02406	V	0.00978
E	0.12702	N	0.06749	W	0.02360
F	0.02280	O	0.07567	X	0.00150
G	0.02015	P	0.01929	Y	0.01974
H	0.06094	Q	0.00095	Z	0.00074
I	0.06966	R	0.05497		

在表 2.1 中，不少字母出现的概率近乎相等. 为应用方便起见，常将英文字母表按字母出现的概率大小分类，分类情况如表 2.2 所示.

表 2.2　英文字母分类表

1	极大概率字母集	E
2	大概率字母集	T,A,O
3	较大概率字母集	I,N,S,H,R
4	平均概率字母集	D,L
5	较低概率字母集	C,M,W,F,G,Y,P,B,U
6	低概率字母集	V,K
7	极低概率字母集	J,X,Q,Z

其他语言和数据也有类似于英语语言的一阶统计特性. 如果随意统计一段足够长的英文课文,只要内容不是太特殊,其结果一定与表 2.1 和表 2.2 基本相同. 这表明英文的一篇文章中各个字母出现的概率是基本可预测的,它将为密码分析提供某一方面的依据.

语言的一阶统计特性至少在以下两个方面没有反映出英文语言的特征:

(1) 根据英文的一阶统计特性可以计算出双字母 QE 出现的概率为

$$p(\mathrm{QE}) = 0.00095 \times 0.12702 \approx 1.21 \times 10^{-4}.$$

这就是说,在 10^6 个双字母组的抽样中,QE 出现的次数大约应为 121 次,但这不符合英文课文的实际,因为在英文课文中,QE 根本不出现.

(2) 四字母 SEND 和 SEDN 在一阶统计特性下出现的概率相等,这也不符合英文的实际.

总之,自然语言的一阶统计特性只反映了单字母出现的概率,而没有反映该种语言文字的字母间的相关关系. 为了体现自然语言的**双字母统计特性**(又称**二阶统计特性**),需要考察该语言的文字中相邻字母对出现的频数. 统计足够长(如 N 长)的课文,只要课文内容不是太特殊,就得到双字母出现的频数如下:

$$N(x_i, x_j), \quad i, j = 0, 1, \cdots, m-1.$$

而双字母(x_i, x_j)的概率 $p(x_i, x_j)$近似地用 $N(x_i, x_j)/(N-1)$表示.

例 2.2 由独立试验产生双字母. 表 2.3 根据 Beker 在 1982 年统计的英文双字母的频数给出了英文双字母的概率. 根据表 2.3,可以计算出四字母 SEND 和 SEDN 及双字母 QE 出现的概率分别为

$$p(\mathrm{SEND}) = p(\mathrm{SE}) \times p(\mathrm{ND}) \approx 0.7919 \times 10^{-4},$$
$$p(\mathrm{SEDN}) = p(\mathrm{SE}) \times p(\mathrm{DN}) \approx 0.08146 \times 10^{-4},$$
$$p(\mathrm{QE}) = 0.$$

这与根据英语语言的一阶统计特性计算出来的四字母 SEND 和 SEDN 及双字母 QE 的概率不同. 显然,它更接近于英文的文字特点.

表 2.3 双字母概率表

	A	B	C	D	E	F	G	H	I	J	K	L	M
A	159	1853	3796	4603	249	1166	1963	428	4235	80	1096	6815	2461
B	1316	30	10	10	5291	10	0	0	508	70	0	1445	10
C	3926	30	588	40	4890	90	20	4026	1744	20	1385	1196	20
D	4305	2122	747	986	5411	1116	528	2162	4693	130	80	1076	837
E	9894	1943	5819	13003	4693	2979	1505	3447	4025	349	538	5639	4494
F	2003	159	329	129	2680	1395	139	608	2198	30	30	1166	309
G	2182	229	239	179	3029	530	279	2780	1614	60	0	757	369
H	10662	219	269	90	29932	109	99	548	7383	40	0	159	359
I	1684	538	4344	3318	2361	2053	1933	359	60	20	727	4115	2371

续表

	A	B	C	D	E	F	G	H	I	J	K	L	M
J	69	0	0	0	290	0	0	0	0	0	0	0	0
K	428	99	60	30	2690	89	69	138	1514	20	0	279	79
L	4135	438	310	3108	6417	667	199	338	5919	70	239	4872	388
M	4673	857	159	89	6317	109	30	249	2342	50	0	79	658
N	4344	887	3220	10363	5919	1126	9645	1206	3607	159	528	976	697
O	1036	1176	1405	1664	458	6915	807	927	1096	90	1315	2919	4942
P	2810	69	30	0	4006	40	10	956	1136	20	10	1783	80
Q	0	0	0	0	0	0	0	0	0	0	0	0	0
R	5669	727	1345	2282	13481	887	528	1176	5610	79	917	737	2033
S	6596	1395	1033	807	7642	1146	398	6128	5052	99	460	1056	1445
T	6257	937	1235	508	8021	757	249	30042	8878	60	209	1415	1096
U	827	518	1016	608	917	189	1455	159	1016	0	59	3109	677
V	837	0	10	0	6736	0	0	0	1704	0	10	0	0
W	630	69	39	189	3746	79	30	4364	3726	0	20	129	149
X	99	0	149	0	69	20	0	60	149	0	0	0	40
Y	1983	618	847	508	1694	717	259	827	1315	89	89	498	548
Z	149	0	0	10	159	0	0	0	140	0	0	30	0

	N	O	P	Q	R	S	T	U	V	W	X	Y	Z
A	14139	120	2381	30	824	9386	11130	1006	2033	1186	110	2770	239
B	10	1574	10	0	1026	299	149	1903	40	0	0	1206	0
C	10	559	0	30	798	269	2302	688	10	50	0	89	10
D	1066	3657	628	50	1405	2750	5151	1006	319	1644	0	658	0
E	11369	3378	3467	229	18533	11659	8479	737	2063	4723	1146	2839	70
F	60	3876	299	10	1783	438	3009	876	40	478	0	239	0
G	688	1853	189	20	1096	827	1853	797	30	418	0	110	10
H	269	5032	259	20	877	458	2411	877	40	438	0	309	0
I	18653	3487	697	50	3268	8549	8390	40	1724	568	179	20	149
J	0	737	0	0	0	0	0	518	0	0	0	0	0
K	568	378	60	0	20	460	448	30	0	169	0	79	0
L	149	3956	388	10	199	1425	1863	548	339	389	0	3876	0
M	89	3049	1275	0	498	797	827	837	30	259	0	787	0
N	897	4683	518	90	399	3906	11010	438	369	1236	40	1186	30
O	11776	3238	2023	40	8988	3328	4713	10333	1674	3906	30	229	40
P	10	2601	1455	0	1973	608	837	628	10	109	0	109	0
Q	0	0	0	0	0	0	0	950	0	0	0	0	0
R	1495	5988	687	49	1664	4852	4813	847	538	1116	0	2312	39
S	857	4494	2122	240	548	4045	11429	2223	260	2441	0	540	0
T	349	11070	677	50	3208	3587	5112	2053	139	2660	0	1943	40
U	3826	79	1196	10	4773	3119	3816	0	20	169	0	10	10
V	0	428	10	0	0	10	10	0	0	10	0	19	0
W	917	2770	110	0	209	558	448	59	20	159	0	169	10
X	0	30	339	0	10	10	428	10	0	69	0	0	0
Y	289	2899	498	20	359	1923	1933	139	69	1405	0	199	10
Z	0	79	0	0	0	0	0	39	82	0	0	30	79

在表 2.3 中,英文双字母的概率最大的 30 对字母按概率大小排列如下:

th he in er an re ed on es st en at to nt ha
nd ou ea ng as or ti is et it ar te se hi of

如果随意统计一段内容不是太特殊的足够长的英文课文,其结果一定和表 2.3 基本相同.这也表明双字母在英文课文中出现的概率是基本可预测的,它为密码分析提供了又一方面的依据.

类似地,还可以考察英文课文中三字母出现的频数 $N(x_i,x_j,x_k)$ 为

$$N(x_i,x_j,x_k)/(N-2),$$

可以作为三字母出现的(x_i,x_j,x_k)的概率.仍按 Beker 在 1982 年统计的结果(样本总数为 100360)得到概率最大的 20 组三字母按概率大小排列为

the ing and her ere ent tha nth was eth
for dth hat she ion int his sth ers ver

特别地,the 出现的概率几乎为 ing 的三倍.

应当强调指出,在利用统计分析法时,密文量要足够大;否则,会加大密码攻击难度.在实际通信中,除了字母外,还有诸如标点、数字等字符,它们的统计特性也必须考虑进去.数据格式和报头信息对于密码体制的安全有重要意义,在密码分析中也起着重要的作用.

在分析或攻击一份英文的密报时,利用英文的下述统计特性很有帮助.

(1) 冠词 the 对英文的统计特性影响很大,它使 t,h,th,he 和 the 在单字母、双字母和三字母的统计中都为高概率的元素;

(2) 英文中大约有一半的词以 e,s,d 和 t 结尾;

(3) 英文中大约有一半的词以 t,a,s 和 w 开头.

表 2.3 说明如下结论:

(1) 表 2.3 是根据 Beker 的《密码体制》一书中附录 1 的 Sza 计算的,它取材于各种报纸和小说,字符数共有 132597 个,其中字母数为 100362,间隔数为 23922.该表是把报纸中的文章和小说连在一起,去掉间隔后看成一个连续的字母串,然后对相邻两字母进行统计而得到的双字母频数,再依据双字母频数计算双字母的概率.

(2) 为了方便读者阅读表 2.3,把双字母的第一个码字放在左边一列.例如,AC 出现的概率为 3796×10^{-6},而 CA 出现的概率为 3926×10^{-6}.

2.2 单表代替密码

假设所采用语言的字母表含有 q 个字母,即

$$Z_q = \{0,1,\cdots,q-1\},$$

集合 Z_q 上置换的全体记为 $\mathrm{SYM}(Z_q)$，则 $\mathrm{SYM}(Z_q)$ 是 Z_q 上的对称群.

定义 2.1　设 $k=\{\sigma_1,\sigma_2,\cdots,\sigma_n,\cdots\}$ 是一列置换，$x=\{x_1,x_2,\cdots,x_n,\cdots\}$ 是一列明文，其中 $\sigma_i\in\mathrm{SYM}(Z_q)$，$x_i\in Z_q$. 变换 E_k 将 n 明文组 $x=\{x_1,x_2,\cdots,x_n\}$ 加密成 n 密文组 $y=\{y_1,y_2,\cdots,y_n\}$，即

$$E_k(x)=(\sigma_1(x_1),\sigma_2(x_2),\cdots,\sigma_n(x_n))=(y_1,y_2,\cdots,y_n)=y,$$

称上述加密方式为代替(substitution)加密. 当 $\sigma_1=\sigma_2=\cdots=\sigma_n$ 时，称 E_k 为单表代替加密；否则，称之为多表代替加密. 称 σ_i 为代替加密密表.

由于 $\mathrm{SYM}(Z_q)$ 的阶等于 $q!$，故单表代替密码共有 $q!$ 个(其中含恒等代替加密 E_I)不同的代替加密密表.

下面介绍几种简单的单表代替密码.

2.2.1　移位代替密码

以下将 q 个字母的字母表与 Z 模 q 中数作一一对应，利用每个字母对应的数字代替该字母. 例如，将英文字母表作如下对应表 2.4：

表 2.4

a	b	c	d	e	f	g	h	i	j	k	l	m
0	1	2	3	4	5	6	7	8	9	10	11	12
n	o	p	q	r	s	t	u	v	w	x	y	z
13	14	15	16	17	18	19	20	21	22	23	24	25

这样，可以用 0 表示 a，用 1 表示 b，……

移位代替密码(shift cipher)是最简单的一种代替密码，其加密变换为

$$E_k(i)=i+k\equiv j(\mathrm{mod}\ q),\quad 0\leqslant i,j<q, \tag{2.2}$$

$$K=\{k\mid 0\leqslant k<q\}. \tag{2.3}$$

显然，移位代替密码的密钥空间中的元素个数为 q，其中 $k=0$ 为恒等变换. 其解密变换为

$$D_k(j)=E_{q-k}(j)\equiv i(\mathrm{mod}\ q). \tag{2.4}$$

例 2.3　凯撒密码(Caesar cipher)是对英文字母表进行移位代替的密码，其中 $q=26$. 例如，选择密钥 $k=3$，则有下述代替表表 2.5：

表 2.5

明文	a	b	c	d	e	f	g	h	i	j	k	l	m	n	o	p	q	r	s	t	u	v	w	x	y	z
密文	D	E	F	G	H	I	J	K	L	M	N	O	P	Q	R	S	T	U	V	W	X	Y	Z	A	B	C

若明文

$$m = \text{casear cipher is a shift substitution},$$

则密文为

$$c = E_3(m) = \text{FDVHDU FLSKHU LV D VKLIW VXEVWLWXWLRQ}.$$

解密时，只要用密钥 $k=23$ 的加密密表对密文 c 进行加密运算就可恢复出原明文.这种密码是将明文字母表中字母位置下标与密钥 k 进行模 q 加法的运算结果作为密文字母位置下标，相应的字母即为密文字母，因此，又称之为加法代替密码.为了加密与解密方便起见，可将英文字母表的所有移位作为行列出来，如表 2.6 所示，该表称为维吉尼亚密表.

表 2.6　维吉尼亚密表

明文 / 移位数	a	b	c	d	e	f	g	h	i	j	k	l	m	n	o	p	q	r	s	t	u	v	w	x	y	z
移位 0	A	B	C	D	E	F	G	H	I	J	K	L	M	N	O	P	Q	R	S	T	U	V	W	X	Y	Z
移位 1	B	C	D	E	F	G	H	I	J	K	L	M	N	O	P	Q	R	S	T	U	V	W	X	Y	Z	A
移位 2	C	D	E	F	G	H	I	J	K	L	M	N	O	P	Q	R	S	T	U	V	W	X	Y	Z	A	B
移位 3	D	E	F	G	H	I	J	K	L	M	N	O	P	Q	R	S	T	U	V	W	X	Y	Z	A	B	C
移位 4	E	F	G	H	I	J	K	L	M	N	O	P	Q	R	S	T	U	V	W	X	Y	Z	A	B	C	D
移位 5	F	G	H	I	J	K	L	M	N	O	P	Q	R	S	T	U	V	W	X	Y	Z	A	B	C	D	E
移位 6	G	H	I	J	K	L	M	N	O	P	Q	R	S	T	U	V	W	X	Y	Z	A	B	C	D	E	F
移位 7	H	I	J	K	L	M	N	O	P	Q	R	S	T	U	V	W	X	Y	Z	A	B	C	D	E	F	G
移位 8	I	J	K	L	M	N	O	P	Q	R	S	T	U	V	W	X	Y	Z	A	B	C	D	E	F	G	H
移位 9	J	K	L	M	N	O	P	Q	R	S	T	U	V	W	X	Y	Z	A	B	C	D	E	F	G	H	I
移位 10	K	L	M	N	O	P	Q	R	S	T	U	V	W	X	Y	Z	A	B	C	D	E	F	G	H	I	J
移位 11	L	M	N	O	P	Q	R	S	T	U	V	W	X	Y	Z	A	B	C	D	E	F	G	H	I	J	K
移位 12	M	N	O	P	Q	R	S	T	U	V	W	X	Y	Z	A	B	C	D	E	F	G	H	I	J	K	L
移位 13	N	O	P	Q	R	S	T	U	V	W	X	Y	Z	A	B	C	D	E	F	G	H	I	J	K	L	M
移位 14	O	P	Q	R	S	T	U	V	W	X	Y	Z	A	B	C	D	E	F	G	H	I	J	K	L	M	N
移位 15	P	Q	R	S	T	U	V	W	X	Y	Z	A	B	C	D	E	F	G	H	I	J	K	L	M	N	O
移位 16	Q	R	S	T	U	V	W	X	Y	Z	A	B	C	D	E	F	G	H	I	J	K	L	M	N	O	P
移位 17	R	S	T	U	V	W	X	Y	Z	A	B	C	D	E	F	G	H	I	J	K	L	M	N	O	P	Q
移位 18	S	T	U	V	W	X	Y	Z	A	B	C	D	E	F	G	H	I	J	K	L	M	N	O	P	Q	R
移位 19	T	U	V	W	X	Y	Z	A	B	C	D	E	F	G	H	I	J	K	L	M	N	O	P	Q	R	S
移位 20	U	V	W	X	Y	Z	A	B	C	D	E	F	G	H	I	J	K	L	M	N	O	P	Q	R	S	T
移位 21	V	W	X	Y	Z	A	B	C	D	E	F	G	H	I	J	K	L	M	N	O	P	Q	R	S	T	U
移位 22	W	X	Y	Z	A	B	C	D	E	F	G	H	I	J	K	L	M	N	O	P	Q	R	S	T	U	V
移位 23	X	Y	Z	A	B	C	D	E	F	G	H	I	J	K	L	M	N	O	P	Q	R	S	T	U	V	W
移位 24	Y	Z	A	B	C	D	E	F	G	H	I	J	K	L	M	N	O	P	Q	R	S	T	U	V	W	X
移位 25	Z	A	B	C	D	E	F	G	H	I	J	K	L	M	N	O	P	Q	R	S	T	U	V	W	X	Y

2.2.2 乘法代替密码

乘法代替密码(multiplicative cipher)的加密变换为

$$E_k(i) = i \cdot k \equiv j(\text{mod } q), \quad 0 \leqslant j < q. \tag{2.5}$$

这种密码又称为采样密码(decimation cipher),这是因为其密文字母表是将明文字母表按下标每隔 k 位取出一个字母排列而成(字母表首尾相接)的. 显然,当 $\gcd(k,q)=1$,即 k 与 q 互素时,明文字母表与密文字母表才是一一对应的. 若 q 为素数,则有 $q-2$ 个可用密钥;否则,就只有 $\varphi(q)-1$ 个可用密钥,其中 $\varphi(q)$ 为欧拉(Euler)函数,它表示小于 q 且与 q 互素的正整数的个数.

例 2.4 英文字母表 $q=26$,选 $k=9$,则有乘法代替密码的明文密文字母对应表如下(表 2.7):

表 2.7

明文	a	b	c	d	e	f	g	h	i	j	k	l	m	n	o	p	q	r	s	t	u	v	w	x	y	z
密文	A	J	S	B	K	T	C	L	U	D	M	V	E	N	W	F	O	X	G	P	Y	H	Q	Z	I	R

若明文为

$$m = \text{multiplicative cipher},$$

则有密文

$$c = \text{EYVPUFVUSAPUHK SUFLKX}.$$

定理 2.1 在乘法代替密码中,当且仅当 $\gcd(k,q)=1$,E_k 才是一一映射.

证明 对于任意的 $j,k,i \in Z_q$,$jk \equiv ik(\text{mod } q)$当且仅当$(j-i)k \equiv 0(\text{mod } q)$. 若 $\gcd(k,q)=1$,则必有 $j=i$,因而是一一映射. 若 $\gcd(k,q)=d>1$,则 $j=i+q/d$ 也可使$(j-i)k \equiv 0(\text{mod } q)$,因而对 $j \neq i$,j 和 i 将被映射成同一字母,E_k 不再是一一映射.

由定理 2.1 可知,乘法代替密码实际可用的密钥个数为 $\varphi(q)-1$. 若

$$q = \prod_{i=1}^{r} p_i^{\alpha_i},$$

其中 p_i 为素数,则

$$\varphi(q) = q\prod_{i=1}^{r}\left(1-\frac{1}{p_i}\right). \tag{2.6}$$

对于 $q=26$,与 q 互素且小于 q 的正整数个数为 $\varphi(26)=12$,除去 $k=1$ 的恒等变换,还有 11 种选择,即 $k=3,5,7,9,11,15,17,19,21,23$ 和 25.

设 $\gcd(k,q)=1$,则以 k 为加密密钥的乘法代替密码的解密变换是以 $k \text{ mod } q$

的逆 k^{-1} 为加密密钥的乘法代替密码,即

$$D_k(j) = k^{-1} \cdot j \equiv i (\mathrm{mod}\ q), \quad 0 \leqslant j < q. \tag{2.7}$$

例如,例 2.4 中乘法代替密码的解密变换为

$$D_3(j) = j \cdot 3 \equiv i (\mathrm{mod}\ 26),$$

故解密密表如下(表 2.8):

表 2.8

明文	a	b	c	d	e	f	g	h	i	j	k	l	m	n	o	p	q	r	s	t	u	v	w	x	y	z
密文	A	D	G	J	M	P	S	V	Y	B	E	H	K	N	Q	T	W	Z	C	F	I	L	O	R	U	X

2.2.3 仿射代替密码

将移位代替密码和乘法代替密码结合起来就构成仿射代替密码,其加密变换为

$$E_k(i) = ik_1 + k_0 \equiv j (\mathrm{mod}\ q), \quad k_0, k_1 \in Z_q, \tag{2.8}$$

其中 $\gcd(k_1, q)=1$,以$[k_1, k_0]$表示仿射代替密码的密钥. 当 $k_0=0$ 时,就得到乘法代替密码;当 $k_1=1$ 时,就得到移位代替密码. 当 $q=26$ 时,可用的密钥数为 $26\times 12-1=311$ 个.

因为 $\gcd(k_1, q)=1$,所以存在 $k_1^{-1}\in Z_q$,使得 $k_1 \cdot k_1^{-1}\equiv 1(\mathrm{mod} q)$,故仿射代替密码的解密变换为

$$D_k(j) \equiv (j - k_0) \cdot k_1^{-1} (\mathrm{mod}\ q). \tag{2.9}$$

例 2.5 $k_1=5, k_0=3$ 的仿射代替密码的代替表如下(表 2.9):

表 2.9

明文	a	b	c	d	e	f	g	h	i	j	k	l	m	n	o	p	q	r	s	t	u	v	w	x	y	z
密文	D	I	N	S	X	C	H	M	R	W	B	G	L	Q	V	A	F	K	P	U	Z	E	J	O	T	Y

若明文为

$$m = \text{affine cipher},$$

则密文为

$$c = \text{DCCRQX NRAMXK}.$$

2.2.4 密钥短语密码

可以通过下述方法对例 2.3 的加法代替密码进行改造,得到一种密钥可灵活

变化的密码. 选一个英文短语,称之为密钥字(key word)或密钥短语(key phrase),如 HAPPY NEWYEAR,按顺序去掉第二个出现及以后出现的重复字母得 HAPYNEWR. 将它依次写在明文字母表之下,然后再将明文字母表中未在短语"HAPYNEWR"中出现过的字母依次写在此短语之后,就可构造出一个代替表,如表 2.10 所示.

表 2.10

明文	a	b	c	d	e	f	g	h	i	j	k	l	m	n	o	p	q	r	s	t	u	v	w	x	y	z
密文	H	A	P	Y	N	E	W	R	B	C	D	F	G	I	J	K	L	M	O	Q	S	T	U	V	X	Z

这样,就得到了一种易于记忆而代替表又有多种可能选择的密码. 用不同的密钥字就可得到不同的代替表. 当 $q=26$ 时,将可能有 $26! \cong 4\times 10^{26}$ 种代替表. 除去一些不太有用的代替表外,绝大多数都是可用的.

2.3　单表代替密码的分析

攻击单表代替密码首先要识别所破译的报文是否是用单表代替密码加密的. 由 2.2 节可以看到,单表代替密码是使用同一个代替表对明文进行代替作业,或者说明文字母集和密文字母集之间存在一一对应关系. 因此,其致命的弱点是第 2.1 节中所描述的自然语言的各种基本特性都转移到密文之中. 如果统计密文中每个字母出现的频次,算出独立抽样的单字母、双字母和三字母的概率分布,则其特性基本上同明文的单字母、双字母和三字母的统计特性相似,所不同的只不过是作了一次固定的代替而已.

通常,称攻击单表代替密码的方法为猜字法(anagramming). 该方法的主要依据是每个密文字母在密文中出现的概率和自然语言的文字结合规律. 一般地,攻击单表代替密码的步骤如下:

(1) 做出密文中每个字母出现的频次统计表,算出每个密文字母出现的概率,并与明文字母集的概率分布进行对照,区分哪些是高概率字母,哪些是低概率字母. 一般来说,这仅仅提示出某些密文字母对应的明文字母可能属于表 2.2 中的哪一类,还不能具体识别它确切地对应哪个明文字母.

(2) 用以上得到的信息和自然语言的文字结合规律,即自然语言的双字母和三字母的统计特性,推断出一些可能的明密对应关系.

(3) 利用自然语言的文字结合规律验证上面推出的明密对应关系,同时还可能推断出一些新的明密对应关系.

自然语言的文字结合规律主要有以下几种:

① 一些字母在词头频繁出现,另一些字母在词尾频繁出现. 例如,英文字母在

词头频繁出现的 10 个字母按概率大小依次为

T A S O I C W P B F

英文字母在词尾频繁出现的 10 个字母按概率大小依次为

E S D N T R Y F O L

② 辅音和元音的结合规律. 这主要靠研究双字母、三字母和四字母的密文组合. 这样的组合中一般必含有一个元音. 根据这些组合很可能确定出表示元音的那些密文字母.

(4) 利用模式字(pattern-words)或模式短语(pattern-phrases). 由于加密是单表代替,所以明文中经常出现的词,如 beginning,committee,people,tomorrow 等,在密文中也会以某种模式重复. 如果猜出一个或几个词,或一个短语,就会大大加速正确代替表的确定,这常常是攻击的关键. 这一技术在对付规格化的五字母为一组的密文时往往会遇到些困难,因为密文中无字长信息.

例 2.6　给定密文为

UZ QSO VUOHXMOPV GPOZPEVSG ZWSZ OPFPESX UDBMETSX AIZ VUEPHZ HMDZSHZO WSFP APPD TSVP QUZW YMXUZU-HSX EPYEPOPDZSZUFPO MB ZWP FUPZ HMDJ UD TMOHMQ

攻击的第 1 步是做出密文字母出现的频次分布表(表 2.11).

表 2.11

字母	A	B	C	D	E	F	G	H	I	J	K	L	M	N	O	P	Q	R	S	T	U	V	W	X	Y	Z
频次	2	2	0	6	6	4	2	7	1	1	0	0	8	0	9	16	3	0	10	3	10	5	4	5	2	14

第 2 步是确定其加密密表类型. 由表 2.11 不难看出,此段密文是单表代替加密的可能性很大. 因为找不出有哪个位置能使密文字母的概率分布和明文字母的概率分布相匹配,也不能把这个未知的分布用抽样转换成正常分布,从而断定它不是移位代替密码和乘法代替密码,因此,是混合型代替表加密的.

第 3 步是根据密文字母的频次统计,确定某些密文字母对应的明文字母可能属于表 2.2 中哪个类型或哪几个字母组成的集合. 在此例中,

密文字母集	→	对应的明文所属的类或字母集
P,Z	→	e,t
H,M,O,S,U	→	a,i,n,o,r,s
A,B,I,J,Q,T,Y	→	g,j,k,q,v,w,x,y,z

第 4 步是利用自然语言的文字结合规律进行猜测. Z 经常在词头或词尾出现,

故猜测它与t对应，而P经常在词尾出现而未在词头出现，所以猜测它与明文字母E对应.

由于低频次密文字母Q和T都是两个词的词头，因此，它们很可能是低频次的字母而且经常作词头的字母集{C,W,P,B,F}中的元素.

利用双字母、三字母统计特性及元音辅音拼写知识，猜测单词MB中必有一个元音字母，而B出现的频次较低，故M更可能为元音字母；否则，可能B与Y对应. 对于UZ和UD，要么U为元音，要么Z和D都是元音而U为辅音. 若U为辅音，则相应的明文可能为me，my或be，by，但U与m或b对应时，都不太像，因为U出现的频次较高，因而可能U为元音，而Z和D是辅音. 若Z为辅音，则ZWP将暗示W或P为元音. 由P和Z出现的频次来看，ZWP中的P可能为元音.

假定选U为元音，Z为辅音，观察ZWSZ很像that，则ZWP可能为定冠词the. 由此有

WSFP	APPD
h**e	*ee*

可能暗示出单词have和been. 至此，得到密文和明文对照为

UZ	QSO	VUOHXMOPV	GPOZPEVSG	ZWSZ	OPFPESX
*t	*a*	*******e*	*e*te**a*	that	*eve*a*
UDBMETSX	AIZ	VUEPHZ	HMDZSHZO	WSFP	APPD
*n*****a*	b*t	***e*t	**nta*t*	have	been
TSVP	QUZW	YMXUZUHSX	EPYEPOPDZSZUFPO	MB	
*a*e	**th	****t**a*	*e**e*e*tat*ve*	**	
ZWP	FUPZ	HMDJ	UD	TMOHMQ	
the	**et	**n*	*n	******	

由此可见，UZ可能为at或it，但S→a，所以U→i. 而QUZW可能为with，即Q→w，因而QSO为was，即O→s. 这与字母出现的频次关系一致. 至此，猜测的结果为

it　was　.is...se.　.este..a.　that　seve.a.　in....a.　b.t
.i.e.t　..nta.ts　have　been　.a.e　with　...iti.a.　.e..es-
entatives　..　the　viet　..n.　in　..s..w

由此不难猜出，GPOZPEVSG对应yesterday，OPFPESX对应several，EPYEPOPDZSZUFPO对应representatives，而FUPZ HMDJ对应viet cong(越共). 将

这些代替关系用于密文,再做进一步尝试就可确定 N,O,R 对应的明文字母. 经过整理恢复的明文如下:

it was disclosed yesterday that several informal but direct contacts have been made with political repres-entatives of the viet cong in moscow

由于密文中 J,K,Z,X 和 Q 未出现,所以虽然破译了这份报文,但还未找出明密代替表. 为了攻击用同一代替表加密的其他密文,可进一步做些分析工作. 列出现有的代替表如下(表 2.12):

表 2.12

明文	a	b	c	d	e	f	g	h	i	j	k	l	m	n	o	p	q	r	s	t	u	v	w	x	y	z
密文	S	A	H	V	P	B	J	W	U	*	*	X	T	D	M	Y	*	E	O	Z	I	F	Q	*	G	*

由表 2.12 可知,字母 V,W,X,Y,Z 在密文代替表中以 4 为间距隔开,将密文字母按列写成 4 行得

S P U T * I *
A B * D E F G
H J * M O Q *
V W X Y Z

显然,字母 C 应该插在 B 和 D 之间,R 在 Q 与 V 之间. 第一行为密钥字,共有 7 个字母,已知其中 5 个,余下的两个为 N,K 和 L 中的一个. 第 5 个字母为 N,则第 7 个字母为 K,从而确定出代替表是以 SPUTNIK 为密钥字,由 4×7 矩阵构造的代替表.

2.4　多表代替密码

2.3 节已经指出了怎样才能破开单表代替密码,即使是字长被隐蔽,并且代替表是随机的,但是利用频率数据、重复字模式以及一些字母与另一些字母的结合方式就有可能找到它的解. 有可能找到这个解的主要依据是一个给定的明文字母总是用同一个密文字母来表示. 因此,频率特性、文字结合规律等所有明文语言的特性都转移到密文中,而可以利用这些特性破解开密码. 实际上,除了字母的名称改变以外,所有上述特性都没有改变.

这样看来,似乎用多个代替表对消息加密是可以获得更高保密性能的一种方法. 这种体制是用若干个不同的代替表加密明文,而且通信双方要约定好所用代替

表的次序.

令明文字母表为 Z_q，$k=(\sigma_1,\sigma_2,\cdots)$为代替表序列，明文 $m=m_1,m_2,\cdots$，则相应的密文为

$$c=E_k(m)=\sigma_1(m_1),\sigma_2(m_2),\cdots. \tag{2.10}$$

若 k 是非周期的无限序列，则相应的密码为非周期多表代替密码. 这类密码对每个明文字母都采用不同的代替表进行加密，称之为一次一密密码(one-time pad cipher). 这是一种在理论上唯一不可破的密码. 这种密码对于明文的特点可实现完全隐蔽，但由于需要的密钥量和明文信息的长度相同而难于广泛使用.

为了减少密钥量，在实际应用中多采用周期多表代替密码，即代替表个数有限且重复使用，此时，代替表序列

$$k=(\sigma_1,\sigma_2,\cdots,\sigma_d,\sigma_1,\sigma_2,\cdots,\sigma_d,\sigma_1,\sigma_2,\cdots,\sigma_d,\cdots) \tag{2.11}$$

相应于明文 m 的密文

$$c=\sigma_1(m_1)\sigma_2(m_2)\cdots\sigma_d(m_d)\sigma_1(m_{d+1})\cdots\sigma_d(m_{2d})\cdots. \tag{2.12}$$

当 $d=1$ 时就退化为单表代替密码.

下面介绍几种周期多表代替密码.

2.4.1 维吉尼亚密码

历史上最有名的周期多表代替密码是由法国密码学家 Blaise de Vigenere 设计的. d 个移位代替表由 d 个字母构成的序列

$$k=(k_1,k_2,\cdots,k_d)\in Z_q^d \tag{2.13}$$

决定，其中 $k_i(i=1,2,\cdots,d)$为确定加密明文第 $i+td$ 个字母(t 为大于等于零的整数)的代替表的移位数，即

$$c_{i+td}=E_{k_i}(m_{i+td})\equiv(m_{i+td}+k_i)(\mathrm{mod}\ q), \tag{2.14}$$

称 k 为用户密钥或密钥字，其周期地延伸就给出了整个明文加密所需的工作密钥. 维吉尼亚密码的解密变换为

$$m_{i+td}=D_{k_i}(c_{i+td})\equiv(c_{i+td}-k_i)(\mathrm{mod}\ q). \tag{2.15}$$

例 2.7　令 $q=26$，$m=$polyalphabetic cipher，密钥字 K=RADIO，即周期 $d=5$，则有

明文	$m=$p o l y a l p h a b e t i c	c i p h e r
密钥	K=R A D I O R A D I O R A D I	O R A D I O
密文	$c=$G O O G O C P K I P V T L K	Q Z P K M F

其中同一明文字母 p 在不同的位置上被加密成不同的字母 G 和 P.

由于维吉尼亚密码是一种多表移位代替密码，即用 d 个凯撒代替表周期地对明文字母加密，故可用表 2.1 进行加密、解密运算. 当然，也可以用 d 个一般的字母代替表周期地重复对明文字母加密，而得到周期为 d 的多表代替密码.

2.4.2 博福特(Beaufort)密码

博福特密码是按 mod q 减法运算的一种周期代替密码，即

$$c_{i+td} = \sigma_i(m_{i+td}) \equiv (k_i - m_{i+td})(\text{mod } q), \tag{2.16}$$

所以它和维吉尼亚密码类似，以 k_i 为密钥的代替表是密文字母表为英文字母表逆序排列进行循环右移 k_i+1 次形成的. 例如，若 $k_i=3$(相当于字母 D)，则明文和密文的对应关系如下：

明文	a	b	c	d	e	f	g	h	i	j	k	l	m	n	o	p	q	r	s	t	u	v	w	x	y	z
密文	D	C	B	A	Z	Y	X	W	V	U	T	S	R	Q	P	O	N	M	L	K	J	I	H	G	F	E

显然，博福特密码的解密变换为

$$m_{i+td} \equiv \sigma_i(c_{i+td}) \equiv (k_i - c_{i+td})(\text{mod } q).$$

因此，博福特密码的解密变换与加密变换相同. 按博福特密码，以密钥 k_i 加密相当于按下式的维吉尼亚密表加密：

$$c_{i+td} \equiv [(q-1) - m_{i+td} + (k_i + 1)](\text{mod } q). \tag{2.17}$$

若按下式加密：

$$c_{i+td} \equiv (m_{i+td} - k_i)(\text{mod } q), \tag{2.18}$$

就得到变异的博福特密码，相应代替表是将明文字母表循环右移 k_i 次而成的. 由于循环右移 k_i 次等于循环左移 $(q-k_i)$ 次，即式(2.18)等价于以 $(q-k_i)$ 为密钥的维吉尼亚密码，所以维吉尼亚密码和变异的博福特密码互为逆变换. 若一个是加密运算，则另一个就是解密运算.

2.4.3 滚动密钥密码

对于周期多表代替密码，保密性将随周期 d 加大而增加. 当 d 的长度和明文一样长时就变成了滚动密钥密码. 如果其中所采用的密钥不重复就是一次一密体制. 一般地，密钥可取一本书或一篇报告作为密钥源，可由书名和章节号及标题来限定密钥起始位置.

2.4.4 弗纳姆密码

当字母表字母数 $q=2$ 时的滚动密钥密码就变成弗纳姆密码. 它将英文字母编

成五单元波多电码. 波多电码如表 2.13 所示. 选择随机二元数字序列作为密钥,以

$$k = k_1, k_2, \cdots, k_i, \cdots, \quad k_i \in F_2$$

表示. 明文字母变成二元向量后也可以表示成二元序列,即

$$m = m_1, m_2, \cdots, m_i, \cdots, \quad m_i \in F_2.$$

k 和 m 都分别记录在穿孔纸带上. 加密变换就是将 k 和 m 的相应位逐位模 2 相加,即

$$c_i = m_i \oplus k_i, \quad i = 1, 2, \cdots. \tag{2.19}$$

译码时,用同样的密钥纸带对密文同步地逐位模 2 加,便可恢复成明文的二元数字序列,即

$$m_i = c_i \oplus k_i, \quad i = 1, 2, \cdots. \tag{2.20}$$

这种加密方式若使用电子器件实现,就是一种序列密码. 若明文字母为 a,相应密钥序列 k=10010,则有

$$m = 11000,$$
$$k = 10010,$$
$$c = 01010.$$

显然有

$$m = c \oplus k = (01010) \oplus (10010) = 11000.$$

表 2.13　波多电码

A	11000	B	10011	C	01110	D	10010	E	10000
F	10110	G	01011	H	00101	I	01100	J	11010
K	11110	L	01001	M	00111	N	00110	O	00011
P	01101	Q	11101	R	01010	S	10100	T	00001
U	11100	V	01111	W	11001	X	10111	Y	10101
Z	10001	α	01001	β	00010	γ	11111	δ	11011
ε	00100	η	00000						

在表 2.13 中,α 表示节间隔;β 表示回车;γ 表示数字→字母;δ 表示字母→数字;ε 表示空格行;η 表示空格.

2.5　多表代替密码的分析

多表代替密码至少含有两个以上不同的代替表,用密钥 $k=(k_1, k_2, \cdots)$ 表示. 如果要加密的明文是 $m=(m_1, m_2, \cdots)$,则加密 m_i 用的密表为 $k_i (i=1, 2, \cdots)$. 如

果所有这些 $k_i(i=1,2,\cdots)$ 两两不同，则称这个多表代替密码为一次一密体制. 一次一密体制是很难实现的，实践中多数采用周期多表代替密码. 历史上最有名的周期多表代替密码是由法国的 Vigenere 设计的. 周期多表代替密码的加密首先由通信双方约定采用相同的密钥 $k=(k_1,k_2,\cdots,k_d)$，其中 $k_i(i=1,2,\cdots,d)$ 为 d 个两两不同的代替表. 其次，按下列规则对明文进行加密：如果明文消息是 $m=(m_1,m_2,\cdots,m_n)$，则用代替表 k_i 加密明文 m_{i+td} 得到密文 $c_{i+td}(i=1,2,\cdots,d)$.

单表代替密码之所以容易被攻击，是因为每个密文字母都是用同一个代替密表加密而成的，相同的密文字母对应着相同的明文字母，从而每个密文字母出现的概率、重复字模式、字母的结合方式等统计特性，除了字母的名称改变以外，都没有发生变化. 所谓多表代替密码，是指其密文中每个字母将根据它在明文字母序列中的位置确定采用哪个密表. 这就是说，相同的明文字母也许加密成不同的密文字母，而相同的密文字母也许是不同的明文字母加密得到的. 这样，明文的统计特性通过多个表的作用而被隐蔽起来. 然而，对于周期多表代替密码，假如已知其密钥字长为 d，则可将密文 $c=c_1,c_2,c_3,\cdots$ 按列写成 d 行，

$$
\begin{gathered}
c_1,c_{d+1},c_{2d+1},\cdots,\\
c_2,c_{d+2},c_{2d+2},\cdots,\\
\cdots\cdots\\
c_d,c_{2d},\ c_{3d},\ \cdots.
\end{gathered}
\tag{2.21}
$$

这样，式(2.21)中每一行又都是单表代替密码. 由于单表代替密码是可破译的，所以在具有一定量的密文的条件下，周期多表代替密码也是可破译的，其方法就是将周期多表代替密码转换成单表代替密码. 但是，经过这种转换后的单表代替密码的破译比破译一般的单表代替密码要难得多. 这是因为每一行虽然是由同一个代替表加密而成的，但其明文却不是有意义的明文，其文字规律被打乱. 下面首先要给出识别周期多表代替密码和确定密钥字长度 d(即确定密钥数)的方法.

2.5.1 识别周期多表代替密码的参数

统计一个周期多表代替密码加密的密文中各密文字母出现的频率就会发现，密文字母出现的频率分布的峰值和谷值(即最大的频率和最小的频率)没有明文字母的概率分布那样凸现，而且密钥字越长，分布就越平坦. 多表代替密码的密文字母出现的频率之所以有较平坦的分布是因为在 d 个代替表中，明文字母表中的每个字母将根据它在明文字母序列中的位置有 d 种不同的代替字母. 例如，以密钥字为 CIPHER 的维吉尼亚密码为例，任意一个给定的密文字母都可以有 6 个不同的明文字母来对应，这 6 个字母中哪一个是正确的则取决于给定的密文字母在消息中的位置. 这就是说，一个密文字母出现的频率将由与之对应的 6 个不同的明文

字母的概率之和的均值来决定.因此,所用密表的数量越大,密文字母的频率分布就越趋于平坦.如果把所有26个密表都用上,则可期望所有密文字母的频率都近似于相等.

为了定量地分析周期多表代替密码的频率分布与单表代替密码的概率分布的区别,引进两个参数——粗糙度和重合指数.

1. 粗糙度(measure of roughness)

粗糙度也可简记为M.R,定义它为每个密文字母出现的频率与均匀分布时每个字母出现的概率的离差的平方和.

若研究的对象是英文报文,则 $q=26$. 在均匀分布下,每个英文字母出现的概率为1/26.若各密文字母出现的频率记为 $p_i(i=0,1,2,\cdots,25)$,则

$$\sum_{i=0}^{25} p_i = 1, \tag{2.22}$$

于是

$$\text{M.R} = \sum_{i=0}^{25}\left(p_i - \frac{1}{26}\right)^2. \tag{2.23}$$

将式(2.23)展开并利用式(2.22)得到

$$\text{M.R} = \sum_{i=0}^{25} p_i^2 - \frac{1}{26} = \sum_{i=0}^{25} p_i^2 - 0.0385, \tag{2.24}$$

均匀分布是指对所有的 i,$p_i=1/26$,故其粗糙度为0. 由表2.1可以算出

$$\sum_{i=0}^{25} p_i^2 = 0.0655.$$

由此可知,明文或单表代替密码的粗糙度为0.027. 一般密文的粗糙度将在0～0.027变化.如果统计出密文字母的频率分布,就可以计算出它的粗糙度,并由此可以初步确定所研究的密文是单表代替密码还是多表代替密码,但还不能确切地知道该多表代替密码所使用的密表的个数.

例2.8 假定要破译的密文为

APWVC DKPAK BCECY WXBBK CYVSE FVTLV MXGRG KKGFD
LRLXK TFVKH SAGUK YEXSR SIQTW JXVFL LALUI KYABZ
XGRKL BAFSJ CCMJT ZDGST AHBJM MLGFZ RPZIJ XPVGU
OJXHL PUMVM CKYEX SRSIQ KCWMC KFLQJ FWJRH SWLOX
YPVKM HYCTA WEJVQ DPAVV KFLKG FDLRL ZKIWT IBSXG
RTPLL AMHFR OMEMV ZQZGK MSDFH ATXSE ELVWK
OCJFQ FLHRJ SMVMV IMBOZ HIKRO MUHIE RYG

(2.25)

密文的频率分布为

字母	0	1	2	3	4	5	6	7	8	9
频率	0.041	0.03	0.041	0.022	0.037	0.049	0.044	0.037	0.034	0.041
字母	10	11	12	13	14	15	16	17	18	19
频率	0.074	0.067	0.06	0	0.022	0.03	0.022	0.049	0.049	0.034
字母	20	21	22	23	24	25				
频率	0.018	0.06	0.034	0.041	0.03	0.034				

故这段密文的粗糙度为

$$\text{M.R} \approx 0.044866 - 0.0385 = 0.006366.$$

由此可以初步确定,密文段(2.25)是周期多表代替密码加密的密文.

2. 重合指数(index of coincidence)

如果没有足够数量的密文,就不可能得到密文字母出现的频率的精确值,因而也就无法计算出式(2.24)中的

$$\sum_{i=0}^{25} p_i^2,$$

从而无法确定密文的粗糙度.可以通过下述方法给出它的近似估计.

设有一段长为 N 的密文 c,用 f_s 表示第 s 号字母在密文 c 中出现的频次,即字母 s 在密文 c 中占有 f_s 个位置.从 N 个位置中任意选两个位置,抽到的这两个位置上均为第 s 个字母的概率为

$$\frac{\mathrm{C}_{f_s}^2}{\mathrm{C}_N^2} = \frac{f_s(f_s - 1)}{N(N-1)} \approx p_s^2, \tag{2.26}$$

于是

$$\sum_{s=0}^{25} \frac{f_s(f_s - 1)}{N(N-1)} \approx \sum_{s=0}^{25} p_s^2.$$

定义

$$\sum_{s=0}^{25} \frac{f_s(f_s - 1)}{N(N-1)} \tag{2.27}$$

为给定密文的重合指数,记作 I.C,并用它作为

$$\sum_{i=0}^{25} p_i^2$$

的近似值.式(2.27)表示在给定密文中两个字母相同的机会.

例 2.9　密文段(2.25)中各密文字母出现的频次为

字母	0	1	2	3	4	5	6	7	8	9	10	11	12
频次	11	8	11	6	10	13	12	10	9	11	20	18	16
字母	13	14	15	16	17	18	19	20	21	22	23	24	25
频次	0	6	8	6	13	13	9	5	16	9	11	8	9

则该段密文的重合指数 I. C≈0.0413，这和例 2.8 中计算的

$$\sum_{i=0}^{25} p_i^2 = 0.044866$$

比较接近.

知道了 I. C 值就可以提取密钥字长或密表数的近似值信息. 令密表数为 d，密文长为 N，将密文 c 排成 d 行，当 $N \gg d$ 时，每行中字母个数可近似为 N/d. 现用另一种方法来推导 I. C 值的表达式. 从密文 c 中随机地选一个字母，有 C_N^1 种选法. 而后选第二个字母，它有两种情况：一种情况是第二个字母和第一个字母在同一行中，有 $C_{\frac{N}{d}-1}^1$ 种选法；另一种情况是第二个字母与第一个字母不同行，有 $C_{N-\frac{N}{d}}^1$ 种选法，故可提供的不同的位置对数分别为

$$\frac{N\left(\frac{N}{d}-1\right)}{2} \quad \text{和} \quad \frac{N\left(N-\frac{N}{d}\right)}{2}.$$

第一种情况为单表代替，其重合指数为 0.0655. 第二种情况为不同的代替表所为，其重合指数可用均匀分布时的重合指数 0.0385 来近似. 因此，重合指数的平均值为

$$\begin{aligned} \text{I. C} &= \frac{1}{C_N^2}\left[N\left(\frac{N}{d}-1\right)\times 0.0655 + N\cdot\frac{N}{d}(d-1)\times 0.0385\right]\times\frac{1}{2} \\ &= \frac{1}{d}\times\frac{N-d}{N-1}\times 0.0655 + \frac{d-1}{d}\times\frac{N}{N-1}\times 0.0385 \end{aligned} \tag{2.28}$$

或

$$d \approx \frac{0.027N}{\text{I. C}\times(N-1) - 0.0385N + 0.0655}. \tag{2.29}$$

这样，知道了 I. C 的近似值就可得到这个多表代替密码所使用的密表数的近似值. 应当强调指出，式(2.29)给出的 d 是由式(2.29)右边的数取整得到的近似值，要确切地定出 d 还需要进一步的工作. 在推导式(2.29)中，假定密文数量 N 足够大，并且密钥字中无重复字母，即将密文分为 d 行时，各行都是采用不同的代替表得到的.

Sinkov 曾给出 d 和 I. C 值的关系如表 2.14 所示.

表 2.14

d	1	2	5	10	很大
I. C	0.0655	0.052	0.044	0.041	0.038

如果密码分析者截获到一份密文,对其来历一无所知,则至少他能计算出密文的 I. C 值. 若 I. C 值与 0.0655 接近,则可试用单表代替密码的破译技术进行破译. 但若 I. C 值低到 0.043,那么他就可以断定,这份密文不再是单表代替加密的了.

2.5.2 确定密表数的方法

算出密文的 I. C 值以后,由式(2.29)估计出的 d 值可能有较大的偏差,可通过下述两种方法进行校正:

1. 移位法

第一种方法是对密文进行移位,并和原来的密文进行逐位比较以求重码数,根据重码数来确定密表数 d,简称为移位法(shift method).

假如收到密文 $c=c_1,c_2,\cdots,c_N$,那么将密文右移一位再与 c 对应,即 c_1 对应 c_2,c_2 对应 c_3,……,c_N 对应 c_1. 如果 c_i 与 c_{i+1} 相同,则称 c_i 和 c_{i+1} 为一对重码. 计算密文 c 和 c 右移一位后的密文相应位置上的重码数 R_1. 然后将密文右移两位,计算密文 c 和 c 右移两位后密文相应位置上的重码数 R_2. 如此下去,算出重码数 R_1,R_2,…. 如果密钥周期为 d,则密文 c 与右移 j 位后的密文具有相同的加密密表序列当且仅当 j 是 d 的倍数. 这就是说,当右移的位数是 d 的倍数时,因为各列字母都是用同一个密表加密成的密文,因而相同字母对个数较多. 这是因为用同一密表加密时,相同的明文加密成相同的密文. 但是,当右移的位数不是 d 的倍数时,各列的字母对中的两个字母都是用不同的密表加密得到的. 此时,相同的明文加密成不同的密文,而不同的明文加密成相同的密文的可能性较小,因而相同字母对的个数较少. 因此,根据具有较大重码数的右移位数的公因数可以较准确地确定密表数 d. 例如,假定分析表明当移位数为 6,33,42,57,60,81 时字母重码数较大,则由上述整数的最大公因数 $d=3$,可以较有把握地推断密表数为 3.

2. 重复字模式分析法(Kasiski 检验)

第二种确定密表数的方法是普鲁士军官 Kasiski 在 1863 年提出的重复字模式分析法,又称为 Kasiski 检验. 其基本原理如下:如果有某个单词或字母序列在一则明文消息中重复出现,一般来说,它们是用不同的密表加密的,因而产生了不同的密文序列. 但是如果明文序列的位置能使每个序列的第一个字母用相同的密钥字加密,则它也可产生相同的密文序列. 因此,当收到密文后,可以找出密文中重复字模式,并计算它们之间的距离,那么此距离很可能是密钥字长的倍数. 寻找重复字模式并计算它们之间的距离的过程称为 Kasiski 检验. 当然,并不排除相同的密文序列可由不同的明文经不同的密表产生,但出现这种情况毕竟是少的. 这就是说,如果将密文中的重复字模式找出来,并找出此重复字模式之间距离的最大公因数,就可以提取出有关密表数的信息.

例 2.10　已知密文序列为

OOBQB PQAIU NEUSR TEKAS RUMNA RRMNR ROPYO
DEEAD ERUNR QLJUG CZCCU NRTEU ARJPT MPAWU
TNDOB GCCEM SOHKA RCMNB YUATM MDERD UQFWM
DTFKI LROPY ARUOL FHYZS NUEQM NBFHG EILFE JXIEQ
NAQEV QRREG PQARU NDXUC ZCCGP MZTFQ PMXIA
UEQAF EAVCD NKQNR EYCEI RTAQZ RTQRF MDYOH
PANGO LCD

密文总长 $N=223$,其中各字母出现的频次分别为

A	B	C	D	E	F	G	H	I	J	L	K	M
16	5	12	10	18	9	6	4	6	3	4	5	12
N	O	P	Q	R	S	T	U	V	W	X	Y	Z
14	10	9	14	20	4	9	15	2	2	3	6	5

各字母均出现且分布较平坦,因此,它不像是单表代替密码. 利用式(2.27)可以计算出密文的 I. C=0.0475,代入式(2.29)求得 $d\approx[2.973]+1=3$,其中$[x]$表示 x 的整数部分. 由此可以推断该密文可能是三表代替加密的,但需进一步证实.

对密文作 Kasiski 检验. 从密文中找出长度为 3 以上的重复字模式,并列出其间的距离及距离的因数分解如下:

重复序列	距离	因数分解
PQA	150	$2\times5\times5\times3$
RTE	42	$2\times7\times3$
ROPY	81	$3\times3\times3\times3$
DER	57	19×3
RUN	117	$13\times3\times3$
CZCC	114	$2\times19\times3$
MNB	42	$2\times7\times3$
ARU	42	$2\times7\times3$
UEQ	54	$2\times3\times3\times3$

由于距离的最大公因数为 3,从而进一步证实了密表数为 3. 但在 9 个重码距离中还有 6 个可被 2 除尽,3 个能被 7 除尽. 为了进一步证实密表数为 3,将密文字母依次写成三行如下:

```
OQQUUTAUAMRYEDUQUZUTAPPUDGEOA
OBANSESMRNOOEENLGCNERTATOCMHR
BPIERKRNRRPDARRJCCRUJMWNBCSKC

MYTDDFDKRYUFZUMFEFXQQQEQUXZGZ
NUMEUWTIOAOHSENHIEINERGANUCPT
BAMRQMFLPRLYNQBGLJEAVRPRDCCMF

QXUAADQEETZQMOAOD
PIEFVNNYIARRDHNL
MAQECKRCRQTFYPGC
```

如果密表数确实为 3,则各行均为同一个单表代替加密的密文. 计算各行的 I. C值分别为 0.0717,0.0637 和 0.0641,都很接近单表代替下的 I. C 值,这进一步表明加密此段密文使用的密表数为 3. 下一步试图求出每一行所对应的代替表.

2.5.3 密表的匹配

确定了密表数 d 后,可将密文写成 d 行,使同一行密文为同一代替表加密而成,如能确定各代替表就能恢复原明文. 由于将密文 c 分行写出后,每一行字母数就远小于密文总数,所以由各行计算出的频率特性与明文的统计特性相差可能很大,因此,希望每一行的密文字母数要足够大,至少要比密钥字长得多;否则,攻击难度就很大. 此外,由于密文按列写成 d 行后,每一行相应的明文字母就不再连续了,明文的双码、三码等统计特性都很难利用,要确定各行的代替表比单表代替密码要难得多. 但是,当各单表代替密码均为加法密码时,只要找到其中一行密文的代替表,就可以将所有行的代替表确定. 然而,若每行采用的是一般的单表代替密码,确定各代替表就要比加法密码困难得多.

以下假定上面的密文是以维吉尼亚密表(表 2.6)作为加密密表得到的.

确定多表代替密码的密表数是破译的一个重要步骤,然而,密码分析的最终目的是译解消息或确定密钥字. 为此,介绍如何把多表代替密码加密的密文变成一个已知移位数的单表代替密码加密的密文. 这种方法在密码分析中称为密表匹配.

假设获得密文 $c=c_1,c_2,\cdots$,其密表数为 d. 于是密文 c 可以写成 d 行 c_1^*,c_2^*,$\cdots$,c_d^*,使得每行都是由同一个单表代替密码加密而成的. 只要注意到维吉尼亚方阵中每一行均是加法密码,就可以把 c_1^*,c_2^*,$\cdots$,c_d^* 都变成同一个密表加密的密文,然后再采用单表代替密码的破译方法进行破译.设 $k=(k_1,k_2,\cdots,k_d)$ 是加密密文 c 所用的密钥,取出 c_1^* 和 c_i^*(对某个 $i=2,3,\cdots,d$)来进行研究.设 $k_1-k_i=k_{i1}(\mathrm{mod}26)$,则由

$$c_{td+1}\equiv(m_{td+1}+k_1)(\mathrm{mod}\ 26),$$
$$c_{td+i}\equiv(m_{td+i}+k_i)(\mathrm{mod}\ 26)$$

可得

$$\begin{aligned}c_{td+i}+k_{i1}&\equiv m_{td+i}+k_i+(k_1-k_i)\\&\equiv m_{td+i}+k_1(\mathrm{mod}\ 26).\end{aligned}$$

这表明密文 $c_{td+i}+k_{i1}$ 与 c_{td+1} 是用同一个密钥 k_1 加密的密文.因为 $0\leqslant k_1-k_i(\mathrm{mod}\ 26)\leqslant 25$ 且 $k_1\neq k_i$,所以 $k_1-k_i\leqslant 25$.因此,只要用 $j=0,1,\cdots,25$ 这 26 种密钥再对第 i 行中密文加密,便得到 26 份新的密文如下:

$$c_i^*(j)=(c_i+j,c_{td+i}+j,\cdots),\quad j=0,1,\cdots,25. \tag{2.30}$$

如果 c_i^* 中的密文是用密钥 k_i 加密的,则 $c_i^*(j)$ 中的密文则用密钥 k_i+j 加密.因此,这 26 个密文中有且仅有一个密文与 c_1^* 用了相同的加密密钥.

问题是如何从(2.30)中找出与 c_1^* 使用相同密钥加密的密文.由前面的分析可知,用同一个密表加密,则重合指数就大;否则,重合指数就相应地小.因此,可以通过将(2.30)中每一个密文与 c_1^* 合并后再求重合指数来确定出这个与 c_1^* 用了相同密钥加密的密文.一旦知道了这 26 个密文中哪一个是与 c_1^* 用了相同的加密密钥,就可以求出两个原始密文 c_1^* 和 c_i^* 所用的密表的移位之差.

设密文 $c_1^*,c_i^*(j)$ 的长分别为 N_1,N_i,c_1^* 中字母 s 出现的频次为 f_{1s},$c_i^*(j)$ 中字母 s 出现的频次为 $f_{1s}(j)$,于是合并后的密文长为 N_1+N_i,字母 s 出现的频次为 $f_{1s}+f_{1s}(j)$.这样,合并后的密文的重合指数为

$$\mathrm{I.C}=\frac{\sum_{s=0}^{25}(f_{1s}+f_{is}(j))(f_{1s}+f_{is}(j)-1)}{(N_1+N_i)(N_1+N_i-1)}.$$

易见,上述重合指数 I.C 大当且仅当

$$\sum_{s=0}^{25}f_{1s}f_{is}(j)$$

大.因此,寻找(2.30)中与 c_1^* 用了相同的加密密钥的密文,只要到

$$\sum_{s=0}^{25}f_{1s}f_{is}(j),\quad j=0,1,\cdots,25$$

这 26 个值中去找最大的值.此时的 j 就是密钥 k_1 与 k_i 的差.确定了 c_1^* 与 $c_i^*(i=2,3,\cdots,d)$ 之间的密钥差后,再考虑加密 c_2^* 与 c_i^* 的密钥,直到加密 c_{d-1}^* 与 c_d^* 的密钥.根据以上所求的密钥差(有时不必求出全部 C_d^2 个密钥差),就可将密文 c_1^*,$c_2^*,\cdots,c_d^*$ 合并为一个单表代替加密的密文.

例 2.11 已经求出例 2.10 中密文使用的密表数为 3,将此密文写成三行如同例 2.10,记作 c_1^*,c_2^* 和 c_3^*. 将上述方法用于三行中任意两行(这样得到三对新密文),表 2.15 列出了每种情况的

$$\sum_{s=0}^{25} f_{1s} f_{is}(j), \quad j = 0,1,\cdots,25.$$

表 2.15 两行合并后重合指数估计值

i	0	1	2	3	4	5	6	7	8	9	10	11	12
c_1^* 与 c_2^*	208	263	178	197	209	168	159	178	226	196	321	169	161
c_1^* 与 c_3^*	196	290	202	201	152	195	173	182	227	167	195	231	351
c_2^* 与 c_3^*	238	162	240	215	280	181	153	155	197	206	193	227	176
i	13	14	15	16	17	18	19	20	21	22	23	24	25
c_1^* 与 c_2^*	238	396	206	198	175	216	234	232	166	155	269	216	226
c_1^* 与 c_3^*	232	247	179	204	218	227	185	141	176	220	331	221	207
c_2^* 与 c_3^*	305	201	255	173	216	160	158	174	172	218	231	325	218

由表 2.15 可知,c_1^* 与 $c_2^*(14)$合并后的值

$$\sum_{s=0}^{25} f_{1s} f_{2s}(14) = 396$$

为最大,这就意味着 $k_1 - k_2 = 14$.

现在需要考虑加密密文 $c_1^* c_2^*(14) c_3^*(12)$所用的密钥 k_1. 在一般情况下,只要按单表代替密码的破译方法来求 k_1 就可以了. 但是,假如密码分析者认为通信双方采用英文单词作为密钥字的可能性较大,那么由于 c_1^* 是由 26 种密钥中的一种加密而成的,所以如果加密 c_1^* 所用的密钥字为 A,则加密 c_2^* 的密钥字的编号应当为 0−14(mod26)=12,即密钥字为 M. 同理,加密 c_3^* 的密钥字为 O. 按此规则写出所有可能的密钥字,找出有意义的单词去试译密文.

2.6 转轮密码与 M-209

周期多表代替密码是一种手工操作的密码体制,其周期一般都不大. 要设计大周期的多表代替密码,必须改变其手工操作方式. 第一次世界大战以后,人们开始研究用机械操作方式来设计极大周期的多表代替密码,这就是转轮密码(rotor cipher)体制.

转轮密码机(rotor machine)是由一组布线轮和转动轴组成的可以实现长周期的多表代替密码机. 它是机械密码时期最杰出的一种密码机,曾广泛应用于军事通信中,其中最有名的是德军的 Enigma 密码机和美军的 Hagelin 密码机(图 2.1). Enigma 密码机是由德国的 Arthur Scherbius 发明的. 第二次世界大战中希特勒曾

用它装备德军,作为陆海空三军最高级密码来用. Hagelin 密码机是瑞典的 Boris Caesar Wilhelm Haglin 发明的,在第二次世界大战中曾被盟军广泛地使用. Hagelin c-36 曾广泛装备法国军队,Hagelin c-48(即 M-209)具有重量轻,体积小,结构紧凑等优点,曾装备美军师、营级. 此外第二次世界大战期间,日军使用的“紫密”和“蓝密”也都是转轮密码机. 直到 70 年代,仍有很多国家和军队使用这种机械密码. 然而,随着电子技术的发展,这种机械式的转轮密码开始被新的所谓“电子转轮机”所取代,以适应信息高速传输的要求. 一些发达的国家则使用序列密码和分组密码来实现文字和数据的加密. 如图 2.1.

Hagelin c-48(M-209)(美军)

Enigma密码机(德国)

图 2.1 第二次世界大战时美军、德军的密码机

虽然转轮密码体制已很少使用了,但破译转轮密码的思想,至今仍被我们借鉴. 转轮密码由一组(N 个)串联起来的布线轮组成. 每个布线轮是一种用橡胶或胶木制成的绝缘的圆盘(wired code wheel),沿着圆盘边缘在其两面分别均匀地布置着 m 个电触点(接点),每个接点对应一个字母,一根导线穿过绝缘体把圆盘两面的接点一对对相互连接起来(按某种顺序排列). 从圆盘左边进来的电流通过导线从圆盘右边的某个接点出来. 因此,一个圆盘是实现一次单表代替的物件. 假定从圆盘的左边输入一个明文字母,例如 a,如果 a 通过导线与圆盘右边的接点 d 连接,则输出密文字母 d.

用一根可以转动的轴把 N 个圆盘串接起来,使得相邻两个圆盘上的接点能够接触就构成了一个简易的转轮密码机. 其中转动轴是可以转动的,而且每个圆盘在转动轴上也是可以转动的. 有 N 个圆盘的转轮密码体制的密钥由下面两方面组成:(1)N 个圆盘实现的代替表 $p_i(i=1,2,\cdots,N)$;(2)每个圆盘的起点 $k_i(0)(i=1,2,\cdots,N)$. 如果一个转轮密码体制只是各圆盘的合成组成,则此转轮密码体制只相当于单表代替密码体制

$$p = p_1p_2\cdots p_N$$

使转轮密码体制具有潜在吸引力的是在对一个明文加密后，转动轴转动一次将使圆盘的起点 $k_i(0)$ 发生变化，从而使下一个明文字母的加密使用另一个代替表.

N 个起点的变化也不是规则的，它是由某种因素控制决定的，因体制不同而异. 假定加密开始之前每个圆盘所处的起点（位移）记作 $k_i(0)(i=1,2,\cdots,N)$，$k_i(j)$ 为第 i 个圆盘加密第 j 个明文字母的转动位移，则

$$k_i: j \to k_i(j), \quad i=1,2,\cdots,N, j=0,1,\cdots$$

称为该转轮密码的位移函数，它是 N 个函数的一个集合. 位移函数因各转轮密码体制而异. 位移函数是计程器的一种形式，类似于汽车上的计程表. 第 i 个转动位移相当于计程器中第 i 位十进制里程数字表的转动，当 j 个字母加密后，第 i 个圆盘就按逆时针方向移动 $k_i(j+1)-k_i(j)$ 个位置. 假如第 i 个圆盘的转动周期为 $p_i(i=1,2,\cdots,N)$，并且 p_i 两两互素，则该转轮密码的周期为 $p_1p_2\cdots p_N$. 这也是该转轮密码实现的多表代替的周期.

本节主要介绍 M-209 的加密原理. 图 2.2 给出了 M-209 密码机的示意图，它由 6 个可以转动的圆盘（图 2.2 的下方）、一个空心的鼓状滚筒（图 2.2 的上方）和一个输出的印字轮（图 2.2 的右侧）组成. 在 M-209 密码机上，空心的鼓状滚筒在 6 个圆盘的后面. 每个圆盘的外缘上依次刻有 26 个、25 个、23 个、21 个、19 个、17 个字母，每个字母下面都有一根销钉（或称为针），每个销钉可向圆盘的左侧或右侧凸出来，向右凸出时为有效位置，向左凸出时为无效位置. 这些圆盘装在同一根轴上可以各自独立地转动. 这样，圆盘 1 上就标有 A～Z 共 26 个字母（每个字母与其一根销钉对应着），圆盘 2 上标有 A～Y 共 25 个字母，……，圆盘 6 上标有 A～Q 共 17 个字母. 在使用密码机之前，需要将各圆盘上的每根销钉置好位（向右或向左）. 如果用 0 表示销钉置无效位，用 1 表示销钉置有效位，则第 1 个圆盘上的销钉位置可以用长为 26 的 0,1 序列表示，第 2 个圆盘上的销钉位置可以用长为 25 的 0,1 序列表示，……，第 6 个圆盘上的销钉位置可以用长为 17 的 0,1 序列表示，如表 2.16 所示.

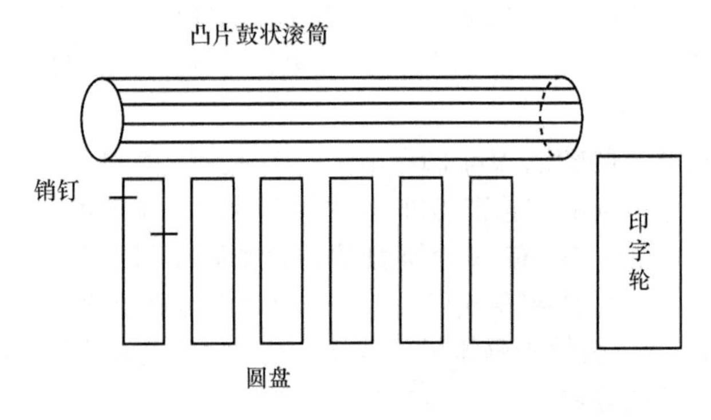

图 2.2　M-209 结构示意图

表 2.16　销钉置位的一个例子

圆盘 \ 位置	1	2	3	4	5	6	7	8	9	10	11	12	13	14	15	16	17	18	19	20	21	22	23	24	25	26
1	0	0	1	1	1	1	0	1	0	1	1	0	0	0	1	1	0	0	1	0	1	0	0	1	1	1
2	0	1	1	0	1	0	0	0	1	0	0	1	1	0	0	1	0	1	1	0	1	0	0	0	1	
3	1	0	0	1	1	1	1	1	1	0	1	0	0	0	1	0	1	0	1	1	0	1	0			
4	0	1	1	0	1	1	0	0	0	1	0	0	1	0	1	1	0	1	0	1	1					
5	1	1	1	0	0	1	0	1	0	1	0	0	1	0	1	0	0	0	1							
6	0	0	1	0	0	1	1	1	0	1	0	1	1	0	1	1	0									

在 6 个圆盘的后面有一个空心的鼓状滚筒，常称为凸片鼓状滚筒，鼓状滚筒上有 27 根与其轴平行的杆等间隔地分布在凸片鼓状滚筒的外圈上，每根杆上有 8 个可能的位置，其中 6 个位置与 6 个圆盘对准，另两个位置不与任何圆盘对应. 在每根杆上面，有两个可移动的凸片，可以将其置于上述 8 个可能的位置(标为 1,0,2,3,4,5,0,6)中任何两个上. 如果凸片被置于与 0 对应的位置，则它不起作用，称之为凸片的无效位置；否则，称之为凸片的有效位置. 当凸片对应圆盘 $i(i=1,2,\cdots,6)$，凸片可以与圆盘 i 上的有效销钉接触. 可以用下述方式来描述凸片鼓状滚筒：对应于 6 个圆盘中的每一个，如果凸片鼓状滚筒上的某根杆上在此处安置有一个凸片，标上 1；否则，标上 0. 这样，每根杆对应的 6 个圆盘中哪些安有凸片就可以用最多含有两个 1 的二元 6 维向量表示. 表 2.17 就是凸片鼓状滚筒上的 27 根杆中的每一根对应 6 个圆盘上凸片的一种配置. 只有当凸片置于某一有效位置时，它才与相应的圆盘对准，并可以与该圆盘上有效销钉接触，此时，转动凸片鼓状滚筒可以推动印字轮转动一步. 因为凸片鼓状滚筒上的杆与 6 个圆盘是平行的，所以如果每个圆盘保持静止而转动凸片鼓状滚筒，那么每个圆盘上与凸片保持接触的销钉只有一根. 6 个圆盘上与凸片保持接触的这 6 根销钉就称为基本销钉.

表 2.17　鼓状滚筒杆上凸片的一种配置

杆 \ 圆盘	1	2	3	4	5	6	杆 \ 圆盘	1	2	3	4	5	6
1	0	0	0	0	0	0	10	0	1	0	0	0	1
2	1	0	0	0	0	0	11	0	1	0	0	0	1
3	1	1	0	0	0	0	12	0	1	0	0	0	1
4	1	0	0	1	0	0	13	0	1	0	0	0	1
5	1	0	0	0	0	1	14	0	1	0	0	0	1
6	0	1	0	0	0	0	15	0	0	1	1	0	0
7	0	1	0	0	0	0	16	0	0	0	1	0	1
8	0	1	0	0	0	0	17	0	0	0	0	1	0
9	0	1	0	0	0	0	18	0	0	0	0	1	0

续表

杆＼圆盘	1	2	3	4	5	6	杆＼圆盘	1	2	3	4	5	6
19	0	0	0	0	1	0	24	0	0	0	0	1	1
20	0	0	0	0	1	0	25	0	0	0	0	1	1
21	0	0	0	0	1	1	26	0	0	0	0	0	1
22	0	0	0	0	1	1	27	0	0	0	0	0	1
23	0	0	0	0	1	1							

使用机器时，首先要把凸片鼓状滚筒的每根杆上的凸片配置好，如表 2.17 所示.

其次，要把 6 个圆盘上的销钉位置安排好，使各个圆盘上的某些销钉是有效的. 表 2.16 是各圆盘上销钉置位的一个例子.

凸片鼓状滚筒的每根杆上的凸片的配置(表 2.17)和每个圆盘上销钉的配置(表 2.16)称为 M-209 的基本密钥. 基本密钥在较长一段时间内(如半年、一年)不会改变.

当收发双方确定要进行保密通信时，双方按照共同约定的作为会话密钥的 6 个字母(如 XTCPMB)把 6 个圆盘销钉旁边的字母拨到黄色指示线(在 6 个圆盘上方). 于是加密第一个明文字母的基本销钉就是这 6 个字母旁的销钉. 这样，在转动凸片鼓状滚筒一周期期间，6 个圆盘保持不动. 在此过程中，每根有效销钉都会与相应位置上的每个凸片接触，每当一个凸片与一根有效销钉接触就称该杆被选中. 将销钉与凸片按基本销钉给定的位置配置好之后，凸片鼓状滚筒的一次完整的旋转就唯一地确定了被选中的杆数. 在一整个周期中，随着凸片鼓状滚筒的旋转，对基本销钉所选中的杆数进行计数(如果一根杆被两根有效销钉选中，此时只算被一根杆选中). 例如，设选取表 2.16 中第一列作为基本销钉，由 001010 可知只有第 3 个圆盘和第 5 个圆盘的销钉有效. 如果凸片鼓状滚筒杆上凸片的位置如表 2.17 所示，则转动凸片鼓状滚筒一周，第 3 个圆盘上的销钉选中第 15 根杆，第 5 个圆盘上的销钉选中第 17～25 根杆. 因此，基本销钉选中杆的总数为 10. 假定取基本销钉为 101100，则第 1 个圆盘选中第 2，3，4，5 根杆，第 3 个圆盘选中第 15 根杆，第 4 个圆盘选中第 4，15，16 根杆. 由于第 1 个圆盘和第 4 个圆盘同时选中第 4 根杆，第 3 个圆盘和第 4 个圆盘同时选中第 15 根杆，所以这组基本销钉选中 6 根杆. 两个圆盘上有效销钉同时选中一根杆的数目称为双选中数或重叠数. 如果基本销钉选中杆数为 k，则印字轮就转动 k 格，其效果相当于一个逆序字母表右移 k 位作为加密用的代替表. 正因为这样，也将基本销钉选中的杆数 k 称为移位. 例如，基本销钉选中三根杆，则加密的代替表为

明文	a b c d … x y z
密文	C B A Z … F E D

因为鼓状滚筒上共有 27 根杆，所以选中的杆数共有 28 种可能. 将各种可能展开后便得到表 2.18，称之为博福特方阵(选中杆数 0 和 26 为第 1 行，选中杆数 1 和 27 为第 2 行).

表 2.18　博福特方阵

移位 \ 明文	a	b	c	d	e	f	g	h	i	j	k	l	m	n	o	p	q	r	s	t	u	v	w	x	y	z
a	Z	Y	X	W	V	U	T	S	R	Q	P	O	N	M	L	K	J	I	H	G	F	E	D	C	B	A
b	A	Z	Y	X	W	V	U	T	S	R	Q	P	O	N	M	L	K	J	I	H	G	F	E	D	C	B
c	B	A	Z	Y	X	W	V	U	T	S	R	Q	P	O	N	M	L	K	J	I	H	G	F	E	D	C
d	C	B	A	Z	Y	X	W	V	U	T	S	R	Q	P	O	N	M	L	K	J	I	H	G	F	E	D
e	D	C	B	A	Z	Y	X	W	V	U	T	S	R	Q	P	O	N	M	L	K	J	I	H	G	F	E
f	E	D	C	B	A	Z	Y	X	W	V	U	T	S	R	Q	P	O	N	M	L	K	J	I	H	G	F
g	F	E	D	C	B	A	Z	Y	X	W	V	U	T	S	R	Q	P	O	N	M	L	K	J	I	H	G
h	G	F	E	D	C	B	A	Z	Y	X	W	V	U	T	S	R	Q	P	O	N	M	L	K	J	I	H
i	H	G	F	E	D	C	B	A	Z	Y	X	W	V	U	T	S	R	Q	P	O	N	M	L	K	J	I
j	I	H	G	F	E	D	C	B	A	Z	Y	X	W	V	U	T	S	R	Q	P	O	N	M	L	K	J
k	J	I	H	G	F	E	D	C	B	A	Z	Y	X	W	V	U	T	S	R	Q	P	O	N	M	L	K
l	K	J	I	H	G	F	E	D	C	B	A	Z	Y	X	W	V	U	T	S	R	Q	P	O	N	M	L
m	L	K	J	I	H	G	F	E	D	C	B	A	Z	Y	X	W	V	U	T	S	R	Q	P	O	N	M
n	M	L	K	J	I	H	G	F	E	D	C	B	A	Z	Y	X	W	V	U	T	S	R	Q	P	O	N
o	N	M	L	K	J	I	H	G	F	E	D	C	B	A	Z	Y	X	W	V	U	T	S	R	Q	P	O
p	O	N	M	L	K	J	I	H	G	F	E	D	C	B	A	Z	Y	X	W	V	U	T	S	R	Q	P
q	P	O	N	M	L	K	J	I	H	G	F	E	D	C	B	A	Z	Y	X	W	V	U	T	S	R	Q
r	Q	P	O	N	M	L	K	J	I	H	G	F	E	D	C	B	A	Z	Y	X	W	V	U	T	S	R
s	R	Q	P	O	N	M	L	K	J	I	H	G	F	E	D	C	B	A	Z	Y	X	W	V	U	T	S
t	S	R	Q	P	O	N	M	L	K	J	I	H	G	F	E	D	C	B	A	Z	Y	X	W	V	U	T
u	T	S	R	Q	P	O	N	M	L	K	J	I	H	G	F	E	D	C	B	A	Z	Y	X	W	V	U
v	U	T	S	R	Q	P	O	N	M	L	K	J	I	H	G	F	E	D	C	B	A	Z	Y	X	W	V
w	V	U	T	S	R	Q	P	O	N	M	L	K	J	I	H	G	F	E	D	C	B	A	Z	Y	X	W
x	W	V	U	T	S	R	Q	P	O	N	M	L	K	J	I	H	G	F	E	D	C	B	A	Z	Y	X
y	X	W	V	U	T	S	R	Q	P	O	N	M	L	K	J	I	H	G	F	E	D	C	B	A	Z	Y
z	Y	X	W	V	U	T	S	R	Q	P	O	N	M	L	K	J	I	H	G	F	E	D	C	B	A	Z

设基本销钉选中的杆数为 k，要加密的消息明文为 m，加密后的密文为 c，则 M-209 的功能可以用以下同余式表示：

$$c \equiv 25 + k - m \pmod{26}. \tag{2.31}$$

式(2.31)也可以写成

$$m \equiv 25 + k - c \pmod{26}, \tag{2.32}$$

故 M-209 的加密变换和解密变换是相同的.

M-209 上有一条明显的线,称之为消息指示线.加密前,事先取定 6 个字母,称为起始字母.将 6 个圆盘按这 6 个字母分别拨到指示线,就确定了加密开始时所用的一组基本销钉.操作者可以拨动圆盘,以确保每份消息开始加密所用的一组基本销钉的不同(发送者必须将这组起始字母传给接收者).加密时,明文中的间隔自动插入字母 z,然后加密并将密文分成 5 个字母一组再发送.解密时,字母 z 不打印.

设加密明文第一个字母使用表 2.16 的第一列作为基本销钉,那么这一组基本销钉选中的杆数用于确定对明文第一个字母加密用的代替表.一旦这个字母加密好,6 个圆盘就同时前进一步,于是下一组基本销钉再重新选杆,确定加密明文的第二个字母的代替表.如此下去,直到全部明文加密完毕.

机器左边的一个旋钮转动一个有 26 个明文字母的指示盘,旋钮还转动同一根轴上一个把机器输出的字母印在纸带上的印字轮.印字轮上刻有 26 个字母,字母的顺序与指示盘上字母的顺序恰好相反,即

指示盘上	a	b	c	d…	x	y	z
印字盘上	Z	Y	X	W…	C	B	A

例 2.12　设要加密的消息为

now is the time for all good men

将单词之间插入间隔 z 后为

nowzisztheztimezforzallzgoodzmen

用表 2.16 的第一列 001010 作开始加密的基本销钉,此时,选中的杆数为 10,由式(2.31)可以得到

$$25 + 10 - 13 \equiv 22 \pmod{26},$$

即第一个明文字母 n 加密成 w.在 n 加密好之后,每个圆盘都转动一个位置.这也相当于表 2.16 的每一列向左移动一位,因而新的基本销钉位置为 010110,此时,选中的杆数为 22,并把明文字母 o 加密成 h.如此下去,得到的密文如下:

WHDFC　DPCDR　FZQNR　WVYFU　XYESS　RKHWJ　BI

M-209 是一种周期多表代替密码.因为 M-209 的 6 个圆盘上可能的位置数不同且两两互素,所以 M-209 的最大周期为 $26\times25\times23\times21\times19\times17=101405850$.

这就是说,最多在101405850个明文字母加密之后,6个圆盘就会回到加密开始时的位置.

易见,M-209的实际周期将依赖于销钉的位置.例如,如果6个圆盘的销钉均取有效或无效,那么每次运转之后都得到相同的选中杆数,此时退化成单表代替.又如,若选择第1个圆盘上销钉的位置为左右相同排列时,因$p_1=26$为偶数,所以凸片鼓状滚筒每转两圈,第1个圆盘就回到初始位置了,此时,最大可能的周期仅为$2\times25\times23\times21\times19\times17=7800450$.

M-209的密钥由对6个圆盘的131根$(26+25+23+21+19+17=131)$销钉的位置及27根杆上的凸片排列位置给定.每根销钉可能的位置为2,其可能的选取方式数为

$$2^{131}=2.72\times10^{39}.$$

每根杆上有两个凸片,而在6个有效位置上可能的排列数为$C_6^0+C_6^1+C_6^2=22$种方式.每根杆可以在这22种方式中任意选取一种,可能的组合为

$$F_{27}^{22}=C_{27+22-1}^{27}=\frac{48!}{27!\times21!}\approx2.23\times10^{13}.$$

因此,可能的密钥选取数为$2^{131}\times2.23\times10^{13}=6.075\times10^{52}$.当然,并非其中每一种都是可取的,可用的密钥数远小于它.应当选择那些使代替周期足够大的密钥.

2.7　M-209的已知明文攻击

尽管M-209是一个用机械的方式实现的周期多表代替密码,但由于6个不同长度的圆盘的转动,使得这个周期多表代替密码的代替表序列的周期很大,因此,无法应用多表代替密码破译的技术和攻击方法.

本节介绍M-209的已知明文攻击.假定已知一定数量的明文-密文对,根据加密算法式(2.31)可以求出用M-209加密每个明文字母所用的代替表的移位数k.但必须注意:根据明文-密文对(m,c)和式(2.31)求出的代替表的移位数0和1是不确定的,因为0可以表示选中的杆数为0或26,而1可以表示选中的杆数为1或27.为此,用0^*和1^*表示移位数0和1.

攻击M-209就是要求出M-209的基本密钥,即鼓状滚筒的每根杆上的凸片的位置(如同表2.17)和每一个圆盘上销钉的位置(如同表2.16).

首先,研究用M-209加密每个明文字母时所用的代替表的移位数与给定圆盘上的销钉位置(0或1)及凸片鼓状滚筒上有效凸片的数量之间的关系.

对$i=1,2,\cdots,6$,设第i个圆盘上的销钉数为s_i,$a_{ij}\in\{0,1\}$表示加密第j个明文字母时第i个圆盘的销钉位置($a_{ij}=1$表示销钉置有效位,$a_{ij}=0$表示销钉置无

效位)，则二元序列$\{a_{ij}\}_{j=1}^{\infty}$刻画了加密明文时第$i$个圆盘的销钉置位情况. 可以把$a_{ij}$看成是具有均匀分布的二元随机变量. 因为第$i$个圆盘的销钉数为$s_i$，所以当$j_1 \equiv j_2 (\bmod s_i)$时，可设加密第$j_1$个明文字母时第$i$个圆盘使用第$t$根销钉，当第$i$个圆盘转动次数为$s_i$的倍数时，则加密第$j_2$个明文字母时第$i$个圆盘也都使用第$t$根销钉，而第$t$根销钉的位置是预置好了的，故$a_{ij_1}=a_{ij_2}$. 再设$u_i$是表 2.17 中第$i$列中"1"的个数(即凸片鼓状滚筒旋转一周对应第$i$个圆盘的有效凸片的个数)，$u_{rt}$表示表 2.17 中第$r$列和第$t$列都是 1 的行数，其中$1 \leqslant r < t \leqslant 6$，则由加密规则可知，加密第$j$个明文字母所用的代替表的移位数为

$$k_j = \sum_{i=1}^{6} a_{ij} u_i - \sum_{1 \leqslant r < t \leqslant 6} a_{rj} a_{tj} u_{rt}. \tag{2.33}$$

取定i，不妨设$i=1$. 因为当$j_1 \equiv j_2 (\bmod 26)$时，$a_{ij_1}=a_{ij_2}$，所以能够按此同余式把加密明文的代替表的移位数按 mod26 排列如下：

$$\begin{gathered} k_1, k_{26+1}, k_{52+1}, \cdots, k_{26h+1}, \cdots, \\ k_2, k_{26+2}, k_{52+2}, \cdots, k_{26h+2}, \cdots, \\ \cdots\cdots \\ k_{26}, k_{52}, k_{78}, \cdots, k_{26h+26}, \cdots. \end{gathered} \tag{2.34}$$

因为(2.34)中第j行的k_{26h+j}的下标模 26 是同余的，所以加密第$26h+j$个明文字母时所取的a_{1j}是相同的，换言之，(2.34)中每一行对应同一个a_{1j}. 于是(2.34)中第j行的值k_{26h+j}与a_{1j}的取值有关，其中$j=1,2,\cdots,26$. 如果$a_{ij_1}=0$，则由式(2.33)知

$$k_{26h+j_1} = \sum_{i=2}^{6} a_{i,26h+j_1} u_i - \sum_{2 \leqslant r < t \leqslant 6} a_{r,26h+j_1} a_{t,26h+j_1} u_{rt}, \quad h = 0,1,2,\cdots; \tag{2.35}$$

如果$a_{ij_2}=1$，则

$$\begin{aligned} k_{26h+j_2} &= u_1 + \sum_{i=2}^{6} a_{i,26h+j_2} u_i - \sum_{2 \leqslant r < t \leqslant 6} a_{r,26h+j_2} a_{t,26h+j_2} u_{rt} \\ &\quad - \sum_{t=2}^{6} a_{t,26h+j_2} u_{1t}, \quad h = 0,1,2,\cdots. \end{aligned} \tag{2.36}$$

因为u_1表示表 2.17 中第 1 列值为 1 的行数，u_{1t}表示表 2.17 中第 1 列和第t列值均为 1 的行数，所以

$$u_1 \geqslant \sum_{t=2}^{6} a_{t,26h+j_2} u_{1t}.$$

这就是说，

$$k_{26h+j_2} \geqslant \sum_{i=2}^{6} a_{i,26h+j_2} u_i - \sum_{2 \leqslant r < t \leqslant 6} a_{r,26h+j_2} a_{t,26h+j_2} u_{rt}.$$

根据以上讨论,当 $a_{ij_1}=0$ 时,式(2.35)中的 k_{26h+j_1} 与第 1 个圆盘无关,其值只取决于第 2～6 个圆盘上销钉的置位和凸片鼓状滚筒的相应位置上有效凸片的数量,因此,第 1 个圆盘对加密明文字母 $m_{j_1}, m_{26h+j_1}, \cdots$ 所用的代替表的移位数没有贡献. 同理,若 $a_{ij_2}=1$,则由以上讨论,式(2.36)中的 k_{26h+j_2} 与第 1 个圆盘有关,即第 1 个圆盘对加密明文字母 m_{26h+j_2} 所用代替表的移位数有贡献. 因为 a_{ij} 可以看成具有均匀分布的二元随机变量,所以对某一对固定的 (j_1, j_2) $(1\leqslant j_1<j_2\leqslant 26)$,若 $a_{ij_1}=0, a_{ij_2}=1$,则(2.34)中第 j_2 行的数的平均值要大于第 j_1 行的数的平均值. 这就是 M-209 密码体制中"熵漏"的一种表现. 由于 $a_{ij_1}=0, a_{ij_2}=1$,所以当 u_1 的值越大时,(2.34)中第 j_1 行的数的平均值与第 j_2 行的数的平均值相差越大. 从另一个角度来考虑,如果(2.34)的第 j_1 行的平均值很小,则 a_{1j_1} 取值为 0,而(2.34)的第 j_2 行的平均值很大,则 a_{ij_2} 的取值就为 1. 这就是用以区别 a_{ij_1} 和 a_{ij_2} 取值的依据.

现在,假定根据明文-密文对和加密算法求出了加密每个明文字母的代替表的移位数为

$$k_1, k_2, \cdots, k_n, \cdots. \tag{2.37}$$

对 $i=1,2,\cdots,6$,先按(2.34)模式将加密每个明文字母的密表的移位数排成 s_i 行,制成表 2.19$(i=1,2,\cdots,6)$,并计算表 2.19$(i=1,2,\cdots,6)$每一行中数的平均值(因为 0^* 和 1^* 尚不确定,故暂时把它们排除在外). 然后选择平均值基本上呈现一个高值区和一个低值区的那些表 2.19$(i=1,2,\cdots,6)$,根据表 2.19$(i=1,2,\cdots,6)$中每一行的平均值推测 a_{ij} 的取值. 如果表 2.19(i)的第 j 行的平均值在高值区,则推测 $a_{ij}=1$;如果表 2.19$(i=1,2,\cdots,6)$的第 j 行的平均值在低值区,则推测 $a_{ij}=0$,个别不能确定的 a_{ij} 先打上问号. 这样,可以确定某些圆盘上的多数销钉的置位.

表 2.19　$(i=1,2,\cdots,6)$按各圆盘周期数排列移位数

第 1 个圆盘																				平均值
10	25	20	12	25	16	3	16	22	1*	15	24	19	16	15	13	3	22	24	9	16.26
22	11	15	20	0*	16	10	22	20	20	25	25	20	0*	10	1*	24	13	0*	25	18.63
0*	22	15	18	6	13	21	18	22	22	21	6	6	15	22	24	24	22	0*	13	17.22
5	22	4	13	22	0*	22	22	0*	23	5	4	22	15	13	22	22	15	18	6	15.28
15	6	22	18	22	22	17	13	15	5	18	24	15	25	0*	14	0*	15	4	18	16.00
22	22	22	0*	22	15	24	15	18	4	22	17	22	23	18	15	6	18	17		17.89
15	14	23	0*	3	11	21	3	12	25	20	22	24	9	19	15	16	14	25		16.17
22	24	15	15	22	13	4	22	22	4	0*	15	6	22	18	18	21	25	13		16.72
11	0*	15	13	10	20	20	22	18	19	19	19	21	14	16	20	13	3	22		16.39
22	6	15	22	22	4	22	15	14	22	18	22	17	21	14	23	15	0*	24		17.67
5	22	0*	15	22	24	15	0*	25	18	21	18	14	6	15	22	13	13	18		16.82

续表

第1个圆盘																			平均值
19	20	14	3	20	16	21	21	16	21	12	10	9	24	10	22	23	16	13	16.32
25	12	12	24	18	24	20	16	10	12	3	16	22	3	21	19	1*	19	9	15.83
0*	19	21	14	21	21	3	19	10	18	9	22	19	25	13	16	13	12	16	16.17
22	0*	21	22	14	5	24	17	6	15	22	17	14	22	5	24	22	22	22	17.56
22	18	15	15	15	0*	14	13	22	0*	15	21	15	6	0*	18	17	21	22	16.81
1*	11	13	18	13	3	20	16	13	16	11	11	19	23	20	18	20	22	12	15.50
13	25	10	20	19	18	12	23	3	13	21	20	21	16	18	1*	11	0*	16	16.41
23	6	21	22	6	18	13	5	22	25	22	0*	22	15	15	24	18	6	14	16.50
20	23	9	19	10	13	15	21	25	16	20	10	0*	0*	21	1*	3	25	25	17.19
24	18	6	6	22	17	25	0*	22	24	14	15	22	15	5	18	25	13	18	17.17
10	12	15	21	16	25	21	3	22	0*	15	1*	10	16	18	22	25	12	10	16.06
16	14	20	19	23	22	9	22	20	12	3	21	16	9	20	11	9	16	20	15.90
18	22	22	15	15	13	22	5	4	18	22	15	22	24	24	22	22	0*	18	18.00
25	14	23	23	22	23	15	18	18	14	22	4	14	0*	17	18	22	18	15	18.05
6	15	0*	6	14	17	17	5	0*	14	15	0*	0*	22	22	21	5	15	23	14.47

第2个圆盘																				平均值
10	6	14	22	19	16	17	15	5	3	16	15	17	19	3	10	22	15	3	13	13.00
22	25	15	23	15	23	25	25	21	22	13	11	21	14	25	21	22	13	0*	22	20.37
0*	11	20	0*	23	15	22	21	0*	25	25	21	11	15	22	13	19	23	13	24	19.00
5	22	15	12	6	22	13	9	3	22	16	22	20	19	6	5	16	1*	16	18	14.05
15	22	15	20	25	14	23	22	22	22	24	20	0*	21	23	0*	24	13	19	13	19.83
22	6	4	18	0*	16	17	15	5	20	0*	14	10	22	16	20	18	22	12	9	14.78
15	22	22	13	6	16	3	17	18	4	12	15	15	0*	15	18	18	17	22	16	14.95
22	14	22	18	22	13	10	16	5	18	18	3	1*	22	0*	15	1*	20	21	22	16.53
11	24	23	0*	22	0*	21	22	22	0*	14	22	21	10	15	21	24	11	22	22	19.24
22	0*	15	0*	22	22	22	18	20	1*	14	22	15	16	16	5	1*	18	0*	12	17.27
5	6	15	15	3	15	17	22	22	20	15	15	4	22	9	18	18	3	6	16	14.30
19	22	15	13	22	11	24	13	0*	22	25	24	0*	14	24	20	22	25	25	14	19.67
25	20	0*	22	10	13	21	15	15	23	21	25	19	0*	0*	24	11	25	13	25	19.23
0*	12	14	15	22	20	4	3	18	5	5	6	20	16	22	17	22	9	12	18	13.68
22	19	12	3	22	4	20	22	12	4	18	4	6	0*	15	22	18	22	16	10	14.26
22	0*	21	24	20	24	22	22	22	25	22	24	22	15	10	13	21	22	0*	20	20.61
1*	18	21	14	18	16	15	15	18	4	20	17	15	15	22	1*	3	5	18	18	15.11
13	11	15	22	21	24	21	0*	14	19	0*	22	22	25	13	24	24	22	15	15	19.00
23	25	13	15	14	21	20	21	25	22	19	15	24	23	0*	22	24	13	24	23	20.32
20	6	10	18	15	5	3	16	16	18	18	19	6	9	18	14	22	22	0*	9	13.89
24	23	21	20	13	0*	24	19	10	21	21	22	21	22	19	15	0*	15	0*	25	19.71

续表

第2个圆盘																				平均值
10	18	9	22	19	3	14	17	10	12	12	18	17	14	18	15	6	15	18	13	14.00
16	12	6	19	6	18	20	13	6	18	3	10	14	21	16	18	16	18	4	6	13.00
18	14	15	6	10	18	12	16	22	15	9	16	9	6	14	20	21	14	17	18	14.50
25	22	20	21	22	13	13	23	13	0*	22	22	22	24	15	23	13	25	25		20.17

第3个圆盘																						平均值
10	18	18	10	22	20	20	24	18	5	20	16	11	22	14	22	0*	1*	18	25	6	22	17.05
22	25	12	21	15	18	4	21	22	22	4	24	21	17	9	14	18	24	21	9	25	12	17.27
0*	6	14	9	18	21	24	4	13	20	18	0*	22	21	22	21	19	22	3	22	13	16	16.20
5	25	22	6	20	14	16	20	15	22	0*	12	20	11	10	6	18	14	24	22	12	14	15.62
15	11	14	15	22	15	24	22	3	0*	1*	18	14	20	14	24	16	15	24	5	16	25	16.60
22	22	15	20	19	13	21	15	22	15	20	14	15	0*	15	3	14	15	22	22	0*	18	17.10
15	22	20	22	6	19	5	21	22	18	22	14	3	10	19	25	15	18	0*	13	18	10	16.05
22	6	15	23	21	6	0*	20	15	12	23	15	22	15	21	22	10	20	6	22	15	20	16.71
11	22	15	0*	19	10	3	3	0*	22	5	25	22	1*	22	6	21	23	16	15	24	18	15.89
22	14	4	12	15	22	18	24	21	18	4	21	15	21	0*	23	13	22	21	15	0*	15	17.00
5	24	22	20	23	16	18	14	16	14	25	5	24	15	22	16	5	22	13	18	0*	23	17.14
19	0*	22	18	6	23	13	20	19	25	4	18	25	4	10	15	0*	19	15	14	18	9	15.80
25	6	23	13	25	15	17	12	17	16	19	22	6	0*	16	0*	20	16	13	25	4	25	16.75
0*	22	15	18	0*	22	25	13	13	10	22	20	4	19	22	15	18	24	23	3	17	13	16.90
22	20	15	0*	6	14	22	15	16	10	18	0*	24	20	14	16	15	18	1*	0*	25	6	16.44
22	12	15	0*	22	16	13	25	23	6	21	19	17	6	0*	9	21	18	13	13	13	18	16.10
1*	19	0*	15	22	16	23	21	5	22	12	18	22	22	16	24	5	1*	22	16	22		17.89
13	0*	14	13	22	13	17	9	21	13	18	21	15	15	0*	0*	18	24	17	19	24		17.00
23	18	12	22	3	0*	3	22	0*	3	15	12	19	22	15	22	20	1*	20	12	18		15.61
20	11	21	15	22	22	10	15	3	22	0*	3	22	24	15	15	24	18	11	22	13		16.40
24	25	21	3	10	15	21	17	22	25	16	9	18	6	25	10	17	22	18	21	9		16.86
10	6	15	24	22	11	22	16	5	22	13	22	10	21	23	22	22	11	3	22	16		16.10
16	23	13	14	22	13	17	22	18	22	25	15	16	17	9	13	13	22	25	0*	22		17.50

第4个圆盘																								平均值
10	10	11	14	0*	0*	23	18	20	22	22	4	25	9	19	22	14	0*	5	23	0*	5	13	22	15.55
22	16	25	12	15	6	15	18	3	22	0*	18	16	22	22	15	0*	15	0*	22	6	22	12	12	16.00
0*	18	6	21	13	22	22	13	24	15	15	0*	24	15	18	22	16	16	20	22	16	13	16	16	17.64
5	25	23	21	22	22	14	17	14	0*	18	1*	0*	11	10	24	0*	9	18	19	21	22	0*	14	17.32
15	6	18	15	15	22	16	25	20	21	12	20	12	21	16	6	15	24	15	16	13	15	18	25	16.71
22	25	12	13	3	3	16	22	12	16	22	22	18	22	22	21	15	0*	21	24	15	15	15	18	17.13
15	11	14	10	24	22	13	13	13	19	18	23	14	20	17	17	25	22	5	18	13	18	24	10	16.60
22	22	22	21	14	10	0*	23	15	17	14	5	14	14	21	14	23	15	18	18	23	14	0*	20	17.23

续表

第4个圆盘	平均值
11 22 14 9 22 22 22 17 25 13 25 4 15 15 11 9 9 10 20 1* 1* 25 0* 18	16.10
22 6 15 6 15 22 15 3 21 16 16 25 25 3 20 22 22 22 24 24 13 3 18 15	16.38
5 22 20 15 18 20 11 10 9 23 10 4 21 22 0* 19 14 13 17 1* 22 0* 4 23	15.33
19 14 15 20 20 18 13 21 22 5 10 19 5 22 10 14 21 0* 22 18 17 13 17 9	15.83
25 24 15 22 22 21 20 22 15 21 6 22 18 15 15 15 6 18 13 22 20 16 25 25	18.46
0* 0* 4 23 19 14 4 17 17 0* 22 18 22 24 1* 19 24 19 1* 11 11 19 13 13	16.47
22 6 22 0* 6 15 24 24 16 3 13 21 20 25 21 21 3 18 24 22 18 12 22 6	16.70
22 22 22 12 21 13 16 21 22 22 3 12 0* 6 15 22 25 16 22 18 3 22 24 18	17.35
1* 20 23 20 19 19 24 4 18 5 22 18 19 4 4 0* 22 14 14 21 25 21 18	16.86
13 12 15 18 15 6 21 20 22 18 25 15 18 24 0* 22 6 15 15 3 25 22 13	16.95
23 19 15 13 23 10 5 22 13 5 22 0* 21 17 19 10 23 10 15 24 9 0* 9	15.57
20 0* 15 18 6 22 0* 15 15 22 22 16 12 22 20 16 16 21 18 24 22 6 16	17.33
24 18 0* 0* 25 16 3 21 3 20 20 13 3 15 6 22 15 13 20 22 22 25 22	16.57

第5个圆盘	平均值
10 20 12 22 23 20 22 0* 22 14 22 20 22 18 20 15 0* 9 25 24 20 23 24 25 22 13 9	19.04
22 24 19 23 0* 22 20 22 13 20 15 22 22 15 0* 24 10 22 23 0* 18 22 22 9 21 22 25	19.88
0* 10 0* 15 12 19 18 15 23 12 0* 0* 20 0* 19 25 15 19 9 22 15 22 0* 22 22 24 13	17.67
5 16 18 15 20 6 21 11 17 13 21 15 4 16 18 6 1* 14 22 15 21 19 6 22 0* 18 6	14.60
15 18 11 15 18 21 14 13 3 15 16 18 18 13 21 4 21 15 14 10 5 16 16 5 6 13 18	13.96
22 25 25 0* 13 19 15 20 10 25 19 12 0* 25 12 24 15 19 21 22 18 24 21 22 25 9	19.25
15 6 6 14 18 15 13 4 21 21 17 22 1* 16 3 17 4 21 6 13 20 18 13 13 13 16	13.80
22 25 23 12 0* 23 19 24 22 9 13 18 20 24 9 22 0* 22 24 0* 24 18 15 22 12 22	19.30
11 11 18 21 0* 6 6 16 17 22 16 14 22 0* 22 15 19 0* 3 18 17 1* 13 15 16 22	15.45
22 22 12 21 15 25 10 24 24 15 23 25 23 12 15 19 20 22 25 19 22 24 23 15 0* 12	19.56
5 22 14 15 13 0* 22 21 21 17 5 16 5 18 11 22 6 10 22 18 13 1* 1* 18 18 16	14.50
19 6 22 13 22 6 16 5 4 16 21 10 4 14 21 18 22 16 6 16 1* 18 13 14 15 14	14.04
25 22 14 10 15 22 23 0* 20 22 0* 10 25 14 22 10 15 22 23 14 24 22 22 25 24 25	19.58
0* 14 15 21 3 22 15 3 22 18 3 6 4 15 20 16 22 14 16 15 22 11 17 3 0* 18	13.96
22 24 20 9 24 22 22 18 15 22 22 22 19 25 14 22 24 0* 15 10 14 22 20 0* 0* 10	19.00
22 0* 15 6 14 3 14 18 21 13 5 13 22 21 15 17 6 16 0* 21 15 18 11 13 18 20	14.87
1* 6 15 15 22 22 16 13 20 15 18 3 18 5 3 21 21 0* 15 13 15 21 18 16 4 18	14.75
13 22 4 20 15 10 16 17 3 3 5 22 21 18 22 11 17 15 16 5 18 3 3 19 17 15	13.46
23 20 22 22 18 22 13 25 24 22 22 25 12 22 22 20 14 15 9 0* 20 24 25 12 25 23	20.04

第6个圆盘	平均值
10 13 0* 15 13 15 23 15 11 13 24 15 22 10 5 0* 3 4 15 9 15 0* 15 1* 24 15 22 0* 22 23	14.85
22 23 6 20 10 13 6 13 13 23 14 3 5 6 4 12 9 24 1* 22 15 15 10 24 1* 13 13 6 24 9	13.46
0* 20 22 15 21 22 25 19 20 17 20 22 18 22 25 18 22 17 21 19 25 16 21 22 18 23 22 25 18 25	20.69

续表

第6个圆盘																														平均值
5	24	20	15	9	15	0*	6	4	3	12	22	5	13	4	14	15	22	15	14	23	9	13	14	22	1*	15	13	13	13	13.29
15	10	12	4	6	3	6	10	24	10	13	15	22	3	19	14	11	15	4	15	9	24	5	15	11	13	15	12	9	6	11.67
22	16	19	22	15	24	22	22	16	21	15	0*	20	22	22	15	21	19	0*	19	22	0*	0*	15	22	22	18	16	16	18	19.27
15	18	0*	22	20	14	22	16	24	22	25	21	22	25	18	25	22	22	19	21	14	22	20	18	18	17	14	0*	22		19.93
22	25	18	23	22	22	22	23	21	17	21	16	0*	22	21	21	20	18	20	22	21	15	18	20	21	20	25	18	22		20.57
11	6	11	15	23	15	3	15	5	24	9	19	15	22	12	5	14	10	6	0*	6	10	15	23	3	11	3	15	12		12.07
22	25	25	15	0*	18	22	22	0*	21	22	17	18	20	18	18	15	16	22	22	24	22	21	22	24	18	0*	24	16		20.35
5	11	6	15	12	20	10	14	3	4	15	13	12	4	15	22	3	22	15	10	3	13	5	22	24	3	13	0*	14		11.71
19	22	23	0*	20	22	22	16	18	20	17	16	22	18	0*	20	22	17	22	16	25	0*	18	19	22	25	16	0*	25		20.08
25	22	18	14	18	19	22	16	18	22	16	23	18	0*	16	0*	22	21	24	22	22	18	20	16	0*	25	19	18	18		19.69
0*	6	12	12	13	6	20	13	13	15	22	5	14	1*	13	19	15	11	6	14	6	19	24	24	6	9	12	4	10		12.70
22	22	14	21	18	21	18	0*	17	21	18	21	25	20	25	18	24	20	21	0*	23	18	17	18	16	22	22	17	20		19.96
22	14	22	21	0*	19	21	22	25	20	22	0*	16	22	16	21	25	0*	17	16	16	16	22	18	21	22	21	25	18		20.00
1*	24	14	15	0*	15	14	15	22	3	13	3	10	23	24	12	6	10	14	0*	15	14	13	1*	13	5	22	13	15		13.48

为了完成这些圆盘上全部销钉的置位，分析 0* 和 1* 在(2.37)中所处的位置及这些位置上多数圆盘销钉置位情况来确定 0* 和 1* 的具体的值. 例如，如果 1* 表示移位数为 27，则 27 根杆都被选中，这些位置对应的基本销钉中 1 的个数应占多数；否则，1* 表示移位数为 1. 对 0* 也可作同样的讨论.

确定了每个 0* 和 1* 所表示的移位数之后，把表 2.19($i=1,2,\cdots,6$)中 0* 和 1* 换成相应的数 0 或 26，1 或 27，再计算表 2.19($i=1,2,\cdots,6$)各行的平均值，仍按前面的方法继续推测各未定的 a_{ij} 的值，不确定的仍用问号表示.

最后，把各 a_{ij} 的值按 $i=1,2,\cdots,6$ 分别排成 6 行，作为加密每个明文字母的基本销钉，并与加密每个明文字母的代替表的移位数一一对应，观察一些特殊列完成对问号的修改.

至此，就确定了每个圆盘上 s_i 根销钉的置位情况.

例 2.13 设从一份 M-209 加密的密报中得到 499 对连续的明文-密文字母对，并由式(2.31)求得加密各明文字母的代替表的移位数如表 2.20 所示. 求出各圆盘上所有销钉置位和凸片鼓状滚筒的每根杆上凸片的置位.

表 2.20 例 2.13 中已知的移位数

10	22	0*	5	15	22	15	22	11	22	5	19	25	0*	22	22	1*	13	23
20	24	10	16	18	25	6	25	11	22	22	6	22	14	24	0*	6	22	20
12	19	0*	18	11	25	6	23	18	12	14	22	14	15	20	15	15	4	22
22	23	15	15	15	0*	14	12	21	21	15	13	10	21	9	6	15	20	22

续表

23	0*	12	20	18	13	18	26	0*	15	13	22	15	3	24	14	22	15	18
20	22	19	6	21	19	15	23	6	25	0*	6	22	22	22	3	22	10	22
22	20	18	21	14	15	13	19	6	10	22	16	23	15	22	14	16	16	13
0*	22	15	11	13	20	4	24	16	24	21	5	0*	3	18	18	13	17	25
22	13	23	17	3	10	21	22	17	24	21	4	20	22	15	21	20	3	24
14	20	12	13	15	25	21	9	22	15	17	16	22	18	22	13	15	3	22
22	15	0*	21	16	19	17	13	16	23	5	21	0*	3	22	5	18	5	22
20	22	0*	15	18	12	22	18	14	25	16	10	10	6	22	13	3	22	25
22	22	20	4	18	0*	1*	20	22	23	5	4	25	4	19	22	18	21	12
18	15	0*	16	13	25	16	24	0*	12	18	14	14	15	25	21	5	18	22
20	0*	19	18	21	12	3	9	22	15	11	21	22	20	14	15	3	22	22
15	24	25	6	4	24	17	22	15	19	22	18	10	16	22	17	21	11	20
0*	10	15	1*	21	15	4	0*	19	20	6	22	15	22	24	6	21	17	14
9	22	19	14	15	19	21	22	0*	22	10	16	22	14	0*	16	0*	15	15
25	23	9	22	14	21	6	24	3	25	22	6	23	16	15	0*	15	16	9
24	0*	22	15	10	22	13	0*	18	19	18	16	14	15	10	21	13	5	0*
20	18	15	21	5	18	20	24	17	22	13	1*	24	22	14	15	15	18	20
23	22	22	19	16	24	18	18	1*	24	1*	18	22	11	22	18	21	3	24
24	22	0*	6	16	21	13	15	13	23	1*	13	22	17	20	11	18	3	25
25	9	22	22	5	22	13	22	15	15	18	14	25	3	0*	13	16	19	12
22	21	22	0*	6	25	13	12	16	0*	18	15	24	0*	0*	18	4	17	25
13	22	24	18	13	9	16	22	22	12	16	14	25	18	10	20	18	15	23
9	25	13	6	18														

首先对 $i=1,2,\cdots,6$,作表 2.19($i=1,2,\cdots,6$).然后观察表 2.19($i=1,2,\cdots,6$),从中选出行平均值大体上呈现一个高值区和一个低值区的表开始推测 a_{ij} 的值.

例如,表 2.19(6)中行平均值按递增顺序排列为

11.67　11.71　12.07　12.70　13.29　13.46　13.48　14.85　19.27　19.69
19.93　19.96　20.00　20.08　20.35　20.57　20.69

由于在 14.85 和 19.27 之间没有任何值,故可推测:如果表 2.19(6)中第 j 行的平均值大于等于 19.27,则 $a_{6j}=1$,而当第 j 行的平均值小于等于 14.85 时,$a_{6j}=0$. 这样得到

$$a_{6j} = 00100111010110110. \tag{2.38}$$

同理,由于表 2.19(5)和表 2.19(2)中的平均值按大小排列分别为

13.46　13.80　13.96　13.96　14.04　14.50　14.60　14.75　14.87　15.45
17.67　19.00　19.04　19.25　19.30　19.56　19.58　19.88　20.04

和

13.00　13.00　13.68　13.89　14.00　14.05　14.26　14.30

14.50　14.78　14.95　15.11　16.53　17.27　19.00　19.00

19.23　19.24　19.67　19.71　19.83　20.17　20.32　20.37　20.61

于是得到

$$a_{2j} = 0110100?1?011001011010001,$$
$$a_{5j} = 11?0010101001010001. \tag{2.39}$$

再按(2.38)和(2.39)把序列 a_{2j}，a_{5j} 和 a_{6j} 列表如下：

```
     (4)              (17)                   (35)   (42)
      *                 *                      *      *
      ⋮                 ⋮                      ⋮      ⋮
a2j = 0110100?1?0110010110100010110100?1?011001011
a5j = 11?0010101001010001111?0010101001010001111?001
a6j = 001001110101101100010011101011011000100111101
```

并把 0^* 和 1^* 对应的位置标上记号“$*$”，统计 7 个 1^* 对应的位置如下：

j	17	235	308	392	408	410	429
a_{2j} =	0	?	?	0	?	?	0
a_{5j} =	0	0	0	0	0	0	0
a_{6j} =	0	0	0	0	0	0	0

(2.40)

如果 1^* 表示数 27，则 27 根杆均被选中，这就要求上述位置上的 6 根销钉绝大多数都置有效位，但由(2.40)可以看到，在 1^* 对应的位置上，第 5 个圆盘和第 6 个圆盘销钉均取无效位，故取 27 根杆的可能很小. 因此，由(2.40)可知，a_{2_j} 中“?”号处取值为“0”的可能性最大. 把 a_{2_j} 中“?”全部改为 0 得到 a_{2_j} = 0110100010011001011010001. 统计 0^* 对应的位置如下：

位置	63	78	84	134	146	203	234	268	305	312	338	363	369	380	452	466
第 2 个圆盘	1	1	1	1	1	1	1	1	1	1	1	1	1	1	1	1
第 5 个圆盘	1	1	1	1	1	1	1	1	1	1	1	1	1	1	1	1
第 6 个圆盘	1	1	1	1	1	1	1	1	1	1	1	1	1	1	1	1
位置	3	41	193	212	250	421	14	35	85	106	256	332	340	358	460	470
第 2 个圆盘	1	1	1	1	1	1	0	0	0	0	0	0	0	0	0	0
第 5 个圆盘	?	?	?	?	?	?	0	0	0	0	0	0	0	0	0	0
第 6 个圆盘	1	1	1	1	1	1	0	0	0	0	0	0	0	0	0	0

根据与上相同的理由，可以假定上面最后 10 个位置上的 0^* 表示 0，其余位置上的 0^* 表示 26，则 a_{5j} 中“?”号处应取值 1. 于是得到

$$a_{5j} = 1110010101001010001$$

把表 2.19($i=1,2,\cdots,6$)中的 0^* 改为 0 或 26,把 1^* 改为 1,重新计算表 2.19($i=1,2,\cdots,6$)每行平均值如表 2.21($i=1,2,\cdots,6$)所示.

表 2.21 重新计算表 2.19 后每行平均值($i=1,2,\cdots,6$)

第 1 个圆盘	15.50	14.95	18.10	16.35	17.00	18.32	15.31	17.21	15.47	18.11
	17.78	16.32	15.05	15.32	18.01	18.26	14.55	14.74	17.00	14.53
	17.63	14.42	15.90	18.42	18.46	16.90				
第 2 个圆盘	13.00	20.65	20.05	13.40	20.45	13.30	14.20	14.19	20.25	13.05
	14.30	20.30	20.30	13.06	13.67	21.15	13.70	19.70	20.60	13.20
	20.65	14.00	13.00	14.50	20.48					
第 3 个圆盘	16.72	17.27	16.10	16.09	16.32	17.00	16.50	17.13	16.13	15.45
	17.44	15.54	16.49	15.36	17.04	15.81	16.67	17.00	15.91	16.86
	16.86	16.10	17.00							
第 4 个圆盘	14.04	17.25	18.34	15.50	16.71	17.50	16.60	16.88	15.25	16.38
	15.62	16.20	18.46	14.21	17.09	17.71	15.40	17.34	15.35	18.68
	16.26									
第 5 个圆盘	19.63	20.56	19.49	13.56	13.96	19.77	13.31	20.07	13.12	19.80
	13.46	13.54	20.07	12.88	19.81	13.73	13.62	13.46	20.27	
第 6 个圆盘	12.40	12.63	20.87	12.43	11.67	20.17	20.34	20.76	12.55	20.93
	12.20	20.56	20.34	12.70	20.38	20.62	13.06			

如果表 2.21 中平均值≥17.0 时取值 1,平均值≤16.0 时取值为 0,则第 1 个圆盘仅 3 根销钉位置不能确定.假定这 3 根销钉中平均值为 16.9 的取值为 1,其余取值为 0,则第 1 个圆盘的销钉位置就完全确定了.将表 2.21 第 3 个和第 4 个圆盘中可以确定的位置写出,不确定的用"?"标记得

第 1 个圆盘　00111 10101 10001 10010 10011 1
第 3 个圆盘　????? ????0 ?0?0? 0??00 ???
第 4 个圆盘　0110? 1??0? 0?10? 10101 ?

将这三个圆盘的销钉置位和前面三个圆盘的销钉置位都依次排出 499 个分量如下:

$$
\begin{array}{ll}
1 & 00111\ 10101\ 10001\ 10010\ 10011\ 10011\ \cdots \\
2 & 01101\ 00010\ 01100\ 10110\ 10001\ 01101\ \cdots \\
3 & ?????\ ????0\ ?0?0?\ 0??00\ ?????\ ?????\ \cdots \\
4 & 0110?\ 1??0?\ 0?10?\ 10101\ ?0110\ ?1??0\ \cdots \\
5 & 11100\ 10101\ 00101\ 00011\ 11001\ 01010\ \cdots \\
6 & 00100\ 11101\ 01101\ 10001\ 00111\ 01011\ \cdots
\end{array}
\tag{2.41}
$$

为了确定(2.41)中“?”处的值，先观察代替表移位数1在表2.20中所处的位置17,235,308,392,408,410,429对应(2.41)中相应位置上的各圆盘上销钉的置位情况.将这些数分别mod26,mod25,mod21,mod19,mod17得到如下结果：

位置	17	235	308	392	408	410	429
mod26	17	1	22	2	18	20	13
mod25	17	10	8	17	8	10	4
mod21	17	4	14	14	9	11	9
mod19	17	7	4	12	9	11	11
mod17	17	14	2	1	17	2	4

上述7个位置中的每一个位置上，第1,2,4,5,6个圆盘上的销钉均置无效位，所以这些位置第3个圆盘上的销钉均置为有效位(即销钉置位1)，同时也说明了表2.17中第3列只有一个1.因为17,235,…,429(mod23)分别同余17,5,9,1,17,19,15，所以可以把(2.41)中第3行前23个分量改为

1???1 ???10 ?0?01 01?1? ???

其中第19个分量原设为0，现应改为1.把这个改好的结果填入(2.41)的第3行.

为了给出第3和4个圆盘上尚未确定的销钉的位置，先给出如下定理：

定理2.2　若记

$$v_i = \sum_{\substack{k=1\\k\neq i}}^{6} u_{ik},$$

则有

(1) $u_i \geqslant v_i (i=1,2,\cdots,6)$；

(2) $\sum\limits_{i=1}^{6} u_i - \frac{1}{2}\sum\limits_{j=1}^{6} v_j \leqslant 27$；

(3) 当且仅当表2.17中有全“0”行时，

$$\sum_{i=1}^{6} u_i - \frac{1}{2}\sum_{j=1}^{6} v_j < 27.$$

证明　由u_i和v_j的定义，(1)显然成立.因为假定每个圆盘上至少含有一根有效销钉(如果第i个圆盘上的销钉均置无效位，则加密任何一个明文字母都与第i个圆盘无关)，所以基本销钉“111111”一定在加密某字母时出现，此基本销钉选中的杆数为

$$\sum_{i=1}^{6} u_i - (\text{双选中数}) = \sum_{i=1}^{6} u_i - \frac{1}{2}\sum_{j=1}^{6} v_j.$$

而凸片鼓状滚筒上的总杆数为 27,故(2)的结论成立.因为基本销钉“111111”选中的杆数是所有基本销钉选中的杆数中的最大者,所以表 2.17 中有全“0”行当且仅当

$$\sum_{i=1}^{6} u_i - \frac{1}{2}\sum_{j=1}^{6} v_j < 27.$$

定理 2.3　对任意 $i(i=1,2,\cdots,6)$来说,

(1) 如果用 r 表示第 i 个圆盘上第 h 根销钉有效时全部(i,h)位置上的最小选中杆数(相当于表 2.19 第 i 个圆盘第 h 行中最小的数),则 $r\geqslant u_i$;

(2) 如果用 s 表示第 i 个圆盘上第 h 根销钉无效时全部(i,h)位置上的最大选中杆数(相当于表 2.19 第 i 个圆盘第 h 行中最大的数),则 $u_i-v_i\leqslant 27-s$.

证明　若第 i 个圆盘的第 h 根销钉有效,则这根销钉将选中 u_i 根杆,而每个(i,h)位置上选中的杆数还可能包括其他圆盘上有效销钉选中的杆数,故由 r 的假定即得(1).若第 h 根销钉无效,则对于每个(i,h)位置,对应于第 i 个圆盘的只有一个有效凸片的每根杆(当然,这个有效凸片对应着第 i 个圆盘)在凸片鼓状滚筒转动一周的过程中都不会被选中,而这样的杆共有 u_i-v_i 根.由 s 的假定知,这 u_i-v_i 根杆与这 s 根杆不同,故 $u_i-v_i\leqslant 27-s$.

由于本例中从未选中过 27 根杆,故由定理 2.2(3),表 2.17 中有一行全 0.再观察表 2.19 第 6 个圆盘,销钉置位 1(即行平均值高)的那些行中数的最小值为 14,因此,根据定理 2.3(1),$u_6\leqslant 14$.同理,$u_2\leqslant 10$,$u_5\leqslant 9$,$u_1\leqslant 4$.再观察表 2.19 第 6 个圆盘中销钉置位 0 的那些行,利用定理 2.3(2)得到

$$u_6 - v_6 = u_6 - \sum_{m=1}^{5} u_{m6} \leqslant 27 - s = 27 - 24 = 3.$$

因为已假定有一行全 0,故 $u_6-v_6\leqslant 2$.由 $u_6\leqslant 14$ 及 $u_6-v_6\leqslant 2$ 表明,在表 2.17 中第 6 列最多有 14 个 1,并且这 14 个 1 所在的行中最多有 2 行只有一个 1.同理,可以得到

$$u_2 - v_2 \leqslant 4,$$
$$u_5 - v_5 \leqslant 4,$$
$$u_1 - v_1 \leqslant 1.$$

把表 2.19 第 1,2,5,6 个圆盘中销钉置位 1 的那些行中数分别为 4,10,9 和 14 的位置与式(2.41)中相应列对应起来为

56	140	164	232	240	242	290	311	473	113	221	334	366	72	179	244
1	1	1	1	1	1	1	1	1	0	0	0	0	0	0	1
0	0	0	0	0	0	0	0	0	1	1	1	1	0	0	1
0	?	?	?	0	0	0	0	?	?	0	0	?	?	?	0
0	0	0	0	0	0	0	0	0	?	0	0	0	0	0	1
0	0	0	0	0	0	0	0	0	0	0	0	0	1	1	0
0	0	0	0	0	0	0	0	0	0	0	0	0	0	0	1

274	324	345	361	439	481	495	33	49	64	89	347	452
0	0	0	0	0	0	0	0	0	0	1	0	0
0	0	0	0	0	0	0	0	0	0	0	0	0
?	?	?	0	?	?	0	0	?	?	?	?	0
0	0	0	0	0	0	?	?	?	0	?	0	?
1	1	1	1	1	1	1	0	0	0	1	0	0
0	0	0	0	0	0	0	1	1	1	0	1	1

分析上述位置和销钉置位可知，表 2.17 中第 1,2,5,6 列“1”的个数恰好分别为 4,10,9 和 14，并且除 89 列外，上述各列中“?”号处均可改为 0，把上面的第 3 个分量出现“?”的列的位置号模 23 得到(2.41)第 3 行的前 23 个分量为

$$100?11??1010?010101?0?0 \tag{2.42}$$

同理，把上面第 4 个分量中出现“?”号的列的位置号模 21，得到(2.41)第 4 行的前 21 个分量为

$$0110?1000?0010110?011 \tag{2.43}$$

用(2.42)和(2.43)重新改写(2.41)后，继续作类似分析即可得到第 3 个圆盘和第 4 个圆盘上销钉的置位情况如下：

第 3 个圆盘　10011 11110 10001 01011 010
第 4 个圆盘　01101 10001 00101 10101 1　　(2.44)

至此，6 个圆盘上的销钉位置全部确定，并得到了类似于表 2.16 的销钉位置情况表. 把(2.41)中各列与移位数一一对应，并选出移位数 4,10,1,3,9,14 对应的列且这些列呈单位向量，据此可以得到

$$u_1 = 4,\quad u_2 = 10,\quad u_3 = 1,\quad u_4 = 3,\quad u_5 = 9,\quad u_6 = 14.$$

为了求出 u_{ij}，如求 u_{34}，可以按(2.44)把(2.41)中“?”全部改成 0 或 1，并找出列为

(001100)所对应位置上的移位数，必然发现这些位置上的移位数均为 3，因此，$u_3+u_4-u_{34}=3$，故 $u_{34}=1$. 运用这种列方程式的方法可以求得

$$
\begin{array}{rrrrrr}
u_1=4, & u_{12}=1, & u_{13}=0, & u_{14}=1, & u_{15}=0, & u_{16}=1, \\
 & u_2=10, & u_{23}=0, & u_{24}=0, & u_{25}=0, & u_{26}=5, \\
 & & u_3=1, & u_{34}=1, & u_{35}=0, & u_{36}=0, \\
 & & & u_4=3, & u_{45}=0, & u_{46}=1, \\
 & & & & u_5=9, & u_{56}=5, \\
 & & & & & u_6=14.
\end{array}
$$

于是可以得到鼓状滚筒上凸片的配置情况. 由该例可以看到，如果明文-密文对足够多，则破译 M-209 加密的消息是比较容易的. 然而，随着明文长度的减少，密码分析的难度会显著增加.

小结与注释

本章对古典密码学中的主要密码体制进行了简要介绍，包括单表代替密码、多表代替密码和机械密码的代表体制 M-209. 虽然，这些密码体制现在都已不再实用，但是它们都在一定的历史时期里担当过历史重任. 从对它们进行的密码分析过程中可以初次体会到破译密码体制的艰辛. 古典密码体制都存在它们的弱点，都已被成功破译. 在对这些密码体制进行密码分析时，不知读者们发现了什么？其实，我们总是在寻找"区分". 例如，分析单表代替密码时，发现其密文具有一定的统计规律，而不是随机分布. 又如，在分析 M-209 时，发现当按不同的圆盘周期列表、统计移位平均值时，就会有高低的区分. 这就是进行密码分析的基本方向. 由于当今使用的密码体制大都不是无条件安全的密码体制，因此，其密文分布不是随机分布，而目标就是利用所有已知的信息和技术手段来寻找这个"区分"，从而最终破译密码体制.

习题 2

2.1 破译下列单表代替密码的密文：

GROX CMRYYVLYIC COXN COMBOD WOCCKQOC DY OKMR YDROB DROI YPDOX SXFOXD K MYNO LI VODDSXQ OKMR VODDOB YP DRO KVZRKLOB BOZBOCOXD KXYDROB YXO

该段密文中各字母出现的频次为

A	B	C	D	E	F	G	H	I	J	K	L	M	N	O	P	Q	R	S	T	U	V	W	X	Y	Z
0	7	8	13	0	1	1	0	3	0	7	3	5	2	23	2	2	9	2	0	0	4	1	9	10	2

2.2 设密钥 $k=5$,分别用移位代替密码和乘法代替密码加密明文 cipher.

2.3 设密钥短语为 yesterday,试用密钥短语密码加密明文 cipher.

2.4 设密钥字为 china,试用维吉尼亚密码加密明文 polyalphabetic.

2.5 破译下列单表代替密码的密文并求出密钥字:

XTEIA DSL ASQA FKSF FKY IVYOPYUJQ NI PAY NI LNVRA TU SMYVTJSU UYLAESEYV YUCDTAK SUR FKYTV VSUG NVRYV SVY JDNAYDQ VYDSFYR

该段密文中各字母出现的频次为

A	B	C	D	E	F	G	H	I	J	K	L	M	N	O	P	Q	R	S	T	U	V	W	X	Y	Z
8	0	1	5	3	5	1	0	4	3	4	3	1	5	1	2	3	4	10	5	7	10	0	1	14	0

2.6 破译下列密钥词组密码的密文:

XNKWBMOW KWH JKXKRJKRZJ RA KWRJ ZWXCKHI XIH I HNRXYNH EBI THZRCWHIRAO DHJJXOHJ JHAK RA HAONRJW KWH IHXTHI NXAOMXOH XIH GMRKKH NRLHNU KB YH TREEHIHAK WBQHPHI HGMRPXNHAK JKXKRJKRZJ XIH XPXRNXYNH EBI BKWHI NXAOMXOHJ RE KWH ZIUCKXAXNUJK TBHJ ABK LABQ KWH NXAOMXOH RA QWRZW KWH DHJJXOH QXJ QIRKKHA KWHA BAH BE WRJ ERIJK CIBYNHDJ RJ KB KIU KB THKHIDRAH RK KWRJ RJ X TREERZMNK CIBYNHD

该段密文中字母出现的频次为

A	B	C	D	E	F	G	H	I	J	K	L	M	N	O	P	Q	R	S	T	U	V	W	X	Y	Z
18	15	5	5	9	0	2	44	20	24	35	2	7	16	11	3	5	29	0	6	4	0	18	25	5	7

2.7 破译下列密文:

GJGNX BBWBJ LMGTX BGQCB ODBTL BXOGD VJGJB MWSUS LGXDO XGRLA SUUMC SQCXY UBTVY LRVXL CBIXB TBJLG JDUVL LBXDU SFBXG JOVWT BUBQL SVJTD TLBWL VOBLB XWSJB LCBVX OBXVR SJOYQ LSVJ

该段密文中各字母出现的频次为

A	B	C	D	E	F	G	H	I	J	K	L	M	N	O	P	Q	R	S	T	U	V	W	X	Y	Z
1	23	5	6	0	1	10	0	1	11	0	15	3	1	7	0	5	3	8	7	7	10	4	13	3	0

2.8　求下列密文的 I.C 值：

P L O G V A M O E M P J P L E K L X H O E O L E V P T A L V
P O M V O K B C I L B W T U C L L G N Y M M F J K V Q M O I
V Y C I A E G H P R Z X M O I G P X V H R G V X U L Q G V E
E W L T I I M P G P L L T C I M V H X C M L L G B W L X Y W
R Z X X T W B U A A P G A H K B C I G J M I O I K A I Q A P
X A X X Y Q T F V X W V X Z I G A Q H Y I M O E G V R X W P
T P R M L B M S I M A I K Z Y V O E V P T A L V L F W M L Q
B Z G T S P X K T H S C T S T A H F X A M V W I K O E I Z X
A L Q H Z X P P H X S C D U S P U S Y A L X T E G B E E W S
E F E E W L T I I M P G V P T A L V L P W M O E M U E F L H
T M X X Y X A L J K L R V O G K F T M V K K H T A L V O P K
X U I K L

该段密文中各字母出现的频次为

A	B	C	D	E	F	G	H	I	J	K	L	M	N	O	P	Q	R	S	T	U	V	W	X	Y	Z
19	8	8	1	18	7	16	12	20	4	14	29	22	1	15	22	7	6	8	18	7	22	12	24	8	7

2.9　用 Kasiski 试验判断 2.8 题中密文的密钥长.

2.10　将第 2.8 题中密文按列写成三行 c_1^*，c_2^* 和 c_3^*，已经计算出任意两行的

$$\sum_{s=0}^{25} f_{is} f_{js}(l),\quad l = 0,1,\cdots,25.$$

移位	0	1	2	3	4	5	6	7	8	9	10	11	12
c_1^* 和 c_2^*	422	551	469	619	438	590	326	462	486	396	553	472	395
c_1^* 和 c_3^*	548	340	496	363	456	386	365	616	391	582	355	826	357
c_2^* 和 c_3^*	363	546	395	390	484	457	453	403	691	484	517	394	636

移位	13	14	15	16	17	18	19	20	21	22	23	24	25
c_1^* 和 c_2^*	372	853	404	493	385	611	384	416	522	457	332	351	769
c_1^* 和 c_3^*	524	301	574	386	398	539	462	482	373	722	453	616	332
c_2^* 和 c_3^*	366	386	446	566	425	362	699	469	601	425	789	379	407

请对2.8题的密文进行代替表匹配.

2.11 利用2.10题代替表匹配的结果,给出2.8题中密文使用的代替表,并将其还原成明文.

2.12 给出5份密报的单字母的频次分布,计算其重合指数的值,确定哪几份密文是单表代替密码加密的.再将其余的密文按加密所用的代替表个数递增的顺序进行排列.

(1)

A	B	C	D	E	F	G	H	I	J	K	L	M	N	O	P	Q	R	S	T	U	V	W	X	Y	Z
7	6	9	3	5	6	8	3	4	7	13	10	7	0	1	5	3	6	8	5	4	8	4	8	5	5

(2)

A	B	C	D	E	F	G	H	I	J	K	L	M	N	O	P	Q	R	S	T	U	V	W	X	Y	Z
5	3	10	0	1	4	9	0	0	9	3	10	5	2	0	6	5	10	4	2	0	0	1	0	8	0

(3)

A	B	C	D	E	F	G	H	I	J	K	L	M	N	O	P	Q	R	S	T	U	V	W	X	Y	Z
4	6	6	11	13	6	3	6	8	8	9	7	1	2	6	9	8	12	8	4	2	11	7	1	1	17

(4)

A	B	C	D	E	F	G	H	I	J	K	L	M	N	O	P	Q	R	S	T	U	V	W	X	Y	Z
3	0	3	6	17	1	0	1	5	1	8	6	2	7	0	4	1	5	0	1	4	1	13	1	0	9

(5)

A	B	C	D	E	F	G	H	I	J	K	L	M	N	O	P	Q	R	S	T	U	V	W	X	Y	Z
3	7	4	2	8	5	6	4	10	5	8	6	8	3	7	9	5	6	4	9	5	7	3	7	6	3

2.13 确定用于加密下列消息的代替表个数:

SBPRT LNMWW OAHHE SCNQO RWDPM UVZKG NDMAZ AGENB
BBASH YQEKU HWTBR XJOTI IAJHV PIWZK FOHCQ PNHFP
QQBAK ZJXWH RVCYG GOKES LNCEK VFPHW GKDMT OMAGT
ZPNUN TLCMZ KBSWO YDVGK YFLGX NXLCQ OPRUU SLIMA
BAFZI URTLO YYBBL GFXPT NZWBP RIAJE CCZIQ BSBNZ
LUEHC ECMFK KBPLZ RJLCC ZDRGD GNDMA ZATTX ARIJS
ENTBT YVTYL RTABE CMBIW OYYMK VK

2.14 确定用于加密下列消息的代替表个数:

CNPWV BAGYW OFGWC YYBQZ DELTY AABAD AAGHL DLPHD
DNZYC KFPPU UPPJC HUPFC FPBQX AACUF MPPNL OYPAL
DNVAZ DDMWZ JPMXF JYDKC YPVNF JLYKL TPLGY FBTAL
FRIKK XUMYY JPMTB CPNWV BAGYW OFGWC YIGNV MRDGD
KFPKO ZARKK KAJGD DNBQF QBVRL IQNQD MQGDF YPHHL
DQGHQ MATGI JPMAT JEUKB UUDRK KIVAC QACKN KIGIE
FQKRK ZU

2.15 已知下列密文中有两个是用相同代替表序列加密的，现给出它们各自的频次分布，试找出这两个密文：

密文1 TEKAS RUMNA RRMNR ROPYO DEEAD ERUNR QLJUG CZCCU NRTEU ARJPT MPAWU TN

其频次分布为

A	B	C	D	E	F	G	H	I	J	K	L	M	N	O	P	Q	R	S	T	U	V	W	X	Y	Z
5	1	3	2	4	0	1	0	0	2	1	1	3	5	2	3	1	9	1	4	6	0	1	0	1	1

密文2 KSKHK IQQEV IFLRK QUZVA EVFYZ RVFBX UKGBP KYVVR QTAJK TBQOI SGHUC WIKX

其频次分布为

A	B	C	D	E	F	G	H	I	J	K	L	M	N	O	P	Q	R	S	T	U	V	W	X	Y	Z
2	1	1	0	2	3	2	2	4	1	8	1	0	0	1	1	5	3	2	2	3	6	1	2	2	2

密文3 GCCEM SOHKA RCMNB YUATM MDERD UQFWM DTFKI LROPY ARUOL FHYZS NUEQM NBFHG E

其频次分布为

A	B	C	D	E	F	G	H	I	J	K	L	M	N	O	P	Q	R	S	T	U	V	W	X	Y	Z
3	2	3	3	4	4	2	3	1	0	2	2	6	3	3	1	2	4	2	2	4	0	1	0	3	1

2.16 找出下列两个分布之间的最佳位置：

A	B	C	D	E	F	G	H	I	J	K	L	M	N	O	P	Q	R	S	T	U	V	W	X	Y	Z
1	4	2	7	4	1	6	5	0	4	2	0	1	2	0	0	1	2	3	2	0	3	0	0	0	0
A	B	C	D	E	F	G	H	I	J	K	L	M	N	O	P	Q	R	S	T	U	V	W	X	Y	Z
0	3	1	2	4	3	0	0	2	0	4	0	0	4	0	0	0	0	0	0	2	9	5	0	2	9

2.17 使用单钥体制的密码时，收方和发方使用同一个密钥进行加密和解密，这个密钥称为实际密钥(基本密钥). M-209 加密每个字母所用的密钥称为使用密钥. M-209 的实际密钥和使用密钥分别是什么？

2.18 已知 76 个连续的移位值如下：

22	23	13	0*	23	23	2	14	25	5	17	15	0*	13	15	7	23	15	21
12	15	24	19	3	9	23	12	24	11	19	11	10	14	25	15	1*	7	4
0*	0*	12	9	15	14	15	12	1*	7	3	12	23	25	23	7	15	15	24
14	11	22	9	19	12	20	15	12	6	19	25	22	12	16	18	24	7	7

各圆盘上的销钉置位如下：

第 1 个圆盘	00101	00001	01111	00001	11000 1
第 2 个圆盘	00100	01110	10010	01010	01010
第 3 个圆盘	11101	10001	11110	10111	111
第 4 个圆盘	01001	10110	01101	10010	1
第 5 个圆盘	11100	10110	01111	0100	
第 6 个圆盘	11001	10010	10100	01	

(1) 确定移位值中每个 0* 和 1* 所表示的值；

(2) 按表 2.17 的方式给出鼓状滚筒杆上凸片的配置.

2.19　在 M-209 的已知明文破译中，如果求得

$$
\begin{array}{llllll}
u_1=4, & u_{12}=1, & u_{13}=1, & u_{14}=1, & u_{15}=0, & u_{16}=1, \\
 & u_2=10, & u_{23}=0, & u_{24}=0, & u_{25}=0, & u_{26}=5, \\
 & & u_3=1, & u_{34}=1, & u_{35}=0, & u_{36}=0, \\
 & & & u_4=3, & u_{45}=0, & u_{46}=1, \\
 & & & & u_5=9, & u_{56}=5, \\
 & & & & & u_6=14,
\end{array}
$$

找出此表中的错误，并指出为什么是错的.

第 3 章

布尔函数

非线性组合函数也称为**逻辑函数**或**布尔函数**(Boolean function). 研究布尔函数的密码学性质已成为序列密码、分组密码和 HASH 函数的设计与分析的关键所在. 目前,关于布尔函数的密码学性质研究主要包括以下几个方面:

(1) 非线性次数;

(2) 非线性度(相关度);

(3) 线性结构;

(4) 退化性;

(5) 相关免疫性(correlation immunity);

(6) 严格雪崩准则(strict avalanche criterion)和扩散准则(propagation criterion);

(7) 代数免疫度.

通常,布尔函数的上述密码学性质是相互关联的. 本章主要研究布尔函数的表示方法、重量与概率计算、非线性度、相关免疫性和代数免疫度. 更深入的研究请参见李世取等编著的《密码学中的逻辑函数》. 如不作特殊说明,本章中的"+"符号均表示模 2 加.

3.1 布尔函数的表示方法

一个 n 元布尔函数 $f(x)=f(x_1,x_2,\cdots,x_n)$ 是 $\mathbb{F}_2^n$ 到 $\mathbb{F}_2$ 的一个映射,可以由它的真值表来描述. 称 $\mathbb{F}_2^n$(其中 $\mathbb{F}_2$ 为只有两个元素 0 和 1 的有限域)中每个二元 n 维向量$(a_{n-1},a_{n-2},\cdots,a_0)$为一个真值指派,而 $f(a_{n-1},a_{n-2},\cdots,a_0)$为 $f(x)$在此真值指派下的函数值. 于是 $f(x)$的真值表由 $\mathbb{F}_2^n$ 中所有真值指派及其函数值构成. 在 $f(x)$的真值表中,规定 2^n 种可能的真值指派是按照它们表示的二进制数的大小排列的. 对任意的真值指派$(a_{n-1},a_{n-2},\cdots,a_0)$和$(b_{n-1},b_{n-2},\cdots,b_0)$,如果有

$$\sum_{i=0}^{n-1} a_i 2^i < \sum_{j=0}^{n-1} b_j 2^j,$$

则$(a_{n-1},a_{n-2},\cdots,a_0)$排在$(b_{n-1},b_{n-2},\cdots,b_0)$之前. 表 3.1 是一个二元布尔函数的真值表.

表 3.1 一个布尔函数真值表

x_1	x_2	$f(x_1,x_2)$
0	0	1
0	1	1
1	0	1
1	1	0

任意两个 n 元布尔函数 $f(\boldsymbol{x})$和 $g(\boldsymbol{x})$相等当且仅当它们在 $\mathbb{F}_2^n$ 的每个真值指派下都有相同的函数值,此时,记作 $f(\boldsymbol{x})=g(\boldsymbol{x})$;否则,就说它们是不同的 n 元布尔函数,记作 $f(\boldsymbol{x})\neq g(\boldsymbol{x})$.

由于在 $\mathbb{F}_2^n$ 的每个真值指派下任意取 0 或 1 作为值都可以得到一个 n 元布尔函数,所以一共有 2^{2^n} 个不同的 n 元布尔函数.

考虑最简单的 n 元布尔函数,它只在 $\mathbb{F}_2^n$ 的一个真值指派下取值为 1,在其他真值指派下均取值为 0. 设取值为 1 的真值指派是$(a_{n-1},a_{n-2},\cdots,a_0)$,则当 $x_i=a_{n-i}$时,$x_i+a_{n-i}+1=1$;当 $x_i\neq a_{n-i}$时,$x_i+a_{n-i}+1=0$. 因此,n 元布尔函数

$$f(\boldsymbol{x}) = (x_1 + a_{n-1} + 1)(x_2 + a_{n-2} + 1)\cdots(x_n + a_0 + 1)$$

在真值指派$(a_{n-1},a_{n-2},\cdots,a_0)$下取值为 1,在其他真值指派下均取值为 0. 规定

$$x_i^1 = x_i, \quad x_i^0 = x_i + 1 = \overline{x}_i, \quad i = 1,2,\cdots,n.$$

当 $a_{n-i}=0$ 时,$x_i^0=x_i+1=x_i+a_{n-i}+1$;当 $a_{n-i}=1$ 时,$x_i^1=x_i=x_i+a_{n-i}+1$. 于是 $x_i+a_{n-i}+1$ 可以简单地写成 $x_i^{a_{n-i}}$,从而在 $\mathbb{F}_2^n$ 中真值指派$(a_{n-1},a_{n-2},\cdots,a_0)$下取值为 1,而在其他真值指派下均取值为 0 的函数 $f(\boldsymbol{x})$就可以记为

$$f(\boldsymbol{x}) = x_1^{a_{n-1}} x_2^{a_{n-2}} \cdots x_n^{a_0}.$$

称 n 元布尔函数 $f(\boldsymbol{x})=x_1^{a_{n-1}}x_2^{a_{n-2}}\cdots x_n^{a_0}$ 为一个 n 元小项函数. 设 $f(\boldsymbol{x})$是任意一个 n 元布尔函数. 如果 $f(a_{n-1},a_{n-2},\cdots,a_0)=0$,则 $f(a_{n-1},a_{n-2},\cdots,a_0)x_1^{a_{n-1}}x_2^{a_{n-2}}\cdots x_n^{a_0}=0$;如果 $f(a_{n-1},a_{n-2},\cdots,a_0)=1$,则 $f(a_{n-1},a_{n-2},\cdots,a_0)x_1^{a_{n-1}}x_2^{a_{n-2}}\cdots x_n^{a_0}=x_1^{a_{n-1}}x_2^{a_{n-2}}\cdots x_n^{a_0}$. 因此,对任意一个 n 元布尔函数,如果它在 $\mathbb{F}_2^n$ 的任意真值指派$(a_{n-1},a_{n-2},\cdots,a_0)$下的函数值记为 $f(a_{n-1},a_{n-2},\cdots,a_0)$,则由于 $f(\boldsymbol{x})$是它取值为 1 的那些真值指派对应的小项函数之和,所以得到

$$f(\boldsymbol{x}) = \sum_{(a_{n-1},a_{n-2},\cdots,a_0)} f(a_{n-1},a_{n-2},\cdots,a_0)x_1^{a_{n-1}}x_2^{a_{n-2}}\cdots x_n^{a_0}, \tag{3.1}$$

其中和号对 $\mathbb{F}_2^n$ 中的所有真值指派求和. 表达式(3.1)称为 n 元布尔函数的小项表示. 显然,由于 $f(\boldsymbol{x})$ 的小项表示由它的真值表唯一确定,故 $f(\boldsymbol{x})$ 的小项表示是唯一的.

例 3.1　表 3.1 中二元布尔函数的小项表示为

$$f(\boldsymbol{x}) = x_1^0 x_2^0 + x_1^0 x_2^1 + x_1^1 x_2^0.$$

如果把 $f(\boldsymbol{x})$ 的小项表示中每一个小项函数展成 $x_1, x_2, \cdots, x_n$ 的多项式,即将 $x_i^0 = x_i + 1, x_i^1 = x_i$ 代入 $f(\boldsymbol{x})$ 的小项表示中,并注意到 $\boldsymbol{x}+\boldsymbol{x}=0, \boldsymbol{x}\cdot\boldsymbol{x}=\boldsymbol{x}, \boldsymbol{x}\cdot\boldsymbol{y}=\boldsymbol{y}\cdot\boldsymbol{x}$,则可以得到

$$\begin{aligned} f(\boldsymbol{x}) &= c_0 + \sum_{i=1}^{n} c_i x_i + \sum_{i<j} c_{ij} x_i x_j + \cdots + c_{12\cdots n} x_1 x_2 \cdots x_n \\ &= \sum_{r=0}^{n} \sum_{1 \leqslant i_1 < i_2 < \cdots < i_r \leqslant n} c_{i_1 i_2 \cdots i_r} x_{i_1} x_{i_2} \cdots x_{i_r}, \end{aligned} \tag{3.2}$$

其中 $c_{i_1 i_2 \cdots i_r} = 0$ 或 1. 当 $r=0$ 时,约定 $x_{i_1} x_{i_2} \cdots x_{i_r} = 1$. 显然,由于 $f(\boldsymbol{x})$ 的小项表示是唯一的,所以 n 元布尔函数 $f(\boldsymbol{x})$ 化为形式(3.2)也是唯一的.

在式(3.2)中,每一个积 $x_{i_1} x_{i_2} \cdots x_{i_r}$ 称为一个单项,c_0 称为常数项. 如果 $c_0 = 1$,则称 $f(\boldsymbol{x})$ 为反转多项式;如果 $c_0 = 0$,则称 $f(\boldsymbol{x})$ 为规范多项式. 可以按代数中 n 个变量的多项式理论,根据式(3.2)定义布尔函数 $f(\boldsymbol{x})$ 的次数,记为 $\deg(f)$. 当 $\deg(f)=1$ 时,称 $f(\boldsymbol{x})$ 为线性布尔函数;当 $\deg(f) \geqslant 2$ 时,称 $f(\boldsymbol{x})$ 为非线性布尔函数.

如果把式(3.2)中单项式 $x_{i_1} x_{i_2} \cdots x_{i_r}$ 改写成如下形式:

$$R_k(\boldsymbol{x}) = x_1^{k_1} x_2^{k_2} \cdots x_n^{k_n},$$

其中 k 为 $(k_1, k_2, \cdots, k_n)$ 的十进制表示,$0 \leqslant k \leqslant 2^n - 1$,并约定

$$\begin{cases} x_i^{k_i} = x_i, & k_i = 1, \\ x_i^{k_i} = 1, & k_i = 0. \end{cases} \tag{3.3}$$

将与单项式 $x_1^{k_1} x_2^{k_2} \cdots x_n^{k_n}$ 相应的系数记为 $\hat{f}(k)$,则 $f(\boldsymbol{x})$ 可以改写成

$$f(\boldsymbol{x}) = \sum_{k=0}^{2^n-1} \hat{f}(k) R_k(\boldsymbol{x}). \tag{3.4}$$

这就是 $f(\boldsymbol{x})$ 的 Reed-Muller 展开式,通常按 k 递增的方式书写,即

$$f(\boldsymbol{x}) = \hat{f}(0) + \hat{f}(1) x_n + \hat{f}(2) x_{n-1} + \cdots + \hat{f}(2^n - 1) x_1 x_2 \cdots x_n.$$

记

$$\hat{\boldsymbol{f}} = (\hat{f}(0), \hat{f}(1), \cdots, \hat{f}(2^n - 1)), \tag{3.5}$$

则称 $\hat{f}$ 为 $f(x)$ 的 Reed-Muller 谱. 实际上, $\hat{f}$ 是布尔函数 $f(\boldsymbol{x})$ 的多项式表示(3.2)中系数的一个重新的排列.

例 3.2 例 3.1 中布尔函数的多项式表示和 Reed-Muller 表示分别为

$$f(\boldsymbol{x}) = (x_1+1)(x_2+1)+(x_1+1)x_2+x_1(x_2+1) = 1+x_1x_2,$$

$$\hat{f} = (1,0,0,1).$$

定义 3.1 递归地定义 F_2 上的矩阵

$$\boldsymbol{A}_0 = (1), \quad \boldsymbol{A}_n = \begin{pmatrix} 1 & 1 \\ 0 & 1 \end{pmatrix} \otimes \boldsymbol{A}_{n-1} = \begin{pmatrix} \boldsymbol{A}_{n-1} & \boldsymbol{A}_{n-1} \\ 0 & \boldsymbol{A}_{n-1} \end{pmatrix},$$

其中 $\otimes$ 表示矩阵的 Kronecker 积.

用数学归纳法可以证明 $\boldsymbol{A}_n^2 = \boldsymbol{I}_n$(其中 $\boldsymbol{I}_n$ 为 $2^n \times 2^n$ 的单位矩阵). 于是有如下关系:

$$\hat{f} = (f(0),f(1),\cdots,f(2^n-1))\boldsymbol{A}_n \triangleq f(\boldsymbol{x})\boldsymbol{A}_n,$$

其逆变换为

$$f(\boldsymbol{x}) = f(\boldsymbol{x})\boldsymbol{A}_n^2 = \hat{f}\boldsymbol{A}_n = (\hat{f}(0),\hat{f}(1),\cdots,\hat{f}(2^n-1))\boldsymbol{A}_n.$$

有一个快速计算 $f(\boldsymbol{x})$ 的 Reed-Muller 谱 $\hat{f}$ 的方法. 设 $f^1(\boldsymbol{x})$ 和 $f^2(\boldsymbol{x})$ 分别表示 $f(\boldsymbol{x})$ 真值表的前一半值和后一半值,则

$$\hat{f} = (f^1(x)\boldsymbol{A}_{n-1}, f^1(x)\boldsymbol{A}_{n-1} + f^2(x)\boldsymbol{A}_{n-1}),$$

按此规则一直迭代到 $\boldsymbol{A}_0$ 就得到 $f(x)$ 的 Reed-Muller 谱.

定义 3.2 Hadamard 矩阵 $\boldsymbol{H}_n=(h_{ij})$ 是 $2^n \times 2^n$ 的矩阵,并且满足 $\boldsymbol{H}_n\boldsymbol{H}_n^{\mathrm{T}} = n\boldsymbol{I}$,其中 $h_{ij} \in \{1,-1\}$, $\boldsymbol{H}^{\mathrm{T}}$ 为 $\boldsymbol{H}$ 的转置矩阵, $\boldsymbol{I}$ 为 $2^n \times 2^n$ 阶单位矩阵.

定义 3.3 设 $\boldsymbol{x}=(x_1,x_2,\cdots,x_n)$, $\boldsymbol{w}=(w_1,w_2,\cdots,w_n) \in \mathrm{F}_2^n$, $\boldsymbol{x}$ 与 $\boldsymbol{w}$ 的点积为

$$\boldsymbol{xw} = x_1w_1 + x_2w_2 + \cdots + x_nw_n \pmod 2, \tag{3.6}$$

对任意的 $\boldsymbol{w} \in \mathrm{F}_2^n$,定义 $\boldsymbol{w}$ 的 Walsh 函数为

$$Q_{\boldsymbol{w}}(\boldsymbol{x}) = (-1)^{\boldsymbol{wx}}. \tag{3.7}$$

所有如同式(3.7)的函数的集合称为 F_2^n 的特征群($Q_0(\boldsymbol{x})$ 对应于单位元素),它们是 F_2^n 上实值函数空间的一组正交基. 令

$$I_w = 2^{n-1}w_1 + 2^{n-2}w_2 + \cdots + 2^0 w_n, \tag{3.8}$$

仍将 I_w 记为 w,并给 w 定义一个"自然的"序 $w=0,1,\cdots,(2^n-1)$,于是 Hadamard 矩阵可以记为

$$\boldsymbol{H}_n = \begin{pmatrix} Q_0(\boldsymbol{x}) \\ Q_1(\boldsymbol{x}) \\ \vdots \\ Q_{2^n-1}(\boldsymbol{x}) \end{pmatrix}. \tag{3.9}$$

也可以采用递归的定义,

$$\begin{aligned} &\boldsymbol{H}_0 = (1), \\ &\boldsymbol{H}_n = \begin{pmatrix} H_{n-1} & H_{n-1} \\ H_{n-1} & -H_{n-1} \end{pmatrix}. \end{aligned} \tag{3.10}$$

例如,当 $n=2$ 时,

$$\boldsymbol{H}_2 = \begin{pmatrix} 1 & 1 & 1 & 1 \\ 1 & -1 & 1 & -1 \\ 1 & 1 & -1 & -1 \\ 1 & -1 & -1 & 1 \end{pmatrix}.$$

定义 3.4 n 元布尔函数 $f(x)$ 的一阶 Walsh 变换定义为

$$S_f(\boldsymbol{w}) = 2^{-n} \sum_{\boldsymbol{x} \in \mathrm{F}_2^n} f(\boldsymbol{x})(-1)^{\boldsymbol{w}\boldsymbol{x}}, \tag{3.11}$$

$$S_{(f)}(\boldsymbol{w}) = 2^{-n} \sum_{\boldsymbol{x} \in \mathrm{F}_2^n} (-1)^{\boldsymbol{w}\boldsymbol{x} \oplus f(\boldsymbol{x})}, \tag{3.12}$$

称 $S_f(\boldsymbol{w})$ 和 $S_{(f)}(\boldsymbol{w})$ 分别为 $f(\boldsymbol{x})$ 的一阶线性谱和一阶循环谱. 不难看出,$S_f(\boldsymbol{w})$ 是用 F_2^n 的特征群的正交基 $Q_0(\boldsymbol{x}), Q_1(\boldsymbol{x}), \cdots, Q_{2^n-1}(\boldsymbol{x})$ 来表示 $f(x)$ 的系数.

一阶 Walsh 变换的逆变换分别为

$$f(\boldsymbol{x}) = \sum_{\boldsymbol{w} \in \mathrm{F}_2^n} S_f(\boldsymbol{w})(-1)^{\boldsymbol{x}\boldsymbol{w}}, \tag{3.13}$$

$$f(\boldsymbol{x}) = \frac{1}{2} - \frac{1}{2} \sum_{\boldsymbol{w} \in \mathrm{F}_2^n} S_{(f)}(\boldsymbol{w})(-1)^{\boldsymbol{x}\boldsymbol{w}}. \tag{3.14}$$

设 $f(\boldsymbol{x}) = x_1 + x_2 + x_1x_2$,则 $f(\boldsymbol{x})$ 的函数值和一阶线性谱分别为

x_1	x_2	$f(\boldsymbol{x})$	w_1	w_2	$S_f(\boldsymbol{w})$
0	0	0	0	0	3/4
0	1	1	0	1	−1/4
1	0	1	1	0	−1/4
1	1	1	1	1	−1/4

根据式(3.13)或式(3.14),$f(x)$ 可以写成基函数的线性组合如下:

$$f(\boldsymbol{x}) = \frac{3}{4}(-1)^0 - \frac{1}{4}(-1)^{x_2} - \frac{1}{4}(-1)^{x_1} - \frac{1}{4}(-1)^{x_1+x_2}.$$

为简便起见,也可以用 Hadamard 矩阵来表示 $f(\boldsymbol{x})$的一阶线性谱

$$2^n \boldsymbol{S}_f = \boldsymbol{f}\boldsymbol{H}_n$$

其中 $\boldsymbol{f}$ 和 $\boldsymbol{S}_f$ 都要以向量的形式来表示,它按照 $\boldsymbol{x}$ 和 $\boldsymbol{w}$ 的自然顺序排列 $\boldsymbol{f}(\boldsymbol{x})$和 $\boldsymbol{S}_f$ 的值,这里的运算自然是按十进制运算进行的.

用数学归纳法可以证明 $\boldsymbol{H}_n^2 = 2^n \boldsymbol{I}_n$(其中 $\boldsymbol{I}_n$ 为 $2^n \times 2^n$ 的单位矩阵). 于是

$$\boldsymbol{S}_f \boldsymbol{H}_n = 2^{-n} \boldsymbol{f} \boldsymbol{H}_n^2 = \boldsymbol{f}.$$

有一个快速计算 $f(x)$的 Walsh 谱 S_f 的方法　设 $f^1(\boldsymbol{x})$和 $f^2(\boldsymbol{x})$分别表示 $f(\boldsymbol{x})$的真值表的前一半值和后一半值,则

$$\begin{aligned}\boldsymbol{S}_f &= 2^{-n}\boldsymbol{f}\boldsymbol{H}_n = 2^{-n}(f^1, f^2)\boldsymbol{H}_n \\ &= 2^{-n}(f^1\boldsymbol{H}_{n-1} + f^2\boldsymbol{H}_{n-1}, f^1\boldsymbol{H}_{n-1} - f^2\boldsymbol{H}_{n-1}),\end{aligned}$$

按此规则一直迭代到 $\boldsymbol{H}_0$ 就得到 $\boldsymbol{f}(\boldsymbol{x})$的 Walsh 谱.

$\boldsymbol{f}(\boldsymbol{x})$的 Walsh 变换具有下列性质:

性质 3.1　初值定理

$$\begin{aligned}\boldsymbol{S}_f(0) &= 2^{-n}\boldsymbol{W}_H(\boldsymbol{f}), \\ \boldsymbol{f}(0) &= \sum_{w\in \mathbb{F}_2^n} \boldsymbol{S}_f(\boldsymbol{w}),\end{aligned} \tag{3.15}$$

其中 $\boldsymbol{W}_H(\boldsymbol{f})$为 $f(x)$的汉明(Hamming)重量.

证明　在式(3.11)中令 $\boldsymbol{w}=\boldsymbol{0}$,在式(3.13)中令 $\boldsymbol{x}=\boldsymbol{0}$ 即可.

性质 3.2　位移定理

设 $\boldsymbol{c}\in \mathbb{F}_2^n$,对任意给定的 $\boldsymbol{x}\in \mathbb{F}_2^n$ 及 $\mathbb{F}_2^n$ 上的实值函数 $\boldsymbol{f}(\boldsymbol{x})$, $\boldsymbol{g}(\boldsymbol{x}) = \boldsymbol{f}(\boldsymbol{x}+\boldsymbol{c})$当且仅当对所有的 $\boldsymbol{w}\in \mathbb{F}_2^n$ 有

$$\boldsymbol{S}_g(\boldsymbol{w}) = (-1)^{\boldsymbol{c}\boldsymbol{w}}\boldsymbol{S}_f(\boldsymbol{w}). \tag{3.16}$$

证明　令 $\boldsymbol{x}' = (x_1', x_2', \cdots, x_n') = (x_1, x_2, \cdots, x_n) + (c_1, c_2, \cdots, c_n) = \boldsymbol{x}+\boldsymbol{c}$,则当 $\boldsymbol{x}$ 跑遍 $\mathbb{F}_2^n$ 时,$\boldsymbol{x}'$也跑遍 $\mathbb{F}_2^n$. 于是

$$\begin{aligned}\boldsymbol{S}_g(\boldsymbol{w}) &= 2^{-n}\sum_{\boldsymbol{x}\in \mathbb{F}_2^n} \boldsymbol{f}(\boldsymbol{x}+\boldsymbol{c})(-1)^{\boldsymbol{w}\boldsymbol{x}} \\ &= 2^{-n}\sum_{\boldsymbol{x}'\in \mathbb{F}_2^n} f(\boldsymbol{x}')(-1)^{\boldsymbol{w}(\boldsymbol{x}'+\boldsymbol{c})} \\ &= (-1)^{\boldsymbol{w}\boldsymbol{c}}2^{-n}\sum_{\boldsymbol{x}'\in \mathbb{F}_2^n} \boldsymbol{f}(\boldsymbol{x}')(-1)^{\boldsymbol{x}'\boldsymbol{w}} \\ &= (-1)^{\boldsymbol{w}\boldsymbol{c}}\boldsymbol{S}_f(\boldsymbol{w}).\end{aligned}$$

反之，

$$\begin{aligned}\boldsymbol{g}(\boldsymbol{x}) &= \sum_{\boldsymbol{w}\in \mathrm{F}_2^n} \boldsymbol{S}_g(\boldsymbol{w})(-1)^{\boldsymbol{wx}} \\ &= \sum_{\boldsymbol{w}\in \mathrm{F}_2^n} (-1)^{\boldsymbol{cw}} \boldsymbol{S}_f(\boldsymbol{w})(-1)^{\boldsymbol{wx}} \\ &= \sum_{\boldsymbol{w}\in \mathrm{F}_2^n} \boldsymbol{S}_f(\boldsymbol{w})(-1)^{\boldsymbol{w}(\boldsymbol{x}+\boldsymbol{c})} \\ &= \boldsymbol{f}(\boldsymbol{x}+\boldsymbol{c}).\end{aligned}$$

性质 3.3　巴塞代尔定理

$$\sum_{\boldsymbol{w}\in \mathrm{F}_2^n} \boldsymbol{S}_f^2(\boldsymbol{w}) = 2^{-n} \sum_{\boldsymbol{x}\in \mathrm{F}_2^n} \boldsymbol{f}^2(\boldsymbol{x}).$$

证明

$$\begin{aligned}\sum_{\boldsymbol{w}\in \mathrm{F}_2^n} \boldsymbol{S}_f^2(\boldsymbol{w}) &= \sum_{\boldsymbol{w}\in \mathrm{F}_2^n} \boldsymbol{S}_f(\boldsymbol{w}) \cdot 2^{-n} \sum_{\boldsymbol{x}\in \mathrm{F}_2^n} \boldsymbol{f}(\boldsymbol{x})(-1)^{\boldsymbol{wx}} \\ &= 2^{-n} \sum_{\boldsymbol{x}\in \mathrm{F}_2^n} \boldsymbol{f}(\boldsymbol{x}) \sum_{\boldsymbol{w}\in \mathrm{F}_2^n} \boldsymbol{S}_f(\boldsymbol{w})(-1)^{\boldsymbol{wx}} = 2^{-n} \sum_{\boldsymbol{x}\in \mathrm{F}_2^n} \boldsymbol{f}^2(\boldsymbol{x}).\end{aligned}$$

性质 3.4　守恒定理

$$\sum_{\boldsymbol{w}\in \mathrm{F}_2^n} \boldsymbol{S}_f(\boldsymbol{w}) \in \{0,1\}, \quad \sum_{\boldsymbol{w}\in \mathrm{F}_2^n} \boldsymbol{S}_f^2(\boldsymbol{w}) = \boldsymbol{S}_f(\boldsymbol{0}). \tag{3.17}$$

定义 3.5　两个定义在 F_2^n 上的实值函数 $\boldsymbol{f}(\boldsymbol{x}),\boldsymbol{g}(\boldsymbol{x})$ 的卷积 $\boldsymbol{f}\cdot\boldsymbol{g}$ 定义为 F_2^n 上的实值函数 $\boldsymbol{h}(\boldsymbol{x})$，对任意 $\boldsymbol{x}\in \mathrm{F}_2^n$，$\boldsymbol{h}(\boldsymbol{x})$ 定义为下面的积：

$$\boldsymbol{h}(\boldsymbol{x}) = 2^{-n} \sum_{\boldsymbol{c}\in \mathrm{F}_2^n} \boldsymbol{f}(\boldsymbol{x}+\boldsymbol{c})\boldsymbol{g}(\boldsymbol{c}). \tag{3.18}$$

性质 3.5　卷积定理

对实值函数 $\boldsymbol{f}(\boldsymbol{x}),\boldsymbol{g}(\boldsymbol{x})$ 和 $\boldsymbol{h}(\boldsymbol{x})$ 有

$$\boldsymbol{h}(\boldsymbol{x}) = 2^{-n} \sum_{\boldsymbol{c}\in \mathrm{F}_2^n} \boldsymbol{f}(\boldsymbol{x}+\boldsymbol{c})\boldsymbol{g}(\boldsymbol{c}) \text{ 当且仅当 } \boldsymbol{S}_h(\boldsymbol{w}) = \boldsymbol{S}_f(\boldsymbol{w})\boldsymbol{S}_g(\boldsymbol{w}).$$

证明　必要性.

$$\begin{aligned}\boldsymbol{S}_h(\boldsymbol{w}) &= 2^{-n} \sum_{\boldsymbol{x}\in \mathrm{F}_2^n} \boldsymbol{h}(\boldsymbol{x})(-1)^{\boldsymbol{wx}} \\ &= 2^{-n} \sum_{\boldsymbol{x}\in \mathrm{F}_2^n} \left[2^{-n} \sum_{\boldsymbol{c}\in \mathrm{F}_2^n} \boldsymbol{f}(\boldsymbol{x}+\boldsymbol{c})\boldsymbol{g}(\boldsymbol{c}) \right](-1)^{\boldsymbol{wx}} \\ &= 2^{-n} \sum_{\boldsymbol{c}\in \mathrm{F}_2^n} 2^{-n} \sum_{\boldsymbol{x}\in \mathrm{F}_2^n} \boldsymbol{f}(\boldsymbol{x}')\boldsymbol{g}(\boldsymbol{c})(-1)^{\boldsymbol{w}(\boldsymbol{x}'+\boldsymbol{c})} \\ &= 2^{-n} \sum_{\boldsymbol{c}\in \mathrm{F}_2^n} \boldsymbol{g}(\boldsymbol{c})(-1)^{\boldsymbol{wc}} 2^{-n} \sum_{\boldsymbol{x}'\in \mathrm{F}_2^n} \boldsymbol{f}(\boldsymbol{x}')(-1)^{\boldsymbol{wx}'}\end{aligned}$$

$$= \boldsymbol{S}_g(\boldsymbol{w})\boldsymbol{S}_f(\boldsymbol{w}).$$

充分性的证明与上类似.

利用$(-1)^{f(x)}=1-2f(x)$容易得到以下结果：

(1) $S_{(f)}(w)=\begin{cases}-2S_f(w), & w\neq 0, \quad (3.19)\\ 1-2S_f(w), & w=0; \quad (3.20)\end{cases}$

(2) $S_{(f)}(0)=1-2^{-(n-1)}W_H(f)$; (3.21)

(3) $g(\boldsymbol{x})=f(\boldsymbol{x}+\boldsymbol{c})\Leftrightarrow \forall\, \boldsymbol{w}\in \mathrm{F}_2^n$ 有 $S_{(g)}(\boldsymbol{w})=(-1)^{\boldsymbol{wc}}S_{(f)}(\boldsymbol{w})$; (3.22)

(4) $\sum_{\boldsymbol{w}\in \mathrm{F}_2^n}\boldsymbol{S}_{(f)}(\boldsymbol{w})\in\{1,-1\}, \quad \sum_{\boldsymbol{w}\in \mathrm{F}_2^n}S_{(f)}^2(\boldsymbol{w})=1.$ (3.23)

定理 3.1 设 n 元布尔函数 $f(\boldsymbol{x})$的一阶 Walsh 循环谱为 $\boldsymbol{S}_{(f)}(\boldsymbol{w})$,则

$$(-1)^{f(\boldsymbol{x})}=\sum_{\boldsymbol{w}\in \mathrm{F}_2^n}\boldsymbol{S}_{(f)}(\boldsymbol{w})(-1)^{\boldsymbol{w}\cdot\boldsymbol{x}}.$$

证明
$$\begin{aligned}\sum_{\boldsymbol{w}\in \mathrm{F}_2^n}\boldsymbol{S}_{(f)}(\boldsymbol{w})(-1)^{\boldsymbol{w}\cdot\boldsymbol{x}} &= 2^{-n}\sum_{\boldsymbol{w}\in \mathrm{F}_2^n}\sum_{\boldsymbol{y}\in \mathrm{F}_2^n}(-1)^{\boldsymbol{w}\cdot\boldsymbol{y}+f(\boldsymbol{y})}(-1)^{\boldsymbol{w}\cdot\boldsymbol{x}}\\ &= 2^{-n}\sum_{\boldsymbol{y}\in \mathrm{F}_2^n}\sum_{\boldsymbol{w}\in \mathrm{F}_2^n}(-1)^{\boldsymbol{w}\cdot(\boldsymbol{y}+\boldsymbol{x})}(-1)^{f(\boldsymbol{y})}\\ &= 2^{-n}\cdot 2^n(-1)^{f(\boldsymbol{x})}=(-1)^{f(\boldsymbol{x})},\end{aligned}$$

其中

$$\sum_{\boldsymbol{w}\in \mathrm{F}_2^n}(-1)^{\boldsymbol{w}\cdot\boldsymbol{y}}=\begin{cases}0, & \boldsymbol{y}\neq \boldsymbol{0},\\ 2^n, & \boldsymbol{y}=\boldsymbol{0}.\end{cases}$$

3.2 布尔函数的重量与概率计算

用统计分析的方法攻击序列密码是一种行之有效的方法,但必须分析此序列密码的输入(或部分输入)对输出的影响,这就涉及组合函数(布尔函数)中的概率计算.本节主要讨论如何计算以一个布尔函数为组合函数的序列密码输出数据中"0"和"1"出现的概率.以下总假定组合函数的各个输入具有均匀分布.

假定 X_1 和 X_2 是取值于集合{0,1}的独立的随机变量(即二元随机变量).设 p_1,p_2 都是实数,并且对 $i=1,2$ 有 $0\leqslant p_i\leqslant 1$. 再设

$$p(X_i=0)=p_i,\quad p(X_i=1)=1-p_i,\quad i=1,2.$$

假设 $i\neq j$,则 X_i 和 X_j 的独立性意味着

$$\begin{aligned}p(X_i=0,X_j=0)&=p_ip_j,\\ p(X_i=0,X_j=1)&=p_i(1-p_j),\end{aligned}$$

$$p(X_i=1,X_j=0)=(1-p_i)p_j,$$
$$p(X_i=1,X_j=1)=(1-p_i)(1-p_j).$$

假定布尔函数 $g(x)$,$h(x)$的各个变量是彼此独立、均匀(即具有均匀分布)的二元随机变量,则 $X_1=g(x)$和 $X_2=h(x)$也是二元随机变量. 通常还假定 $g(x)$和 $h(x)$不为常量.

定理 3.2 设 $X_1=g(x)$和 $X_2=h(x)$是两个彼此独立的二元随机变量,$p(X_1=0)=p_1$,$p(X_2=0)=p_2$,则有

$$p(X_1+X_2=1)=p_2(1-p_1)+p_1(1-p_2),$$
$$p(X_1\cdot X_2=1)=(1-p_1)(1-p_2),$$
$$p(X_1+X_2=0)=p_1p_2+(1-p_1)(1-p_2),$$
$$p(X_1\cdot X_2=0)=(1-p_1)p_2+p_1.$$

如果 $g(x)$和 $h(x)$不是相互独立的,则把 $f(x)=g(x)+h(x)$(或 $f(x)=g(x)h(x)$)看成一个布尔函数,在每个变元 x_i 满足 $p(x_i=1)=p(x_i=0)=1/2$ 的条件下,计算 $p(f=1)$和 $p(f=0)$. 设 $f(x)$是任一 n 元布尔函数,定义

$$N_f(1)=|\{\boldsymbol{x}\in \mathrm{F}_2^n \mid f(\boldsymbol{x})=1\}| \tag{3.24}$$

为 $f(\boldsymbol{x})$的重量. 本节先给出计算任一 n 元布尔函数 $f(\boldsymbol{x})$重量的方法. 设

$$f(\boldsymbol{x})=a_0+\sum_{r=1}^{n}\sum_{1\leqslant i_1<\cdots<i_r\leqslant n}a_{i_1i_2\cdots i_r}x_{i_1}x_{i_2}\cdots x_{i_r} \tag{3.25}$$

为 $f(\boldsymbol{x})$的多项式表示. 首先假定 $a_0=0$.

引理 3.1 设 $f(\boldsymbol{x})=x_{i_1}x_{i_2}\cdots x_{i_m}$是任一 n 个变元的 m 次单项式,则

$$N_f(1)=2^{n-m}. \tag{3.26}$$

证明 $f(\boldsymbol{x})=1\Leftrightarrow x_{i_1}=x_{i_2}=\cdots=x_{i_m}=1$. 在 F_2^n 中,这样的 $\boldsymbol{x}$ 恰有 2^{n-m}个.

定理 3.3 设 $f_1(\boldsymbol{x})$和 $f_2(\boldsymbol{x})$是两个 n 元布尔函数,则 $f(\boldsymbol{x})=f_1(\boldsymbol{x})+f_2(\boldsymbol{x})$的重量为

$$N_f(1)=N_{f_1}(1)+N_{f_2}(1)-2N_{f_1f_2}(1). \tag{3.27}$$

证明 因为

$$f(\boldsymbol{x})=1\Leftrightarrow(f_1(\boldsymbol{x}),f_2(\boldsymbol{x}))=(1,0)\text{ 或}(0,1),$$
$$f_1(\boldsymbol{x})f_2(\boldsymbol{x})=1\Leftrightarrow(f_1(\boldsymbol{x}),f_2(\boldsymbol{x}))=(1,1),$$
$$f_1(\boldsymbol{x})=1\Leftrightarrow(f_1(\boldsymbol{x}),f_2(\boldsymbol{x}))=(1,0)\text{ 或}(1,1),$$
$$f_2(\boldsymbol{x})=1\Leftrightarrow(f_1(\boldsymbol{x}),f_2(\boldsymbol{x}))=(0,1)\text{ 或}(1,1),$$

而使$(f_1(\boldsymbol{x}),f_2(\boldsymbol{x}))=(1,0)$的$\boldsymbol{x}$在$\mathbb{F}_2^n$中共有$(N_{f_1}(1)-N_{f_1f_2}(1))$个，使$(f_1(\boldsymbol{x}),f_2(\boldsymbol{x}))=(0,1)$的$\boldsymbol{x}$在$\mathbb{F}_2^n$中共有$(N_{f_2}(1)-N_{f_1f_2}(1))$个，所以使$(f_1(\boldsymbol{x}),f_2(\boldsymbol{x}))=(1,0)$和$(0,1)$的$\boldsymbol{x}$在$\mathbb{F}_2^n$中共有$N_f(1)=N_{f_1}(1)+N_{f_2}(1)-2N_{f_1f_2}(1)$个.

定理 3.4 设$f(\boldsymbol{x})=f_1(\boldsymbol{x})+f_2(\boldsymbol{x})+\cdots+f_t(\boldsymbol{x})$，其中$f_i(\boldsymbol{x})(1\leqslant i\leqslant t)$为$n$个变量的$r_i$次单项式. 令

$$f_{i_1i_2\cdots i_m}(\boldsymbol{x})=f_{i_1}(\boldsymbol{x})f_{i_2}(\boldsymbol{x})\cdots f_{i_m}(\boldsymbol{x}),\quad 1\leqslant i_1<\cdots<i_m\leqslant t,$$

$$S_m=\sum_{1\leqslant i_1<\cdots<i_m\leqslant t}N_{f_{i_1\cdots i_m}}(1),$$

则

$$N_f(1)=\sum_{k=1}^{t}(-1)^{k-1}2^{k-1}S_k. \tag{3.28}$$

证明 当$t=2$时，由定理3.3可知结论成立. 假设结论对$t=s$的$f(x)$成立，则当$t=s+1$时，令

$$f'(\boldsymbol{x})=(f_1(\boldsymbol{x})+\cdots+f_s(\boldsymbol{x}))+f_{s+1}(\boldsymbol{x})=g(\boldsymbol{x})+f_{s+1}(\boldsymbol{x}).$$

根据引理3.1,

$$N_{f'}(1)=N_g(1)+N_{f_{s+1}}(1)-2N_{gf_{s+1}}(1). \tag{3.29}$$

因为$g(\boldsymbol{x})f_{s+1}(\boldsymbol{x})=f_1(\boldsymbol{x})f_{s+1}(\boldsymbol{x})+\cdots+f_s(\boldsymbol{x})f_{s+1}(\boldsymbol{x})$，其中$f_i(\boldsymbol{x})f_{s+1}(\boldsymbol{x})(1\leqslant i\leqslant s)$仍为一个单项式，所以由归纳法假设，

$$\begin{aligned}N_{gf_{s+1}}(1)=&\sum_{i=1}^{s}N_{f_if_{s+1}}(1)-2\sum_{1\leqslant i_1<i_2\leqslant s}N_{f_{i_1}f_{i_2}f_{s+1}}(1)+\cdots\\&+(-1)^{k-1}2^{k-1}\sum_{1\leqslant i_1<\cdots<i_k\leqslant s}N_{f_{i_1}f_{i_2}\cdots f_{i_k}f_{s+1}}(1)+\cdots\\&+(-1)^{s-1}2^{s-1}N_{f_1f_2\cdots f_sf_{s+1}}(1).\end{aligned} \tag{3.30}$$

将式(3.30)代入式(3.29)可得

$$\begin{aligned}N_{f'}(1)=&N_g(1)+N_{f_{s+1}}(1)-2N_{gf_{s+1}}(1)\\=&\sum_{i=1}^{s}(-1)^{i-1}2^{i-1}S_i+N_{f_{s+1}}(1)-2\sum_{i=1}^{s}N_{f_if_{s+1}}(1)\\&+2^2\sum_{1\leqslant i_1,i_2\leqslant s}N_{f_{i_1}f_{i_2}f_{s+1}}(1)+\cdots+(-1)^k2^k\sum_{1\leqslant i_1<\cdots<i_k\leqslant s}N_{f_{i_1}\cdots f_{i_k}f_{s+1}}(1)+\cdots\\&+(-1)^s2^sN_{f_1\cdots f_sf_{s+1}}(1)\\=&S_1-2S_2+2^2S_3-\cdots+(-1)^{s-1}2^{s-1}S_s+N_{f_{s+1}}(1)\end{aligned}$$

$$-2\sum_{i=1}^{s}N_{f_if_{s+1}}(1)+\cdots+(-1)^k2^k\sum_{1\leqslant i_1<\cdots<i_k\leqslant s}N_{f_{i_1}\cdots f_{i_k}f_{s+1}}(1)+\cdots$$
$$+(-1)^s2^sN_{f_1\cdots f_sf_{s+1}}(1)$$
$$=S_1'-2S_2'+\cdots+(-1)^s2^sS_{s+1}'$$
$$=\sum_{i=1}^{s+1}(-1)^{i-1}2^{i-1}S_i'.$$

根据归纳法原理,就证明了定理 3.4.

例 3.3 设 $f(\boldsymbol{x})=x_1+x_3+x_1x_2x_3$,求 $N_f(1)$.

解 令 $f_1(\boldsymbol{x})=x_1, f_2(\boldsymbol{x})=x_3, f_3(\boldsymbol{x})=x_1x_2x_3$,则

$$S_1=N_{f_1}(1)+N_{f_2}(1)+N_{f_3}(1)=2^{3-1}+2^{3-1}+2^{3-3}=9,$$
$$S_2=N_{f_1f_2}(1)+N_{f_1f_3}(1)+N_{f_2f_3}(1)=2^{3-2}+2^{3-3}+2^{3-3}=4,$$
$$S_3=N_{f_1f_2f_3}(1)=2^{3-3}=1,$$

故

$$N_f(1)=9-2\times4+2^2\times1=5.$$

如果 $f(\boldsymbol{x})$的常数项 $a_0=1$,令 $f'(\boldsymbol{x})=f(\boldsymbol{x})+1$,则 $f'(\boldsymbol{x})$的常数项变为 0. 根据定理 3.2,可以求出 $N_{f'}(1)$,从而

$$N_f(1)=2^n-N_{f'}(1).$$

例 3.4 设 $f(\boldsymbol{x})=1+x_1+x_3+x_1x_2x_3$ 是三个变元的布尔函数,则

$$f'(\boldsymbol{x})=x_1+x_3+x_1x_2x_3.$$

由例 3.3 知 $N_{f'}(1)=5$,故 $N_f(1)=2^3-5=3$.

由于能成功地计算任一 n 元布尔函数的重量,所以容易计算出

$$p(f=1)=\frac{N_f(1)}{2^n},$$
$$p(f=0)=1-p(f=1).$$

3.3 布尔函数的非线性度

已经知道,线性布尔函数

$$a_1x_1+a_2x_2+\cdots+a_nx_n+a_0,\quad a_i\in \mathrm{F}_2$$

是一个很简单的布尔函数. 如果知道以某个线性函数作递归函数的 LFSR 产生的序列的 $2n$ 比特,则仅从此序列就能求出其初始状态和反馈函数. 例如,序列

111100010011 是一个线性移位寄存器序列，只要利用 B-M 算法就可以求出产生此序列的 LFSR 的特征多项式. 因此，希望序列密码中使用的布尔函数应与线性函数要有大的差别.

非线性度[8]刻画了一个布尔函数 $f(\boldsymbol{x})$ 与线性函数之间的符合程度，它是衡量布尔函数非线性程度的一个重要指标.

设

$$L_n = \{\boldsymbol{ax} + a_0 \mid \boldsymbol{a} = (a_1, a_2, \cdots, a_n), \boldsymbol{x} = (x_1, x_2, \cdots, x_n) \in \mathrm{F}_2^n, a_0 \in \mathrm{F}_2\},$$

则 L_n 是 F_2 上所有 n 个变量的线性函数构成的集合.

定义 3.6 设 $f(\boldsymbol{x})$ 是一个 n 元布尔函数，定义

$$N_f = \min_{l(\boldsymbol{x}) \in L_n} d_{\mathrm{H}}(f(\boldsymbol{x}), l(\boldsymbol{x}))$$

为布尔函数 $f(\boldsymbol{x})$ 的非线性度，其中 $d_{\mathrm{H}}(f(\boldsymbol{x}), l(\boldsymbol{x}))$ 表示 $f(\boldsymbol{x})$ 和 $l(\boldsymbol{x})$ 之间的汉明距离，即

$$d_{\mathrm{H}}(f(\boldsymbol{x}), l(\boldsymbol{x})) = |\{\boldsymbol{x} \in \mathrm{F}_2^n \mid f(\boldsymbol{x}) \neq l(\boldsymbol{x})\}|$$

或

$$W_{\mathrm{H}}(f(\boldsymbol{x}) + l(\boldsymbol{x})).$$

通俗地说，$d_{\mathrm{H}}(f(\boldsymbol{x}), l(\boldsymbol{x}))$ 是 $f(\boldsymbol{x})$ 和 $l(\boldsymbol{x})$ 的值不相同的真值指派的个数.

设 $f(\boldsymbol{x}) = x_1 + x_2 + x_1x_2$，则 $N_f = 1$.

也可以用 $f(\boldsymbol{x})$ 的相关度

$$C_f = \max_{l(\boldsymbol{x}) \in L_n} |\{x \in \mathrm{F}_2^n \mid f(\boldsymbol{x}) = l(\boldsymbol{x})\}|$$

来度量 $f(\boldsymbol{x})$ 的非线性度. 由非线性度和相关度的定义容易知道

$$N_f + C_f = 2^n.$$

为了描述布尔函数的非线性度的 Walsh 谱表示，给出如下定理：

定理 3.5 设 n 元布尔函数 $f(\boldsymbol{x})$ 的非线性度为 N_f，则

$$N_f = 2^{n-1}(1 - \max_{\boldsymbol{w} \in \mathrm{F}_2^n} |S_{(f)}(\boldsymbol{w})|). \tag{3.31}$$

证明 由

$$\begin{aligned}
(-1)^a S_{(f)}(\boldsymbol{w}) &= 2^{-n} \sum_{\boldsymbol{x} \in \mathrm{F}_2^n} (-1)^{f(\boldsymbol{x}) + \boldsymbol{wx} + a} \\
&= 2^{-n}[|\{\boldsymbol{x} \in \mathrm{F}_2^n \mid f(\boldsymbol{x}) = \boldsymbol{wx} + a\}| \\
&\quad - |\{\boldsymbol{x} \in \mathrm{F}_2^n \mid f(\boldsymbol{x}) \neq \boldsymbol{wx} + a\}|] \\
&= 1 - 2^{-(n-1)} |\{\boldsymbol{x} \in \mathrm{F}_2^n \mid f(\boldsymbol{x}) \neq \boldsymbol{wx} + a\}|
\end{aligned}$$

可知

$$d_{\rm H}(f(\boldsymbol{x}),\boldsymbol{wx}+a)=2^{n-1}(1-(-1)^{a}S_{(f)}(\boldsymbol{w})),$$

于是

$$\begin{aligned}N_f&=\min_{l(\boldsymbol{x})\in L_n}d_{\rm H}(f(\boldsymbol{x}),l(\boldsymbol{x}))\\&=\min_{\boldsymbol{w}\in\mathrm{F}_2^n}(|\,2^{n-1}(1-(-1)^{a}S_{(f)}(w))\,|)\\&=2^{n-1}(1-\max_{\boldsymbol{w}\in\mathrm{F}_2^n}|\,S_{(f)}(\boldsymbol{w})\,|),\end{aligned}$$

$$C_f=2^n-N_f=2^{n-1}(1+\max_{\boldsymbol{w}\in\mathrm{F}_2^n}|\,S_{(f)}(\boldsymbol{w})\,|).\tag{3.32}$$

这表明 N_f 和 C_f 由 $f(\boldsymbol{x})$的最大循环谱的绝对值确定,同时也说明了 $f(\boldsymbol{x})$的谱实际上反映了 $f(\boldsymbol{x})$和线性函数的符合程度.

从密码学的角度来讲,希望 N_f 越大越好(或相关度 C_f 越小越好). 由式(3.31)可知,欲使 N_f 尽可能得大,$\max\limits_{\boldsymbol{w}\in\mathrm{F}_2^n}|S_{(f)}(\boldsymbol{w})|$必须尽可能得小. 由一阶循环谱的初值定理知

$$\sum_{\boldsymbol{w}\in\mathrm{F}_2^n}S_{(f)}^2(\boldsymbol{w})=1.\tag{3.33}$$

式(3.33)左边 2^n 个正实数之和等于 1,所以最大的一个应大于等于其平均值的 $1/2^n$,即

$$\max_{\boldsymbol{w}\in\mathrm{F}_2^n}S_{(f)}^2(\boldsymbol{w})\geqslant 2^{-n},$$

也即

$$\max_{\boldsymbol{w}\in\mathrm{F}_2^n}|\,S_{(f)}(\boldsymbol{w})\,|\geqslant 2^{-\frac{n}{2}}.$$

因此,$N_f\leqslant 2^{n-1}(1-2^{-n/2})=2^{n-1}-2^{\frac{n}{2}-1}$. 当$\max\limits_{\boldsymbol{w}\in\mathrm{F}_2^n}|S_{(f)}(\boldsymbol{w})|$取最小值 $2^{-\frac{n}{2}}$时,N_f 达到最大值 $2^{n-1}(1-2^{-n/2})$. 此时,对一切 $\boldsymbol{w}$ 都有$|S_{(f)}(w)|=2^{-n/2}$.

定义 3.7 如果 n 元布尔函数 $f(\boldsymbol{x})$的非线性度 N_f 达到最大值 $2^{n-1}(1-2^{-n/2})$,则称 $f(\boldsymbol{x})$为一个 Bent 函数.

对 Bent 函数 $f(\boldsymbol{x})$,$N_f=2^{n-1}(1-2^{-n/2})=2^{n-1}-2^{\frac{n}{2}-1}$. 因为 N_f 为正整数,所以 $n/2$ 必为正整数,即 n 应为偶数,故 Bent 函数存在的必要条件是 n 为偶数.

下面给出几种构造 Bent 函数的方法.

方法 1 设 $n=2m$,$g(x_1,x_2,\cdots,x_m)$是任意一个 m 元布尔函数. 令

$$f(x_1,x_2,\cdots,x_n)=g(x_1,x_2,\cdots,x_m)+x_1x_{m+1}+\cdots+x_mx_n,\tag{3.34}$$

则 $f(x_1,x_2,\cdots,x_n)$是一个 n 元 Bent 函数.

方法 2 设 $\boldsymbol{x}=(x_1,x_2,\cdots,x_n)$,$a(x)$,$b(x)$,$c(x)$,$a(x)+b(x)+c(x)$都是 n 元 Bent 函数,

则

$$\begin{aligned}f(x_1,\cdots,x_n,x_{n+1}x_{n+2}) &= a(x)b(x)+a(x)c(x)+b(x)c(x)\\ &\quad +(a(x)+b(x))x_{n+1}+(a(x)+c(x))x_{n+2}+x_{n+1}x_{n+2}\end{aligned}$$

是一个$(n+2)$元 Bent 函数.

方法 3 设 $g(x_1,x_2,\cdots,x_n)$是任意 n 元布尔函数,$\boldsymbol{\pi}$: $F_2^n \to F_2^n$ 是任一 n 元置换,令

$$\begin{aligned}f(x_1,x_2,\cdots,x_{2n}) &= f(\boldsymbol{x}^1,\boldsymbol{x}^2)\\ &= \boldsymbol{\pi}(\boldsymbol{x}^1)\cdot \boldsymbol{x}^2+g(\boldsymbol{x}^1),\end{aligned} \tag{3.35}$$

其中 $\boldsymbol{x}^1=(x_1,x_2,\cdots,x_n)$,$\boldsymbol{x}^2=(x_{n+1},x_{n+2},\cdots,x_{2n})$,则 $f(x_1,x_2,\cdots,x_{2n})$是一个 $2n$ 元 Bent 函数.

设 n 元布尔函数 $f(\boldsymbol{x})$的非线性度为 N_f,记

$$N_{S_{(f)}} = |\{\boldsymbol{w}\in F_2^n \mid S_{(f)}(\boldsymbol{w})=0\}|,$$

则

$$\frac{N_f}{2^{n-1}}+\frac{1}{\sqrt{2^n-N_{S_{(f)}}}}\leqslant 1. \tag{3.36}$$

式(3.36)可以由式(3.31)和式(3.33)直接推出.式(3.36)表明,N_f 和 $N_{S_{(f)}}$ 之间也存在一种制约关系.

虽然 Bent 函数具有好的非线性性,但它也存在不少缺陷.例如,Bent 函数不是 0 与 1 平衡的,它的非线性次数不超过 $n/2$,并且限制 n 为偶数等.因此,要构造非线性度高,非线性次数大的 0 与 1 平衡的布尔函数,就必须对 Bent 函数进行适当改造.

3.4 布尔函数的相关免疫性及其构造

3.4.1 布尔函数的相关免疫性

为了研究滚动密钥产生器抵抗相关攻击的能力,斯俊雷乐(Siegenthaler)率先提出了布尔函数相关免疫[9](correlation-immunity)的概念.下面将讨论限于 F_2 上的布尔函数.为了在数学上找到解决问题的方法,重新设计相应的统计模型如图 3.1 所示.图中,BMSi($i=1,2,\cdots,n$)是 n 个彼此独立的无记忆的二元均匀源.相

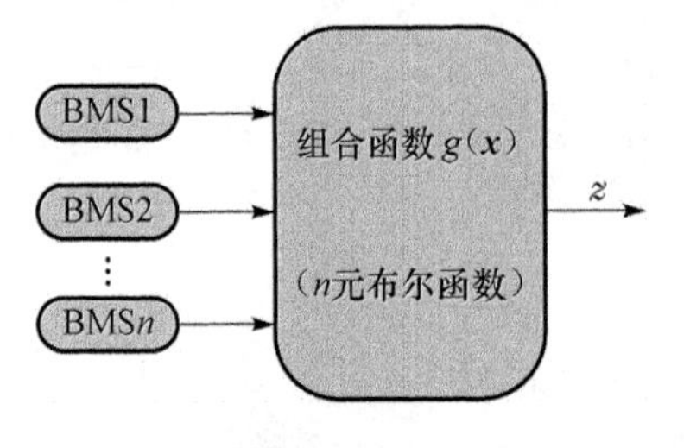

图 3.1 统计模型

应地，在本节讨论中，总是假定所有布尔函数$g(\boldsymbol{x})$的各个变量是彼此独立、均匀(即具有均匀分布)的二元随机变量，于是$g(\boldsymbol{x})$也是二元随机变量. 一般地，还假定布尔函数不为常量.

定义 3.8 设$g(\boldsymbol{x})$是n个彼此独立的、均匀的二元随机变量的布尔函数，如果对任意的$(a_1,a_2,\cdots,a_m)\in \mathrm{F}_2^m(m\leqslant n)$及$a\in \mathrm{F}_2$都有

$$p(g=a,x_{i_1}=a_1,x_{i_2}=a_2,\cdots,x_{i_m}=a_m)=\frac{1}{2^m}p(g=a), \qquad (3.37)$$

则称$g(\boldsymbol{x})$与变量$x_{i_1},x_{i_2},\cdots,x_{i_m}$统计独立.

以下定理给出了$g(\boldsymbol{x})$与变量$x_{i_1},x_{i_2},\cdots,x_{i_m}$统计独立的充分必要条件：

定理 3.6 设$g(x)$是n个变量的布尔函数，则以下条件等价：

(1) $g(\boldsymbol{x})$与变量$x_{i_1},x_{i_2},\cdots,x_{i_m}$统计独立；

(2) $g(\boldsymbol{x})$与线性和$\sum_{j=1}^{m}\lambda_j x_{i_j}$(其中$\lambda_j$不全为0)统计独立；

(3) $g(\boldsymbol{x})+\sum_{j=1}^{m}\lambda_j x_{i_j}$(其中$\lambda_j$不全为0)是平衡的布尔函数；

(4) 对任意的$\boldsymbol{w}=(0,\cdots,w_{i_1},\cdots,w_{i_m},\cdots,0)\in \mathrm{F}_2^n,1\leqslant W_H(\boldsymbol{w})\leqslant m,S_{(g)}(\boldsymbol{w})=0$.

证明过程略.

定义 3.9 如果n个变量的布尔函数$g(\boldsymbol{x})$与变量$x_1,x_2,\cdots,x_n$中的任意m个变元$x_{i_1},x_{i_2},\cdots,x_{i_m}$统计独立，则称$g(\boldsymbol{x})$为$m$阶相关免疫的($m$th-order correlation immune).

根据定理 3.6，不难证明以下条件是等价的：

定理 3.7 设$g(\boldsymbol{x})$是n个变量的布尔函数，则以下条件等价：

(1) $g(\boldsymbol{x})$是m阶相关免疫的；

(2) 对任意的$\boldsymbol{w}\in \mathrm{F}_2^n,1\leqslant W_H(\boldsymbol{w})\leqslant m,g(\boldsymbol{x})$与$\boldsymbol{wx}=\sum_{j=1}^{m}w_{i_j}x_{i_j}$统计独立；

(3) 对任意的$\boldsymbol{w}\in \mathrm{F}_2^n,1\leqslant W_H(\boldsymbol{w})\leqslant m,g(\boldsymbol{x})+\boldsymbol{wx}$是平衡的；

(4) 对任意的$\boldsymbol{w}\in \mathrm{F}_2^n,1\leqslant W_H(\boldsymbol{w})\leqslant m,S_{(g)}(\boldsymbol{w})=0$(或$S_g(\boldsymbol{w})=0$).

定理 3.8 设$n\geqslant 2$，则n个变量的布尔函数$g(\boldsymbol{x})$是$n-1$阶相关免疫的当且仅当

$$g(\boldsymbol{x})=a_0+\sum_{i=1}^{n}x_i,\quad a_0\in \mathrm{F}_2. \qquad (3.38)$$

证明 由定理条件和定理 3.7，使$g(\boldsymbol{x})$的谱不为 0 的点只能是$\boldsymbol{W}=\boldsymbol{0}$(全 0 向量)和$\boldsymbol{W}=\boldsymbol{1}$(全 1 向量). 根据 Walsh 逆变换(3.13)有

$$g(\boldsymbol{x}) = S_g(\boldsymbol{0})(-1)^{\boldsymbol{0x}} + S_g(\boldsymbol{1})(-1)^{\boldsymbol{1x}} = S_g(\boldsymbol{0}) + S_g(\boldsymbol{1})(-1)^{\sum_{i=1}^{n} x_i} \in \mathrm{F}_2. \tag{3.39}$$

因为假定 $g(x)$不为常量，按照守恒定理(3.17)，只能有

$$S_g(\boldsymbol{0}) = \frac{1}{2}, \quad S_g(\boldsymbol{1}) = \pm\frac{1}{2}. \tag{3.40}$$

将 $S_g(\boldsymbol{0})$ 与 $S_g(\boldsymbol{1})$ 代入式(3.39)，并与恒等式 $g(\boldsymbol{x}) = \frac{1}{2} - (-1)^{g(\boldsymbol{x})} \times \frac{1}{2}$ 进行比较可知，当 $S_g(\boldsymbol{1}) = -\frac{1}{2}$ 时，$g(\boldsymbol{x}) = \sum_{i=1}^{n} x_i$；当 $S_g(\boldsymbol{1}) = \frac{1}{2}$ 时，$g(\boldsymbol{x}) = 1 + \sum_{i=1}^{n} x_i$. 反之，若 $g(\boldsymbol{x})$ 如式(3.38)，则它的不为0的谱如式(3.40)，根据定理3.7可得 $g(\boldsymbol{x})$ 是 $n-1$ 阶相关免疫的.

布尔函数 $g(\boldsymbol{x})$的次数 k 与 $g(\boldsymbol{x})$的相关免疫阶 m 的关系如下：

定理 3.9　设 n 个变量的 k 次布尔函数 $g(\boldsymbol{x})$是 m 阶相关免疫的，则

$$k + m \leqslant n; \tag{3.41}$$

若 $g(\boldsymbol{x})$是具有均匀分布的二元随机变量，则当 $1 \leqslant m \leqslant n-2$ 时，

$$k + m \leqslant n - 1. \tag{3.42}$$

证明过程略.

定理 3.10　n 个变量的 m 阶相关免疫函数 $g(\boldsymbol{x})$的多项式表示中，可能的最高次单项($n-m$ 次单项)或者全都出现，或者全不出现.

以下讨论布尔函数的相关免疫的阶与它的非线性度之间的关系：

定理 3.11　设 $g(\boldsymbol{x})$是 m 阶相关免疫的，但不是 $m+1$ 阶相关免疫的，$g(\boldsymbol{x})$的重量 $W_H(g) = 2^m \cdot k_0$(其中 k_0 为一非负整数)，N_f 为 $g(\boldsymbol{x})$的非线性度，则存在正整数 a，使得

$$\frac{N_f}{2^{n-1}} + \frac{a}{2^{n-m-1}} \leqslant 1. \tag{3.43}$$

当 k_0 为偶数时，a 可取为偶数；当 k_0 为奇数时，a 可取为奇数.

证明过程略.

式(3.43)表明，N_f 随 m 指数地下降，所以布尔函数的相关免疫的阶对它的非线性度的影响很大. 因此，在具体应用时要适当折中.

*3.4.2　相关免疫函数的构造

本小节专门讨论 n 元 m 阶相关免疫的布尔函数的构造方法. 首先给出递归构造 m 阶相关免疫函数的方法. 为此，先给出如下定理：

定理 3.12 设 $m\geqslant 1$ 是整数，

$$f(\boldsymbol{x})=g(x_{m+2},\cdots,x_n)+\sum_{i=1}^{m+1}x_i \tag{3.44}$$

是 m 阶相关免疫的，并且 $W_H(f)=2^{n-1}$.

***证明** 令 $\boldsymbol{x}'=(x_1,\cdots,x_{m+1})$，$\boldsymbol{x}''=(x_{m+2},\cdots,x_n)$，$h(x)=x_1+\cdots+x_{m+1}$，则

$$\begin{aligned}S_{(f)}(\boldsymbol{w})&=2^{-n}\sum_{\boldsymbol{x}'\in\mathrm{F}_2^{m+1}}(-1)^{h(\boldsymbol{x}')+\boldsymbol{w}'\boldsymbol{x}'}\sum_{\boldsymbol{x}''\in\mathrm{F}_2^{n-m-1}}(-1)^{g(\boldsymbol{x}'')+\boldsymbol{w}''\boldsymbol{x}''}\\&=2^{-(n-m-1)}\sum_{\boldsymbol{x}''\in\mathrm{F}_2^{n-m-1}}(-1)^{g(\boldsymbol{x}'')+\boldsymbol{w}''\boldsymbol{x}''}2^{-(m+1)}\sum_{\boldsymbol{x}'\in\mathrm{F}_2^{m+1}}(-1)^{h(\boldsymbol{x}')+\boldsymbol{w}'\boldsymbol{x}'}\\&=S_{(g)}(\boldsymbol{w}'')S_{(h)}(\boldsymbol{w}')=0.\end{aligned}$$

这是因为 $h(\boldsymbol{x})$ 是 m 阶相关免疫的. 下证 $W_H(f)=2^{n-1}$. 因为

$$\begin{aligned}p(f=1)&=p(h=1)p(g=0)+p(g=1)p(h=0)\\&=\frac{1}{2}[p(g=0)+p(g=1)]=\frac{1}{2},\end{aligned}$$

所以 $W_H(f)=2^{n-1}$.

根据定理 3.12，可以构造一批 n 元 m 阶相关免疫的布尔函数.

定理 3.13 设 $g_1(x)$ 和 $g_2(x)$ 是两个 n 元 m 阶相关免疫的布尔函数，$1\leqslant m\leqslant n-1$，$W_H(g_1)=W_H(g_2)$，则

$$f(x_1,\cdots,x_n,x_{n+1})=g_1(\boldsymbol{x})x_{n+1}+g_2(\boldsymbol{x})\overline{x}_{n+1} \tag{3.45}$$

是 $n+1$ 元 m 阶相关免疫的.

***证明** 令 $\boldsymbol{w}'=(w_1,\cdots,w_n)$，$w''=w_{n+1}$，$\boldsymbol{w}=(\boldsymbol{w}',w'')$，则

$$\begin{aligned}S_{(f)}(\boldsymbol{w})&=2^{-(n+1)}\sum_{\boldsymbol{x}'\in\mathrm{F}_2^n}\sum_{x''\in\mathrm{F}_2}(-1)^{g_1(\boldsymbol{x}')x''+g_2(\boldsymbol{x}')(x''+1)+\boldsymbol{w}'\boldsymbol{x}'+w''x''}\\&=2^{-(n+1)}\sum_{\boldsymbol{x}'\in\mathrm{F}_2^n}[(-1)^{g_1(\boldsymbol{x}')+\boldsymbol{w}'\boldsymbol{x}'+w''}+(-1)^{g_2(\boldsymbol{x}')+\boldsymbol{w}'\boldsymbol{x}'}]\\&=2^{-(n+1)}\sum_{\boldsymbol{x}'\in\mathrm{F}_2^n}(-1)^{g_1(\boldsymbol{x}')+\boldsymbol{w}'\boldsymbol{x}'+w''}+2^{-(n+1)}\sum_{\boldsymbol{x}'\in\mathrm{F}_2^n}(-1)^{g_2(\boldsymbol{x}')+\boldsymbol{w}'\boldsymbol{x}'}\\&=\frac{1}{2}(-1)^{w''}S_{(g_1)}(\boldsymbol{w}')+\frac{1}{2}S_{(g_2)}(\boldsymbol{w}').\end{aligned}$$

注意到 $W_H(g_1)=W_H(g_2)$ 以及 $g_1(x)$ 和 $g_2(x)$ 均为 m 阶相关免疫的，于是可知，对所有的 $\boldsymbol{w}'$，$1\leqslant W_H(\boldsymbol{w}')\leqslant m$ 有 $S_{(g_1)}(\boldsymbol{w}')=S_{(g_2)}(\boldsymbol{w}')=0$，从而 $S_{(f)}(\boldsymbol{w})=0$.

根据定理 3.12 能构造一批 n 元 m 阶相关免疫的布尔函数，再由定理 3.13 能构造一批 $n+1$ 元 m 阶相关免疫的布尔函数，依此类推，能构造一批 $n+2,n+3,\cdots$

个变元的 m 阶相关免疫的布尔函数.根据位移定理,布尔函数中的变量取补或函数取补不改变布尔函数相关免疫的阶,所以如果得到一个 n 元 m 阶相关免疫的布尔函数 $g(x_1,x_2,\cdots,x_n)$,则对所有的 $\boldsymbol{b}\in \mathrm{F}_2^n$,$f(\boldsymbol{x})=g(\boldsymbol{x}+\boldsymbol{b})$ 也是 n 元 m 阶相关免疫的布尔函数,它们构成一个 n 元 m 阶相关免疫的函数类,称之为平移等价类.根据相关免疫的定义,布尔函数中变量的置换也不改变布尔函数相关免疫的阶,所以如果得到一个 n 元 m 阶相关免疫的布尔函数 $g(x_1,x_2,\cdots,x_n)$,则对 F_2 上所有的置换矩阵 $\boldsymbol{P}$,$f(\boldsymbol{x})=g((x_1,x_2,\cdots,x_n)\boldsymbol{P})$ 也是 n 元 m 阶相关免疫的布尔函数,它们构成一个 n 元 m 阶相关免疫的函数类,称之为置换等价类.

已知 $g(x_1,x_2,x_3)=1+x_1+x_2+x_3+x_1x_2+x_1x_3+x_2x_3$ 是一阶相关免疫的布尔函数.令 $b=(101)$,则

$$\begin{aligned}f(x_1,x_2,x_3)&=g(\boldsymbol{x}+\boldsymbol{b})=g(\bar{x}_1,x_2,\bar{x}_3)\\&=1+(x_1+1)+x_2+(x_3+1)+(x_1+1)x_2\\&\quad+x_2(x_3+1)+(x_1+1)(x_3+1)\\&=x_2+x_1x_2+x_2x_3+x_1x_3\end{aligned}$$

也是一阶相关免疫的布尔函数.令

$$\boldsymbol{P}=\begin{pmatrix}0&0&1\\1&0&0\\0&1&0\end{pmatrix},$$

则 $h(x_1,x_2,x_3)=f((x_1,x_2,x_3)\boldsymbol{P})=f(x_2,x_3,x_1)=x_3+x_2x_3+x_3x_1+x_2x_1$ 也是一阶相关免疫的布尔函数.

虽然目前已经能够构造出所有的一阶相关免疫的布尔函数,但是,用一阶相关免疫的布尔函数作序列密码中的组合函数容易被敌手攻破.因此,必须选择那些相关免疫阶适中的布尔函数作为序列密码中的组合函数.

3.5 严格雪崩准则和扩散准则

设 $\boldsymbol{e}_i=(0,\cdots,0,1,0,\cdots,0)\in \mathrm{F}_2^n$,其中第 i 个分量为1,其余分量均为0.

定义 3.10 设 $f(\boldsymbol{x})$ 是 n 元布尔函数,若对任意 $\boldsymbol{e}_i(1\leqslant i\leqslant n)$,$f(\boldsymbol{x}+\boldsymbol{e}_i)+f(\boldsymbol{x})$ 都是平衡函数,则称 $f(\boldsymbol{x})$ 满足严格雪崩准则[10,11].

从定义 3.10 可以看出,$f(\boldsymbol{x})$ 满足严格雪崩准则意味着改变 $f(\boldsymbol{x})$ 的自变量的某一个分量,则 $f(\boldsymbol{x})$ 的取值将会有一半被改变.

例 3.5 函数 $f(x_1,x_2,x_3)=x_1x_2+x_3$ 不满足严格雪崩准则,因为 $f(x_1+1,x_2,x_3)+f(x_1,x_2,x_3)=x_2$ 和 $f(x_1,x_2+1,x_3)+f(x_1,x_2,x_3)=x_1$ 是平衡的,但 $f(x_1,x_2,x_3+1)+f(x_1,x_2,x_3)=1$ 不是平衡的.

例 3.6 函数 $f(x_1,x_2,x_3)=x_1x_2+x_2x_3+x_1x_3$ 满足严格需崩准则，因为

$$f(x_1+1,x_2,x_3)+f(x_1,x_2,x_3)=x_2+x_3,$$
$$f(x_1,x_2+1,x_3)+f(x_1,x_2,x_3)=x_1+x_3,$$
$$f(x_1,x_2,x_3+1)+f(x_1,x_2,x_3)=x_1+x_2$$

都是平衡函数.

定义 3.11 设 $f(\boldsymbol{x})$是n元布尔函数，$f(\boldsymbol{x})$的自相关函数定义为

$$C_f(\boldsymbol{\alpha})=\sum_{\boldsymbol{x}\in \mathrm{F}_2^n}(-1)^{f(\boldsymbol{x}+\boldsymbol{\alpha})+f(\boldsymbol{x})},\quad \boldsymbol{\alpha}\in \mathrm{F}_2^n,$$

所以 $f(\boldsymbol{x})$满足严格雪崩准则当且仅当 $C_f(\boldsymbol{e}_i)=0(i=1,2,\cdots,n)$.

定义 3.12 设$\boldsymbol{\alpha}\in \mathrm{F}_2^n$，若 $f(\boldsymbol{x}+\boldsymbol{\alpha})+f(\boldsymbol{x})$是平衡的，则称 f 关于 $\boldsymbol{\alpha}$ 满足扩散准则. 若对任意满足 $1\leqslant W(\boldsymbol{\alpha})\leqslant k$ 的 $\boldsymbol{\alpha}$，f 都满足扩散准则，则称 f 满足 k 次扩散准则.

一次扩散准则就是严格雪崩准则.

定理 3.14 设 $f(\boldsymbol{x})$是n元布尔函数，则 f 满足 k 次扩散准则当且仅当对任意 $\boldsymbol{\alpha}$，$1\leqslant W(\boldsymbol{\alpha})\leqslant k$，有

$$\sum_{\boldsymbol{w}\in \mathrm{F}_2^n}S_{(f)}^2(\boldsymbol{w})(-1)^{\boldsymbol{w}\boldsymbol{\alpha}}=0.$$

证明 由定义 3.11 知，f 满足 k 次扩散准则当且仅当对任意 $\boldsymbol{\alpha}$，$1\leqslant W(\boldsymbol{\alpha})\leqslant k$，有 $f(\boldsymbol{x}+\boldsymbol{\alpha})+f(\boldsymbol{x})$是平衡的，即 $C_f(\boldsymbol{\alpha})=0$. 由定理 3.1，

$$\begin{aligned}C_f(\boldsymbol{\alpha})&=\sum_{\boldsymbol{x}\in \mathrm{F}_2^n}(-1)^{f(\boldsymbol{x}+\boldsymbol{\alpha})+f(\boldsymbol{x})}\\&=\sum_{\boldsymbol{x}\in \mathrm{F}_2^n}\sum_{\boldsymbol{w}\in \mathrm{F}_2^n}S_{(f)}(\boldsymbol{w})(-1)^{\boldsymbol{w}\cdot(\boldsymbol{x}+\boldsymbol{\alpha})}\sum_{\boldsymbol{\lambda}\in \mathrm{F}_2^n}S_{(f)}(\boldsymbol{\lambda})(-1)^{\boldsymbol{\lambda}\cdot\boldsymbol{x}}\\&=\sum_{\boldsymbol{w}\in \mathrm{F}_2^n}\sum_{\boldsymbol{\lambda}\in \mathrm{F}_2^n}S_{(f)}(\boldsymbol{w})S_{(f)}(\boldsymbol{\lambda})(-1)^{\boldsymbol{w}\boldsymbol{\alpha}}\sum_{\boldsymbol{x}\in \mathrm{F}_2^n}(-1)^{\boldsymbol{x}\cdot(\boldsymbol{w}+\boldsymbol{\lambda})}\\&=2^n\sum_{\boldsymbol{w}\in \mathrm{F}_2^n}S_{(f)}{}^2(\boldsymbol{w})(-1)^{\boldsymbol{w}\boldsymbol{\alpha}}.\end{aligned}$$

*3.6 布尔函数的代数免疫度

将一个密码算法表示成一个多变元多项式方程组，通过求解方程组来实现攻击，这就是代数攻击的基本思想. 代数攻击的成功之处是有效地实现了对某些序列密码算法的分析，虽然目前对分组密码算法没有很好的攻击结果，但是被认为是攻击分组密码算法最具潜力的分析方法. 称满足 $f(\boldsymbol{x})g(\boldsymbol{x})=0$ 的布尔函数 $g(\boldsymbol{x})$为

布尔函数 $f(\boldsymbol{x})$ 的零化子. 若布尔函数 $f(\boldsymbol{x})$ 或者 $f(\boldsymbol{x})+1$ 存在较低代数次数的非零零化子,则代数攻击有可能成功,因此,提出布尔函数的代数免疫度.

定义 3.13[10] 设 $f(\boldsymbol{x})$ 是一个 n 元布尔函数,定义

$$\mathrm{AI}_f=\min\{\deg g(\boldsymbol{x})\mid f(\boldsymbol{x})g(\boldsymbol{x})=0\text{ 或}[f(\boldsymbol{x})+1]g(\boldsymbol{x})=0\}$$

为布尔函数 $f(\boldsymbol{x})$ 的代数免疫度,其中 $g(\boldsymbol{x})$ 是非零的布尔函数,$\deg g(\boldsymbol{x})$ 表示 $g(\boldsymbol{x})$ 的代数次数. 也就是说,$f(\boldsymbol{x})$ 的代数免疫度 AI_f 是使得 $f(\boldsymbol{x})g(\boldsymbol{x})=0$ 或 $[f(\boldsymbol{x})+1]g(\boldsymbol{x})=0$ 成立的非零布尔函数 $g(\boldsymbol{x})$ 的最小代数次数.

代数免疫度不高的布尔函数就可能有效地实施代数攻击,因此,为了抵抗代数攻击,密码算法中使用的布尔函数必须具有较高的代数免疫度. 布尔函数的代数免疫度最高能达到多少呢? 以下定理给出布尔函数的代数免疫度的上界:

定理 3.15[10,11] 设 $f(\boldsymbol{x})$ 是一个 n 元布尔函数,则 $f(\boldsymbol{x})$ 的代数免疫度满足

$$\mathrm{AI}_f\leqslant\min\left\{\left\lceil\frac{n}{2}\right\rceil,\deg f(\boldsymbol{x})\right\},$$

其中 $\lceil m\rceil$ 表示不小于 m 的最小整数.

证明 设 A 是所有代数次数不超过 $\left\lceil\frac{n}{2}\right\rceil$ 的 n 元单项式构成的集合,则有 $|A|=\sum_{i=0}^{\lceil\frac{n}{2}\rceil}\mathrm{C}_n^i$. 同样地,设 B 是 f 乘上所有代数次数不超过 $\left\lceil\frac{n}{2}\right\rceil$ 的 n 元单项式构成的集合,则 $|B|=\sum_{i=0}^{\lceil\frac{n}{2}\rceil}\mathrm{C}_n^i$.

因为 $|A|+|B|>2^n$,所以集合 A 和 B 中存在线性相关的元素,不妨设 $\sum_{X\in A}a_XX+\sum_{Y\in B}a_YfY=0$,其中 $a_X,a_Y\in\mathrm{F}^2$. 又有 A 中的所有元素线性无关,则存在某个 $a_Y\neq0$,令 $h=\sum_{X\in A}a_XX$,$g=\sum_{Y\in B}a_YY$,则 $h+fg=0$,其中 $g\neq0$,$\deg g,\deg h\leqslant\left\lceil\frac{n}{2}\right\rceil$. 若 $h=0$,则 $fg=0$;否则,$(f+1)h=0$,所以 $\mathrm{AI}_f\leqslant\left\lceil\frac{n}{2}\right\rceil$. 因为总有 $f(f+1)=0$,所以 $AI_f\leqslant\deg f$.

定义 3.14 若一个 n 元布尔函数 f 的代数免疫度达到 $\left\lceil\frac{n}{2}\right\rceil$,则称 f 具有最大代数免疫度(maximum algebraic immunity),简称为 MAI 函数.

代数免疫度不高的函数,容易受到代数攻击;反过来,具有高代数免疫度并不能保证密码算法对代数攻击的免疫性. 因此,具有高代数免疫度仅仅是抵抗代数攻击的必要条件.

下面给出代数免疫度与汉明重量、非线性度和相关免疫性等其他密码性质之间的关系.

定理 3.16[12,13] 设 $f(\boldsymbol{x})$是一个 n 元布尔函数,代数免疫度 $\mathrm{AI}_f>d$,则

$$\sum_{i=0}^{d}\mathrm{C}_n^i \leqslant W_{\mathrm{H}}(f) \leqslant \sum_{i=0}^{n-d-1}\mathrm{C}_n^i.$$

证明 假设 g 是使得 $fg=0$ 成立的代数次数不超过 d 的布尔函数,其代数正规型为

$$g = a_0 + \sum_{i=1}^{n} a_i x_i + \sum_{1\leqslant i<j\leqslant n} a_{i,j}x_i x_j + \cdots + \sum_{1\leqslant i_1<\cdots<i_d\leqslant n} a_{i_1,\cdots,i_d}x_{i_1}\cdots x_{i_d}.$$

由于 $fg=0$,则当 $f=1$ 时,必有 $g=0$,从而可以得到一个以 g 的代数正规型系数为变元的线性方程组,该线性方程组含有 $\sum_{i=0}^{d}\mathrm{C}_n^i$ 个变元和 $W_{\mathrm{H}}(f)$ 个方程.由于 f 的代数免疫度大于 d,故该线性方程组没有非零解,从而 $\sum_{i=0}^{d}\mathrm{C}_n^i\leqslant W_{\mathrm{H}}(f)$. 同样地,由于 $f+1$ 没有次数不超过 d 的非零零化子,从而 $\sum_{i=0}^{d}\mathrm{C}_n^i \leqslant W_{\mathrm{H}}(f+1)=2^n-W_{\mathrm{H}}(f)$. 综上可知 $\sum_{i=0}^{d}\mathrm{C}_n^i \leqslant W_{\mathrm{H}}(f) \leqslant \sum_{i=0}^{n-d-1}\mathrm{C}_n^i$.

利用布尔函数代数免疫度和汉明重量之间的关系,进一步可以给出代数免疫度与非线性度之间的关系. 首先给出以下定理:

定理 3.17[14] 设 $f(\boldsymbol{x})$ 是一个 n 元布尔函数,$\deg f(\boldsymbol{x})=1$. 令 T 为 f 所有代数次数不超过 d 的零化子构成的线性空间,则 T 的维数为 $\sum_{i=0}^{d-1}\mathrm{C}_{n-1}^i$.

证明 由仿射等价性,不妨设 n 元布尔函数 $f(x_1,x_2,\cdots,x_n)=x_1+1$. 设 g 是 f 的任意一个次数不超过 d 的非零零化子. 考虑 g 中所有包含 x_1 的项有

$$g(x_1,x_2,\cdots,x_n)=x_1 g_1(x_2,x_3,\cdots,x_n)+g_2(x_2,x_3,\cdots,x_n).$$

代入 $fg=0$ 得 $g_2(x_2,x_3,\cdots,x_n)=0$,故 $g(x_1,x_2,\cdots,x_n)=x_1 g_1(x_2,x_3,\cdots,x_n)=(f+1)g_1(x_2,x_3,\cdots,x_n)$,其中 g_1 为次数不超过 $d-1$ 的 $n-1$ 元布尔函数. 这样的线性无关函数的个数为 $\sum_{i=0}^{d-1}\mathrm{C}_{n-1}^i$,即 T 的维数为 $\sum_{i=0}^{d-1}\mathrm{C}_{n-1}^i$.

定理 3.18[14] 设 $f(\boldsymbol{x})$是一个 n 元布尔函数,代数免疫度 $AI_f=d$,则

$$N_f \geqslant 2^{n-1}-\sum_{i=d-1}^{n-d}\mathrm{C}_{n-1}^i = 2\sum_{i=0}^{d-2}\mathrm{C}_{n-1}^i.$$

证明 当 $d=1$ 时,结论显然成立,故以下设 $d\geqslant 2$. 由非线性度定义知 $N_f=2^{n-1}-\frac{\alpha}{2}$,其中 $\alpha=\max\limits_{w\in\mathbb{F}_2^n}|S_{(f)}(\boldsymbol{w})|$.

当 $\boldsymbol{w}=\mathbf{0}$ 时，$|S_{(f)}(\boldsymbol{w})|$ 达到最大. 由 $\alpha=S_{(f)}(\mathbf{0})=|2^n-2W_{\mathrm{H}}(f)|$ 可知，f 或 $f+1$ 的汉明重量为 $2^{n-1}-\frac{\alpha}{2}$. 由定理 3.16 可得 $N_f=2^{n-1}-\frac{\alpha}{2}=W_{\mathrm{H}}(f)\geqslant\sum_{i=0}^{d-1}\mathrm{C}_n^i\geqslant 2\sum_{i=0}^{d-2}\mathrm{C}_{n-1}^i$.

如果 $|S_{(f)}(\boldsymbol{w})|$ 的最大值不在零点取到，则存在一个非零函数 $l(\boldsymbol{x})$，使得 $d_{\mathrm{H}}(f,l)=2^{n-1}-\frac{\alpha}{2}$，从而 f 和 l 在 $2^{n-1}+\frac{\alpha}{2}$ 个点取相同的值. 设这些点中满足 $f=1$ 的点有 β 个，则满足 $f=1,l=0$ 的点有 $W_{\mathrm{H}}(f)-\beta$ 个；满足 $f=0,l=1$ 的点有 $2^{n-1}-W_{\mathrm{H}}(f)-\frac{\alpha}{2}+\beta$ 个. 于是

$$W_{\mathrm{H}}(f(l+1))=W_{\mathrm{H}}(f)-\beta,\quad W_{\mathrm{H}}((f+1)l)=2^{n-1}-W_{\mathrm{H}}(f)-\frac{\alpha}{2}+\beta.$$

当 $\beta=W_{\mathrm{H}}(f)-2^{n-2}+\frac{\alpha}{4}$ 时，以上两式取值相等，均为 $2^{n-2}-\frac{\alpha}{4}$，并且有

$$\min\{(W_{\mathrm{H}}(f(l+1)),W_{\mathrm{H}}((f+1)l)\}\leqslant 2^{n-2}-\frac{\alpha}{4}.$$

如果 $W_{\mathrm{H}}(f(l+1))<W_{\mathrm{H}}((f+1)l)$，则定义 $f_1=f,l_1=l+1$；否则，定义 $f_1=f+1,l_1=l$. 令函数 $f_2=f_1l_1$，则 $W_{\mathrm{H}}(f_2)\leqslant 2^{n-2}-\frac{\alpha}{4}$.

下面考虑 f_2 的一个代数次数最多为 $d-2$ 的零化子 g. 由 $f_2g=0$ 可知，若 $f_2=1$，则 $g=0$. 由此得到一个含有 $W_{\mathrm{H}}(f_2)$ 个方程和 $\sum_{i=0}^{d-2}\mathrm{C}_n^i$ 个变量的线性方程组，其解空间的维数至少是 $\sum_{i=0}^{d-2}\mathrm{C}_n^i-\left(2^{n-2}-\frac{\alpha}{4}\right)$. 由定理 3.17 知，$l_1$ 的代数次数不超过 $d-2$ 的零化子构成的线性空间的维数为 $\sum_{i=0}^{d-3}\mathrm{C}_{n-1}^i$.

如果 $\sum_{i=0}^{d-2}\mathrm{C}_n^i-\left(2^{n-2}-\frac{\alpha}{4}\right)>\sum_{i=0}^{d-3}\mathrm{C}_{n-1}^i$，则存在函数 f_3，$\deg f_3\leqslant d-2$，使得 $f_2f_3=0$ 且 $f_3l_1\neq 0$，因此，f_3l_1 是 f_1 的一个非零零化子，并且 $\deg f_3l_1\leqslant d-1$，这与 $\mathrm{AI}_f=d$ 矛盾，所以 $\sum_{i=0}^{d-2}\mathrm{C}_n^i-\left(2^{n-2}-\frac{\alpha}{4}\right)\leqslant\sum_{i=0}^{d-3}\mathrm{C}_{n-1}^i$，则

$$\sum_{i=0}^{d-2}\mathrm{C}_n^i-\sum_{i=0}^{d-3}\mathrm{C}_{n-1}^i\leqslant 2^{n-2}-\frac{\alpha}{4},$$

因此，

$$N_f=2^{n-1}-\frac{\alpha}{2}\geqslant 2\left(\sum_{i=0}^{d-2}\mathrm{C}_n^i-\sum_{i=0}^{d-3}\mathrm{C}_{n-1}^i\right)=2\sum_{i=0}^{d-2}\mathrm{C}_{n-1}^i.$$

利用代数次数作为桥梁，相关免疫性与代数免疫度有如下简单的关系：

定理 3.19 设 f 是一个 n 元 m 阶相关免疫布尔函数，则代数免疫度 $AI_f \leqslant n-m$. 特别地，若 f 是平衡函数，则 $\mathrm{AI}_f \leqslant n-m-1$.

证明 利用代数次数和相关免疫性与代数免疫度的关系即得.

小结与注释

本章介绍布尔函数的基本概念、表示方法以及相关的密码学性质. 在分析布尔函数的这些性质后可以了解到，某些性质可以同时满足，而某些性质之间则存在着相互抵触的关系，因此，要设计出满足密码学所有安全性质的布尔函数是不可能的，而设计出实际安全的布尔函数正是研究者所需要探讨的问题.

布尔函数的非线性度是用来度量它抵抗“仿射攻击”[8]能力的一个指标. 一个布尔函数的非线性度越高，它抵抗“仿射攻击”的能力就越强. 利用驱动序列和输出序列的统计相关性实施的攻击称为相关攻击，相关攻击成功的例子是有的，因此，为了研究滚动密钥产生器抵抗相关攻击的能力，日本学者 Siegenthaler 于 1984 年率先提出了组合函数相关免疫的概念[9].

有关严格雪崩准则的概念可参见文献[15]，[16].

代数攻击是最近几年发展的密码攻击方法，其主要特点是采用基于代数思想的方法和技巧，将一个密码算法的安全性完全规约为求解一个超定的(overdefined)多变元非线性方程组系统(即该系统中的方程个数多于变元个数)的问题上.

Courtois 和 Meier 提出的代数攻击的核心是利用非线性布尔函数 f 的某种特性得到低次方程. 2004 年，文献[17]将寻找低次方程的问题转化为寻找 f 或 $f+1$ 的零化子问题，进而提出了布尔函数的代数免疫的概念. 显然，AI_f 越大，抵抗代数攻击的能力越强；反之，能力越弱. 代数攻击的复杂度是和代数免疫成指数关系的. 这就意味着代数免疫哪怕相差 1，对代数攻击复杂度的影响都是很大的. 文献[17]给出了关于代数免疫性质的一些基本结果.

习题 3

3.1 给定 3 元布尔函数的真值表如下：

x_1	x_2	x_3	$f(x_1,x_2,x_3)$	x_1	x_2	x_3	$f(x_1,x_2,x_3)$
0	0	0	1	1	0	0	0
0	0	1	0	1	0	1	0
0	1	0	1	1	1	0	0
0	1	1	1	1	1	1	1

求 $f(x_1,x_2,x_3)$的小项表示、多项式表示和 Reed-Muller 谱.

3.2 用数学归纳法证明 $\boldsymbol{A}_n^2=\boldsymbol{I}_n$.

3.3 用数学归纳法证明 $\boldsymbol{H}_n^2=2^n\boldsymbol{I}_n$.

3.4 设 $f(x_1,x_2,x_3,x_4)=x_1+x_2+x_3x_4$,分别用一阶线性谱和一阶循环谱表示之.

3.5 证明式(3.19)～式(3.23).

3.6 设二元明文序列 m 中 0 出现的概率为 0.7,滚动密钥序列 k 中 0 出现的概率为 0.6.证明:密文 $c=m+k$ 中 0 出现的概率为 0.54.

3.7 证明:无论二元明文序列 m 中 0 出现的概率是多少,只要滚动密钥序列 k 中 0 出现的概率为 1/2,则密文序列 $c=m+k$ 中 0 出现的概率必为 1/2.

3.8 确定下列函数相关免疫的阶 m:

(1) $f(\boldsymbol{x})=x_3+x_1x_2+x_1x_3+x_2x_3$;

(2) $f(\boldsymbol{x})=x_1x_2+x_2x_3+x_2$;

(3) $f(\boldsymbol{x})=x_1+x_2+x_3+x_2x_3+x_2x_4+x_3x_4$.

3.9 设 $n=2m$,$g(x_1,x_2,\cdots,x_m)$是任意一个 m 元布尔函数.令

$$f(x_1,x_2,\cdots,x_n)=g(x_1,x_2,\cdots,x_m)+x_1x_{m+1}+\cdots+x_mx_n,$$

证明:$f(x_1,x_2,\cdots,x_n)$是一个 n 元 Bent 函数.

3.10 设 $f(x_1,x_2)=x_1+x_1x_2$,$\boldsymbol{\pi}:\mathrm{F}_2^2\to\mathrm{F}_2^2$ 是一个二元置换,满足

$$\boldsymbol{\pi}(00)=11,\quad \boldsymbol{\pi}(01)=10,\quad \boldsymbol{\pi}(10)=01,\quad \boldsymbol{\pi}(11)=00.$$

3.11 用 3.3 节的方法 3 构造一个 4 元 Bent 函数.

3.12 已知 $f_1(x_1,\cdots,x_{m+2})=x_1+\cdots+x_{m+1}$和 $f_2(x_1,\cdots,x_{m+2})=x_2+\cdots+x_{m+2}$是 m 阶相关免疫的布尔函数,构造一个$(m+3)$个变元的 m 阶相关免疫函数.

3.13 设 $g(x_1,x_2,\cdots,x_n)$是 n 元布尔函数且 $W_{\mathrm{H}}(g)$为奇数,则对任意的 $\boldsymbol{w}\in\mathrm{F}_2^n$,$S_{(g)}(\boldsymbol{w})\neq 0$.

3.14 设 $\boldsymbol{x}\in\mathrm{F}_2{}^n$ 是 n 元变量,$\boldsymbol{w}\in\mathrm{F}_2{}^n$,证明

$$\sum_{\boldsymbol{x}\in\mathrm{F}_2^n}(-1)^{\boldsymbol{w}\cdot\boldsymbol{x}}=\begin{cases}0, & \boldsymbol{w}\neq\boldsymbol{0},\\ 2,^n & \boldsymbol{w}=\boldsymbol{0}.\end{cases}$$

第 4 章

序列密码

序列密码是一类重要的对称密钥密码,其设计思想是将一串非常短的私钥比特 $\boldsymbol{k}=(k_0,k_1,\cdots,k_n)$,通过固定算法扩展为足够长的看似随机的密钥流 $\boldsymbol{z}$. 显然,这种由固定算法产生的密钥流不是随机序列,因此,常常被称为伪随机序列. 图 4.1 是序列密码的主要加密方式,即明文比特与密钥流逐位异或.

图 4.1　序列密码的主要加密方式

密钥流的伪随机性好坏与序列密码算法的安全性紧密相关. 因此,如何从数学上刻画密钥流的伪随机性一直是序列密码研究的重要内容. 以下几个方面是密钥流应具有的基本伪随机性:

(1) 周期. 由于序列密码算法都是通过有限状态机构造的,所以经过一定时间后,产生的序列会按一定的周期长度重复. 密钥流的周期必须足够大,否则,若密钥流的周期太短,则不同部分的明文很可能会用相同密钥流进行加密. 而相同的密钥流仅可用来加密明文一次是序列密码的重要原则. 假设同一密钥流 $\boldsymbol{z}$ 分别加密明文 $\boldsymbol{m}_1$ 和 $\boldsymbol{m}_2$ 得到密文 $\boldsymbol{c}_1$ 和 $\boldsymbol{c}_2$,若 $\boldsymbol{m}_1$ 已获知,则将明文 $\boldsymbol{m}_1$ 和密文 $\boldsymbol{c}_1$ 进行异或加就可得到密钥流 $\boldsymbol{z}$,至此,任何用密钥流 $\boldsymbol{z}$ 加密的密文都可被破译. 若 $\boldsymbol{m}_1$ 和 $\boldsymbol{m}_2$ 都是未知的,则 $\boldsymbol{c}_1\oplus\boldsymbol{c}_2=\boldsymbol{m}_1\oplus\boldsymbol{m}_2$,通过分析明文语言的统计特性,很可能可以还原消息 $\boldsymbol{m}_1$ 和 $\boldsymbol{m}_2$.

(2) 根据二元随机序列的元素分布规律,1967 年,S. W. Golomb 提出以下三条二元周期序列的随机性假设[18]:

(i) 元素分布. 一个连续周期长度中 0 的个数和 1 的个数之差不超过 1.

(ii) 游程分布. 对于每个整数 $i\geqslant 1$,在序列的一个周期中,长为 i 的 1 游程和长为 i 的 0 游程的出现次数均为周期的 2^i 分之一.

(iii) 相关性. 对于周期为 T 的序列 $\boldsymbol{z}=(z_1,z_2,\cdots)$,称 $C_z(t)=\sum_{0\leqslant k\leqslant T-1}(-1)^{z_k\oplus z_{k+t}}(t\geqslant 0)$ 是序列 $\boldsymbol{z}$ 的移位为 t 的自相关函数,其中 $\sum$ 表示整数运算. 可以看到,自相关函数 $C_z(t)$ 衡量了序列 $\boldsymbol{z}=(z_0,z_1,\cdots)$ 和其移位序列 $L^t\boldsymbol{z}=(z_t,z_{t+1},\cdots)$ 之间的相似程度. 对于 $0\leqslant t\leqslant T-1$,要求 $C_z(t)$ 仅取两个不同值,即 $C_z(0)=T,C_z(t)=K(1\leqslant t\leqslant T-1)$.

(3) 线性复杂度. 1969 年,J. L. Massey 给出的 Berlekamp-Massey 算法[19]可以有效攻击线性复杂度低的序列,故密钥流的线性复杂度应足够大.

(4) 2-adic 复杂度. 1995 年,A. Klapper 和 M. Goresky 给出的 2-adic 有理逼近算法[20]可以有效攻击 2-adic 复杂度低的序列,故密钥流的 2-adic 复杂度应足够大.

事实上,不可预测性是安全伪随机序列的本质要求,即正确猜测已知序列段后面的任一比特的概率等于 1/2. 可以看到,上述对序列伪随机性 4 个方面的刻画也正是围绕此要求给出的.

根据以上 4 个方面的刻画,本章分别介绍了线性反馈移位寄存器序列、非线性组合序列、非线性前馈序列、钟控序列及带进位的反馈移位寄存器序列的基本伪随机性质. 考虑到近年来相关攻击对基于线性反馈移位寄存器的序列密码算法的安全构成严重威胁,本章也简要介绍相关攻击的基本思想.

若无特殊说明,以下在本章中出现的序列均指二元序列,符号"$\oplus$"表示模 2 加,符号"$+$"表示整数加,并记二元序列的加和乘分别为 $\boldsymbol{a}\oplus\boldsymbol{b}=(a_0\oplus b_0,a_1\oplus b_1,\cdots)$,$\boldsymbol{ab}=(a_0b_0,a_1b_1,\cdots)$.

4.1 线性反馈移位寄存器序列

线性反馈移位寄存器是早期许多序列密码算法的重要组成部分. 这主要由于以下三个方面的原因:线性反馈移位寄存器特别适合于硬件实现;由它生成的 m 序列具有周期大、统计特性好的优点;线性反馈移位寄存器序列具有较好的代数结构. 本节主要介绍线性反馈移位寄存器序列的基本性质、m 序列的统计特性以及序列的线性复杂度.

4.1.1 基本概念和性质

设 n 是正整数,图 4.2 是以 $f(x)=x^n\oplus c_{n-1}x^{n-1}\oplus\cdots\oplus c_0$ 为特征多项式的 n 级线性反馈移位寄存器(LFSR)的模型图.

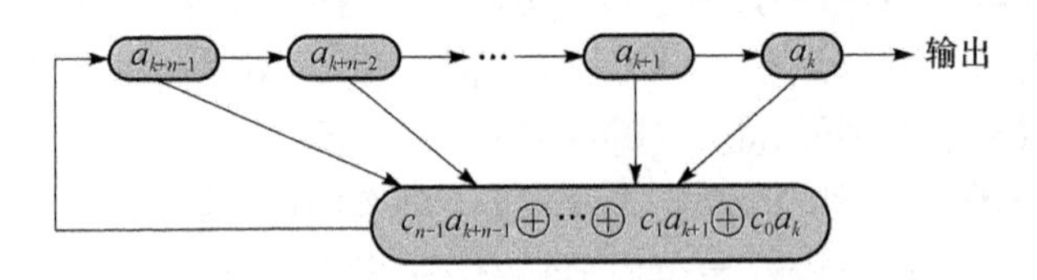

图 4.2 n 级线性反馈移位寄存器

图中,n 个寄存器中的比特组成的向量$(a_{k+n-1},a_{k+n-2},\cdots,a_k)$称为线性反馈移位寄存器的第 k 个状态. 特别地,$(a_{n-1},a_{n-2},\cdots,a_0)$称为初始状态. 该线性反馈移位寄存器的状态转化原理如下:对于 $k\geqslant 0$ 有

(1) 计算 $a_{k+n}=c_0a_k\oplus c_1a_{k+1}\oplus\cdots\oplus c_{n-1}a_{k+n-1}$;

(2) 寄存器中的比特依次右移并输出 a_k;

(3) 将 a_{k+n}放入最左端的寄存器.

所产生的输出序列 $\boldsymbol{a}=(a_0,a_1,a_2,\cdots)$称为 n 级线性(反馈)移位寄存器序列,简记为 LFSR 序列,$f(x)=x^n\oplus c_{n-1}x^{n-1}\oplus\cdots\oplus c_0$ 也称为序列 $\boldsymbol{a}$ 的特征多项式. 显然,序列的特征多项式完全刻画了能够产生该序列的 LFSR.

LFSR 序列的特征多项式并不唯一,但次数最小的特征多项式是唯一的,称为序列的极小多项式. 极小多项式是研究 LFSR 序列性质的重要代数工具.

定义 4.1 设 $\boldsymbol{a}$ 是 LFSR 序列,称 $\boldsymbol{a}$ 的次数最小的特征多项式为 $\boldsymbol{a}$ 的极小多项式.

定理 4.1 设 $\boldsymbol{a}$ 是 LFSR 序列,则 $\boldsymbol{a}$ 的极小多项式是唯一的. 进一步,设$m_a(x)$是 $\boldsymbol{a}$ 的极小多项式,则 $f(x)$是 $\boldsymbol{a}$ 的一个特征多项式当且仅当 $m_a(x)\mid f(x)$.

显然,LFSR 序列的极小多项式刻画了生成该序列的最短 LFSR,而定理 4.1 进一步说明,这样的最短 LFSR 是唯一的.

下面给出序列周期的严格定义.

定义 4.2 对于 F_2 上序列 $\boldsymbol{a}$,若存在非负整数 k 和正整数 T,使得对任意 $i\geqslant k$ 都有 $a_{i+T}=a_i$,则称 $\boldsymbol{a}$ 为准周期序列,最小的 T 称为 $\boldsymbol{a}$ 的周期,记为 $\mathrm{per}(\boldsymbol{a})$. 若 $k=0$,则称 $\boldsymbol{a}$ 为(严格)周期序列.

注 4.1 设 $\mathrm{per}(\boldsymbol{a})=T$,$R$ 为正整数,若对任意 $i\geqslant k$ 有 $a_{i+R}=a_i$,则 $T\mid R$.

显然,LFSR 是一种有限状态机. 因此,由 LFSR 生成的序列必然是准周期的.

下面的定理表明反之也是成立的,即所有的准周期序列都可用 LFSR 来生成.

定理 4.2 $\boldsymbol{a}$ 是准周期序列当且仅当 $\boldsymbol{a}$ 是 LFSR 序列.

证明 充分性是显然的. 下面证明必要性. 设 $\boldsymbol{a}$ 是准周期序列,则存在非负整数 k 和正整数 T,使得对任意 $i \geqslant k$ 都有 $a_{i+T}=a_i$,从而 $x^{k+T} \oplus x^k$ 是序列 $\boldsymbol{a}$ 的特征多项式,所以结论成立.

利用序列的极小多项式可以判断序列是否严格周期.

定理 4.3 设 $\boldsymbol{a}$ 是 LFSR 序列,$m_a(\boldsymbol{x})$ 是 $\boldsymbol{a}$ 的极小多项式,则 $\boldsymbol{a}$ 是周期序列当且仅当 $m_a(\boldsymbol{0}) \neq 0$.

证明 设 $\boldsymbol{a}$ 是周期序列,则存在正整数 T,使得对任意 $i \geqslant 0$ 都有 $a_{i+T}=a_i$,从而 $x^T \oplus 1$ 是 $\boldsymbol{a}$ 的一个特征多项式,而 $m_a(x) \mid (x^T \oplus 1)$,所以 $m_a(0) \neq 0$. 反之,设 $m_a(0) \neq 0$,并设 $\mathrm{per}(m_a(x))=T$,则 $m_a(x) \mid (x^T \oplus 1)$,从而 $x^T \oplus 1$ 是 $\boldsymbol{a}$ 的特征多项式,即对任意 $i \geqslant 0$ 都有 $a_{i+T}=a_i$,所以 $\boldsymbol{a}$ 是周期序列.

进一步,序列的周期由其极小多项式的周期完全确定.

定理 4.4 设 $\boldsymbol{a}$ 是周期序列,$f(x)$ 是它的极小多项式,则 $\mathrm{per}(\boldsymbol{a})=\mathrm{per}(f(x))$.

证明 设 $T=\mathrm{per}(\boldsymbol{a})$,$R=\mathrm{per}(f(x))$. 因为 $x^T \oplus 1$ 是 $\boldsymbol{a}$ 的特征多项式;由定理 4.1,$f(x) \mid (x^T \oplus 1)$,从而 $\mathrm{R} \mid \mathrm{T}$. 另一方面,因为 $f(\boldsymbol{x}) \mid (x^R \oplus 1)$,故 $x^R \oplus 1$ 是 $\boldsymbol{a}$ 的特征多项式,即 $a_{i+R}=a_i (i \geqslant 0)$,由注 4.1 知 $T \mid R$,所以 $\mathrm{per}(\boldsymbol{a})=\mathrm{per}(f(x))$.

注 4.2 若 $\boldsymbol{a}$ 是非严格周期序列,则定理 4.4 也成立. 由于非周期序列总可以转化成周期序列,并且实际中使用的序列也都是周期序列,故后面的讨论仅针对周期序列.

推论 4.1 设 $f(x)$ 是 F_2 上的不可约多项式,则以 $f(x)$ 为特征多项式的非零序列 $\boldsymbol{a}$ 有 $\mathrm{per}(\boldsymbol{a})=\mathrm{per}(f(x))$.

证明 因为 $f(x)$ 是不可约多项式,故由定理 4.1 知,对于以 $f(x)$ 为特征多项式的非零序列 $\boldsymbol{a}$,$f(x)$ 就是 $\boldsymbol{a}$ 的极小多项式,再由定理 4.4 知结论成立.

最后,给出 LFSR 序列的根表示.

定理 4.5 设 $f(x) \in \mathrm{F}_2[x]$ 是 n 次无重因子多项式,$f(0) \neq 0$,F_{2^m} 是 $f(x)$ 的分裂域,$\alpha_1, \alpha_2, \cdots, \alpha_n \in \mathrm{F}_{2^m}$ 是 $f(x)$ 的全部根,则对任意以 $f(x)$ 为特征多项式的序列 $\boldsymbol{a}=(a_0, a_1, \cdots)$,存在唯一一组 $\beta_1, \beta_2, \cdots, \beta_n \in F_{2^m}$,使得

$$a_k = \beta_1 \alpha_1^k + \beta_2 \alpha_2^k + \cdots + \beta_n \alpha_n^k, \quad k \geqslant 0$$

在 F_{2^m} 上成立. 反之,设 $\beta_1, \beta_2, \cdots, \beta_n \in \mathrm{F}_{2^m}$,若二元序列 $\boldsymbol{a}=(a_0, a_1, \cdots)$ 满足 $a_k=\beta_1 \alpha_1^k + \beta_2 \alpha_2^k + \cdots + \beta_n \alpha_n^k (k \geqslant 0)$ 在 F_{2^m} 上成立,则 $\boldsymbol{a}$ 是以 $f(x)$ 为特征多项式的序列,并且 $f(x)$ 是 $\boldsymbol{a}$ 的极小多项式当且仅当 $\beta_i \neq 0 (1 \leqslant i \leqslant n)$.

4.1.2 *m* 序列

注意到 LFSR 总是将 **0** 状态转化成 **0** 状态,因此,对于一个 n 级 LFSR,输出

序列的最大可能周期为 2^n-1.

定义 4.3 设 $\boldsymbol{a}$ 是 n 级 LFSR 序列，若 $\mathrm{per}(\boldsymbol{a})=2^n-1$，则称 $\boldsymbol{a}$ 为 n 级最大周期 LFSR 序列，简称为 n 级 m 序列.

由定义 4.3 显然有如下定理.

定理 4.6 设 $\boldsymbol{a}$ 是 n 级 LFSR 序列，则 $\boldsymbol{a}$ 是 n 级 m 序列当且仅当 $\boldsymbol{a}$ 的极小多项式是 n 次本原多项式.

设 $\boldsymbol{a}$ 是二元序列，记 $L^i\boldsymbol{a}=(a_i,a_{i+1},\cdots)(i\geqslant 0)$. 若两个二元序列 $\boldsymbol{a}$ 和 $\boldsymbol{b}$ 满足 $\boldsymbol{a}=L^k\boldsymbol{b}(k\geqslant 0)$，则称 $\boldsymbol{a}$ 和 $\boldsymbol{b}$ 平移等价.

定理 4.7 若 $\boldsymbol{a}$ 是以 n 次本原多项式 $f(x)$ 为极小多项式的 m 序列，则 $\boldsymbol{0},\boldsymbol{a},L\boldsymbol{a},\cdots,L^{2^n-2}\boldsymbol{a}$ 是以 $f(x)$ 为特征多项式的序列全体.

证明 一方面，显然，$\boldsymbol{a},L\boldsymbol{a},\cdots,L^{2^n-2}\boldsymbol{a}$ 都是以 $f(x)$ 为极小多项式的彼此不同的 m 序列. 另一方面，以 $f(x)$ 为特征多项式的 LFSR 仅有 2^n-1 个不同的非零初始状态，即以 $f(x)$ 为特征多项式的非零序列仅有 2^n-1 个，故结论成立.

定理 4.7 说明，由同一个本原多项式生成的两个 m 序列彼此平移等价. 由定理 4.7 容易证明，m 序列满足以下平移可加性：

定理 4.8 设 $\boldsymbol{a}$ 是 n 级 m 序列，则对于任意的非负整数 s 和 t 有 $L^s\boldsymbol{a}\oplus L^t\boldsymbol{a}=L^k\boldsymbol{a}$ 或 $\boldsymbol{0}$，其中 $0\leqslant k\leqslant 2^n-2$.

证明 设本原多项式 $f(x)$ 是 $\boldsymbol{a}$ 的极小多项式，注意到 $f(x)$ 也是 $L^s\boldsymbol{a}\oplus L^t\boldsymbol{a}$ 的特征多项式，故由定理 4.7 知结论成立.

注 4.3 实际上，定理 4.6 给出的平移可加性是 m 序列的特性，即对于周期为 T 的序列 $\boldsymbol{a}$，若对任意的非负整数 s 和 t 有 $L^s\boldsymbol{a}\oplus L^t\boldsymbol{a}=L^k\boldsymbol{a}(0\leqslant k\leqslant 2^n-2)$ 或 $\boldsymbol{0}$，则 $\boldsymbol{a}$ 是 m 序列.

m 序列是最重要的 LFSR 序列，不仅是因为 m 序列的周期可达到最大，并且因为 m 序列的统计特性完全满足 S. W. Golomb 提出的三条随机性假设.

(1) 元素分布. 设 $\boldsymbol{a}$ 是周期为 T 的序列，将 $\boldsymbol{a}$ 的一个周期依次排列在一个圆周上，并且使得 a_0 和 a_{T-1} 相邻，称这样的圆为 $\boldsymbol{a}$ 的周期圆.

引理 4.1 设 $\boldsymbol{a}$ 是 n 级 m 序列，整数 $0<k\leqslant n$，则 F_2 上任意一个 k 维向量 $(b_1,b_2,\cdots,b_k)$ 在 $\boldsymbol{a}$ 的一个周期圆中出现的次数 $N(b_1,b_2,\cdots,b_k)$ 为

$$N(b_1,b_2,\cdots,b_k)=\begin{cases}2^{n-k}, & (b_1,b_2,\cdots,b_k)\neq(0,0,\cdots,0),\\ 2^{n-k}-1, & \text{其他}.\end{cases}$$

证明 一方面，由于 n 级 m 序列的周期为 2^n-1，故除去零向量外，其余 2^n-1 个 n 维向量都必在 $\boldsymbol{a}$ 的周期圆中出现且仅出现一次. 另一方面，F_2 上任意的 k 维向量 $(b_1,b_2,\cdots,b_k)$ 都可以扩充为 F_2 上的 n 维向量 $(b_1,b_2,\cdots,b_k,b_{k+1},\cdots,b_n)$. 若 $(b_1,b_2,\cdots,b_k)\neq(0,0,\cdots,0)$，则扩充成非零 n 维向量的方式共 2^{n-k} 种，所以在 $\boldsymbol{a}$ 的

一个周期圆中,这样的 k 维向量出现 2^{n-k} 次. 若 $(b_1,b_2,\cdots,b_k)=(0,0,\cdots,0)$,则扩充成非零 n 维向量的方式只有 $2^{n-k}-1$ 种,所以在 $\boldsymbol{a}$ 的一个周期圆中,这样的 k 维向量出现 $2^{n-k}-1$ 次.

特别地,在引理 4.1 中取 $k=1$ 有如下推论:

推论 4.2 在 n 级 m 序列的一个周期中 1 出现 2^{n-1} 次,0 出现 $2^{n-1}-1$ 次.

(2) 游程分布. 设 $\boldsymbol{a}$ 是周期序列,$\boldsymbol{a}$ 在一个周期圆中形如

$$1\underbrace{0\cdots0}_{\text{全为0}}1 \quad 和 \quad 0\underbrace{1\cdots1}_{\text{全为1}}0$$

的一串比特分别叫做 $\boldsymbol{a}$ 的 0 游程和 1 游程,0 游程中连续 0 的个数及 1 游程中连续 1 的个数称为游程长度.

定理 4.9 设整数 $0<k\leqslant n-2$,在 n 级 m 序列的一个周期圆中,长为 k 的 0 游程和 1 游程各出现 2^{n-k-2} 次;长度大于 n 的游程不出现;长度为 n 的 1 游程和长度为 $n-1$ 的 0 游程各出现一次;长度为 n 的 0 游程和长度为 $n-1$ 的 1 游程不出现;游程总数为 2^{n-1}.

证明 设 $\boldsymbol{a}$ 是 n 级 m 序列. 对于 $0<k\leqslant n-2$,由引理 4.1,$k+2$ 维向量

$$(1\underbrace{0\cdots0}_{k个0}1) \quad 和 \quad (0\underbrace{1\cdots1}_{k个1}0)$$

在 $\boldsymbol{a}$ 的一个周期圆中各出现 2^{n-k-2} 次,即长为 k 的 0 游程和长为 k 的 1 游程各出现 2^{n-k-2} 次.

根据引理 4.1,由于 $\boldsymbol{a}$ 的一个周期圆中不存在 n 维 $\mathbf{0}$ 向量,故 $\boldsymbol{a}$ 中不存在长度大于等于 n 的 0 游程,并且 n 维向量 $(10\cdots0)$ 之后一定为 1,而 n 维向量 $(10\cdots0)$ 仅出现一次,故长为 $n-1$ 的 0 游程出现 1 次.

又由于 $\boldsymbol{a}$ 的一个周期圆中 n 维向量 $\mathbf{1}$ 仅出现 1 次,故长度大于 n 的 1 游程不出现,并且 n 维向量 $(11\cdots1)$ 之后与之前必是 0,即 $n+2$ 维向量 $(011\cdots10)$ 出现且仅出现一次,故长为 n 的 1 游程出现 1 次. 又 $\boldsymbol{a}$ 的一个周期圆中 n 维向量 $(011\cdots1)$ 和 n 维向量 $(11\cdots10)$ 仅出现一次,并且恰好出现在上述 $n+2$ 维向量 $(011\cdots10)$ 中,故不存在长度等于 $n-1$ 的 1 游程.

由此可见,在 n 级 m 序列的一个周期圆中,0 游程和 1 游程的总数为 $2(2^{n-3}+2^{n-4}+\cdots+2^0)+2=2^{n-1}$.

(3) 自相关函数. m 序列的自相关函数满足二值性,即如下定理:

定理 4.10 设 $\boldsymbol{a}$ 是 n 级 m 序列,则

$$C_{\boldsymbol{a}}(t)=\sum_{k=0}^{T-1}(-1)^{a_k\oplus a_{k+t}}=\begin{cases}-1, & t\not\equiv 0(\bmod 2^n-1),\\ 2^n-1, & t\equiv 0(\bmod 2^n-1).\end{cases}$$

证明 当$t\equiv 0 \pmod{2^n-1}$时,结论显然成立.下面证明$t\not\equiv 0 \pmod{2^n-1}$的情形.

由定理4.8知,对任意的非负整数$t\not\equiv 0 \pmod{2^n-1}$,$\boldsymbol{a}\oplus L^t\boldsymbol{a}$也是$n$级$m$序列,所以由推论4.2知,$\boldsymbol{a}\oplus L^t\boldsymbol{a}$的一个周期中1出现$2^{n-1}$次,0出现$2^{n-1}-1$次,故$C_{\boldsymbol{a}}(t)=2^{n-1}-1-2^{n-1}=-1$.

4.1.3 线性复杂度与Berlekamp-Massey算法

线性复杂度的概念是针对LFSR结构提出的,它衡量了用LFSR来生成给定序列的最小代价.由于特征多项式完全刻画了生成序列的LFSR,故自然有以下定义:

定义4.4 设$\boldsymbol{a}$是周期序列,称序列$\boldsymbol{a}$的极小多项式的次数为$\boldsymbol{a}$的线性复杂度,记为$LC(\boldsymbol{a})$.

注4.4 对于周期序列$\boldsymbol{a}$,显然有$LC(\boldsymbol{a})\leqslant \mathrm{per}(\boldsymbol{a})$.

根据定理4.5序列的根表示易知,序列的线性复杂度有以下两个基本性质:

性质4.1 设$\boldsymbol{a}$和$\boldsymbol{b}$是两条周期序列,则$LC(\boldsymbol{a}\oplus\boldsymbol{b})\leqslant LC(\boldsymbol{a})+LC(\boldsymbol{b})$.若$\boldsymbol{a}$和$\boldsymbol{b}$的极小多项式是互素的,则$LC(\boldsymbol{a}\oplus\boldsymbol{b})=LC(\boldsymbol{a})+LC(\boldsymbol{b})$.

性质4.2 设$\boldsymbol{a}$和$\boldsymbol{b}$是两条周期序列,则$LC(\boldsymbol{ab})\leqslant LC(\boldsymbol{a})\cdot LC(\boldsymbol{b})$.

1969年提出的Berlekamp-Massey算法[19]解决了求序列极小LFSR的问题.对于线性复杂度为L的序列$\boldsymbol{a}$,该算法在已知$\boldsymbol{a}$的连续$2L$比特的前提下即可还原出整条序列,计算时间复杂度仅为$O(L^2)$.因此,好的伪随机序列必须具有高的线性复杂度.对于4.1.2小节介绍的n级m序列,其周期为2^n-1,是n级LFSR能输出的最大周期序列,但n级m序列的极小多项式是n次本原多项式,这意味着n级m序列的线性复杂度等于n,则在已知$2n$比特的条件下,利用Berlekamp-Massey算法可还原出长为2^n-1的原序列.可见,n级m序列本身不能独立作为密钥流使用.

4.2 基于LFSR的序列生成器及其分析

在4.1.3小节中已经指出,由于m序列的线性复杂度太低,所以不能独立作为密钥流使用.考虑到m序列具有许多理想的统计特性(如4.1.2小节中所述),早期的序列密码算法都选择m序列作为序列源,通过对m序列进行非线性改造来得到密钥流.非线性组合、非线性前馈和钟控是三种对m序列进行非线性改造的经典方式.在本节中,将依次介绍这三类序列生成器的原理以及输出序列的伪随机性质.

4.2.1　非线性组合生成器

非线性组合生成器的思想是将多条 m 序列通过非线性的方式合并成一条密钥流.图 4.3 是非线性组合生成器的简单模型图,其中 $\boldsymbol{a}_1,\boldsymbol{a}_2,\cdots,\boldsymbol{a}_n$ 为 n 个输入序列,称为驱动序列,$F=F(x_1,x_2,\cdots,x_n)$ 为一个 n 元布尔函数,称为组合函数.该生成器输出密钥流 $\boldsymbol{z}=(z_0,z_1,\cdots)=f(\boldsymbol{a}_1,\boldsymbol{a}_2,\cdots,\boldsymbol{a}_n)$,即 $z_t=f(a_{1,t},a_{2,t},\cdots,a_{n,t})(t\geqslant 0)$.

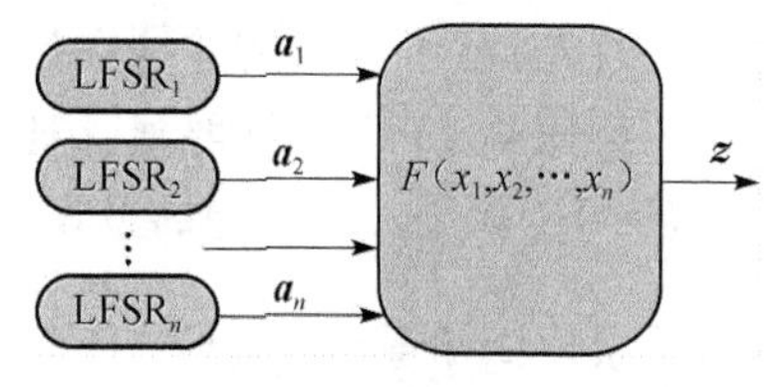

图 4.3　非线性组合生成器

设序列 $\boldsymbol{a}$ 的线性复杂度为 L,序列 $\boldsymbol{b}$ 的线性复杂度为 M,已知 $\boldsymbol{a}\oplus\boldsymbol{b}$ 的线性复杂度不超过 $L+M$,$\boldsymbol{ab}$ 的线性复杂度不超过 LM.可见,对于以布尔函数 $F(x_1,x_2,\cdots,x_n)=c_0\oplus\sum c_ix_i\oplus\sum c_{ij}x_ix_j\oplus\cdots\oplus c_{12\cdots n}x_1x_2\cdots x_n$ 为组合函数的组合生成器,$F(LC(\boldsymbol{a}_1),LC(\boldsymbol{a}_2),\cdots,LC(\boldsymbol{a}_n))$(其中加法和乘法都为整数环 $\mathbf{Z}$ 上的运算)是输出密钥流能达到的最大线性复杂度,其中 $\boldsymbol{a}_i(1\leqslant i\leqslant n)$ 为该非线性组合生成器的驱动序列 $1\leqslant i\leqslant n$.下面的定理给出了驱动序列为 m 序列时,非线性组合序列线性复杂度达到最大的充分条件.

定理 4.11[21]　*设 $\boldsymbol{a}_i$ 是以本原多项式 $f_i(\boldsymbol{x})$ 为极小多项式的 m 序列,$\deg f_i=m_i>2(1\leqslant i\leqslant n)$,$F(x_1,x_2,\cdots,x_n)$ 是 n 元布尔函数.若 $m_1,m_2,\cdots,m_n$ 互不相同,则组合序列 $F(\boldsymbol{a}_1,\boldsymbol{a}_2,\cdots,\boldsymbol{a}_n)$ 的线性复杂度为 $F(m_1,m_2,\cdots,m_n)$.*

显然,定理 4.11 给出了构造非线性组合生成器应选用驱动序列的准则.该结果还表明,密钥流的线性复杂度主要由非线性组合函数的代数次数决定,所以非线性组合函数的代数次数不能低.此外,随着序列密码攻击的发展,对组合函数的要求也越来越高,组合函数必须满足一系列基本的密码准则,如严格雪崩准则、扩散准则、相关免疫、代数免疫等(具体内容见第 3 章对布尔函数的介绍).

4.2.2　非线性过滤生成器

非线性过滤生成器的思想是对单条 m 序列进行非线性运算得到密钥流.图 4.4 是非线性过滤生成器的简单模型图,其中 LFSR 的输出序列为 $\boldsymbol{a}$,$F=F(x_1,x_2,\cdots,x_n)$ 是一个 n 元布尔函数,称为过滤函数,密钥流 $\boldsymbol{z}=(z_0,z_1,\cdots)=F(\boldsymbol{a},L\boldsymbol{a},\cdots,L^{n-1}\boldsymbol{a})$,即 $z_t=f(a_t,a_{t+1},\cdots,a_{t+n-1})(t\geqslant 0)$.

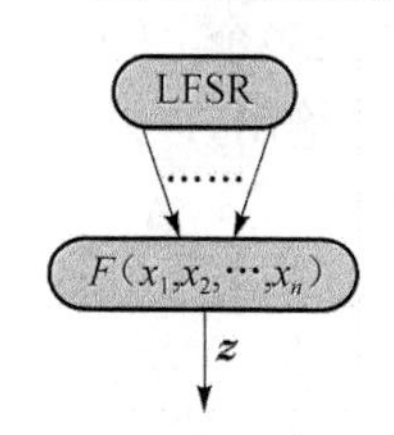

图 4.4　非线性过滤生成器

设 n 是正整数,记 $V_n=\{$二元周期序列 $\boldsymbol{b}\mid\mathrm{per}(\boldsymbol{b})$ 整除 $2^n-1\}$,则有以下定理:

定理 4.12[22]　*设 $\boldsymbol{a}$ 是 n 级 m 序列,则*

$$V_n=\{f(\boldsymbol{a},L\boldsymbol{a},\cdots,L^{n-1}\boldsymbol{a})\mid f(x_1,x_2,\cdots,x_n)\text{ 是 }n\text{ 元布尔函数}\}.$$

定理 4.12 说明,通过选择不同的过滤函数,可以构造出任意的周期整除2^n-1的周期序列.尽管如此,给定过滤函数,过滤序列线性复杂度的研究困难很大,目前对其下界的最好估计结果也只是针对特殊的过滤函数.

首先,对于一般的非线性过滤序列,有以下线性复杂度的上界:

定理 4.13[22] 设非线性过滤生成器的输入序列是 n 级 m 序列 $\boldsymbol{a}$,n 元过滤函数 $F=F(x_1,x_2,\cdots,x_n)$ 的最高代数次数为 k,则过滤序列 $F(\boldsymbol{a},L\boldsymbol{a},\cdots,L^{n-1}\boldsymbol{a})$ 的线性复杂度小于等于 $\sum_{i=1}^{k}\mathrm{C}_n^i$.

其次,对于一类特殊的布尔函数有以下结论:

定理 4.14[22] 设非线性过滤生成器的输入序列是 n 级 m 序列 $\boldsymbol{a}$,过滤函数

$$F(x_1,x_2,\cdots,x_n)=x_ix_{i+\delta}\cdots x_{i+(k-1)\cdot\delta}\oplus G(x_1,x_2,\cdots,x_n),$$

其中 $\gcd(\delta,2^n-1)=1$,$G(x_1,x_2,\cdots,x_n)$的最高代数次数小于 k,则过滤序列 $F(\boldsymbol{a},L\boldsymbol{a},\cdots,L^{n-1}\boldsymbol{a})$的线性复杂度大于等于 C_n^k.

对于实际应用,定理 4.14 给出的线性复杂度下界已经足够大,但定理 4.14 的下界与定理 4.13 的上界还是相距很远的.最后,对于级数是素数的 m 序列,下面的定理给出了使得过滤序列达到最大线性复杂度的布尔函数的比例.

定理 4.15[22] 设非线性过滤生成器的输入序列是 n 级 m 序列 $\boldsymbol{a}$,其中 n 为素数,则最高代数次数为 k 的全体 n 元布尔函数 $F(x_1,x_2,\cdots,x_n)$中,使得过滤序列 $F(\boldsymbol{a},L\boldsymbol{a},\cdots,L^{n-1}\boldsymbol{a})$达到最大线性复杂度 $L_k=\sum_{i=1}^{k}\mathrm{C}_n^i$ 的函数所占比例为 $\left(1-\frac{1}{2^n}\right)^{\frac{L_k}{n}}\approx \mathrm{e}^{-\left(\frac{L_k}{n\cdot 2^n}\right)}>\mathrm{e}^{-\frac{1}{n}}$.

在定理 4.15 的条件下,当级数 n 足够大时,大多数的过滤序列的线性复杂度都能达到上界.

4.2.3 钟控生成器

无论是基于多个 LFSR 的非线性组合生成器,还是基于单个 LFSR 的非线性过滤生成器,它们的 LFSR 装置的状态转化和输出是由统一时钟控制的.本节介绍的钟控生成器的基本设计思想就是通过一个 LFSR 来控制另一个或多个 LFSR 的运行时钟,使得受控 LFSR 在不规则的时钟控制下进行状态转化或输出,以此来破坏原有 LFSR 序列的线性性质.

(1) 停走生成器[23].它由两个线性反馈移位寄存器组成,其中一个 LFSR 控制另一个 LFSR 的状态转化.图 4.5 是停走生成器的模型图.

图 4.5 中,LFSR_b 是控制 LFSR,它在规则时钟控制下进行状态转化和输出;LFSR_a 是受控 LFSR,它的状态转化受 LFSR_b 输出的控制.若 LFSR_b 在当前时钟

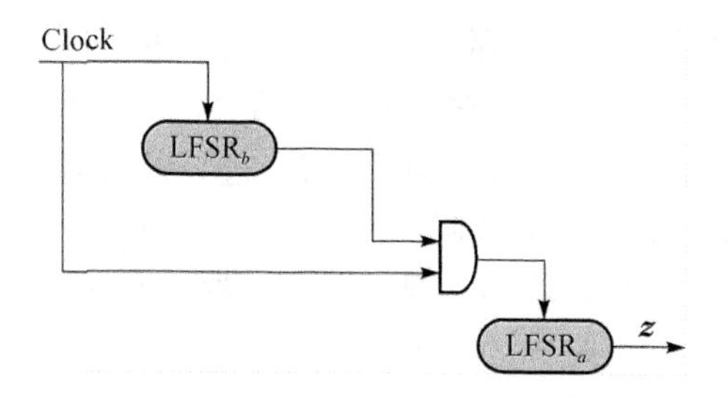

图 4.5　停走生成器

输出 0,则 LFSR$_a$ 在当前时钟不进行状态转化,重复输出上一时钟的输出比特;若 LFSR$_b$ 在当前时钟输出 1,则 LFSR$_a$ 进行状态转化后输出. 停走序列的严格定义如下:

定义 4.5　设 $\boldsymbol{a}=(a_0,a_1,\cdots)$ 和 $\boldsymbol{b}=(b_0,b_1,\cdots)$ 是二元序列,$s(t)=\sum_{i=0}^{t} b_i$,令 $z_k=a_{s(k)}(k\geqslant 0)$ 称 $\boldsymbol{z}$ 为 $\boldsymbol{a}$ 受 $\boldsymbol{b}$ 控制的停走序列.

下面的定理给出了停走序列达到最大可能周期的充要条件.

定理 4.16[23]　设序列 $\boldsymbol{a}$ 和 $\boldsymbol{b}$ 的周期分别为 T_1 和 T_2,并且 $T_1>1$,$\boldsymbol{z}$ 为 $\boldsymbol{a}$ 受 $\boldsymbol{b}$ 控制的停走序列. 令 $w=s(T_2-1)=\sum_{i=0}^{T_2-1} b_i$,则 $\mathrm{per}(\boldsymbol{z})=T_1\cdot T_2$ 当且仅当 $\gcd(w,T_1)=1$.

一般地,停走序列的线性复杂度有以下上界:

定理 4.17[24]　设序列 $\boldsymbol{a}$ 以 n 次不可约多项式 $f(x)$ 为极小多项式,序列 $\boldsymbol{b}$ 的周期为 T,则 $\boldsymbol{a}$ 受 $\boldsymbol{b}$ 控制的停走序列 $\boldsymbol{z}$ 的线性复杂度小于等于 Tn.

当控制序列和受控序列都是 m 序列时,不难构造线性复杂度达到最大的停走序列.

定理 4.18[24]　设 $\boldsymbol{a}$ 和 $\boldsymbol{b}$ 分别为 n 级和 l 级 m 序列,若 $l|n$,则 $\boldsymbol{a}$ 受 $\boldsymbol{b}$ 控制的停走序列 $\boldsymbol{z}$ 的线性复杂度为 $(2^l-1)\cdot n$.

(2) 变步生成器[25]. 停走序列虽具有周期大、线性复杂度高的特点,但即使以 m 序列作为控制和受控序列,它的统计特性仍不是很理想. 这主要是因为停走生成器的工作原理总是会拉长序列的游程. 变步生成器是对停走生成器的改进,它实质上是两条停走序列的模 2 组合. 图 4.6 是变步生成器的模型图.

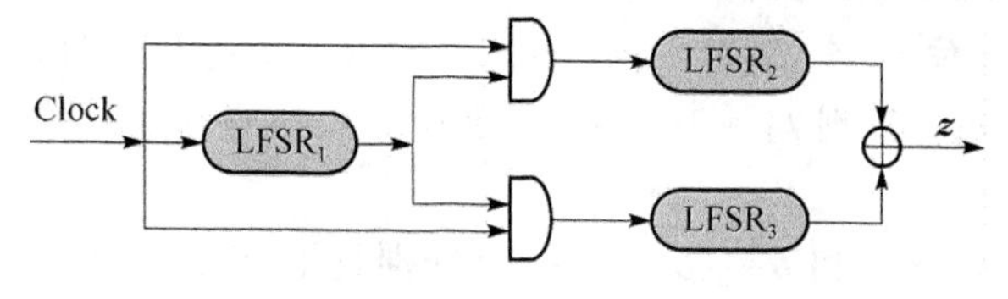

图 4.6　变步生成器

如图 4.6 所示的变步生成器的具体工作方式如下：

(i) $LFSR_1$ 受规则时钟控制，它的输出比特控制 $LFSR_2$ 和 $LFSR_3$ 的输出；

(ii) 若当前时钟 $LFSR_1$ 输出 1，则 $LFSR_2$ 进行状态转化后输出，$LFSR_3$ 不进行状态转化，重复输出前一时钟的输出比特；

(iii) 若当前时钟 $LFSR_1$ 输出 0，则 $LFSR_3$ 进行状态转化后输出，$LFSR_2$ 不进行状态转化，重复输出前一时钟的输出比特；

(iv) 生成器每一时钟的输出为 $LFSR_2$ 和 $LFSR_3$ 的输出比特的模 2 加.

变步序列的严格定义如下：

定义 4.6 设 $\boldsymbol{a}=(a_0,a_1,\cdots)$，$\boldsymbol{b}=(b_0,b_1,\cdots)$，$\boldsymbol{c}=(c_0,c_1,\cdots)$ 分别是二元序列，$s(k)=\sum_{i=0}^{k}a_i(k\geqslant 0)$. 令 $z_k=b_{s(k)}\oplus c_{k+1-s(k)}(k\geqslant 0)$，则称序列 $\boldsymbol{z}=(z_0,z_1,\cdots)$ 为由 $\boldsymbol{a}$ 控制 $\boldsymbol{b}$ 和 $\boldsymbol{c}$ 得到的变步序列.

当图 4.6 中 $LFSR_1$，$LFSR_2$ 和 $LFSR_3$ 输出序列为 m 序列时，变步序列的密码性质并不容易证明. 但当 $LFSR_1$ 序列可以用下面定义的 de Bruijn 序列代替时，就可以严格证明变步序列也具有大周期和高线性复杂度.

定义 4.7 由 n 级移位寄存器产生的周期等于 2^n 的序列称为最大周期 n 级移位寄存器序列，简称为 n 级 de Bruijn 序列.

注 4.5 n 级线性反馈移位寄存器序列的最大周期为 2^n-1，故这里的移位寄存器指的是非线性反馈移位寄存器. 事实上，n 级 m 序列在其最长 0 游程处添加一个 0 即可构成一条 n 级 de Bruijn 序列.

定理 4.19[25] 设 $\boldsymbol{a}$ 是 L_1 级 de Bruijn 序列，$\boldsymbol{b}$ 和 $\boldsymbol{c}$ 分别是 L_2 级和 L_3 级 m 序列，若 $\gcd(L_2,L_3)=1$，则由 $\boldsymbol{a}$ 控制 $\boldsymbol{b}$ 和 $\boldsymbol{c}$ 得到的变步序列 $\boldsymbol{z}$ 的周期达到 $2^{L_1}(2^{L_2}-1)\cdot(2^{L_3}-1)$，线性复杂度 $LC(\boldsymbol{z})$ 满足

$$(L_2+L_3)\cdot 2^{L_1-1}<LC(\boldsymbol{z})\leqslant(L_2+L_3)\cdot 2^{L_1}.$$

(3) 收缩和自收缩生成器. 收缩生成器[26]由两个 LFSR 组成，记为 $LFSR_1$ 和 $LFSR_2$，$LFSR_1$ 在规则时钟控制下进行状态转化. 若在当前时钟，$LFSR_1$ 的输出为 1，则 $LFSR_2$ 进行状态转化，并输出；否则，$LFSR_2$ 仅进行状态转化，当前时钟收缩生成器不输出. 易见，收缩生成器的输出序列是被控序列的子序列. 下面给出收缩序列的严格定义.

定义 4.8 设 $\boldsymbol{a}=(a_0,a_1,\cdots)$ 和 $\boldsymbol{b}=(b_0,b_1,\cdots)$ 是两个二元序列，记 k_i 为 $\boldsymbol{b}$ 中第 $i(i\geqslant 1)$ 个 1 的位置. 令 $z_t=a_{k_{t+1}}(t\geqslant 0)$，则称 $\boldsymbol{z}$ 为 $\boldsymbol{a}$ 受 $\boldsymbol{b}$ 控制的收缩序列.

注 4.6 若 $b_0=1$，则 $k_1=0$；否则，对于 $0\leqslant t<k_1$ 有 $b_t=0$，并且对于 $i\geqslant 1$，$k_i<t<k_{i+1}$ 有 $b_t=0$.

设 $\boldsymbol{a}=(a_0,a_1,\cdots)$ 和 $\boldsymbol{b}=(b_0,b_1,\cdots.)$ 分别是 $LFSR_a$ 和 $LFSR_b$ 的输出序列，$\boldsymbol{z}$ 为 $\boldsymbol{a}$ 受 $\boldsymbol{b}$ 控制的收缩序列，记 $wt(\boldsymbol{b})$ 为序列 $\boldsymbol{b}$ 一个周期中 1 的个数. 由于当 LF-

SR_b 恰输出 $\boldsymbol{b}$ 的一个周期比特时，收缩序列 $\boldsymbol{z}$ 只选择输出了 $\boldsymbol{a}$ 中 $wt(\boldsymbol{b})$ 个比特，故经过 $per(\boldsymbol{a})\cdot per(\boldsymbol{b})$ 拍规则时钟后，$\boldsymbol{z}$ 输出了 $per(\boldsymbol{a})\cdot wt(\boldsymbol{b})$ 个比特，而此时，$LFSR_a$ 和 $LFSR_b$ 必然同时回到初始状态，所以 $per(\boldsymbol{a})\cdot wt(\boldsymbol{b})$ 是收缩序列能达到的最大周期. 根据以下两个定理，当 $LFSR_a$ 和 $LFSR_b$ 的特征多项式选为本原多项式，也即 $\boldsymbol{a}$ 和 $\boldsymbol{b}$ 是 m 序列时，容易保证收缩序列的周期达到最大，并且同时具有较高的线性复杂度.

定理 4.20[26]　设 $\boldsymbol{a}$ 和 $\boldsymbol{b}$ 分别是 n 级和 l 级 m 序列，$l<2^n-1$. 若 $\gcd(n,l)=1$，则 $\boldsymbol{a}$ 受 $\boldsymbol{b}$ 控制的收缩序列 $\boldsymbol{z}$ 的周期等于 $(2^n-1)\cdot 2^{l-1}$.

定理 4.21[26]　在定理 4.20 的条件假设下，$\boldsymbol{z}$ 的线性复杂度满足 $n\cdot 2^{l-2}<LC(\boldsymbol{z})\leqslant n\cdot 2^{l-1}$.

自收缩生成器[27]和收缩生成器的设计原理相同，只是在自收缩生成器中控制 LFSR 和受控 LFSR 是同一个.

定义 4.9　设 $\boldsymbol{a}=(a_0,a_1,\cdots)$ 是二元序列，对于 $i\geqslant 0$，若 $a_{2i}=1$，则输出 a_{2i+1}，所得输出序列 $\boldsymbol{z}$ 称为 $\boldsymbol{a}$ 的自收缩序列.

自收缩生成器也可以由收缩生成器来实现. 对于二元序列 $\boldsymbol{a}=(a_0,a_1,\cdots)$，设 $\boldsymbol{a}'=(a_{2t-1})_{t\geqslant 1}=(a_1,a_3,a_5,\cdots)$，$\boldsymbol{b}=(a_{2t})_{t\geqslant 0}=(a_0,a_2,a_4,\cdots)$，则 $\boldsymbol{a}'$ 受 $\boldsymbol{b}$ 控制的收缩序列就是 $\boldsymbol{a}$ 的自收缩序列. 反之，收缩生成器也可以由自收缩生成器来实现，设 $\boldsymbol{a}=(a_0,a_1,\cdots)$ 和 $\boldsymbol{b}=(b_0,b_1,\cdots)$ 是两个二元序列，取 $\boldsymbol{a}'=(b_0,a_0,b_1,a_1,b_2,a_2,\cdots)$，则 $\boldsymbol{a}'$ 的自收缩序列就是 $\boldsymbol{a}$ 受 $\boldsymbol{b}$ 控制的收缩序列.

自收缩序列的周期达到最大的充分条件不像收缩序列那么清楚. 基于 m 序列的自收缩序列，有以下周期和线性复杂度的下界：

定理 4.22[27]　设 $\boldsymbol{a}$ 是 n 级 m 序列，$\boldsymbol{z}$ 是由 $\boldsymbol{a}$ 导出的自收缩序列，则 $\boldsymbol{z}$ 是周期整除 2^{n-1} 的平衡序列，并且周期大于等于 $2^{\lfloor \frac{n}{2}\rfloor}$，线性复杂度大于 $2^{\lfloor \frac{n}{2}\rfloor-1}$.

4.2.4　相关攻击

由于布尔函数的相关免疫度与代数次数之间存在一定的制约关系，所以传统的基于 LFSR 设计的密钥流生成器，如组合、前馈等，无法完全避免线性序列源与密钥流之间的统计相关性，而相关攻击正是利用这种统计相关性对密码算法实施攻击. 自 1985 年以来，相关攻击思想不断发展，对基于 LFSR 设计的序列密码算法构成严重威胁.

1985 年，T. Siegenthaler 提出了针对组合生成器的“分别征服”相关攻击[28]，这里也称为基本相关攻击. 在基本相关攻击中，假设只有正确的 LFSR 初态所产生的序列与密钥流才具有相应的统计相关性. 基于该假设，攻击的主要思想如下：若组合生成器(图 4.3)中若干条输入 LFSR 序列的线性和 $\boldsymbol{b}=\boldsymbol{a}_{i_1}\oplus\boldsymbol{a}_{i_2}\oplus\cdots\oplus\boldsymbol{a}_{i_k}$ 与输出密钥流 $\boldsymbol{z}$ 的相关概率为 $p>0.5$，即 $\mathrm{Prob}[z_t=b_t]=p$，则攻击者穷举 $LFSR_{i_1}$，

$LFSR_{i_2}$,…,$LFSR_{i_k}$的所有初态,在所产生的全体可能的序列 $\boldsymbol{b}$ 中,与密钥流的统计相关性最接近理论值 p 的即认为所对应的 $LFSR_{i_1}$,$LFSR_{i_2}$,…,$LFSR_{i_k}$ 的初态为正确的. 基本相关攻击提出后,为了衡量布尔函数抵抗相关攻击的能力,Siegenthaler 给出了布尔函数相关免疫的概念[29](见第 3 章对布尔函数的介绍).

注意到基本相关攻击需要穷举 LFSR 序列的初态,当 LFSR 的级数稍大点时,在实际中不可能穷举 LFSR 序列的所有初态,并且基本相关攻击显然不适用于过滤生成器. 为了改进基本相关攻击中穷举 LFSR 序列初态的缺点,1988 年,W. Meier 和 O. Staffelbach 提出两个快速相关攻击算法[30,31],分别称为算法 A 和算法 B. 算法 A 和算法 B 的前提是获得足够多的 LFSR 序列的低重特征多项式. 在此基础上,算法 A 的基本思想是利用这些低重特征多项式,从已知的密钥流 $\boldsymbol{z}$ 中提取若干位置的比特($z_{i_1}, z_{i_2}, \cdots, z_{i_t}$),理论上,它们以较大的概率等于相应位置的 LFSR 序列比特,从而对($z_{i_1}, z_{i_2}, \cdots, z_{i_t}$)进行少量的纠错后,就可由此还原出 LFSR 序列的初态. 算法 B 是迭代算法,其基本思想是利用这些低重特征多项式,对已知的密钥流 $\boldsymbol{z}$ 进行迭代校正,从而直接由密钥流还原出相应的 LFSR 序列. 快速相关攻击算法 A 和算法 B 的计算复杂度主要由 LFSR 序列与密钥流之间的相关性决定,相关性越大,攻击所需密钥流长度越短,计算复杂度越小. 因此,除组合生成器外,快速相关攻击的思想还可应用于过滤生成器.

此后,一些学者基于译码理论,也不断提出一些其他快速相关攻击算法,虽然在计算复杂度上没有很大突破,但实验数据表明,只要密钥流与 LFSR 序列的相关概率略微偏离 0.5,就有可能实施相关攻击.

4.3 带进位的反馈移位寄存器序列

由于相关攻击和代数攻击对基于 LFSR 的序列密码算法的安全构成严重威胁,所以非线性序列生成器逐渐受到国际学者的关注. 近几年国际上提出的序列密码算法,多数都是基于非线性序列生成器设计的,其中以在 eSTREAM 项目中胜出的序列密码算法为代表.

带进位的反馈移位寄存器(feedback with carry shift register, FCSR)是一类重要的非线性序列生成器,由两位美国学者 A. Klapper 和 M. Goresky 于 1993 年首次提出[32],其原理是利用整数的进位运算生成一类二元非线性序列. 与非线性反馈移位寄存器序列相比,FCSR 序列具有好的代数结构和丰富的研究成果. 本节主要介绍 FCSR 序列的基本性质.

4.3.1 2-adic 数与有理分数导出序列

首先简要介绍一些必要的 2-adic 数的基本知识[33].

形如 $\alpha=\sum_{i=0}^{\infty}a_i2^i$ 的形式幂级数称为2-adic整数,其中 $a_i\in\{0,1\}$.所有这些形式幂级数的全体,按进位加法和乘法构成环,称为2-adic整数环,记为 $\mathbf{Z}_2$.环 $\mathbf{Z}_2$ 中的零元就是0,单位元就是1.因为任意非负整数 n 都有唯一的2-adic(或2进制)展开 $n=n_0+n_12+\cdots+n_t2^t$,其中 $n_i\in\{0,1\},n_t=1,t=\lfloor\log_2(n)\rfloor$ 且 $-1=\sum_{i=0}^{\infty}2^i$,故整数环 $\mathbf{Z}$ 是2-adic整数环 $\mathbf{Z}_2$ 的子环.此外,由于2-adic数 $\alpha=\sum_{i=0}^{\infty}a_i2^i$ 在 $\mathbf{Z}_2$ 中是(乘法)可逆当且仅当 $a_0=1$,从而奇数在 $\mathbf{Z}_2$ 中可逆,所以对奇数 q 和任意整数 n,分数 n/q 可自然视为 $\mathbf{Z}_2$ 中的元素.若记 $n/q=\sum_{i=0}^{\infty}a_i2^i$,则称序列 $(a_0,a_1,\cdots)$ 为有理数 n/q 的导出序列.下面的定理刻画了准周期序列与有理数之间的对应关系.

定理4.23 设 q 是奇数,p 是整数,$p/q=\sum_{i=0}^{\infty}a_i2^i$,则 p/q 的导出序列 $\boldsymbol{a}=(a_0,a_1,\cdots)$ 是准周期的.反之,设 $\boldsymbol{a}=(a_0,a_1,\cdots)$ 是二元准周期序列,则存在有理数 p/q,其中 q 为奇数,使得 $p/q-\sum_{i=0}^{\infty}a_i2^i$.进一步,$\boldsymbol{a}$ 是周期序列当且仅当 $-1\leqslant p/q\leqslant 0$.

定理4.24 若 p 和 q 互素,$0\leqslant -p<q$,q 是奇数,则有理数 p/q 导出序列的周期为 $\mathrm{ord}_q(2)$.

注4.7 $\mathrm{ord}_q(2)$ 表示2模 q 的乘法阶,即最小的正整数 s 使得同余式 $2^s\equiv 1 \pmod q$ 成立.

4.3.2 基本概念和性质

设 q 为正奇数,$r=\lfloor\log_2(q+1)\rfloor$,$q+1=q_12+q_22^2+\cdots+q_r2^r$,$q_i\in\{0,1\}$ 且 $q_r=1$.图4.7是以 q 为连接数的FCSR模型图.

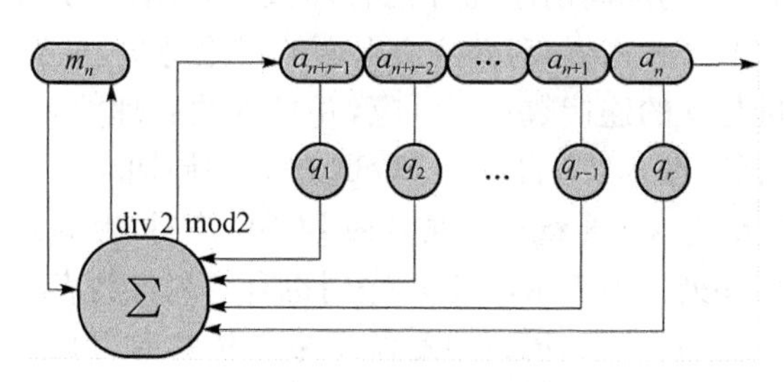

图4.7 FCSR的模型图

图4.7中,$\sum$ 表示整数加法,m_n 是进位(也称记忆),$(m_n;a_{n+r-1},a_{n+r-2},\cdots,a_n)$ 表示FCSR的第 n 个状态.FCSR由第 n 个状态到第 $n+1$ 个状态的具体转化过程如

下：

(1) 计算整数和 $\sigma_n = \sum_{k=1}^{r} q_k a_{n+r-k} + m_n$；

(2) r 个主寄存器中的比特依次右移一位，输出寄存器最右端的比特 a_n；

(3) 令 $a_{n+r} \equiv \sigma_n \pmod 2$，放入寄存器的最左端；

(4) 令 $m_{n+1} = (\sigma_n - a_{n+r})/2 = \lfloor \sigma_n/2 \rfloor$，将进位寄存器中的 m_n 替换成 m_{n+1}.

设 $\boldsymbol{a}$ 是如图 4.7 所示的 FCSR 的输出序列，则也称 q 为序列 $\boldsymbol{a}$ 的连接数. 若 q 还是 $\boldsymbol{a}$ 的所有连接数中的最小者，则称 q 为 $\boldsymbol{a}$ 的极小连接数.

显然，由于 FCSR 是有限状态机，FCSR 序列都是准周期的. 下面将说明所有的准周期序列都可用 FCSR 来生成. 首先，FCSR 序列总对应与一个有理数的导出序列.

定理 4.25[33]　设 FCSR 的连接数为 $q = q_0 + q_1 2 + q_2 2^2 + \cdots + q_r 2^r$，其中 $q_0 = -1$ 且 $q_r = 1$，$\boldsymbol{a} = (a_0, a_1, \cdots)$ 是以 $(m_0; a_{r-1}, \cdots, a_0)$ 为初态的输出序列，$\alpha = \sum_{i=0}^{\infty} a_i 2^i$，则 $\alpha = p/q$，其中 $p = \sum_{k=0}^{r-1} \sum_{i=0}^{k} q_i a_{k-i} 2^k - m_0 2^r$.

称定理 4.25 中的 α 为 FCSR 序列 $\boldsymbol{a}$ 的 2-adic 数表示，p/q 为 FCSR 序列 $\boldsymbol{a}$ 的有理数表示. 其次，对给定的有理数 $\alpha = p/q$，其中 q 为正奇数，由定理 4.25 可得生成其导出序列 $\boldsymbol{a} = (a_0, a_1, \cdots)$ 的 FCSR 参数的算法如下：

(1) 令 $r = \lfloor \log_2(q+1) \rfloor$，并设 $q = q_0 + q_1 2 + \cdots + q_r 2^r$，$q_0 = -1$，$q_i = 0$ 或 1，$q_r = 1$；

(2) 计算 $p/q \pmod{2^r}$，$p/q = a_0 + a_1 2 + \cdots + a_{r-1} 2^{r-1} \pmod{2^r}$ 确定 a_{r-1}，$a_{r-2}, \cdots, a_0$；

(3) 计算 $m_0 = \left(\sum_{k=0}^{r-1} \sum_{i=0}^{k} q_i a_{k-i} 2^{k-i} - p \right) / 2^r$，

则 $\boldsymbol{a}$ 是以 q 为连接数，以 $(m_0; a_{r-1}, \cdots, a_0)$ 为初态的 FCSR 序列.

最后，注意到所有的准周期序列都是有理数的导出序列（见定理 4.23）即知，准周期序列都可用 FCSR 来生成，并且由上面的讨论易知，对于准周期序列 $\boldsymbol{a}$，$\boldsymbol{a}$ 的有理数表示的分母与 $\boldsymbol{a}$ 的连接数一一对应，并且既约有理数表示的分母就是其极小连接数，从而根据定理 4.25，自然有 FCSR 序列的周期.

推论 4.3　设 $\boldsymbol{a}$ 是以 q 为极小连接数的 FCSR 序列，则 $\mathrm{per}(\boldsymbol{a}) = \mathrm{ord}_q(2)$.

类似与 LFSR 序列的根表示，FCSR 序列也有好的代数表示，称为指数表示.

定理 4.26[33]　设 $\boldsymbol{a} = (a_0, a_1, \cdots)$ 是以 q 为连接数的周期 FCSR 序列，则存在整数 $0 \leqslant A < q$，使得

$$a_i = A \cdot 2^{-i} \pmod q \pmod 2, \quad i \geqslant 0,$$

其中 $A \cdot 2^{-i} \pmod q \pmod 2$ 表示 $A \cdot 2^{-i}$ 先模 q 得到 0 至 $q-1$ 之间的数，再模 2

得到 0 或 1. 进一步,$\boldsymbol{a}$ 就是 $-A/q$ 的导出序列.

4.3.3　l 序列

由推论 4.3 易知,对于以 q 为连接数的 FCSR,其输出序列的最大可能周期为 $\phi(q)$(其中 ϕ 为欧拉函数).

定义 4.10　设序列 $\boldsymbol{a}$ 以 q 为连接数,若 $\mathrm{per}(\boldsymbol{a})=\phi(q)$,则称 $\boldsymbol{a}$ 为以 q 为连接数的极大周期 FCSR 序列,简称 l 序列.

若 $\boldsymbol{a}$ 是以 q 为连接数的 l 序列,则 $\mathrm{per}(\boldsymbol{a})=\phi(q)$ 意味着 2 是模 q 的原根. 由数论知识,此时 q 一定是素数方幂 p^e,从而 $\mathrm{per}(\boldsymbol{a})=\phi(q)=p^{e-1}(p-1)$.

l 序列具有许多类似与 m 序列的伪随机性质.

定理 4.27[33]　设 $\boldsymbol{a}$ 是以 $q=p^e$ 为连接数的 l 序列,则 $\boldsymbol{a}$ 的所有平移等价序列 $\boldsymbol{a}, L\boldsymbol{a}, \cdots, L^{\phi(q)-1}\boldsymbol{a}$ 就是有理数集

$$\left\{-\frac{y}{q} \mid 0<y<q \text{ 且 } p \nmid y\right\}$$

导出序列的全体.

也就是说,以 q 为连接数的两个 l 序列彼此是平移等价的. l 序列也具有平衡性,但 l 序列平衡性和 m 序列很不相同,它由下面的半周期互补性得到.

定理 4.28[33]　设 $\boldsymbol{a}$ 是以 $q=p^e$ 为连接数的 l 序列,$T=\phi(q)=p^{e-1}(p-1)$,则序列 $\boldsymbol{a}$ 在一个周期中前一半恰好是后一半的补,即 $a_{i+T/2}+a_i=1(i\geqslant 0)$.

推论 4.4　l 序列一个周期中 0 和 1 的个数相同.

这种由半周期互补性导出的元素平衡是不具有密码意义的. 因为已知 l 序列一半周期就等于得到全周期序列,从而 l 序列在使用时不可超过半周期长度. 因此,l 序列半周期的元素分布才是关键,对这一问题的讨论可参见文献[34]. 此外,在比特串的分布性质上,l 序列和 m 序列情形是类似的.

定理 4.29[33]　设 $\boldsymbol{a}$ 是以 $q=p^e$ 为连接数的 l 序列,则对于非负整数 s,F_2 上任意两个 s 维向量 $\boldsymbol{B}=(b_0, b_1, \cdots, b_{s-1})$ 和 $\boldsymbol{C}=(c_0, c_1, \cdots, c_{s-1})$ 在 $\boldsymbol{a}$ 的一个周期圆中出现的个数至多相差 2.

由于 FCSR 结构中引入了进位和整数加法运算,从直观上,FCSR 序列天然具有较高的线性复杂度. 根据 l 序列半周期的互补性,易得以下线性复杂度的上界:

定理 4.30[35]　设 $\boldsymbol{a}$ 是以 $q=p^e$ 为连接数的 l 序列,$T=p^{e-1}(p-1)$,则 $(x\oplus 1)(x^{T/2}\oplus 1)$ 是 $\boldsymbol{a}$ 的特征多项式,从而 $LC(\boldsymbol{a})\leqslant T/2+1$.

实验数据显示,大多数 l 序列的线性复杂度都等于或者非常接近上界 $T/2+1$. 在以特殊的素数 p 为连接数时,可以证明达到上界.

定理 4.31[35]　设 r 是奇素数,$q=2r+1$ 也是素数,$\boldsymbol{a}$ 是以 q 为连接数的 l 序列. 若 2 是模 q 的原根,则 $LC(\boldsymbol{a})\geqslant \mathrm{ord}_r(2)+2$. 进一步,若 2 也是模 r 的原根,则

$LC(\boldsymbol{a})=r+1$.

对于连接数 q 不是素数的情形，即 $q=p^e(e\geqslant 2)$，当 p 较小时，下面的结论说明以 q 为连接数的 l 序列的线性复杂度也接近上界.

定理 4.32[36]　设 $p=2n+1$，其中 $n=2^h\cdot m$，$\gcd(2,m)=1$，$e\geqslant 2$，$\boldsymbol{a}$ 是以 $q=p^e$ 为连接数的 l 序列，则 $LC(\boldsymbol{a})\geqslant 2^h+1+\phi(q)/p$.

4.3.4　2-adic 复杂度与有理逼近算法

线性复杂度刻画了生成序列的 LFSR 的最小规模，相应地，2-adic 复杂度则刻画了生成序列的 FCSR 的最小规模，它主要由序列的连接数决定.

定义 4.11[33]　设准周期序列 $\boldsymbol{a}=(a_0,a_1,\cdots)$ 的极小连接数为 q，并设 $\boldsymbol{a}$ 的有理数表示为 p/q，则称 $\varphi_2(\boldsymbol{a})=\log_2(\max\{|p|,|q|\})$ 为序列 $\boldsymbol{a}$ 的 2-adic 复杂度.

设 $\alpha=\sum\limits_{i=0}^{\infty}a_i2^i$ 和 $\beta=\sum\limits_{i=0}^{\infty}b_i2^i$ 分别是周期序列 $\boldsymbol{a}$ 和 $\boldsymbol{b}$ 的 2-adic 数表示. 令 $\alpha+\beta=\sum\limits_{i=0}^{\infty}c_i2^i$，称序列 $\boldsymbol{c}=(c_0,c_1,\cdots)$ 为 $\boldsymbol{a}$ 和 $\boldsymbol{b}$ 的进位加序列. 一般地认为，对于两条周期序列的进位加序列，其线性复杂度接近两序列线性复杂度之积，但下面的定理表明 2-adic 复杂度仅是和的关系.

定理 4.33[33]　设 $\boldsymbol{a}$ 和 $\boldsymbol{b}$ 是两条二元周期序列，$\boldsymbol{c}$ 是 $\boldsymbol{a}$ 和 $\boldsymbol{b}$ 的进位加序列，则 $\varphi_2(\boldsymbol{c})\leqslant\varphi_2(\boldsymbol{a})+\varphi_2(\boldsymbol{b})+1$.

1995 年提出的 2-adic 有理逼近算法[20]解决了求生成序列的最小 FCSR 的问题. 该算法对于 2-aidc 复杂度为 φ 的序列 $\boldsymbol{a}$，已知长为 $T=\lceil 2\varphi\rceil+2$ 的连续比特即可以 $O(T^2\log_2T\log_2\log_2T)$ 的时间复杂度还原出序列 $\boldsymbol{a}$. 因此，有理逼近算法的提出，使得 2-adic 复杂度成为衡量序列安全性的重要指标. 对于以 q 为连接数的 l 序列，虽然周期达到 $\phi(q)$，但其 2-adic 复杂度仅为 $\log_2 q$，也就是说，只要已知 $\lceil 2\log_2 q\rceil+2$ 的比特就可还原长为 $\phi(q)$ 的全周期序列. 因此，l 序列本身和 m 序列一样不可独立作为密钥流使用. 然而，l 序列的非线性的生成方式，使得 l 序列非线性性质优于 m 序列. 一般地认为，多条 l 序列的模 2 加序列既具有大的线性复杂度，也具有大的 2-adic 复杂度.

线性复杂度和 2-aidc 复杂度分别代表了生成准周期序列的两种不同结构——LFSR 结构和 FCSR 结构，具有好的线性复杂度的序列，其 2-adic 复杂度未必好，反之也成立. 因此，对于密钥流，必须同时考察它的线性复杂度和 2-adic 复杂度.

小结与注释

在序列密码的发展过程中，LFSR 序列在很长一段时间都占据着重要地位. 因此，本章首先较详细地给出了LFSR序列的基础理论，特别是m序列的伪随机性质．正是由于m序列具有许多理想的伪随机性质，早期许多序列密码设计都采用m序列作为序列源．如何掩盖m序列的线性性质是设计基于LFSR的序列密码算法时考虑的主要问题．本章中介绍的非线性组合、非线性过滤和钟控是三类对m序列进行非线性改造的经典方式．此后，随着相关攻击和代数攻击的发展，基于LFSR的序列密码算法的安全受到严重威胁．本章简要介绍了相关攻击的基本思想．在此背景下，非线性序列生成器的设计和研究逐渐受到关注．FCSR是一类代数结构好、研究结果丰富的非线性序列生成器，它的基础理论较完整，并且和LFSR序列的基础理论具有许多可比较之处．本章最后简要介绍了FCSR序列的基本概念和性质．

有关线性移位寄存器和非线性移位寄存器的基础理论可参考S. W. Golomb的书[18]．线性移位寄存器序列也称为线性递归序列，文献[37]的第八章详细讨论了有限域上的线性递归序列理论．

1967年，E. R. Berlekamp[38]给出了BCH码的一个迭代解码算法．两年后，J. L. Massey[19]成功地将这个算法用于解决LFSR序列的综合问题，后来称为Berlekamp-Massey算法．该算法的提出是求生成一段给定的有限序列的最小规模LFSR，有限序列的线性复杂度概念以及Berlakamp-Massey算法的具体过程可参见文献[19]．线性复杂度大的序列未必是伪随机性好的序列，不断发展和丰富的线性复杂度的稳定性理论就是研究如何用线性复杂度来更好地刻画序列的伪随机性．有关线性复杂度的稳定性理论可参见文献[22]的第四章和[39]．这两篇文献都是较早研究线性复杂度稳定性的重要著作．

非线性组合、非线性过滤和钟控是基于LFSR的经典序列密码模型．有关非线性组合序列达到极大线性复杂度充分条件的证明参见文献[21]．为了解决组合生成器的非线性组合函数最大代数次数和相关免疫阶之间的矛盾，1986年，R. A. Rueppel[40]提出带记忆的组合生成器，即求和生成器．目前，用于蓝牙技术的序列密码体制E0[41]是求和生成器的一种改进．

较之非线性组合序列线性复杂度的研究，非线性过滤序列线性复杂度的研究进展缓慢．Rueppel在其著作[22]的第五章详细讨论了非线性过滤序列的线性复杂度，其研究方法对后续研究有较大影响．

停走生成器、变步生成器、收缩生成器和自收缩生成器是钟控序列的基本模型，分别在文献[23,25,26]中首次提出，文献中也包括对它们基本密码性质的分析．但早期文献，如文献[23]，以叙述为主，一些结论缺少严格证明，1989年，D. Gollmann和W. G. Chambers发表的钟控序列综述[24]对早期钟控序列理论进行了较好的整理．

带进位的反馈移位寄存器最早由A. Klapper和M. Goresky提出[32]．文献

[33]是关于 FCSR 基础理论比较详细的综述. l 序列是 FCSR 序列中最重要的一类伪随机序列,关于 l 序列伪随机性的重要研究成果有 l 序列的局部元素分布[34]、l 序列的线性复杂度[35,36]、l 序列的相关性[42~44]. 与 Berlekamp-Massey 算法类似,2-adic 有理逼近算法[20]也是针对有限序列提出的,该算法是求生成一段给定的有限序列的最小规模 FCSR. 有限序列的 2-adic 复杂度和 2-adic 有理逼近算法可参见文献[20]. 如图 4.7 所示的 FCSR 结构也称为 Fibonacci FCSR 模型. 2002 年,M. Goresky 和 A. Klapper 又给出与此等价的 Galois FCSR 模型[45]. 与 Fibonacci FCSR 相比,Galois FCSR 更适合硬件实现. 进入 eSTREAM 项目第三轮评选的 F-FCSR-H v2 算法[46]是近年来最受关注的基于 FCSR 设计的序列密码算法,该算法采用 Galois FCSR,主要原理是对 l 序列进行线性过滤,即 l 序列的模 2 加序列直接作为密钥流使用. 在 2008 年的亚密会上,M. Hell 和 T. Johansson 对 F-FCSR-H v2 给出了一个十分有效的攻击方法[47].

为了推动序列密码的发展,2004 年 11 月,ECRYPT(European Network of Excellent for Cryptology)启动了欧洲序列密码计划 eSTREAM 的研究项目[48]. eSTREAM 项目对面向软件实现的算法和面向硬件实现的算法分别提出了不同的设计目标:面向软件实现的算法应具有高的输出率,面向硬件实现的算法应适用于资源有限的环境. 截至 2005 年 5 月,ECRYPT 共征集到 34 个候选算法. 经过三轮的筛选,2008 年 4 月,最终投票选出 4 个面向软件实现的算法和 4 个面向硬件实现的算法[49]. 2008 年 9 月,由于 M. Hell 和 T. Johansson 给出了 F-FCSR-H v2 的有效攻击,eSTREAM 项目组将 8 个推荐算法重新修订为 7 个[50].

习题 4

4.1　设 $\boldsymbol{a}=(1,1,0,0,0,0,\cdots)$ 是以 $x^6\oplus x^4\oplus 1$ 为特征多项式生成的序列,求 $\boldsymbol{a}$ 的极小多项式.

4.2　设 $\boldsymbol{a}$ 是 LFSR 序列,证明 $\boldsymbol{a}, L\boldsymbol{a},\cdots,L^{n-1}\boldsymbol{a}$ 线性无关当且仅当 $\boldsymbol{a}$ 的极小多项式的次数大于等于 n.

4.3　设 $f(x)\in F_2[x]$ 是次数大于零的多项式,证明:以 $f(x)$ 为特征多项式的每条非零序列的极小多项式等于 $f(x)$ 当且仅当 $f(x)$ 是不可约多项式.

4.4　设周期序列 $\boldsymbol{a}$ 和 $\boldsymbol{b}$ 的极小多项式分别为 $f(x)$ 和 $g(x)$. 若 $\gcd(f(x), g(x))=1$,证明:序列 $\boldsymbol{a}\oplus\boldsymbol{b}$ 的极小多项式为 $f(x)g(x)$.

4.5　设 $\boldsymbol{a}$ 是周期为 2^n 的序列,求 $\boldsymbol{a}$ 的线性复杂度下界.

4.6　设 $\boldsymbol{a}$ 是以 $f(x)=x^4\oplus x\oplus 1$ 为特征多项式和(0001)为初态生成的序列,求 $\beta\in F_{2^4}$,使得 $\boldsymbol{a}=(\mathrm{Tr}(\beta),\mathrm{Tr}(\beta\alpha),\cdots)$(其中 Tr 为 F_{2^4} 到 F_2 的迹函数).

4.7　设 $f(x)$ 是 F_2 上的 n 次不可约多项式,LFSR 序列 $\boldsymbol{a}=(a_0,a_1,\cdots)$ 以

$f(x)$为极小多项式. 对于任意正整数 s,称序列 $\boldsymbol{a}^{(s)}=(a_0,a_s,a_{2s},\cdots)$为序列 $\boldsymbol{a}$ 的 s 采样. 证明:若 $\boldsymbol{a}^{(s)}\neq\boldsymbol{0}$,则 $\mathrm{per}(\boldsymbol{a}^{(s)})=\mathrm{per}(\boldsymbol{a})/\gcd(s,\mathrm{per}(\boldsymbol{a}))$.

4.8 设 $\boldsymbol{a}=(a_0,a_1,\cdots)$,$\boldsymbol{b}=(b_0,b_1,\cdots)$均为 $n(n\geqslant1)$级 m 序列,证明 $\boldsymbol{ab}\neq\boldsymbol{0}$.

4.9 设 $f(x)$是 F_2 上的 n 次本原多项式,$\boldsymbol{a}$ 是以 $f(x)$为特征多项式的 n 级 m 序列. 若非负整数 $0\leqslant l_1<l_2<l_3$ 满足 $x^{l_1}\oplus x^{l_2}\oplus x^{l_3}\equiv0 \bmod f(x)$,则 $L^{l_1}\boldsymbol{a}\cdot L^{l_2}\boldsymbol{a}\cdot L^{l_3}\boldsymbol{a}=\boldsymbol{0}$.

4.10 设 $\boldsymbol{a}$ 是以 $q=p^e$ 为连接数的 l 序列,$T=\phi(q)=p^{e-1}(p-1)$,证明 $a_{i+T/2}+a_i=1(i\geqslant0)$.

4.11 设 $\alpha=-4/11$,$\boldsymbol{a}$ 是 α 的导出序列,确定序列 $\boldsymbol{a}$ 的周期 T,并且给出生成 $\boldsymbol{a}$ 的 FCSR 的初态.

4.12 设 $\boldsymbol{a}$ 是以 T 为周期的序列. 若 2^T-1 是素数,求 $\boldsymbol{a}$ 的极小连接数.

4.13 设组合生成器 A 由三个 LFSR 和一个组合函数 F 组成,其中三个 LFSR 的特征多项式分别为

$$\text{LFSR1}: x^{10}\oplus x^9\oplus x^4\oplus x\oplus1;$$
$$\text{LFSR2}: x^{11}\oplus x^2\oplus1;$$
$$\text{LFSR3}: x^{12}\oplus x^8\oplus x^2\oplus x\oplus1,$$

组合函数为

$$F(x_1,x_2,x_3)=x_1x_2\oplus x_2x_3\oplus x_3.$$

若 $\boldsymbol{a}_1,\boldsymbol{a}_2,\boldsymbol{a}_3$ 分别是 LFSR1,LFSR2,LFSR3 的输出序列,则生成器 A 的输出序列为 $\boldsymbol{z}=F(a_1,a_2,a_3)$. 已知生成器 A 的某条输出序列 $\boldsymbol{z}$ 的前 100 比特为

$$\underline{z}=\big[1,1,1,1,0,1,1,0,0,1,0,1,0,1,1,0,1,1,0,0,0,0,0,0,0,0,0,0,1,0,\\
1,0,1,0,1,0,1,0,0,0,1,1,0,0,0,1,0,1,0,1,1,1,0,1,1,1,1,0,1,0,\\
1,0,1,1,1,0,0,1,1,1,0,1,1,0,1,1,1,0,1,0,0,1,1,0,1,0,1,0,0,1,\\
1,0,1,1,0,1,1,1,1,0,\cdots\big],$$

求此时生成器 A 的三个 LFSR 的初始状态.

第 5 章

分组密码与数据加密标准

分组密码(block cipher)是许多密码系统的重要组成部分,它可以提供文件的机密性. 作为一个基础的构件,分组密码的通用性还可以构成如随机数发生器、序列密码、消息认证码和 Hash 函数的组件.

美国数据加密标准 DES[51~54] 的颁布实施是现代密码学诞生的标志之一,揭开了商用密码研究的序幕. 分组密码具有速度快、易于标准化和便于软硬件实现等特点,它在计算机通信和信息系统安全领域有着最广泛的应用.

现代分组密码的研究始于 20 世纪 70 年代中期,至今已有 30 余年的历史. 在这期间,人们在这一领域已经取得了丰硕的研究成果. 分组密码的研究主要包括三个方面:分组密码的设计原理、分组密码的安全性分析和分组密码的统计性测试.

分组密码是非受限对称密码,其安全性取决于密钥的安全性. 也就是说,对分组密码的攻击就是对密钥的攻击(包括强力攻击、唯密文攻击、已知明文攻击、已知密文攻击、选择密文攻击、选择明文攻击等).

目前,对分组密码安全性的讨论主要包括差分密码分析、线性密码的分析和强力攻击等. 从理论上来讲,差分密码分析和线性密码分析是目前攻击分组密码最有效的方法,而从实际上来讲,强力攻击是攻击分组密码最可靠的方法. 到目前为止,已有大量文献讨论各种分组密码的安全性,同时推出了相关攻击、代数攻击、非线性密码分析、截段差分分析等多种分析方法.

本章介绍分组密码的基本概念、设计原理和工作模式,并着重介绍数据加密标准 DES 和高级数据加密标准 AES[55],同时也对分组密码的几种分析原理加以介绍.

5.1 分组密码的基本概念

将明文消息数据 $m=m_0,m_1,\cdots$ 按 n 长分组,对各明文组一组一组地进行加密称为分组密码. 分组密码的模型如图 5.1 所示.

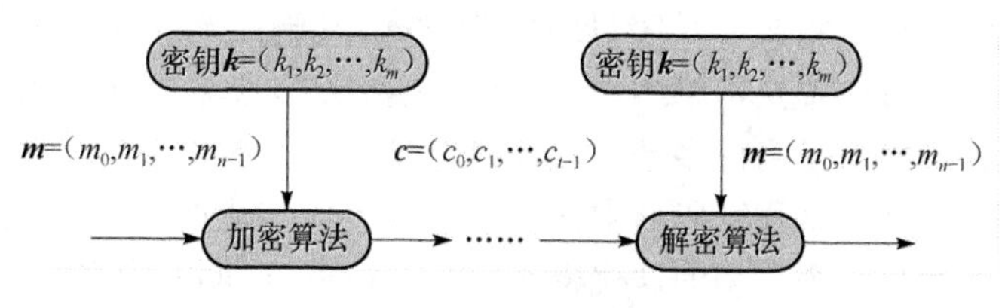

图 5.1　分组密码模型

假设第 i 个明文组为

$$\boldsymbol{m}^i = (m_{(i-1)n}, m_{(i-1)n+1}, \cdots, m_{in-1}),$$

加密变换 $E_{\boldsymbol{k}}$ 随着密钥 $\boldsymbol{k}$ 的确定而完全确定,它把第 i 组明文加密成密文

$$\boldsymbol{c}^i = (c_{(i-1)t}, c_{(i-1)t+1}, \cdots, c_{it-1}) = E_{\boldsymbol{k}}(\boldsymbol{m}^i).$$

当 $i\neq j$ 时,如果由 $\boldsymbol{m}^i=\boldsymbol{m}^j$ 可得 $\boldsymbol{c}^i=\boldsymbol{c}^j$,则称该分组密码为非时变的. 此时,称其加密器为无记忆逻辑电路. 为了保证这种分组密码的安全性,必须使 n 充分大. 如果每加密一组明文后,即改变一次密钥,则称此分组密码为时变的,称其加密器为记忆逻辑电路. 若 $t>n$,则称上述分组密码为有数据扩展的分组密码;若 $t<n$,则称上述分组密码为有数据压缩的分组密码. 以下总假定 $t=n$,并且只考虑加密二元数据的分组密码.

在这种分组密码中,每一个明文组 $\boldsymbol{m}$ 或密文组 $\boldsymbol{c}$ 均可以看成二元 n 维向量,设

$$\boldsymbol{m} = (a_0, a_1, \cdots, a_{n-1}) \in \mathbb{F}_2^n,$$

则 $m^+=a_{n-1}2^{n-1}+a_{n-2}2^{n-2}+\cdots+a_1 2+a_0$ 是小于 2^n 的整数. 同理,c^+ 也是小于 2^n 的整数. 因此,分组密码的加密过程相当于文字集 $\Omega=\{0,1,\cdots,2^n-1\}$ 上的一个置换(permutation)π,即

$$\boldsymbol{c} = \pi(\boldsymbol{m}). \tag{5.1}$$

Ω 上所有置换构成 $2^n!$ 阶对称群,记为 SYM(2^n). 这就是说,从明文字符组 $\boldsymbol{m}$ 变换成密文字符组 $\boldsymbol{c}$ 的可能的加密方式共有 $2^n!$ 种. 设计者要在密钥 $\boldsymbol{k}$ 的控制下,从一个足够大的且置换结构足够好的子集中简单而迅速地选出一个置换,用来对当前输入的明文组进行加密. 因此,设计分组密码应满足以下要求:

(1) 组长 n 要足够大,以防止使用明文穷举攻击;

(2) 密钥量要足够大(即用来加密的置换子集中元素要足够多),以防止密钥穷举攻击;

(3) 由密钥 $\boldsymbol{k}$ 确定的加密算法要足够复杂,使破译者除了使用穷举攻击外,很难应用其他攻击方法.

为了达到上述要求，密码设计者需要设计一个尽可能复杂的且能满足上述要求的置换网络 S，它以明文 n 长字母组作为输入，其输出 n 长字母组作为密文. 同时，还要设计一个可逆置换网络 S^{-1}，它以 n 长密文作为输入，输出的 n 长字符为恢复的明文. 置换网络是由许多基本置换通过恰当的连接构成的. 当今大多数的分组密码都是乘积密码. 乘积密码通常伴随一系列置换与代换操作，常见的乘积密码是迭代密码. 下面是一个典型的迭代密码定义，这种密码明确定义了一个轮函数和一个密钥编排方案，一个明文的加密将经过 Nr 轮类似的过程.

设 K 是一个确定长度的随机二元密钥，用 K 来生成 Nr 个轮密钥(也称为子密钥). $K^1, K^2, \cdots, K^{Nr}$ 轮密钥的列表($K^1, K^2, \cdots, K^{Nr}$)就是密钥编排方案. 密钥编排方案通过一个固定的、公开的算法生成. 轮函数 g 以轮密钥(K^r)和当前状态 w^{r-1} 作为它的两个输入. 下一个状态定义为 $w^r = g(w^{r-1}, K^r)$. 初态 w^0 被定义成明文 x，密文 y 定义为经过所有 Nr 轮后的状态. 整个加密操作过程如下：

$$
\begin{aligned}
&w^0 \leftarrow x,\\
&w^1 \leftarrow g(w^0, K^1),\\
&w^2 \leftarrow g(w^1, K^2),\\
&\quad \cdots\cdots\\
&w^{Nr-1} \leftarrow g(w^{Nr-2}, K^{Nr-1}),\\
&w^{Nr} \leftarrow g(w^{Nr-1}, K^{Nr}),\\
&y \leftarrow w^{Nr}.
\end{aligned}
$$

为了能够解密，轮函数 g 在其第二个自变量固定的条件下必须是单射函数，这等价于存在函数 g^{-1}，对所有的 w 和 y 有 $g^{-1}(g(w,y),y)=w$. 解密过程如下：

$$
\begin{aligned}
&w^N \leftarrow y,\\
&w^{Nr-1} \leftarrow g^{-1}(w^{Nr}, K^{Nr}),\\
&\quad \cdots\cdots\\
&w^1 \leftarrow g^{-1}(w^2, K^2),\\
&w^0 \leftarrow g^{-1}(w^1, K^1),\\
&x \leftarrow w^0.
\end{aligned}
$$

5.2 数据加密标准 DES

计算机通信网的发展对信息安全保密的要求日益增长，未来的数据传输和储存都要求有密码保护，为了实现同一水平的安全性和兼容性，提出了数据加密标准化. 1973 年 5 月 15 日，美国国家标准局(现在是美国国家标准技术研究所，即 NIST)在联邦记录中公开征集密码体制，这一举措最终导致了数据加密标准

(DES)的出现,它曾经成为世界上使用最广泛的密码体制. DES 由 IBM 开发,它是对早期被称为 Lucifer 体制[56]的改进. DES 于 1975 年 3 月 17 日首次在联邦记录中公布,经过大量的公开讨论后,1977 年 1 月 15 日,DES 被采纳作为“非密级”应用的一个标准. 最初预期 DES 作为一个标准只能使用 10～15 年. 然而,事实证明 DES 要长寿得多. 在其被采用后,大约每隔 5 年被评审一次. DES 的最后一次评审是在 1999 年 1 月. 当时,一个 DES 的替代品——高级加密标准(advanced encryption standard)已经开始使用了. 但是,DES 是迄今为止得到最广泛应用的一种算法,是一种具有代表性的分组密码体制. 因此,研究这一算法的原理、设计思想、安全性分析、破译方法及其实际应用中的有关问题,对于掌握分组密码的理论和分析分组密码的基本方法都是很有意义的.

5.2.1　DES 的描述

1977 年 1 月 15 日的联邦信息处理标准版 46 中(FIPS PUB46)给出了 DES 的完整描述. DES[57]是一种特殊类型的迭代密码,叫做 Feistel 型密码. Feistel 网络(又称 Feistel 结构)把任何函数(通常称为 F 函数,又称轮函数)转化为一个置换,它是由 Horst Feistel 在设计 Lucifer 分组密码时发明的,并因 DES 的使用而流行. 许多分组密码都采用了 Feistel 网络,如 FEAL,GOST,LOKI,E2,Blowfish 和 RC5 等. “加解密相似”是 Feistel 型密码的实现优点. 另一方面,Feistel 型密码的扩散似乎有些慢. 例如,算法需要两轮才能改变输入的每一比特.

现在描述一下 Feistel 型密码的基本形式,仍然使用 5.1 中的术语.

1. 整体 DES 结构

如图 5.2 所示为 DES 加密结构.

DES 是一个 16 轮的 Feistel 型密码,它的分组长度为 64 比特,用一个 56 比特的密钥来加密一个 64 比特的明文串,并获得一个 64 比特的密文串. 在进行 16 轮加密之前,先对明文作一个固定的初始置换 IP(initial permutation),记作 $\mathrm{IP}(x)=L_0R_0$. 在 16 轮加密之后,对比特串 $R_{16}L_{16}$ 作逆置换 IP^{-1} 来给出密文 y,即 $y=\mathrm{IP}^{-1}(R^{16}L^{16})$. 在加密的最后一轮,为了使算法同时用于加密和解密,略去“左右交换”.

初始置换 IP 利用基本置换中的坐标变换将 64 比特明文数据的比特位置进行了一次置换,得到了一个错乱的 64 比特明文组. 然后,将这个错乱的 64 比特明文组分成左右两段,每段 32 比特,用 L_0 和 R_0 表示,即

$$\mathrm{IP}(\boldsymbol{m})=\mathrm{IP}(m_1,m_2,\cdots,m_{64})=(L_0,R_0).$$

如果用明文组的坐标 1,2,…,64 依次表示 64 比特明文组数据 $m_1,m_2,\cdots,m_{64}$,则 L_0 和 R_0 的坐标分别为

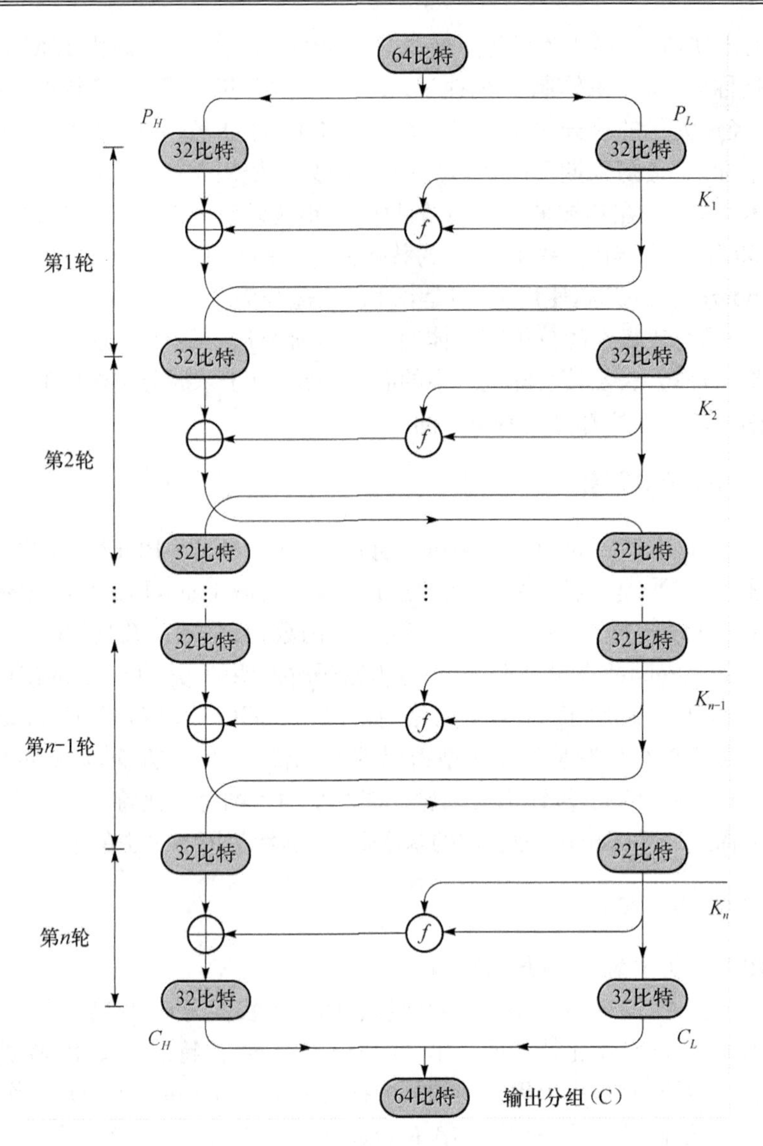

图 5.2　DES 加密结构

$$L_0=(58\ 50\ 42\ 34\ 26\ 18\ 10\ 2\ 60\ 52\ 44\ 36\ 28\ 20\ 12\ 4\ 62\ 54\ 46\ 38\ 30\ 22\ 14\ 6\ 64\ 56\ 48\ 40\ 32\ 24\ 16\ 8),$$

$$R_0=(57\ 49\ 41\ 33\ 25\ 17\ 9\ 1\ 59\ 51\ 43\ 35\ 27\ 19\ 11\ 3\ 61\ 53\ 45\ 37\ 29\ 21\ 13\ 5\ 63\ 55\ 47\ 39\ 31\ 23\ 15\ 7).$$

逆初始置换 IP^{-1} 也是公开的. 利用基本置换中的坐标变换将 16 轮迭代后输出数据的 64 比特的比特位置进行置换,就得到输出的密文.

设 $\boldsymbol{r}=(r_1,r_2,\cdots,r_{64})$ 是明文数据经过初始置换 IP 和 16 轮迭代后的 64 比特数据，则

$$\mathrm{IP}^{-1}(\boldsymbol{r})=\mathrm{IP}^{-1}(r_1,r_2,\cdots,r_{64})=(c_1,c_2,\cdots,c_{64})$$

就是 $\boldsymbol{m}$ 经过 DES 加密后的密文 $\boldsymbol{c}$. 如果用坐标 1,2,…,64 依次表示 64 比特的数据 $r_1,r_2,\cdots,r_{64}$，则密文 $\boldsymbol{c}$ 的坐标依次为

40	8	48	16	56	24	64	32	39	7	47	15	55	23	63	31
38	6	46	14	54	22	62	30	37	5	45	13	53	21	61	29
36	4	44	12	52	20	60	28	35	3	43	11	51	19	59	27
34	2	42	10	50	18	58	26	33	1	41	9	49	17	57	25

IP 和 IP^{-1} 的使用并没有任何密码学上的意义，所以在讨论 DES 的安全性时常常忽略它们.

2. 轮函数

在一个 Feistel 型密码中，每一个状态 u_i 都被分成长度相同的两部分 L_i 和 R_i. 轮函数 g 具有以下形式：

$$g(L_{i-1},R_{i-1},K_i)=(L_i,R_i),$$

其中

$$L_i=R_{i-1},\quad R_i=L_{i-1}\oplus f(R_{i-1},K_i).$$

注意到函数 f 并不需要满足任何单射条件，这是因为一个 Feistel 型轮函数肯定是可逆的. 给定轮密钥就有

$$L_{i-1}=R_i\oplus f(R_{i-1},K_i),\quad R_{i-1}=L_i.$$

DES 的一轮加密如图 5.3 所示.

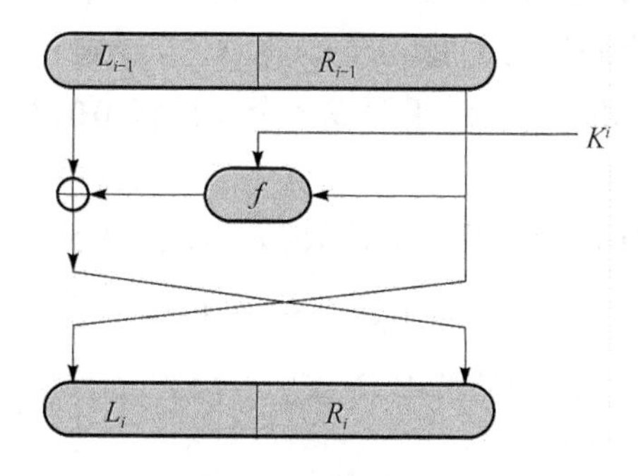

图 5.3　一轮 DES 加密

每一个 L_i 和 R_i 都是 32 比特长. 函数

$$f:\{0,1\}^{32}\times\{0,1\}^{48}\rightarrow\{0,1\}^{32}$$

的输入是一个 32 比特的串(当前状态的右半部)和轮密钥. 密钥编排方案(K_1, K_2,…,K_{16})由 16 个 48 比特的轮密钥组成,这些密钥由 56 比特的种子密钥 K 导出. 每个 K_i 都是由 K 置换选择而来的. 图 5.4 给出了函数 f,它主要包含一个应用 S 盒的代换以及其后跟随的一个固定置换 P.

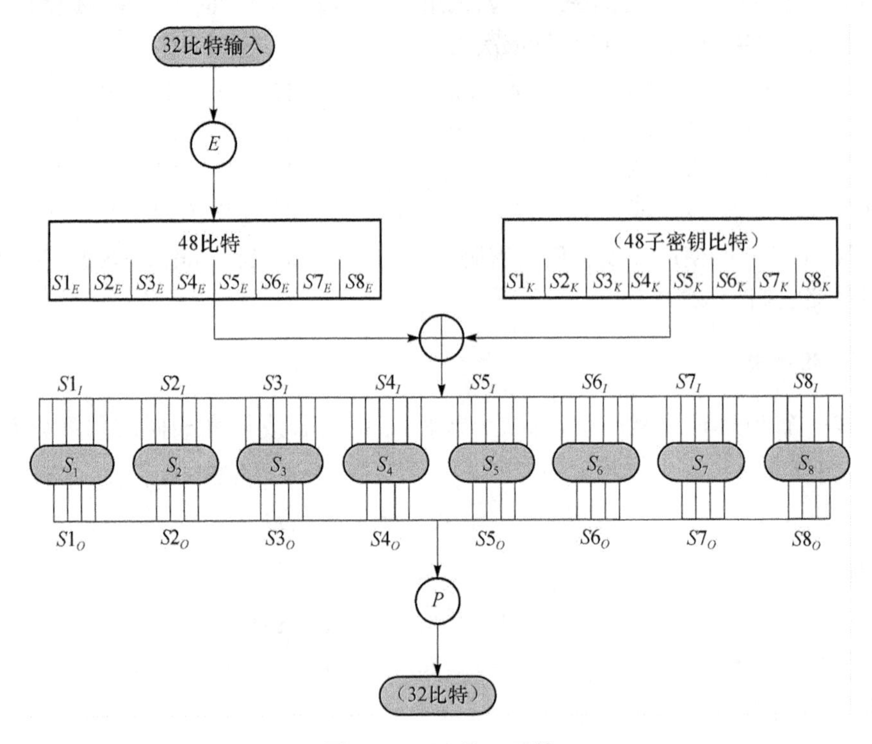

图 5.4　DES 的 f 函数

设 f 的第一个自变量是 X_i,第二个自变量是 K_i,计算 $f(X_i,K_i)$的过程如下:

(1) 首先根据一个固定的扩展函数 E,将 X_i 扩展成一个长度为 48 比特的串;

(2) 计算 $E(X_i)\oplus K_i$,并将结果写成 8 个 6 比特串的并联 $B=B_1\ B_2\ B_3\ B_4\ B_5\ B_6\ B_7\ B_8$;

(3) 使用 8 个 S 盒 $S_1,S_2,S_3,S_4,S_5,S_6,S_7,S_8$,每个 S 盒

$$S_i:\{0,1\}^6\rightarrow\{0,1\}^4;$$

(4) 根据置换 P,对 32 比特的串 $C=C_1\ C_2\ C_3\ C_4\ C_5\ C_6\ C_7\ C_8$ 作置换,所得结果 $P(C)$就是 $f(X_i,K_i)$.

选择扩展运算 E. 将输入 32 比特数据扩展成 48 比特. 令 s 表示 E 的输入比特下标,则 E 的输出比特下标是原比特下标 $s\equiv 0$ 或 $1 \pmod 4$的各比特重复一次得到的,即对原数据比特下标为 32,1,4,5,8,9,12,13,16,17,20,21,24,25,28,29 的各位都重复一次实现数据扩展. 设 $\boldsymbol{x}=(x_1,x_2,\cdots,x_{32})$是 R_{i-1}表示的 32 维 2 元向量，则 $E(\boldsymbol{x})$表示的 48 维 2 元向量$(x_{32},x_1,x_2,\cdots,x_{31},x_{32},x_1)$的下标依次为
32,1,2,3,4,5,4,5,6,7,8,9,8,9,10,11,12,13,12,13,14,15,16,17,16,17,18,19,20,21,20,21,22,23,24,25,24,25,26,27,28,29,28,29,30,31,32,1.

选择压缩运算 S. 将 $E(R_{i-1})\oplus K_i$ 的 48 比特数据自左至右分成 8 组，每组为 6 比特. 然后并行送入 8 个 S 盒，每个 S 盒是一个非线性代换网络(或函数)，它有 4 个输出. S_1 盒～S_8 盒的选择函数关系(输入输出关系)如表 5. 1 所示.

表 5. 1　DES 的选择压缩函数表

	0	1	2	3	4	5	6	7	8	9	10	11	12	13	14	15	
0	14	4	13	1	2	15	11	8	3	10	6	12	5	9	0	7	
1	0	15	7	4	14	2	13	1	10	6	12	11	9	5	3	8	S_1
2	4	1	14	8	13	6	2	11	15	12	9	7	3	10	5	0	
3	15	12	8	2	4	9	1	7	5	11	3	14	10	0	6	13	
0	15	1	8	14	6	11	3	4	9	7	2	13	12	0	5	10	
1	3	13	4	7	15	2	8	14	12	0	1	10	6	9	11	5	S_2
2	0	14	7	11	10	4	13	1	5	8	12	6	9	3	2	15	
3	13	8	10	1	3	15	4	2	11	6	7	12	0	5	14	9	
0	10	0	9	14	6	3	15	5	1	13	12	7	11	4	2	8	
1	13	7	0	9	3	4	6	10	2	8	5	14	12	11	15	1	S_3
2	13	6	4	9	8	15	3	0	11	1	2	12	5	10	14	7	
3	1	10	13	0	6	9	8	7	4	15	14	3	11	5	2	12	
0	7	13	14	3	0	6	9	10	1	2	8	5	11	12	4	15	
1	13	8	11	5	6	15	0	3	4	7	2	12	1	10	14	9	S_4
2	10	6	9	0	12	11	7	13	15	1	3	14	5	2	8	4	
3	3	15	0	6	10	1	13	8	9	4	5	11	12	7	2	14	
0	2	12	4	1	7	10	11	6	8	5	3	15	13	0	14	9	
1	14	11	2	12	4	7	13	1	5	0	15	10	3	9	8	6	S_5
2	4	2	1	11	10	13	7	8	15	9	12	5	6	3	0	14	
3	11	8	12	7	1	14	2	13	6	15	0	9	10	4	5	3	
0	12	1	10	15	9	2	6	8	0	13	3	4	14	7	5	11	
1	10	15	4	2	7	12	9	5	6	1	13	14	0	11	3	8	S_6
2	9	14	15	5	2	8	12	3	7	0	4	10	1	13	11	6	
3	4	3	2	12	9	5	15	10	11	14	1	7	6	0	8	13	
0	4	11	2	14	15	0	8	13	3	12	9	7	5	10	6	1	
1	13	0	11	7	4	9	1	10	14	3	5	12	2	15	8	6	S_7
2	1	4	11	13	12	3	7	14	10	15	6	2	0	5	9	2	
3	6	11	13	8	1	4	10	7	9	5	0	15	14	2	3	12	
0	13	2	8	4	6	15	11	1	10	9	3	14	5	0	12	7	
1	1	15	13	8	10	3	7	4	12	5	6	11	0	14	9	2	S_8
2	7	11	4	1	9	12	14	2	0	6	10	13	15	3	5	8	
3	2	1	14	7	4	10	8	13	15	12	9	0	3	5	6	11	

在使用表 5.1 时,如果 S_i 的输入 6 比特为 $z_0z_1z_2z_3z_4z_5$,则 z_0z_5 的十进制数为表 S_i 的行数 m,$z_1z_2z_3z_4$ 的十进制数为表 S_i 的列数 n. 如果表 S_i 的 m 行 n 列交叉处为 t,则 t 的二进制数(4 比特)是 S_i 盒的输入 $z_0z_1z_2z_3z_4z_5$ 时的输出.

例 5.1 设 S_1 盒的输入为 101101,则 $m=3,n=6$. 由表 5.1 中的表 S_1 可查得第 3 行第 6 列处数字为 1,故 S_1 盒的输入是 101101 时的输出为 0001.

置换运算 P. 它对 S_1 盒～S_8 盒输出的 32 比特数据按基本置换中坐标变换进行一次置换. 设 $\boldsymbol{y}=(y_1,y_2,\cdots,y_{32})$ 是 8 个 S 盒的输出(按顺序排列). 如果用 1,2,…,32表示 $y_1,y_2,\cdots,y_{32}$,则 $P(\boldsymbol{y})$的坐标为

16 7 20 21 29 12 28 17 1 15 23 26 5 18 31 10

2 8 24 14 32 27 3 9 19 13 30 6 22 11 4 25

至此,已将 DES 的基本构成作了介绍. 为清楚起见,将加密过程表示如下:

(1) 作 $\mathrm{IP}(\boldsymbol{m})$;

(2) $(L_0,R_0)\leftarrow\mathrm{IP}(\boldsymbol{m})$;

(3) 对 $i=1,2,\cdots,16$,作

$L_i\leftarrow R_{i-1}$,

$R_i\leftarrow L_{i-1}\oplus P(S(E(R_{i-1})\oplus K_i))$;

(4) 作 $\mathrm{IP}^{-1}(R_{16},L_{16})$.

不难给出 DES 的解密过程如下:

(1) 作 $\mathrm{IP}(\boldsymbol{c})$;

(2) $(R_{16},L_{16})\leftarrow\mathrm{IP}(\boldsymbol{c})$;

(3) 对 $i=16,15,\cdots,1$,作

$R_{i-1}\leftarrow L_i$,

$L_{i-1}\leftarrow R_i\oplus P(S(E(R_{i-1})\oplus K_i))$;

(4) 作 $\mathrm{IP}^{-1}(R_0,L_0)$.

3. 密钥扩展描述

DES 共有 16 轮迭代,每轮迭代要使用一个子密钥 $K_i(1\leqslant i\leqslant 16)$. DES 将初始密钥 K 中第 8,16,24,32,40,48,56,64 比特(作为校验位)去掉后,经过置换选择 PC-1,左循环移位置换和置换选择 PC-2 给出每轮迭代加密用的子密钥 K_i. 每个子密钥 $K_i(1\leqslant i\leqslant 16)$的产生过程都是一样的,不同之处是左循环移位数不相同. 设初始密钥 K 的坐标依次为 1,2,…,64,将去掉第 8,16,…,64 位后的 56 比特有效位送入置换选择 PC-1,经过置换选择 PC-1 置换后的 56 比特分为左右两组,每组 28 比特,分别送入 C 寄存器和 D 寄存器中,C 寄存器和 D 寄存器分别将存数按表 5.2 给出的数字依次进行左循环移位. 每次移位后的 56 比特送入置换选择 PC-2,置换选择 PC-2 再将 C 中第 9,18,22,25 位和 D 中第 7,9,15,26 位删除(目的

是为了增加破译难度),并将其余 48 比特数据作为第 i 轮迭代时所用的子密钥 K_i.

表 5.2　移位次数表

第 i 次	1	2	3	4	5	6	7	8	9	10	11	12	13	14	15	16
移位数 t_i	1	1	2	2	2	2	2	2	1	2	2	2	2	2	2	1

由初始密钥 K 产生子密钥 K_i 的过程如下:作 PC-1(K);C_0D_0←PC-1(K). 对 $i=1,2,\cdots,16$,作

$$C_i \leftarrow L(t_i)C_{i-1},$$
$$D_i \leftarrow L(t_i)D_{i-1},$$
$$K_i \leftarrow \text{PC-2}(C_i, D_i).$$

(1) 置换选择 PC-1. 如果用初始密钥 K 的坐标 $1,2,\cdots,64$ 依次表示初始密钥 K 的 64 比特 $k_1,k_2,\cdots,k_{64}$,则

$$\text{PC-1}(K) = (C_0, D_0),$$

其中 C_0 和 D_0 的坐标分别为

C_0:57 49 41 33 25 17 9 1 58 50 42 34 26 18
10 2 59 51 43 35 27 19 11 3 60 52 44 36,

D_0:63 55 47 39 31 23 15 7 62 54 46 38 30 22
14 6 61 53 45 37 29 21 13 5 28 20 12 4.

(2) 左循环移位. 按表 5.2 第 1 列给出的移位数 t_1 对 C_0 和 D_0 进行左循环移位,得到 C_1 和 D_1 的 56 比特数据为

$$\boldsymbol{h} = (h_1, h_2, \cdots, h_{56}).$$

(3) 置换选择 PC-2. PC-2($\boldsymbol{h}$)=(a_1,b_1). 如果用 $\boldsymbol{h}$ 的坐标 $1,2,\cdots,56$ 表示 $h_1, h_2,\cdots,h_{56}$,则 a_1 和 b_1 的坐标分别为

a_1:14 17 11 24 1 5 3 28 15 6 21 10 23 19 12 4 26 8 16 7 27 20 13 2,

b_1:41 52 31 37 47 55 30 40 51 45 33 48 44 49 39 56 34 53 46 42 50 36 29 32.

注意:h 共有 56 个分量,而 a_1 和 b_1 共有 48 个分量. 这是因为在作 PC-2 变换时去掉了 a_1 的第 9,18,22,25 位和 b_1 的第 7,10,15,26 位以增加攻击的难度. 将 a_1 和 b_1 连接起来就是子密钥 K_1. 分别将 C_1 和 D_1 的 56 比特按表 5.2 第 2 列中所示的移位数 t_2 进行左循环移位得到 C_2 和 D_2. 再对 C_2 和 D_2 进行置换选择 PC-2 得到数据 a_2 和 b_2,分别去掉 a_2 和 b_2 的第 9,18,22,25 位和第 7,10,15,26 位再合在一起就是子密钥 K_2. 以下按产生 K_2 的方式依次产生其他子密钥.

例 5.2　设 DES 的初始密钥 K 为 0123456789ABCDEF(十六进制数),则其二进制表示为

1 2 3 4 5 6 7 8 9 10 11 12 13 14 15 16 17 18 19 20 21 22 23 24 25 26 27 28

0 0 0 0 0 0 0 1 0 0 1 0 0 0 1 1 0 1 0 0 0 1 0 1 0 1 1 0

29 30 31 32 33 34 35 36 37 38 39 40 41 42 43 44 45 46 47 48 49 50 51 52 53

0 1 1 1 1 0 0 0 1 0 0 1 1 0 1 0 1 0 1 1 1 1 0 0 1

54 55 56 57 58 59 60 61 62 63 64

1 0 1 1 1 1 0 1 1 1 1

经过置换选择 PC-1 后得到 C_0 为

57 49 41 33 25 17 9 1 58 50 42 34 26 18 10 2 59 51 43 35 27 19 11

1 1 1 1 0 0 0 0 1 1 0 0 1 1 0 0 1 0 1 0 1 0 1

3 60 52 44 36

0 0 0 0 0

其 16 进制表示为 F0CCAA0. 同理 D_0 的 16 进制表示为 AACCF00. 再按表 5.2 左移 $t_1=1$ 位得到 C_1 的 16 进制表示为 E199541,D_1 的 16 进制表示为 5599E01. 将 C_1 和 D_1 的二进制表示作为置换选择 PC-2 的输入,经置换选择 PC-2 得到子密钥 K_1 的 16 进制表示为 0B02679B49A5. 若将 C_1 和 D_1 分别左移 $t_2=1$ 位,则分别得到 C_2 的 16 进制表示为 C332A83 和 D_2 的 16 进制表示为 AB33C02. 再经过置换选择 PC-2 便得 K_2 的 16 进制表示为 69A659256A26. 其余子密钥的产生方法与 K_2 的产生方法相同.

5.2.2 DES 的安全性分析

1. 互补性

如果记明文组 $m=(m_1,m_2,\cdots,m_{64})$,则对 m 的每一比特取反,可以得到 $\overline{m}=(\overline{m}_1,\overline{m}_2,\cdots,\overline{m}_{64})$. 假设种子密钥按比特取反得到 $\bar{k}$,如果

$$c=\mathrm{DES}_k(m), \tag{5.2}$$

则有

$$\bar{c}=\mathrm{DES}_{\bar{k}}(\overline{m}), \tag{5.3}$$

其中 $\bar{c}$ 为 c 的按比特取反. 称这个特性为 DES 的互补性. 这种互补性会使在选择明文攻击下所需的工作量减半. 因为给定了明文组 m,密文组 $c_1=\mathrm{DES}_k(m)$,由此容易得到 $c_2=\bar{c}_1=\mathrm{DES}_{\bar{k}}(\overline{m})$. 如果在明文空间搜索 m,看 $\mathrm{DES}_k(m)$ 是否等于 c_1 或 $c_2=\bar{c}_1$,则一次运算包含了采用明文 m 和 $\overline{m}$ 两种情况.

2. 弱密钥(weak key)

DES 算法的每轮迭代都要使用一个子密钥 $k_i(1\leqslant i\leqslant 16)$. 如果给定的初始密钥 K 产生的 16 个子密钥相同,即有

$$k_1 = k_2 = \cdots = k_{16}, \tag{5.4}$$

则称此初始密钥 K 为弱密钥. 当 K 为弱密钥时有

$$\mathrm{DES}_k(\mathrm{DES}_k(m)) = m, \tag{5.5}$$

$$\mathrm{DES}_k^{-1}(\mathrm{DES}_k^{-1}(m)) = m, \tag{5.6}$$

即以密钥 K 用 DES 对 m 加密两次或解密两次都可以恢复明文. 这也表明使用弱密钥时加密运算和解密运算没有区别. 而使用一般密钥 K 只满足

$$\mathrm{DES}_k^{-1}(\mathrm{DES}_k(m)) = \mathrm{DES}_k(\mathrm{DES}_k^{-1}(m)) = m. \tag{5.7}$$

这种弱密钥也使 DES 在选择明文攻击时的穷举量减半.

由初始密钥 K 产生子密钥的过程可以看到,如果 C_0 的所有比特相同且 D_0 的所有比特也相同,则 $k_1=k_2=\cdots=k_{16}$. 这样的情况至少有 4 种可能,是否还有其他情况有待进一步研究.

3. 半弱密钥(semi-weak key)

若存在初始密钥 $K'(K'\neq K)$,使得 $\mathrm{DES}_{k'}^{-1}(m)=\mathrm{DES}_k(m)$,则称 K 为半弱密钥,并且称 K' 与 K 为对合的. 半弱密钥是成对出现的. 至少有 12 个半弱密钥,它们是产生 $C_0=(1,0,1,0,\cdots,1,0)$ 和 $D_0=(0,0,0,\cdots,0,0)$(或$(1,1,1,\cdots,1,1)$或$(1,0,1,0,\cdots,1,0)$或$(0,1,0,1,\cdots,0,1)$)的初始密钥 K' 与产生 $C_0=(0,1,0,1,\cdots,0,1)$ 和 $D_0=(0,0,0,0,\cdots,0,0)$(或$(1,1,1,1,\cdots,1,1)$或$(0,1,0,1,\cdots,0,1)$或$(1,0,1,0,\cdots,1,0)$)的初始密钥 K,并且 K 与 K' 互为对合. 同样,也与产生 $C_0=(0,1,0,1,\cdots,0,1)$ 和 $D_0=(1,0,1,0,\cdots,1,0)$(或$(0,1,0,1,\cdots,0,1)$)的初始密钥 K 互为对合. 这里共有 6 对(12 个)半弱密钥.

半弱密钥的危险性在于它威胁多重加密. 在用 DES 进行多重加密时,第二次加密会使第一次的加密复原.

在 2^{56} 个可能的初始密钥中,弱密钥和半弱密钥所占比例极小,只要稍加注意就可避开它们. 因此,弱密钥和半弱密钥的存在不会危及 DES 的安全.

对 DES 最中肯的批评是密钥空间的规模 2^{56} 对实际而言确实太小了. 1998 年,电子先驱者基金会(Electronic Frontier Foundation)制造了一台耗资 250000 美元的密钥搜索机. 这台叫做"DES 破译者"的计算机包含 1536 个芯片,并能每秒搜索 880 亿个密钥. 1998 年 7 月,它成功地在 56 个小时里找到了 DES 密钥,从而赢得了 RSA 实验室"DES Challenge II-2"挑战赛的胜利. 1999 年 1 月,在遍布全世界的 100000 台计算机(被称为分布式网络(distributed net))的协同工作下,"DES 破译者"又获得了 RSA 实验室"DES Challenge III"的优胜. 这次的协同工作在 22 小时 15 分钟里找到了 DES 密钥,每秒实验超过 2450 亿个密钥.

除去穷尽密钥搜索,DES 的另外两种最重要的密码攻击是差分密码分析和线性密码分析(将在下面几节中介绍). 对 DES 而言,线性攻击更有效. 1994 年,一个实际的线性密码分析由其发明者 Matsui 提出. 这是一个使用 2^{43} 对明-密文的已知明文攻击,所有这些明-密文对都用同一个未知密钥加密. 他用了 40 天来产生这 2^{43} 对明-密文,又用了 10 天来找到密钥. 这个密码分析并未对 DES 的安全性产生实际影响,由于这个攻击需要数目极大的明-密文对,在现实世界中,一个敌手很难积攒下用同一密钥加密的如此众多的明-密文对.

5.3 KASUMI 算法

KASUMI[58] 分组密码算法是由欧洲标准机构 ETSI 下属的安全算法组于 1999 年设计的,被用于 3GPP 移动通信的保密算法 f8 和完整性检验算法 f9 中. 它的设计是基于日本三菱公司设计的分组密码 MISTY 算法[59],其设计遵循了如下三条原则:安全性有足够的数学基础,采用了分组密码针对差分密码分析和线性密码分析的可证明安全理论;算法的软件实现在任何处理器上要足够得快;算法的硬件实现也要足够快且可以用不超过 10000 门实现. KASUMI 算法的 S 盒和密钥扩展算法都经过精心选择,使得其硬件实现性能达到最优,其中 S 盒可以由很少的组合逻辑实现而不用通过查表运算,并且 *FI* 函数中的 S7 和 S9 运算以及 *FO* 函数中的前两轮轮函数 *FI* 都可以并行运算. 同时,非常简单的密钥扩展算法也极利于硬件实现.

对 KASUMI 算法主要的分析结果如下:在 2001 年的欧密会上,U. Kühn[60] 提出了对六轮 KASUMI 算法的不可能差分攻击;在同年的快速软件加密会上,M. Blunden 和 A. Escott[61] 提出了对六轮 KASUMI 算法进行的相关密钥差分攻击;在 2005 年的亚密会上,E. Biham 和 O. Dunkelman 等[62] 提出了对全轮 KASUMI 算法的相关密钥矩形攻击;在 2010 年的美密会上,Dunkelman 等[63] 提出了一个对全轮 KASUMI 算法的新的攻击方法——相关密钥"三明治"攻击,这是目前给出的一个计算复杂度最好的分析结果,攻击需要 4 个相关密钥.

5.3.1 KASUMI 加密算法

KASUMI 算法[60] 是一个迭代型分组加密算法,具有八轮 Feistel 结构,分组长度是 64 比特,密钥长度是 128 比特. 轮函数包括一个输入输出为 32 比特的非线性混合函数 *FO* 和一个输入输出为 32 比特的线性混合函数 *FL*. 在每轮中,两个函数的运算顺序交换(在奇数轮中,函数 *FL* 在前;在偶数轮中,函数 *FO* 在前).

FL 是一个输入输出为 32 比特的线性函数,用到两个 16 比特的子密钥字,其中一个子密钥字用 OR 运算影响数据,另一个子密钥字是用 AND 运算影响数据.

函数 *FO* 具有三轮 Feistel 结构,其中非线性混合函数是输入输出为 16 比特的函数 *FI*,而函数 *FI* 是由两个非线性的 S 盒 S7 和 S9 构成的 4 轮结构(其中 S7 为 7 进 7 出的置换,S9 为 9 进 9 出的置换). 在 KASUMI 算法每一轮中,函数 *FO*

共用到 96 比特的子密钥——48 比特作用于 FI 中，48 比特用于与 FO 中每一轮的状态异或. 图 5.5 给出了 KASUMI 算法的结构框架.

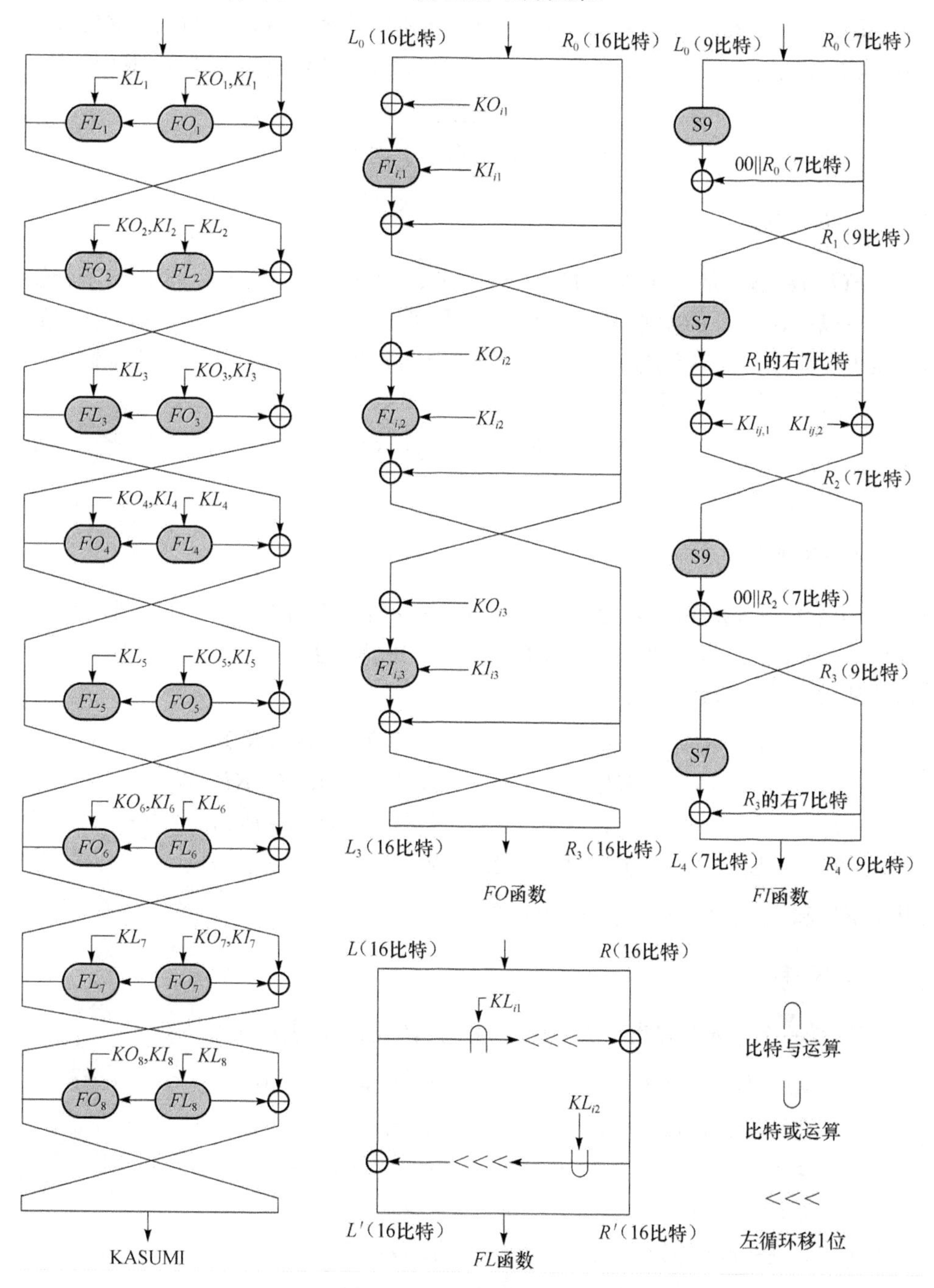

图 5.5　KASUMI 的结构图

1. FL 函数

FL 函数输入是 32 比特数据 $L \| R$ 和 32 比特子密钥 $KL_i = KL_{i,1} \| KL_{i,2}$，其中 $L,R,KL_{i,1}$ 和 $KL_{i,2}$ 都为 16 比特. FL 函数的 32 比特输出为 $L' \| R'$，其中

$$R' = R \oplus (L \cap KL_{i,1}) <<< 1,$$
$$L' = L \oplus (R' \cup KL_{i,2}) <<< 1.$$

2. FO 函数

FO 函数输入是 32 比特数据 $L_0 \| R_0$ 和 96 比特子密钥，其中 48 比特子密钥记作 $KO_i = KO_{i1} \| KO_{i2} \| KO_{i3}$，另外 48 比特子密钥记作 $KI_i = KI_{i1} \| KI_{i2} \| KI_{i3}$. 变量 $L_0, R_0, KO_{i,j}, KI_{i,j}$ $(j=1,2,3)$ 都为 16 比特. FO 函数每轮的 32 比特输出为 $L_j \| R_j$ $(j=1,2,3)$，其中

$$R_j = R_{j-1} \oplus FI_{i,j}(L_{j-1} \oplus KO_{i,j}, KI_{i,j}),$$
$$L_j = R_{j-1}.$$

3. FI 函数

FI 函数输入是 16 比特数据 $L_0 \| R_0$ 和 16 比特子密钥 $KI_{i,j} = KI_{i,j,1} \| KI_{i,j,2}$，其中 R_0 和 $KI_{i,j,1}$ 为 7 比特，L_0 和 $KI_{i,j,2}$ 为 9 比特. FI 函数的每轮 16 比特输出 $L_j \| R_j$ $(j=1,2,3,4)$ 如下：

$$L_1 = R_0, \qquad R_1 = \mathrm{S9}(L_0) \oplus (00 \| R_0),$$
$$L_2 = R_1 \oplus KI_{i,j,2}, \qquad R_2 = \mathrm{S7}(L_1) \oplus R_1^* \oplus KI_{i,j,1},$$
$$L_3 = R_2, \qquad R_3 = \mathrm{S9}(L_2) \oplus (00 \| R_2),$$
$$L_4 = \mathrm{S7}(L_3) \oplus R_3^*, \qquad R_4 = R_3,$$

其中 R_1^* 和 R_3^* 分别为 R_1 和 R_3 的右 7 比特.

4. S7 和 S9

S7 是一个输入和输出均为 7 比特的置换，它的逻辑表示如下：

$$y_0 = x_1x_3 \oplus x_4 \oplus x_0x_1x_4 \oplus x_5 \oplus x_2x_5 \oplus x_3x_4x_5 \oplus x_6 \oplus x_0x_6 \oplus x_1x_6 \oplus x_3x_6 \oplus x_2x_4x_6 \oplus x_1x_5x_6 \oplus x_4x_5x_6,$$
$$y_1 = x_0x_1 \oplus x_0x_4 \oplus x_2x_4 \oplus x_5 \oplus x_1x_2x_5 \oplus x_0x_3x_5 \oplus x_6 \oplus x_0x_2x_6 \oplus x_3x_6 \oplus x_4x_5x_6 \oplus 1,$$
$$y_2 = x_0 \oplus x_0x_3 \oplus x_2x_3 \oplus x_1x_2x_4 \oplus x_0x_3x_4 \oplus x_1x_5 \oplus x_0x_2x_5 \oplus x_0x_6 \oplus x_0x_1x_6 \oplus x_2x_6 \oplus x_4x_6 \oplus 1,$$

$$y_3 = x_1 \oplus x_0x_1x_2 \oplus x_1x_4 \oplus x_3x_4 \oplus x_0x_5 \oplus x_0x_1x_5 \oplus x_2x_3x_5 \oplus x_1x_4x_5 \oplus x_2x_6 \oplus x_1x_3x_6,$$

$$y_4 = x_0x_2 \oplus x_3 \oplus x_1x_3 \oplus x_1x_4 \oplus x_0x_1x_4 \oplus x_2x_3x_4 \oplus x_0x_5 \oplus x_1x_3x_5 \oplus x_0x_4x_5 \oplus x_1x_6 \oplus x_3x_6 \oplus x_0x_3x_6 \oplus x_5x_6 \oplus 1,$$

$$y_5 = x_2 \oplus x_0x_2 \oplus x_0x_3 \oplus x_1x_2x_3 \oplus x_0x_2x_4 \oplus x_0x_5 \oplus x_2x_5 \oplus x_4x_5 \oplus x_1x_6 \oplus x_1x_2x_6 \oplus x_0x_3x_6 \oplus x_3x_4x_6 \oplus x_2x_5x_6 \oplus 1,$$

$$y_6 = x_1x_2 \oplus x_0x_1x_3 \oplus x_0x_4 \oplus x_1x_5 \oplus x_3x_5 \oplus x_6 \oplus x_0x_1x_6 \oplus x_2x_3x_6 \oplus x_1x_4x_6 \oplus x_0x_5x_6.$$

S9 是一个输入和输出均为 9 比特的置换,它的逻辑表示如下:

$$y_0 = x_0x_2 \oplus x_3 \oplus x_2x_5 \oplus x_5x_6 \oplus x_0x_7 \oplus x_1x_7 \oplus x_2x_7 \oplus x_4x_8 \oplus x_5x_8 \oplus x_7x_8 \oplus 1,$$

$$y_1 = x_1 \oplus x_0x_1 \oplus x_2x_3 \oplus x_0x_4 \oplus x_1x_4 \oplus x_0x_5 \oplus x_3x_5 \oplus x_6 \oplus x_1x_7 \oplus x_2x_7 \oplus x_5x_8 \oplus 1,$$

$$y_2 = x_1 \oplus x_0x_3 \oplus x_3x_4 \oplus x_0x_5 \oplus x_2x_6 \oplus x_3x_6 \oplus x_5x_6 \oplus x_4x_7 \oplus x_5x_7 \oplus x_6x_7 \oplus x_8 \oplus x_0x_8 \oplus 1,$$

$$y_3 = x_0 \oplus x_1x_2 \oplus x_0x_3 \oplus x_2x_4 \oplus x_5 \oplus x_0x_6 \oplus x_1x_6 \oplus x_4x_7 \oplus x_0x_8 \oplus x_1x_8 \oplus x_7x_8,$$

$$y_4 = x_0x_1 \oplus x_1x_3 \oplus x_4 \oplus x_0x_5 \oplus x_3x_6 \oplus x_0x_7 \oplus x_6x_7 \oplus x_1x_8 \oplus x_2x_8 \oplus x_3x_8,$$

$$y_5 = x_2 \oplus x_1x_4 \oplus x_4x_5 \oplus x_0x_6 \oplus x_1x_6 \oplus x_3x_7 \oplus x_4x_7 \oplus x_6x_7 \oplus x_5x_8 \oplus x_6x_8 \oplus x_7x_8 \oplus 1,$$

$$y_6 = x_0 \oplus x_2x_3 \oplus x_1x_5 \oplus x_2x_5 \oplus x_4x_5 \oplus x_3x_6 \oplus x_4x_6 \oplus x_5x_6 \oplus x_7 \oplus x_1x_8 \oplus x_3x_8 \oplus x_5x_8 \oplus x_7x_8,$$

$$y_7 = x_0x_1 \oplus x_0x_2 \oplus x_1x_2 \oplus x_3 \oplus x_0x_3 \oplus x_2x_3 \oplus x_4x_5 \oplus x_2x_6 \oplus x_3x_6 \oplus x_2x_7 \oplus x_5x_7 \oplus x_8 \oplus 1,$$

$$y_8 = x_0x_1 \oplus x_2 \oplus x_1x_2 \oplus x_3x_4 \oplus x_1x_5 \oplus x_2x_5 \oplus x_1x_6 \oplus x_4x_6 \oplus x_7 \oplus x_2x_8 \oplus x_3x_8.$$

5.3.2 KASUMI 的密钥扩展算法

KASUMI 的密钥扩展算法是简单的线性变换,这样便于在软硬件上以很快的速度来实现.

首先将 128 比特种子密钥 K 划分成 8 个 16 比特的字,即

$$K = K_1 \parallel K_2 \parallel K_3 \parallel K_4 \parallel K_5 \parallel K_6 \parallel K_7 \parallel K_8.$$

然后生成另一组 8 个 16 比特的字 $K_1', K_2', K_3', K_4', K_5', K_6', K_7', K_8'$,

$$K_i' = K_i \oplus C_i, \quad 1 \leqslant i \leqslant 8,$$

其中 C_i 为常数,具体值为

$$C_1 = 0x0123, \quad C_2 = 0x4567, \quad C_3 = 0x89AB, \quad C_4 = 0xCDEF,$$
$$C_5 = 0xFEDC, \quad C_6 = 0xBA98, \quad C_7 = 0x7654, \quad C_8 = 0x3210.$$

轮子密钥 $KL_{ij}, KO_{ij}, KI_{ij}$ ($1 \leqslant i \leqslant 8$)以表 5.3 的方式生成. 可以发现,每一轮用到种子密钥的所有比特.

表 5.3　KAUSMI 算法的密钥扩展

轮　数	KL_{i1}	KL_{i2}	KO_{i1}	KO_{i2}	KO_{i3}	KI_{i1}	KI_{i2}	KI_{i3}
1	$K_1 <<< 1$	K_3'	$K_2 <<< 5$	$K_6 <<< 8$	$K_7 <<< 13$	K_5'	K_4'	K_8'
2	$K_2 <<< 1$	K_4'	$K_3 <<< 5$	$K_7 <<< 8$	$K_8 <<< 13$	K_6'	K_5'	K_1'
3	$K_3 <<< 1$	K_5'	$K_4 <<< 5$	$K_8 <<< 8$	$K_1 <<< 13$	K_7'	K_6'	K_2'
4	$K_4 <<< 1$	K_6'	$K_5 <<< 5$	$K_1 <<< 8$	$K_2 <<< 13$	K_8'	K_7'	K_3'
5	$K_5 <<< 1$	K_7'	$K_6 <<< 5$	$K_2 <<< 8$	$K_3 <<< 13$	K_1'	K_8'	K_4'
6	$K_6 <<< 1$	K_8'	$K_7 <<< 5$	$K_3 <<< 8$	$K_4 <<< 13$	K_2'	K_1'	K_5'
7	$K_7 <<< 1$	K_1'	$K_8 <<< 5$	$K_4 <<< 8$	$K_5 <<< 13$	K_3'	K_2'	K_6'
8	$K_8 <<< 1$	K_2'	$K_1 <<< 5$	$K_5 <<< 8$	$K_6 <<< 13$	K_4'	K_3'	K_7'

表 5.3 中,$X <<< i$ 表示字 X 左循环移 i 位.

5.4　高级数据加密标准 AES

1997 年 9 月 12 日,为了代替即将退役的 DES[51],美国国家标准与技术研究所(NIST)在《联邦纪事》上发表了征集 AES 算法的公告. 1999 年 3 月 22 日,公布了 5 个候选算法,即 MARS,RC6,Rijndael,SERPENT,Twofish. 2000 年 10 月 2 日,由比利时密码学家 J. Daemen 和 V. Rijmen 提交的 Rijndael 算法被确定为 AES. 2001 年 11 月 26 日,AES 被采纳为一个标准,并在 2001 年 12 月 4 日的联邦记录中作为 FIPS197 公布(以下称 Rijndael[64] 算法为 AES 算法). AES 的遴选过程以其公开性和国际性闻名. 三次候选算法大会和官方请求公众评审为候选算法意见的反馈、公众讨论与分析提供了足够的机会.

AES 的候选算法根据以下三条主要原则进行评判:

(1) 安全性;

(2) 代价;

(3) 算法与实现特性,

其中算法的“安全性”无疑是最重要的. 如果一个算法被发现是不安全的，它就不会再被考虑. “代价”指的是各种实现的计算效率(速度和储存需求)，包括软件实现、硬件实现和智能卡实现. “算法与实现特性”包括算法的灵活性、简洁性及其他因素. 最后，5个入围最终决赛的算法都被认为是安全的. Rijndael之所以最后当选是由于它集安全性、性能、效率、可实现性及灵活性于一体，被认为优于其他4个决赛者.

5.4.1 AES算法描述

AES分组加密算法的前身是Square[65]分组加密算法，轮变换结构与其基本相同. 为了应征AES候选算法，对Square分组加密算法进行了改进. 由原来的密钥和分组长均为128比特改为分组和密钥长均可变，可以满足不同的加密需求.

具体参数如下：

(1) 分组长度为128比特，密钥长度支持128比特、192比特、256比特；

(2) 密钥长度可以独立改变，并由此决定加密轮数.

1. 设计准则

AES加密算法按照如下原则进行设计：

(1) 抗所有已知的攻击；

(2) 在多个平台上速度要快和编码紧凑；

(3) 设计简单.

2. 状态、密钥与轮数

定义 5.1 状态(state). 中间密码结果称为状态.

为论述方便起见，给出如下定义：

$$N_b = \text{明文分组的4字节字数(32比特)},$$
$$N_k = \text{密钥的4字节字数(32比特)}.$$

明文分组和密钥长度为128比特时，$N_b = N_k = 4$；密钥长度为192比特时，$N_k = 6$；密钥长度为256比特时，$N_k = 8$.

现以$N_b = 4$和$N_k = 4$为例进行图示说明(图5.6).

a_{00}	a_{01}	a_{02}	a_{03}
a_{10}	a_{11}	a_{12}	a_{13}
a_{20}	a_{21}	a_{22}	a_{23}
a_{30}	a_{31}	a_{32}	a_{33}

(a) N_b=4时状态放置示意图

k_{00}	k_{01}	k_{02}	k_{03}
k_{10}	k_{11}	k_{12}	k_{13}
k_{20}	k_{21}	k_{22}	k_{23}
k_{30}	k_{31}	k_{32}	k_{33}

(b) N_k=4时密钥放置示意图

图5.6 AES算法状态

输入明(密)文时按照列的顺序依次输入.

N_r 表示加密的层数(轮数),由 N_b 和 N_k 的大小决定,它们之间的关系如表5.4所示.

表 5.4　分组长度与轮数的关系

N_r	$N_b=4$	$N_b=6$	$N_b=8$
$N_k=4$	10	12	14
$N_k=6$	12	12	14
$N_k=8$	14	14	14

3. 有限域上元素运算

在 AES 加密算法中,运算是面向 8 比特字节的,而面向字节的运算是将字节看成是有限域 F_{2^8} 中的元素进行的. 下面讨论有限域上元素的运算.

取 $\mathrm{F}_{2^8}\cong\mathrm{F}_2[x]/(m(x))$,其中

$$m(x)=x^8+x^4+x^3+x+1$$

为 F_2 上的不可约多项式. F_{2^8} 中的元素可表示为 $a(x)=a_7x^7+a_6x^6+\cdots+a_0(a_i\in F_2)$,简记为 $\boldsymbol{a}=(a_7,a_6,\cdots,a_0)$.

(1) 加法和减法. 由于 F_{2^8} 的特征为 2,于是其元素的加法和减法等价于向量表示对应分位的模 2 加

$$\boldsymbol{a}\oplus\boldsymbol{b}=(a_7\oplus b_7,a_6\oplus b_6,\cdots,a_0\oplus b_0).$$

例如,

$$(x^6+x^4+x^2+x+1)+(x^7+x+1)=(x^7+x^6+x^4+x^2)$$

可以写成

$$\{01010111\}\oplus\{10000011\}=\{11010100\},$$

可以写成

$$\{57\}\oplus\{83\}=\{d4\}.$$

(2) 乘法. 乘法运算依赖于 $m(x)$ 的选择. 令 $a(x)\cdot b(x)\equiv c(x)(\bmod m(x))$,$c(x)$ 的系数向量为 $\boldsymbol{c}=(c_7,c_6,\cdots,c_0)$,则 $\boldsymbol{a}\cdot\boldsymbol{b}=\boldsymbol{c}$.

例如,取 $m(x)=x^8+x^4+x^3+x+1$,计算 $\{57\}\cdot\{83\}$.

因为

$$\begin{aligned}\{57\}\cdot\{83\}&=(x^6+x^4+x^2+x+1)\cdot(x^7+x+1)(\bmod m(x))\\&=x^{13}+x^{11}+x^9+x^8+x^7+x^7+x^5+x^3+x^2+x\\&\quad+x^6+x^4+x^2+x+1(\bmod m(x))\end{aligned}$$

$$= x^{13} + x^{11} + x^9 + x^8 + x^6 + x^5 + x^4 + x^3 + 1 (\bmod m(x)),$$

则

$$x^{13} + x^{11} + x^9 + x^8 + x^6 + x^5 + x^4 + x^3 + 1 \bmod (x^8 + x^4 + x^3 + x + 1)$$
$$= x^7 + x^6 + 1 = \{c1\}.$$

(3) 逆运算. 由于 $m(x)$ 不可约，于是对于任意 $b(x) = b_7x^7 + b_6x^6 + \cdots + b_0 \in F_2[x]/(m(x))$，满足 $(m(x), b(x)) = 1$，即存在 $c(x), d(x) \in \mathrm{F}_2[x]$，满足 $b(x)c(x) + m(x)d(x) = 1$，从而有 $b^{-1}(x) \equiv c(x) (\bmod m(x))$.

通常，在软件实现时，使用查表来完成求逆运算. 有限域上非零元素的求逆运算是非线性变换，在 AES 中充当 S 盒.

(4) 系数在 F_{2^8} 中的多项式. 设 $a(x), b(x), c(x) \in \mathrm{F}_{2^8}[x]$，其中

$$a(x) = a_3x^3 + a_2x^2 + a_1x + a_0, \quad a_i \in \mathrm{F}_{2^8},$$
$$b(x) = b_3x^3 + b_2x^2 + b_1x + b_0, \quad b_i \in \mathrm{F}_{2^8}.$$

加法：

$$a(x) + b(x) = (a_3 \oplus b_3)x^3 + (a_2 \oplus b_2)x^2 + (a_1 \oplus b_1)x + (a_0 \oplus b_0).$$

乘法：

$$c(x) = a(x) \cdot b(x) = c_6x^6 + c_5x^5 + \cdots + c_0, \quad c_i \in \mathrm{F}_{2^8},$$

则有

$$c_0 = a_0b_0, \qquad c_4 = a_1b_3 \oplus a_2b_2 \oplus a_3b_1,$$
$$c_1 = a_0b_1 \oplus a_1b_0, \qquad c_5 = a_2b_3 \oplus a_3b_2,$$
$$c_2 = a_0b_2 \oplus a_1b_1 \oplus a_2b_0, \qquad c_6 = a_3b_3.$$
$$c_3 = a_0b_3 \oplus a_1b_2 \oplus a_2b_1 \oplus a_3b_0,$$

取 $M(x) = x^4 + 1 \in \mathrm{F}_{2^8}[x]$，则有 $x^i \bmod (x^4 + 1) \equiv x^{i(\bmod 4)}$. 令

$$d(x) \equiv c(x) (\bmod M(x)),$$

定义

$$d(x) = a(x) \otimes b(x) = a(x) \cdot b(x) \quad (\bmod M(x)),$$

设

$$d(x) = d_3x^3 + d_2x^2 + d_1x + d_0, \quad d_i \in \mathrm{F}_{2^8},$$

则

$$d_0 = a_0b_0 \oplus a_1b_3 \oplus a_2b_2 \oplus a_3b_1,$$
$$d_1 = a_0b_1 \oplus a_1b_0 \oplus a_2b_3 \oplus a_3b_2,$$
$$d_2 = a_0b_2 \oplus a_1b_1 \oplus a_2b_0 \oplus a_3b_3,$$
$$d_3 = a_0b_3 \oplus a_1b_2 \oplus a_2b_1 \oplus a_3b_0.$$

可以将其表示成矩阵乘的形式，即

$$\begin{bmatrix} d_0 \\ d_1 \\ d_2 \\ d_3 \end{bmatrix} = \begin{bmatrix} a_0 & a_3 & a_2 & a_1 \\ a_1 & a_0 & a_3 & a_2 \\ a_2 & a_1 & a_0 & a_3 \\ a_3 & a_2 & a_1 & a_0 \end{bmatrix} \begin{bmatrix} b_0 \\ b_1 \\ b_2 \\ b_3 \end{bmatrix}.$$

因此,其运算可以看成 F_{2^8} 上的线性变换.

设 $a(x)=x$,则有

$$\begin{aligned} d(x) &= a(x) \otimes b(x) = x \cdot b(x) \\ &= b_2x^3 + b_1x^2 + b_0x + b_3 \quad (\bmod\ (M(x) = x^4 + 1)). \end{aligned}$$

用矩阵乘法形式表示为

$$\begin{bmatrix} d_0 \\ d_1 \\ d_2 \\ d_3 \end{bmatrix} = \begin{bmatrix} 00 & 00 & 00 & 01 \\ 01 & 00 & 00 & 00 \\ 00 & 01 & 00 & 00 \\ 00 & 00 & 01 & 00 \end{bmatrix} \begin{bmatrix} b_0 \\ b_1 \\ b_2 \\ b_3 \end{bmatrix},$$

相当于向量的字节循环移位操作.

在 AES 中,取

$$\begin{aligned} a(x) &= \{03\}x^3 + \{01\}x^2 + \{01\}x + \{02\}, \\ a^{-1}(x) &= \{0b\}x^3 + \{0d\}x^2 + \{09\}x + \{0e\}. \end{aligned}$$

4. 轮变换

AES 算法的轮变换由如下 4 部分构成:

```
Round(State,RoundKey)
{
    SubByte(State);
    ShiftRow(State);
    MixColumn(State);
    AddRoundKey(State,RoundKey);
}
```

其中最后一轮与其他轮略有不同,

```
FinalRound(State,RoundKey)
{
     SubByte(State);
     ShiftRow(State);
     AddRoundKey(State,RoundKey);
}
```

下面分别进行说明.

(1) 字节代替变换(SubByte). 它是字节到字节的变换,算法描述为 SubByte(State). 该变换共分以下两步:

(i) 取 F_{2^8} 上的乘法逆,

$$x \mapsto \begin{cases} x^{-1}, & x \neq 0, \\ 0, & x = 0; \end{cases}$$

(ii) 作 F_2 上的仿射变换 $c=(01100011)$,

$$\begin{bmatrix} y_0 \\ y_1 \\ y_2 \\ y_3 \\ y_4 \\ y_5 \\ y_6 \\ y_7 \end{bmatrix} = \begin{bmatrix} 10001111 \\ 11000111 \\ 11100011 \\ 11110001 \\ 11111000 \\ 01111100 \\ 00111110 \\ 00011111 \end{bmatrix} \begin{bmatrix} x_0 \\ x_1 \\ x_2 \\ x_3 \\ x_4 \\ x_5 \\ x_6 \\ x_7 \end{bmatrix} + \begin{bmatrix} 1 \\ 1 \\ 0 \\ 0 \\ 0 \\ 1 \\ 1 \\ 0 \end{bmatrix},$$

即

$$y_t = x_t \oplus x_{(t+4)\bmod 8} \oplus x_{(t+5)\bmod 8} \oplus x_{(t+6)\bmod 8} \oplus x_{(t+7)\bmod 8} \oplus c_t (\bmod 2).$$

在 AES 中构造 F_{2^8} 使用的模不可约多项式为 $m(x)=x^8+x^4+x^3+x+1$.

设 FieldInv 表示求一个域元素的乘法逆,BinaryToField 把一个字节变换成一个域元素,FieldToBinary 表示相反的变换,FieldMult 表示域中元素乘. 将上述运算用伪码表示如下:

算法 5.1　SubByte($a_7a_6a_5a_4a_3a_2a_1a_0$)

```
External FieldInv,BinaryToField,FieldToBinary
z←BinaryToField(a7a6a5a4a3a2a1a0)
if z≠0
  then z←FieldInv(z)
  (a7a6a5a4a3a2a1a0)←FieldToBinary(z)
  (c7c6c5c4c3c2c1c0)←(01100011)
Comment:在下面的循环中,所有下标都要经过模 8 约简.
for i←0 to 7
    do bi←(ai+ai+4+ai+5+ai+6+ai+7+ci) mod 2
return(b7b6b5b4b3b2b1b0)
```

Subbyte 变换(单个字节变换、通过可逆 S 盒、具有高的非线性)如图 5.7 所示.

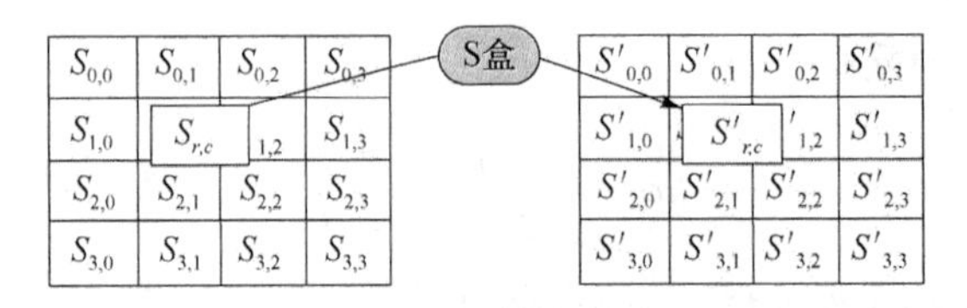

图 5.7　AES字节代替变换示意图

(2) 行移位变换(ShiftRow). 它是行到行的变换. 算法描述为 ShiftRow(State). 变换过程是对各状态行进行不同位移量的循环移位. 如果对各行位置从 0 计数,则第 0 行保持不变,第 1～3 行分别右循环移动移动 C_1～C_3 字节,其中 C_1～C_3 的大小与 N_b 的大小有关(表 5.5).

表 5.5

N_b	C_1	C_2	C_3
4	1	2	3
6	1	2	3
8	1	3	4

Shiftrow 变换(行变换、线性变换、行扩散性)如图 5.8 所示.

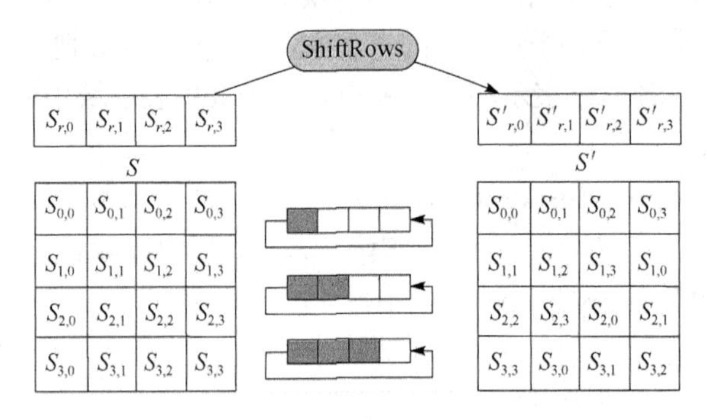

图 5.8　AES行移位变换

(3) 列混合变换(MixColumn). 通过线性变换将列变换到列. 算法描述为 MixColumn(State). 作 F_{2^8} 上的多项式运算 $d(x)=a(x)\otimes b(x)$,即作 $d(x)=a(x)\cdot b(x)(\mathrm{mod}(x^4+1))$,其中 $a(x)=\{03\}x^3+\{01\}x^2+\{01\}x+\{02\}$. 相当于作 F_{2^8} 上的线性变换. 可用 F_{2^8} 上矩阵运算描述为

$$\begin{bmatrix} d_0 \\ d_1 \\ d_2 \\ d_3 \end{bmatrix} = \begin{bmatrix} 02 & 03 & 01 & 01 \\ 01 & 02 & 03 & 01 \\ 01 & 01 & 02 & 03 \\ 03 & 01 & 01 & 02 \end{bmatrix} \begin{bmatrix} b_0 \\ b_1 \\ b_2 \\ b_3 \end{bmatrix}.$$

将上述算法用伪码表示如下：

算法 5.2　Mixcolumn(c)

```
External FieldMult,BinaryToField,FieldToBinary
for i←0 to 3
    do t_i←BinaryToField(S_{i,c})
u_0←FieldMult(x,t_0)⊕FieldMult(x+1,t_1)⊕t_2⊕t_3
u_1←FieldMult(x,t_1)⊕FieldMult(x+1,t_2)⊕t_3⊕t_0
u_2←FieldMult(x,t_2)⊕FieldMult(x+1,t_3)⊕t_0⊕t_1
u_3←FieldMult(x,t_3)⊕FieldMult(x+1,t_0)⊕t_1⊕t_2
for i←0 to 3
    do S_{i,c}←FieldToBinary(u_i)
```

Mixcolumns 变换(列线性变换、列间混合、基于纠错码理论)，如图 5.9 所示.

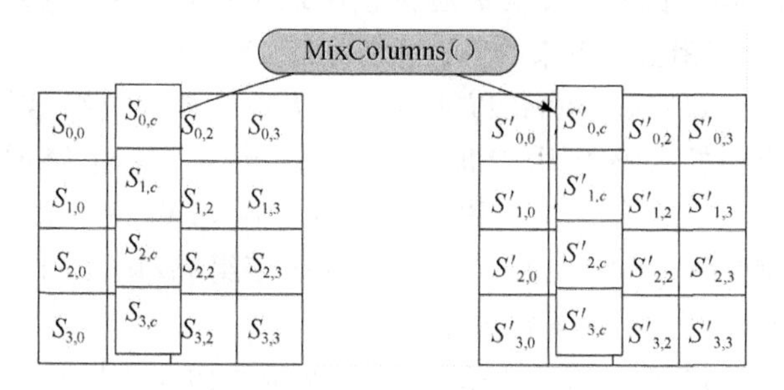

图 5.9　AES 列混合变换

(4) 加轮密钥(AddRoundKey). 用简单的比特模 2 加将一个轮密钥作用到状态上. 算法描述为 AddRoundKey(State, RoundKey)，其中轮密钥是通过密钥扩展过程从密码密钥中获得的，轮密钥长度等于分组长度 N_b.

AddRoundkey 变换(轮函数依密钥独立，运算简单，存储量小)如图 5.10 所示.

5. 密钥扩展算法

(1) 密钥扩展算法的要求和原理. 在密钥扩展时，密钥扩展要满足如下要求：

(i) 使用一个可逆变换；

(ii) 在多种处理器上的速度要快；

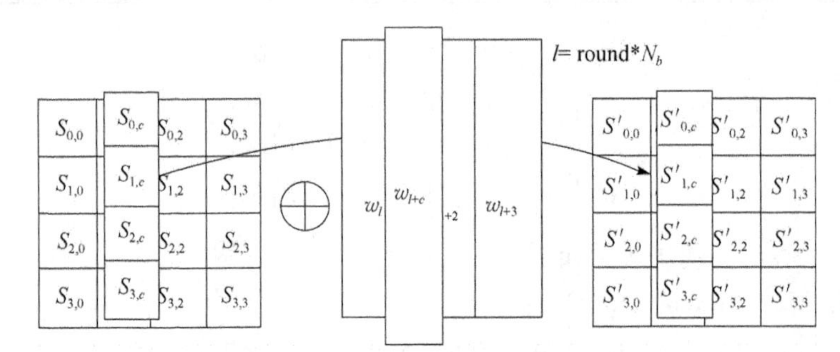

图 5.10　AES 加轮密钥变换

(iii) 使用轮常数消除对称性；

(iv) 密码密钥的差异要扩散到轮密钥中去；

(v) 已知部分密码密钥或部分轮密钥比特，不能计算出许多其他轮密钥比特；

(vi) 足够的非线性性，防止只从密码密钥的差分就能完全决定所有的轮密钥差分.

具体原理如下：

(i) 密钥比特的总数等于分组长度乘轮数加 1；

(ii) 将密码密钥扩展成一个扩展密钥；

(iii) 轮密钥是按下述方式从扩展密钥中取出的：第一个轮密钥由第一个 N_k 字组成，第二个轮密钥由接下来的 N_k 组成，由此继续下去.

(2) 密钥扩展. 设将扩展密钥以 4 字节字为单位放到数组 $W[N_b*(N_r+1)]$ 中，则第一 N_k 字包括密码密钥. 其他所有字则由较小脚标的字递归生成. 密钥扩展与 N_k 的取值有关；分为 $N_k\leqslant 6$ 和 $N_k>6$ 两个版本. 当 $N_k=N_b=4$ 时，$N_r=10$，需要 11 个轮密钥，每个轮密钥由 16 个字节 4 个字组成，共需 44 个字.

当 $N_k\leqslant 6$ 时的密钥扩展算法如下：

```
KeyExpansion(byte Key[4*Nk],word W[Nb*(Nr+1)])
{
    for(i=0;i <Nk;i++)
        W[i]=(Key[4*i],Key[4*i+1],Key[4*i+2],Key[4*i+3]);
    for(i=Nk;i <Nb*(Nr+1);i++)
    {
        temp=W[i-1];
        if(i mod Nk==0)
            temp=SubByte(RotByte(temp)) Xor Rcon[i/Nk];
        W[i]=W[i-Nk] Xor temp;
    }
}
```

其中 SubByte 表示将 SubByte 作用于其输入的每个字节，RotByte 表示将一个 4 字节字左移循环一个字节.

当 $N_k>6$ 的密钥扩展算法如下：

```
KeyExpansion(byte Key[4*Nk] word W[Nb*(Nr+1)])
{
   for(i=0;i<Nk;i++)
   W[i]=(Key[4*i],Key[4*i+1],Key[4*i+2],Key[4*i+3]);
for(i=Nk;i<Nb*(Nr+1);i++)
{
      temp=W[i-1];
      if(i mod Nk==0)
           temp= SubByte(RotByte(temp)) Xor Rcon[i/Nk];
      else
           if(i mod Nk==4) temp=SubByte(temp);
      W[i]=W[i-Nk] Xor temp;
}
```

(3) 轮常数. 各轮使用独立的轮常数消除轮变换和轮之间的对称性. 轮常数与 N_k 无关，这里

$$\mathrm{Rcon}[i]=(\mathrm{RC}[i],'00','00','00');$$

其中 $\mathrm{RC}[1]=1$(即'01')，$\mathrm{RC}[i]=x$(即'02')，$(\mathrm{RC}[i])=x^{i-1}$，

$$\begin{aligned}
\mathrm{Rcon}[1]&=01000000, & \mathrm{Rcon}[2]&=02000000,\\
\mathrm{Rcon}[3]&=04000000, & \mathrm{Rcon}[4]&=08000000,\\
\mathrm{Rcon}[5]&=10000000, & \mathrm{Rcon}[6]&=20000000,\\
\mathrm{Rcon}[7]&=40000000, & \mathrm{Rcon}[8]&=80000000,\\
\mathrm{Rcon}[9]&=1\mathrm{B}000000, & \mathrm{Rcon}[10]&=36000000.
\end{aligned}$$

6. 加密算法

算法由以下三部分组成：

(1) 初始轮加密钥；

(2) N_r-1 轮；

(3) 结尾轮.

AES 加密算法如下：

```
AES(State,CipherKey)
    {
```

```
    KeyExpansion(CipherKey,ExpandedKey);
    AddRoundKey(State,ExpandeKey);
    For(i=1;i <Nr;i++) Round(State,ExpandedKey);
    FinalRound(State,ExpandedKey);
}
```

注 5.1 如密钥已事先生产，则 KeyExpansion 可省略.

7. 解密算法

首先考察各种基本变换的逆.

(1) SubByte 的逆运算为 InvSubByte.

(2) ShiftRow 变换的逆是状态的最后三行分别循环左移位 $N_b - C_i$ 字节，或后三行分别右循环移位 C_i（图 5.11）.

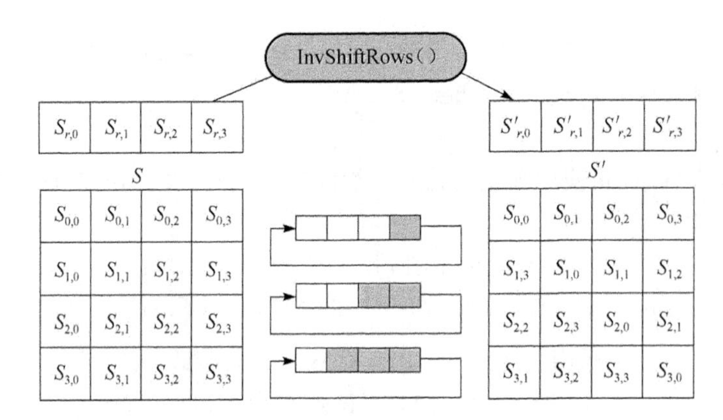

图 5.11 行移位变换逆变换

(3) MixColumn 变换的逆为

$$d(x) = '0B'x^3 + '0D'x^2 + '09'x + '0E' = c^{-1}(x),$$

$$S'(x) = a^{-1}(x) \otimes s(x),$$

$$\begin{bmatrix} S'_{0,c} \\ S'_{1,c} \\ S'_{2,c} \\ S'_{3,c} \end{bmatrix} = \begin{bmatrix} 0e & 0b & 0d & 09 \\ 09 & 0e & 0b & 0d \\ 0d & 09 & 0e & 0b \\ 0b & 0d & 09 & 0e \end{bmatrix} \begin{bmatrix} S_{0,c} \\ S_{1,c} \\ S_{2,c} \\ S_{3,c} \end{bmatrix}, \quad 0 \leqslant c < N_b.$$

(4) AddRoundKey 变换的逆变换是自身.

因此，一轮的逆可以如下描述：

```
InvRound(State,RoundKey)
{
     AddRoundKey(State,RoundKey);
     InvMixColumn(State);
     InvShiftRow(State);
     InvSubByte(State);
}
```

结尾轮的逆可以如下描述：

```
InvFinalRound(State,RoundKey)
{
     AddRoundKey(State,RoundKey);
     InvShiftRow(State);
     InvSubByte(State);
}
```

8. 解密算法与加密算法的结构等价性

(1) AES 算法具有下列代数性质：

(i) ShiftRow 和 SubByte 可以相互交换；

(ii) AddRoundKey(State, RoundKey) 和 InvMixColumn(State) 也可以替换为 InvMixColumn(State) 和 AddRoundKey(State, InvRoundKey)，其中 InvRoundKey 表示通过 InvMixColumn 作用到相应的 RoundKey 上.

(2) 两轮半变体的逆. 后两轮半变体的逆可以描述为

```
AddRoundKey(State,ExpandedRoundKey);
 ⎧InvShiftRow(State);
 ⎪InvSubByte(State);
 ⎪AddRoundKey(State,ExpandedRoundKey);
 ⎪InvMixColumn(State);
 ⎨InvShiftRow(State);
 ⎪InvSubByte(State);
 ⎪AddRoundKey(State,ExpandedRoundKey);
 ⎩InvMixColumn(State);
```

根据代数性质可以转换成

```
AddRoundKey(State,ExpandedRoundKey);
InvSubByte(State);
InvShiftRow(State);
```

```
InvMixColumn(State);
AddRoundKey(State,InvMixcolumnsExpandedRoundKey);
InvSubByte(State);
InvShiftRow(State);
InvMixColumn(State);
AddRoundKey(State,InvMixcolumnsExpandedRoundKey);
```

(3) 等价的 AES 解密算法. 根据上述性质,可以得到等价的 AES 解密算法如下:

```
EqInvRijndael(State,CipherKey)
{
   InvKeyExpansion(CipherKey,InvExpandedKey);
   AddRoundKey(State,ExpandeKey);
   For(i=Nr-1;i>=0;i--)
         InvRound(State,InvExpandedKey);
   InvFinalRound(State,ExpandedKey);
}
```

不难看出,其结构与 AES 加密算法结构完全相同. 这对于算法的硬件实现是极其有利的.

5.4.2 AES 的密码分析

在 AES 密码的设计中,采用了称为"宽轨迹策略"的方法,即

(1) 选择这样的 S 盒:它们的极大差分扩散率和极大线性逼近率值都尽可能的小,它们的值分别为 2^{-6} 和 2^{-3}.

(2) 构造这样的扩散层:不存在多轮变换中,具有较少的活动 S 盒.

可以证明:在 AES 密码 4 轮变换中,差分和线性轨迹中至少具有 25 个活动 S 盒.

在差分分析和线性分析的理论中,有如下结论:计算一个轮特征(或轨迹)的差分扩散率和线性逼近率时,可以用它在攻击时选定的完整轨迹中所有活动 S 盒差分扩散率和线性逼近率的乘积来逼近.

因此,对于 AES 密码,不存在可预测的扩散率大于 2^{-150} 和可预测的线性逼近率大于 2^{-75} 的 4 轮轨迹. 进一步,不存在可预测的扩散率大于 2^{-300} 和可预测的线性逼近率大于 2^{-150} 的 8 轮轨迹.

显然,对所有的已知攻击而言,AES 是安全的. 它的设计在各个方面融合了各种特色,从而为抵抗各种攻击提供了安全性.

5.5 差分密码分析原理

差分分析[66~68](differential cryptanalysis)方法是一种选择明文攻击. 该方法的基本思想如下:通过分析一个特选的明文对的差对相应密文对的差的影响来提取密钥信息. 这种攻击方法主要适用于攻击迭代密码.

对分组长度为 n 的 r 轮迭代密码,将两个 n 比特串 x 与 x^* 的差分定义为

$$\Delta x = x \oplus x^*, \tag{5.8}$$

其中$\oplus$表示比特串集合上的一个特定的群运算. 如果给定一对 n 长的明文 m 和 m^*,则在密钥的控制下,第 i 轮迭代所产生的中间密文差为

$$\Delta c(i) = c(i) \oplus c^*(i), \quad 0 \leqslant i \leqslant r. \tag{5.9}$$

当 $i=0$ 时,$c(0)=m$,$c^*(0)=m^*$,$\Delta c(0)=\Delta m=m\oplus m^*$;当 $i=r$ 时,$\Delta c=\Delta c(r)$. 因为 k^i 是第 i 轮迭代的子密钥,所以

$$c(i) = f(c(i-1), k^i),$$

其中,每轮迭代所用的子密钥 k^i 与明文统计独立,并且可以认为它服从均匀分布.

定义 5.2 r 轮特征(r-round characteristic)Ω 是一个差分序列

$$\alpha_0\alpha_1\cdots\alpha_r,$$

其中 α_0 为明文对 m 和 m^* 的差分,$\alpha_i(1\leqslant i\leqslant r)$为第 i 轮输出 $c(i)$和 $c^*(i)$的差分.

定义 5.3 在 r 轮特征 $\Omega=\alpha_0\alpha_1\cdots\alpha_r$ 中,定义

$$p_i^{\Omega} = p(\Delta f(c(i-1)) = \alpha_i \mid \Delta c(i-1) = \alpha_{i-1}) \tag{5.10}$$

为第 i 轮迭代输入差(即为第 $i-1$ 轮迭代输出差)为 α_{i-1},输出差为 α_i 的概率.

定义 5.4 r 轮特征 $\Omega=\alpha_0\alpha_1\cdots\alpha_r$ 的概率是指在明文和子密钥 $k^1,k^2,\cdots,k^r$ 独立且均匀随机时,明文对 m 和 m^* 的差分为 α_0 的条件下,第 $i(1\leqslant i\leqslant r)$轮输出 $c(i)$ 和 $c^*(i)$的差分为 α_i 的概率.

定义 5.5 设 $\Omega^1=\alpha_0\alpha_1\cdots\alpha_m$ 和 $\Omega^2=\beta_0\beta_1\cdots\beta_l$ 分别是 m 轮特征和 l 轮特征. 若 $\alpha_m=\beta_0$,则 Ω^1 和 Ω^2 的级联定义为一个$(m+l)$轮特征 $\Omega=\alpha_0\alpha_1\cdots\cdots\alpha_m\beta_1\cdots\beta_l$,并且 Ω 的概率为 Ω^1 和 Ω^2 的概率的乘积.

定义 5.6 若 r 轮特征 $\Omega=\alpha_0\alpha_1\cdots\alpha_r$ 满足

(1) m 与 m^* 的差分为 α_0;

(2) 第 i 轮输出 $c(i)$与 $c^*(i)$的差分为 $\alpha_i(1\leqslant i\leqslant r)$,

则称明文对 m 与 m^* 为一个正确的对(right pair);否则,称之为错误的对(wrong pair).

定理 5.1 假设每一轮子密钥都是统计独立且均匀分布的,则 r 轮特征 $\Omega=$

$\alpha_0,\alpha_1,\cdots,\alpha_r$ 的概率恰好是差分为 α_0 的明文对是正确对的概率.

证明 差分是 α_0 的明文对 m 与 m^* 是特征 $\Omega=\alpha_0,\alpha_1,\cdots,\alpha_r$ 的正确对,当且仅当第 $i(1\leqslant i\leqslant r)$轮输出 $c(i)$和 $c^*(i)$的差分为 α_i. 因为第 i 轮的输入差为 α_{i-1},输出差为 α_i 的概率与具体的输入无关,并且又假定每一轮迭代的子密钥都统计独立且是均匀分布的,所以第 i 轮输入差为 α_{i-1},输出差为 α_i 的概率与前面各轮的作用无关. 因此,差分是 α_0 的明文对是特征 Ω 的正确对的概率是每个单轮特征概率的乘积.

假如找到一个概率比较大的轮特征 $\Omega=\alpha_0,\alpha_1,\cdots,\alpha_r$,则可以随机地选择输入差为 α_0 的明文对. 根据定义 5.6 和定理 5.1,这样的明文对是正确对的概率与特征 Ω 的概率相同.

有了轮特征的概念,那么研究轮的输入差和输出差,到底会提供什么样的破译信息呢? 下面先看两个例子.

例 5.3 在 DES 中,令 $m=L_0R_0,m^*=L_0^*R_0^*$. 如果 $R_0=R_0^*$,则明文差

$$\Delta m = L_0R_0 \oplus L_0^*R_0^* = (L'_0,0) = \alpha_0,$$

其中 $L'_0=L_0\oplus L_0^*$. 假如 DES 只有一轮迭代,而不是 16 轮迭代,则根据 DES 轮函数可以计算出

$$\left.\begin{array}{l} L_1=R_0 \\ L_1^*=R_0^* \end{array}\right\} \rightarrow L_1\oplus L_1^*=0,$$

$$\left.\begin{array}{l} R_1=L_0\oplus f(R_0,k_1) \\ R_1^*=L_0^*\oplus f(R_0^*,k_1) \end{array}\right\} \rightarrow R_1\oplus R_1{}^*=L'_0,$$

于是

$$\alpha_1 = L_1R_1 \oplus L_1^*R_1^* = (0,L'_0).$$

这样,$\Omega=\alpha_0\alpha_1$ 是一个一轮特征. 根据定义 5.3,这个一轮特征 $\Omega=\alpha_0\alpha_1$ 的概率是 1. 这表明,随机地选择一对输入差为$(L'_0,0)$的明文,经过 DES 的一轮迭代后的密文差为$(0,L'_0)$的概率为 1,因而不可能得到其他的密文差.

例 5.4 在 DES 中,令 $m=L_0R_0,m^*=L_0^*R_0^*$. 如果 $R_0+R_0^*=(60000000)$(以下均以 16 进制表示 32 比特数据),则明文差为

$$\begin{aligned}\Delta m &= m\oplus m^* \\ &= (L_0\oplus L_0^*,R_0\oplus R_0^*) \\ &= (L'_0,60000000) = \alpha_0.\end{aligned}$$

仍然假定 DES 只有一轮迭代,则根据式(5.8)可以计算出

$$L_1 = R_0,\quad L_1^* = R_0^*,\quad L_1\oplus L_1^* = 60000000,$$
$$R_1 = L_0\oplus f(R_0,k^1),\quad R_1^* = L_0^*\oplus f(R_0^*,k^1),$$

$$\begin{aligned} R_1 \oplus R_1^* &= (L_0 \oplus L_0^*) \oplus f(R_0, k^1) \oplus f(R_0^*, k^1) \\ &= (L_0 \oplus L_0^*) \oplus P(S(E(R_0) \oplus k^1)) \oplus P(S(E(R_0^*) \oplus k^1)) \\ &= L'_0 \oplus P(S(E(R_0) \oplus k^1) \oplus S(E(R_0^*) \oplus k^1). \end{aligned}$$

因为 R_0 和 R_0^* 经过相同的扩展运算后分别与 k^1 模2相加,所以选择压缩运算 S 的输入差为

$$\begin{aligned} & E(R_0) \oplus k^1 \oplus E(R_0^*) \oplus k^1 \\ = & E(R_0) \oplus E(R_0^*) \\ = & E(R_0 \oplus R_0^*) \\ = & E(60000000) \\ = & (001100,000000,000000,000000,000000,000000,000000,000000). \end{aligned}$$

因为 S_2 盒～S_8 盒的输入差都是000000,所以它们的输出差都是0000的概率为1.而 S_1 盒的输入差为001100,其输出差为1110的概率是14/64(表5.6),于是选择压缩运算 S 的输出差是E0000000的概率为14/64.再经过置换运算 P,它的输出差是00808200,故

$$\alpha_1 = (60000000, L'_0 \oplus 00808200), \quad L'_0 = L_0 \oplus L_0^*.$$

这样的一轮迭代的特征是 $\Omega = \alpha_0\alpha_1$.这表明,随机地选择一对输入差为 $(L'_0, 60000000)$ 的明文,经过一轮迭代后的输出差为 $\alpha_1 = (60000000, L_0 \oplus 00808200)$ 的概率是14/64,而得到其他形式的密文差是相当随机的,并且具有的概率都很小.正是输入差和输出差的分布表的不均匀性才导致了差分分析的可能性.简单地说就是,某些输入差对应的输出差(进一步就是轮特征)具有较大的概率,这就是所需要的信息.

表5.6 S_1 盒输入差和输出差之间的关系

输入差	输出差															
	0	1	2	3	4	5	6	7	8	9	A	B	C	D	E	F
0	64	0	0	0	0	0	0	0	0	0	0	0	0	0	0	0
1	0	0	0	6	0	2	4	4	0	10	12	4	10	6	2	4
2	0	0	0	8	0	4	4	4	0	6	8	6	12	6	4	2
3	14	4	2	2	10	6	4	2	6	4	4	0	2	2	2	0
4	0	0	0	6	0	10	10	6	0	4	6	4	2	8	6	2
5	4	8	6	2	2	4	4	2	0	4	4	0	12	2	4	6
6	0	4	2	4	8	2	6	2	8	4	4	2	4	2	0	12
7	2	4	10	4	0	4	8	4	2	4	8	2	2	2	4	4
8	0	0	0	12	0	8	8	4	0	6	2	8	8	2	2	4
9	10	2	4	0	2	4	6	0	2	2	8	0	10	0	2	12

续表

输入差	输出差															
	0	1	2	3	4	5	6	7	8	9	A	B	C	D	E	F
A	0	8	6	2	2	8	6	0	6	4	6	0	4	0	2	10
B	2	4	0	10	2	2	4	0	2	6	2	6	6	4	2	12
C	0	0	0	8	0	6	6	0	0	6	6	4	6	6	14	2
⋮	⋮	⋮	⋮	⋮	⋮	⋮	⋮	⋮	⋮	⋮	⋮	⋮	⋮	⋮	⋮	⋮
30	0	4	6	0	12	6	2	2	8	2	4	4	6	2	2	4
31	4	8	2	10	2	2	2	2	6	6	0	2	2	4	10	8
32	4	2	6	4	4	2	2	4	6	6	4	8	2	2	8	0
33	4	4	6	2	10	8	4	2	4	0	2	2	4	6	2	4
34	0	8	16	6	2	0	0	12	6	0	0	0	0	8	0	6
35	2	2	4	0	8	0	0	0	14	4	6	8	0	2	14	0
36	2	6	2	2	8	0	2	2	4	2	6	8	6	4	10	0
37	2	2	12	4	2	4	4	10	4	4	2	6	0	2	2	4
38	0	6	2	2	2	0	2	2	4	6	4	4	4	6	10	10
39	6	2	2	4	12	6	4	8	4	0	2	4	2	4	4	0
3A	6	4	6	4	6	8	0	6	2	2	6	2	2	6	4	0
3B	2	6	4	0	0	2	4	6	4	6	8	6	4	4	6	2
3C	0	10	4	0	12	0	4	2	6	0	4	12	4	4	2	0
3D	0	8	6	2	2	6	0	8	4	4	0	4	0	12	4	4
3E	4	8	2	2	2	4	4	14	4	2	0	2	0	8	4	4
3F	4	8	4	2	4	0	2	4	4	2	4	8	8	6	2	2

从上面的分析还可以得出这样的结论：在DES一轮的变换过程中，一轮迭代特征$\Omega=\alpha_0\alpha_1$的概率实际是由S盒的输入输出的差分概率来决定的. 通常，对一般的分组密码来说，一轮迭代特征$\Omega=\alpha_0\alpha_1$的概率是由非线性部分(一般是S盒)的输入输出差分概率来决定的，而线性部分的差分概率是完全确定的，仅与S盒的输入差值有关，与每个输入无关，所以在考察轮特征时，只需研究S盒的轮特征.

定义 5.7　设$\pi_s:\{0,1\}^m\to\{0,1\}^n$为一个S盒. 考虑长为$m$的有序比特串对$(x,x^*)$，称S盒的输入异或为$x\oplus x^*$，输出异或为$\pi_s(x)\oplus\pi_s(x^*)$. 注意：输出异或是一个长为$n$的比特串. 对任何$x'\in\{0,1\}^m$，定义集合$\Delta(x')$为包含所有具有输入异或值$x'$的有序对$(x,x^*)$.

易见，集合$\Delta(x')$包含2^m对，并且

$$\Delta(x')=\{(x,x\oplus x')\mid x\in\{0,1\}^m\}$$

对集合$\Delta(x')$中的每一对，都能计算它们关于S盒的输出异或，然后能将所有输出异或的值列成一张结果分布表(称之为差分分布表)，一共有2^m个输出异或，

它们的值分布在 2^n 个可能值之上. 一个非均匀的输出分布将会是一个成功的差分攻击的基础.

综上所述,对 r 轮迭代密码的差分攻击的步骤如下:

(1) 找出一个 $r-1$ 轮特征 $\Omega=\alpha_0\alpha_1\cdots\alpha_{r-1}$,使它的概率达到最大或几乎最大.

(2) 均匀随机地选择明文 m,并计算出 m^*,使得 $m\oplus m^*=\alpha_0$. 再找出 m 和 m^* 在实际密钥加密下所得的密文 $c(r)$ 和 $c^*(r)$.

(3) 若最后一轮的子密钥 k^r(或 k^r 的部分比特)有 2^m 个可能的值 $k_j^r(1\leqslant j\leqslant 2^m)$,就设置 2^m 个相应的计数器 $\delta_j(1\leqslant j\leqslant 2^m)$,用每一个可能的密钥解密 $c(r)$ 和 $c^*(r)$ 得到 $c(r-1)$ 和 $c^*(r-1)$. 若 $c(r-1)+c^*(r-1)=\alpha_{r-1}$,则给相应的计数器 δ_j 加 1.

(4) 重复第(2),(3)步,直到有一个或几个计数器的值明显高于其他计数器的值,输出它们所对应的子密钥(或部分比特).

5.6　线性密码分析原理

线性分析[69,70](linear cryptanalysis)方法是一种已知明文攻击,通过寻找已知明文的某些比特和相应密文的某些比特,及其与密钥的某些比特和之间的线性关系来确定密钥比特,它适用于任何迭代密码.

线性密码分析的方法是寻找一个给定密码算法的具有下列形式的“有效的”线性表达式:

$$P_{[i_1,i_2,\cdots,i_a]}\oplus C_{[j_1,j_2,\cdots,j_b]}=K_{[k_1,k_2,\cdots,k_c]},\tag{5.11}$$

其中 $i_1,i_2,\cdots,i_a,j_1,j_2,\cdots,j_b$ 和 $k_1,k_2,\cdots,k_c$,表示固定的比特位置,并且对随机给定的明文 P 和相应的密文 C,式(5.11)成立的概率 $p\neq 1/2$. 用 $|p-1/2|$ 来刻画式(5.11)的有效性(定义 $\varepsilon_i=p_i-1/2$ 为偏差). 把最有效的线性表达式(也就是 $|p-1/2|$ 是最大的)称为最佳线性逼近式,相应的概率 p 称为最佳概率. 为了计算式(5.11)成立和有效的概率,先给出一些理论上要用到的结果.

5.6.1　堆积引理

设 $X_1,X_2,\cdots,X_k$ 是取值于集合{0,1}的独立随机变量. 设 $p_1,p_2,\cdots$ 都是实数,并且对所有的 $i(i=1,2,\cdots,k)$ 有 $0\leqslant p_i\leqslant 1$. 再设 $\Pr[X_i=0]=p_i$,则 $\Pr[X_i=1]=1-p_i$. 对取值于{0,1}的随机变量,用分布偏差来表示它的概率分布. 随机变量 X_i 的偏差定义为

$$\varepsilon_i=p_i-\frac{1}{2}.$$

引理 5.1　(堆积引理(piling-up lemma))　设 $X_{i_1},\cdots,X_{i_k}$ 是独立的随机变量,$\varepsilon_{i_1 i_2\cdots i_k}$ 表示随机变量 $X_{i1}\oplus X_{i2}\oplus\cdots\oplus X_{ik}$ 的偏差,则

$$\varepsilon_{i_1 i_2\cdots i_k}=2^{k-1}\prod_{j=1}^{k}\varepsilon_{i_j}.$$

推论 5.1　设 $X_{i_1},\cdots,X_{i_k}$ 是独立的随机变量,$\varepsilon_{i_1 i_2\cdots i_k}$ 表示随机变量 $X_{i_1}\oplus X_{i_2}\oplus\cdots\oplus X_{i_k}$ 的偏差,若对某个 j 有 $\varepsilon_{i_j}=0$,则 $\varepsilon_{i_1 i_2\cdots i_k}=0$.

注意:引理 5.1 只在相关随机变量是统计独立的情况下才成立.

利用堆积引理 5.1 可以将每轮变换中偏差最大的线性逼近式进行组合,组合后的所有轮变换的线性逼近式也将拥有最佳的偏差,即寻找分组密码的最佳线性逼近式.

5.6.2　S 盒的线性逼近

由上述分析可以知道,分组密码的最佳线性逼近式的寻找归结为每轮线性逼近式的寻找,而每轮的变换中,除了非线性变换(即 S 盒)部分,线性部分是自然的线性关系. 也就是说,每轮线性逼近式的寻找只需寻求 S 盒部分的最佳线性逼近式.

考虑如下一个 S 盒 $\pi_s:\{0,1\}^m\to\{0,1\}^n$(并未假定 π_s 是一个置换,甚至也未假定 $m=n$). m 重输入 $X=(x_1,x_2,\cdots,x_m)$ 均匀随机地从集合 $\{0,1\}^m$ 中选取. 这就是说,每一个坐标 x_i 定义了一个随机变量 X_i,X_i 取值于 $\{0,1\}$,并且其偏差 $\varepsilon_i=0$(即 $p(X_i=0)=p(X_i=1)=1/2$). 进一步,假设这 m 个随机变量相互独立,n 重输出 $Y=(y_1,y_2,\cdots,y_n)$ 中每一个坐标 y_i 定义了一个随机变量 Y_i,Y_i 取值于 $\{0,1\}$. 这 n 个随机变量一般来说不是相互独立的,与 X_i 也不相互独立.

现在考虑计算如下形式的随机变量的偏差值:

$$\left(\bigoplus_{i=1}^{m}a_iX_i\right)\oplus\left(\bigoplus_{j=1}^{n}b_jY_j\right),$$

其中 $\boldsymbol{a}=(a_1,\cdots,a_m)$ 和 $\boldsymbol{b}=(b_1,\cdots,b_n)$ 分别为 m 和 n 维随机向量,a_i 和 b_j 为 0 或 1. 设 $N_L(\boldsymbol{a},\boldsymbol{b})$ 表示满足如下条件的二元 $m+n$ 组 $(x_1,x_2,\cdots,x_m,y_1,\cdots,y_n)$ 的个数:

$$(y_1,\cdots,y_n)=\pi_s(x_1,x_2,\cdots,x_m)\quad(\text{记为条件 B})$$

及

$$\left(\bigoplus_{i=1}^{m}a_iX_i\right)\oplus\left(\bigoplus_{j=1}^{n}b_jY_j\right)=0\quad(\text{记为条件 A}),$$

则

$$P(\mathrm{A}/\mathrm{B})=\frac{P(\mathrm{A},\mathrm{B})}{P(\mathrm{B})}=\frac{N_L(\boldsymbol{a},\boldsymbol{b})/2^{m+n}}{2^m/2^{m+n}}=\frac{N_L(\boldsymbol{a},\boldsymbol{b})}{2^m}.$$

对于一个具有输入 $\boldsymbol{a}$ 与输出 $\boldsymbol{b}$ 的随机变量 $\left(\bigoplus_{j=1}^{m} a_i X_i\right) \oplus \left(\bigoplus_{j=1}^{n} b_j Y_j\right)$ 的偏差计算公式为

$$\varepsilon(\boldsymbol{a},\boldsymbol{b}) = \frac{N_{\mathrm{L}}(\boldsymbol{a},\boldsymbol{b})}{2^m} - \frac{1}{2}.$$

正是 S 盒 $\varepsilon(\boldsymbol{a},\boldsymbol{b})$ 的不同，使得线性分析的实现成为可能.

归纳一下线性攻击的过程如下：假如能够在一个明文比特子集和最后一轮即将进行代换的输入状态比特子集之间找到一个概率线性关系，换句话说，即存在一个比特子集，使得其中元素的异或表现出非随机的分布（即明文和最后一轮输入的最佳线性逼近式），再假设一个攻击者拥有大量用同一未知密钥加密的明文-密文对（这表明线性分析方法是已知明文攻击）. 对每一个明文密文对，将用所有的（最后一轮）候选密钥来对最后一轮解密密文. 对每一个候选密钥，计算包含在线性关系式中的相关比特的异或的值，然后确定上述的线性关系式是否成立. 如果成立，就在对应于特定候选密钥的计数器上加 1. 在这个过程的最后，希望计数频率离明-密文对数的一半最远的候选密钥含有那些密钥比特的正确值.

可以看到，线性攻击成功只依赖于明文的个数 N 和 $|p-1/2|$，并且随着 N 或 $|p-1/2|$ 的增加而增加.

5.7　分组密码的工作模式和设计理论

5.7.1　分组密码的工作模式

分组密码的工作模式如下：根据不同的数据格式和安全性要求，以一个具体的分组密码算法为基础构造一个分组密码系统的方法. 分组密码的工作模式应当力求简单、有效和易于实现. 1980 年 12 月，FIPS 81 标准化了为 DES 开发的 5 种工作模式. 这些工作模式适合任何分组密码. 现在，AES 的工作模式正在研发，这些 AES 的工作模式可能会包含以前 DES 的工作模式，还有可能包括新的工作模式. 这里仅以 DES 为例介绍分组密码主要的 5 种工作模式.

1. 电码本（electronic code book，ECB）模式

直接使用 DES 算法对 64 比特的数据进行加密的工作模式就是 ECB 模式. 在这种工作模式下，加密变换和解密变换分别为

$$c^i = \mathrm{DES}_k(m^i), \quad i = 1,2,\cdots, \tag{5.12}$$

$$m^i = \mathrm{DES}_k^{-1}(c^i), \quad i = 1,2,\cdots, \tag{5.13}$$

其中 k 为 DES 的种子密钥，m^i 和 c^i 分别为第 i 组明文和密文. 在给定密钥下，m^i

有 2^{64} 种可能的取值，c^i 也有 2^{64} 种可能的取值，各 (m^i, c^i) 彼此独立，构成一个巨大的单表代替密码，因而称之为电码本模式.

ECB 模式的缺点如下：如果 $m^{n+i}=m^i$，则相应的密文 $c^{n+i}=c^i$，即在给定密钥 k 下，同一明文组总是产生同一密文组，这会暴露明文组的数据格式. 某些明文的数据格式会使得明文组有大量重复或较长的零串，一些重要的数据常常会在同一位置出现，特别是格式化的报头、作业号、发报时间、地点等特征都将被泄露到密文之中，使攻击者可以利用这些特征.

该模式好的一面就是用同个密钥加密的单独消息，其结果是没有错误传播. 实际上，每一个分组都可被看成是用同一个密钥加密的单独消息. 密文中数据出了错，解密时，会使得相对应的整个明文分组解密错误，但它不会影响其他明文. 然而，如果密文中偶尔丢失或添加一些数据位，则整个密文序列将不能正确地解密，除非有某帧结构能够重新排列分组的边界.

大多数消息并不是刚好分成 64 位(或者任意分组长)的加密分组，它们通常在尾部有一个短分组. ECB 要求是 64 位分组. 处理该问题的一个方法是填充(padding). 用一些规则的模式——0，1 或者 0，1 交替，把最后的分组填充成一个完整的分组.

2. 密码分组链接(cipher block chaining，CBC)模式

如上所述，ECB 工作模式存在一些显见的缺陷. 为了克服这些缺陷，应用分组密码链接技术来改变分组密码的工作模式.

CBC 工作模式是在密钥固定不变的情况下，改变每个明文组输入的链接技术. 在 CBC 模式下，每个明文组 m^i 在加密之前，先与反馈至输入端的前一组密文 c^{i-1} 逐比特模 2 相加后再加密. 假设待加密的明文分组为 $m=m^1, m^2, m^3, \cdots$，按如下方式加密各组明文 $m^i (i=1,2,\cdots)$：

(1) $c^0=\mathrm{IV}$(初始值)；

(2) $c^i=\mathrm{DES}_k(m^i+c^{i-1}) \quad (i=1,2,\cdots)$.

这样，密文组 c^i 不仅与当前的明文组有关，而且通过反馈的作用还与以前的明文组 $m^1, m^2, \cdots, m^{i-1}$ 有关. 易见，使用 CBC 链接技术的分组密码的解密过程如下：

(1) $c^0=\mathrm{IV}$(初始值)；

(2) $m^i=\mathrm{DES}_k^{-1}(c^i)+c^{i-1}$.

CBC 工作模式的优点如下：①能隐蔽明文的数据模式；②在某种程度上能防止数据篡改，如明文组的重放、嵌入和删除等.

CBC 模式的不足是会出现错误传播(error propagation). 密文中任一位发生变化都会涉及后面一些密文组. 但 CBC 模式的错误传播不大，一个传输错误至多影响两个消息组的接收结果(思考).

3. 密文反馈(cipher feedback,CFB)模式

分组密码算法也可以用于同步序列密码,就是所谓的密码反馈模式. 在 CBC 模式下,整个数据分组在接收完之后才能进行加密. 对许多网络应用来说,这是个问题. 例如,在一个安全的网络环境中,当从某个终端输入时,它必须把每一个字符马上传输给主机. 当数据在字节大小的分组中进行处理时,CBC 模式就做不到了. 当待加密的消息必须按字符比特处理时,可采用 CFB 模式,如图 5.12 所示. 在 CFB 模式下,每次加密 s 比特明文. 一般地,$s=8$,$L=64/s$.

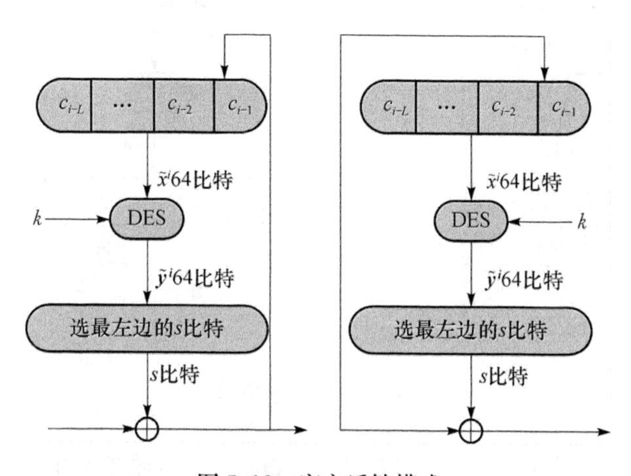

图 5.12　密文反馈模式

图 5.12 上端是一个开环移位寄存器. 加密之前,先给该移位寄存器输入 64 比特的初始值 IV,它就是 DES 的输入,记为 x^0. DES 的输出 y^i 的最左边 s 比特和第 i 组明文 m^i 逐比特模 2 相加得密文 c^i. c^i 一方面作为第 i 组密文发出,另一方面反馈至开环移位寄存器最右边的 s 个寄存器,使下一组明文加密时 DES 的输入 64 比特依赖于密文 c^i.

CFB 模式与 CBC 模式的区别是反馈的密文不再是 64 比特,而是 s 比特,并且不直接与明文相加,而是反馈至密钥产生器中.

CFB 模式除有 CBC 模式的优点外,其自身独特的优点是它特别适用于用户数据格式的需要. 在密码设计中,应尽量避免更改现有系统的数据格式和规定,这是重要的设计原则.

CFB 模式的缺点有两个:一是对信道错误较敏感且会造成错误传播;二是数据加密的速率降低. 但这种模式多用于数据网中的较低层次,其数据速率都不太高.

4. 输出反馈(output feedback,OFB)模式

OFB 模式是 CFB 模式的一种改进,它将 DES 作为一个密钥流产生器,其输出的 s 比特的密钥直接反馈至 DES 的输入寄存器中,而把这 s 比特的密钥和输入的 s 比特的明文对应模 2 加(图 5.13).

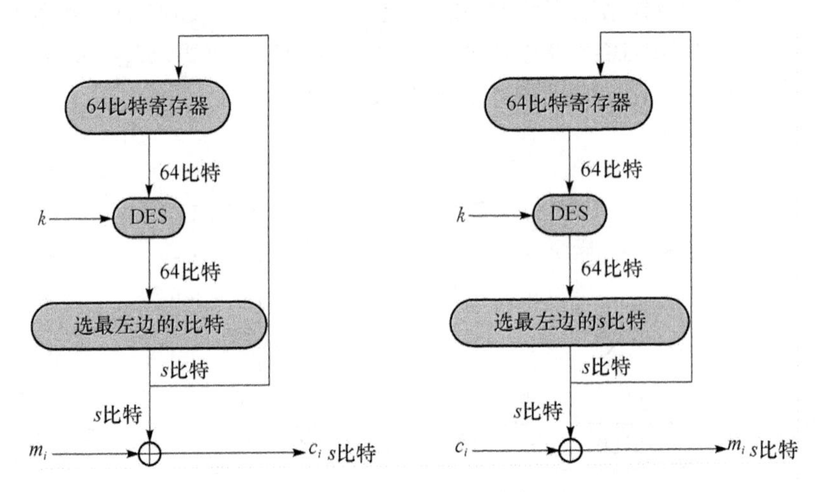

图 5.13　输出反馈模式

OFB 模式克服了 CBC 模式和 CFB 模式的错误传播带来的问题,但同时也带来了序列密码具有的缺点,即对密文被篡改难于进行检测. 由于 OFB 模式多在同步信道中运行,对手难于知道消息的起始点而使这类主动攻击不易奏效. OFB 模式不具有自同步能力,要求系统保持严格的同步,否则难于解密. OFB 模式的初始向量 IV 无须保密,但各条消息必须选用不同的 IV.

5. 级连(chaining mode,CM)模式(又称多重加密)

为了增加算法的复杂度,对分组密码进行级联. 在不同的密钥下连续多次对一个明文组进行加密,即

$$c^i = \mathrm{DES}_{k(n)}(\cdots(\mathrm{DES}_{k(2)}(\mathrm{DES}_{k(1)}(m^i)))\cdots).$$

上述介绍的模式各有特点和用途. ECB 模式适用于对字符加密,如密钥加密. OFB 模式常用于卫星通信中的加密. 若对 CBC 模式和 CFB 模式改变一个明文分组 x_i,则 y_i 与其后所有密文分组都会受到影响,这一性质说明这两种模式都可用于认证系统. 更明确地说,这些模式能被用来产生一个消息认证码,即 MAC. 它能使消息接收方相信给定的明文序列的确来自合法发送者,而没有被篡改.

5.7.2　分组密码的设计理论

一个好的分组密码应该是既难破译，又容易实现.

所谓难破译，就是攻击的困难性. 因此，作为分组密码的设计者，应尽量隐蔽明文消息中的冗余度. 在香农理论中，提出了实现隐蔽明文消息中的冗余度的基本技术——混乱和扩散. 混乱用于掩盖明文和密文之间的关系，这可以挫败通过研究密文以获取冗余度和统计模式的企图，做到这点最容易的方法是通过代替. 人们所设计的密码应使得密钥和明文以及密文之间的依赖关系相当复杂，以至于这种依赖性对密码分析者来说是无法利用的. 扩散通过将明文冗余度分散到密文中使之分散开来，密码分析者寻求这些冗余度将会更难. 产生扩散最简单的方法是通过置换. 人们所设计的密码应使得密钥的每一位数字影响密文的许多位数字，以防止对密钥进行逐段破译，而且明文的每一位数字也应影响密文的许多位数字以便隐蔽明文数字的统计特性.

所谓易实现，就是从算法实现效率考虑. 分组密码可以用软件和硬件来实现. 硬件实现的优点是可获得高速率，软件实现的优点是灵活性强、代价低. 基于软件和硬件的不同性质，分组密码的设计原则可根据预定的实现方法来考虑. 例如，用软件实现时，使用子块和简单的运算. 在软件实现中，按比特置换是难于实现的，因此，应尽量避免使用. 用硬件实现时，尽量使加密和解密具有相似性，即加密和解密过程应该仅仅在密钥的使用方式不同，以便同样的器件既可用来加密又可用来解密. 尽量使用规则结构，因为密码应有一个标准的组件结构，以便其能适应于用超大规模集成电路实现.

小结与注释

分组密码是密码技术标准化的第一种密码算法. 迄今为止，它是实现数据加密的最有效算法之一. 分组密码现有的迭代结构是实现安全与效率的完美统一. 实际上，在信息安全领域，分组密码还有更加广泛的应用背景. 从分组密码的工作模式 OFB 中可以看到，分组密码技术可以构成序列密码的密钥流. 在第 7 章中的 Hash 函数构造问题上可以看到，使用分组密码算法的 CBC 运行模式，可以构成 Hash 函数的 MAC 应用；分组密码还可以构造数字签名体制. 本章中，讨论了分组密码算法的原理，介绍了几种分组加密算法. 首先介绍了两个现代分组密码算法 DES 和 AES，介绍 DES 的历史地位和仍在使用的它的 Feistel 密码设计结构的有效性，描述了作为最新建立的加密标准 AES，并详细解释了它的工作原理. 然后介绍了使用分组密码所用的各种标准的工作模式，讨论了两种对分组密码的攻击技术——差分分析和线性分析.

有关DES的描述和分析可参见文献[66,67,71～73],DES的工作模式和使用DES进行认证可参见文献[51～54],有关AES的描述和分析可参见文献[64～65,74～75],差分分析技术和线性分析技术可参见文献[66～68,76～82].

习题5

5.1　给定DES的初始密钥为 $k=$(FEDCBA9876543210)(16进制),试求出子密钥 k^1 和 k^2.

5.2　设 $\mathrm{DES}_k(m)$ 表示明文 m 在密钥 k 下用DES密码体制加密.如果 $c=\mathrm{DES}_k(m)$ 且作 $\mathrm{DES}_{\bar{k}}(\overline{m})$(其中 $\overline{A}$ 表示 A 的变元逐比特取补),试证明 $\bar{c}=\mathrm{DES}_{\bar{k}}(\overline{m})$.这就是说,如果对密钥 k 和明文 m 逐比特取补,则所得的密文也是原密文 c 逐比特取补.

5.3　寻找PC-1和PC-2的变换规律,写出其代数表达式.

5.4　设 $\mathrm{F}_{2^8}=\mathrm{F}_2[x]/(f(x))$,对

(1) $f(x)=x^8+x^4+x^3+x+1$;　　(2) $f(x)=x^8+x^7+x^3+x+1$

分别计算 $a(x)=x^6+x^4+x+1$,$b(x)=x^7+x^6+x^3+1$ 的乘积 $a(x)b(x)$.

5.5　在有限域 $\mathrm{F}_{2^8}=\mathrm{F}_2[x]/(f(x))$ 中,计算下列元素的乘积,其中 $f(x)=x^8+x^4+x^3+x+1$:

(1) B7* F3;　(2) 9D* 57;　(3) 11* FF;　(4) DA* AD,

其中BF="10111111" $=x^7+x^5+x^4+x^3+x^2+x+1$,11="00010001" $=x^4+1$,3F,9D,57,FF,DA,AD类似.

5.6　设 $A(x)=1\mathrm{b}x^3+03x^2+\mathrm{dd}x+\mathrm{a}1$,$B(x)=\mathrm{ac}x^3+\mathrm{f}0x+2\mathrm{d}$ 为系数在 F_{2^8} 中的两个多项式,计算 $A(x)B(x)(\mathrm{mod}(x^4+1))$,其中1b,ac表示 $\mathrm{F}_{2^8}=\mathrm{F}_2[x]/(x^8+x^7+x^3+x+1)$ 中的元"00011011" $=x^4+x^3+x+1$,"10101100" $=x^7+x^5+x^3+x^2$.

5.7　给定DES的两个密钥 k_1 和 k_2,先用密钥 k_1 对明文 m 加密得密文 c_1,然后再用密钥 k_2 对密文 c_1 进行加密得密文 c_2,称这种加密方式为二重加密.用

$$c_2=E_{k_2}(E_{k_1}(m))$$

表示二重加密过程.

如果加密函数 E_{k_2} 和解密函数 D_{k_1} 是相同的,则称 k_1 和 k_2 为对合密钥;如果一个密钥 k 是它自己的对合,则称这个密钥 k 为自对合密钥.显然,如果 k_1 和 k_2 对合,则

$$c_2=E_{k_2}(E_{k_1}(m))=m,$$

所以,对合密钥不能用于二重加密.

(1) 如果DES的初始密钥 k 生成子密钥的过程中的 C_0 是全0或全1,并且 D_0 也是全0或全1,则 k 是自对合的;

(2) 证明下列密钥是自对合密钥:

(i) FEFEFEFEFEFEFEFE;

(ii) 1F1F1F1F1E1E1E1E;

(iii) 1E1E1E1E1F1F1F1F;

(3) 证明下列密钥是对合的:

(i) E001E001F101F101 和 01E001E001F101F1;

(ii) FE1FFE1FFE0EFE0E 和 1FFE1FFE0EFE0EFE;

(iii) E01FE01FFF10FF10 和 1FE01FE00EF10EF1.

5.8　设 $\alpha_0=(00200008\quad 00000400)$, $\alpha_1=(00000400\quad 00000000)$, $\alpha_2=(00000000\quad 00000400)$, $\alpha_3=(00000400\quad 00200008)$,计算三轮特征 $\Omega=\alpha_0\alpha_1\alpha_2\alpha_3$ 的概率.

5.9　假设有128比特的AES密钥,用十六进制表示为

2B7E151628AED2A6ABF7158809CF4F3C.

由上述种子密钥构造一个完整的密钥编排方案.

5.10　使用第5.9题中的128比特密钥,在十轮AES下计算下列明文(以十六进制表示)的加密结果:

3243F6A8885A308D313198A2E0370734.

5.11　设 X_1, X_2 和 X_3 是定义在集$\{0,1\}$上的独立离散随机变量.用 $\varepsilon_i(i=1,2,3)$表示 X_i 的偏差,证明:X_1+X_2 与 X_2+X_3 相互独立当且仅当 $\varepsilon_1=0$, $\varepsilon_3=0$ 或 $\varepsilon_2=\pm1/2$.

5.12　设 $\pi_s:\{0,1\}^m\rightarrow\{0,1\}^n$ 是一个S盒,证明下列函数 N_L 的事实:

(1) $N_L(0,0)=2^m$;

(2) 对任何满足 $0<a\leqslant 2^m-1$ 的整数 a 有 $N_L(a,0)=2^{m-1}$;

(3) 对任何满足 $0\leqslant b\leqslant 2^n-1$ 的整数 b 有

$$\sum_{a=0}^{2^m-1}N_L(a,b)=2^{2m-1}\pm 2^{m-1};$$

(4) 下述关系式成立:

$$\sum_{a=0}^{2^m-1}\sum_{b=0}^{2^n-1}N_L(a,b)\in\{2^{n+2m-1},2^{n+2m-1}+2^{n+m-1}\}.$$

5.13　称一个S盒 $\pi_s:\{0,1\}^m\rightarrow\{0,1\}^n$ 为平衡的,如果对所有 $c\in\{0,1\}^n$ 有

$$|\pi_s^{-1}(c)|=2^{n-m}.$$

证明下列平衡的S盒的N_L函数满足的事实：

(1) 对所有满足$0 \leqslant b \leqslant 2^n-1$的整数$b$有$N_L(0,b)=2^m-1$；

(2) 对任何满足$0 \leqslant a \leqslant 2^m-1$的整数$a$,下述关系式成立：

$$\sum_{b=0}^{2^n-1} N_L(a,b) = 2^{m+n-1} - 2^{m-1} + i2^n,$$

其中整数i满足$0 \leqslant i \leqslant 2^{n-m}$.

5.14 阐述分组密码各种工作模式的特点.

5.15 设计分组密码应满足哪些基本要求?

第 6 章

公开密钥密码体制

1976 年,W. Diffie 和 M. E. Hellman[83,84]在美国国家计算机会议上首先公布了公钥密码的概念. 几个月后,出版了开创性的论文"New Directions in Cryptography",由此揭开了现代密码学的序幕. 公钥密码的概念为密码技术在计算机网络安全中的应用打开了新的窗口,也为计算机网络的发展提供了更强大的安全保障.

本章中,将由公钥密码的概念入手,给出公钥密码思想的产生和发展过程. 进一步,将介绍公钥密码的代表体制——RSA 和 ElGamal,有关两种体制的安全性分析和其他的公钥体制简介也将在本章给出.

6.1 公钥密码概述

6.1.1 公钥密码产生的背景

对称密钥(单钥)密码提供了很多加密技术中所需要的服务,它能够安全地保护人们的秘密. 但是,使用对称密钥密码进行保密通信,仍然存在几个很难办的问题.

第一个问题是,通信双方必须事先就密钥达成共识. 因为通信双方不能通过非保密方式达成密钥共识(否则,就会被其他人窃听到你们的密钥),所以通信双方只能进行私人会面以交换密钥. 如果需要发送消息给许多用户,就需要建立许多新的密钥,那么仅通过私人会面以达成密钥共识是不够的. 因此,必须解决用对称密钥密码施行保密通信中的密钥传送问题(密钥管理问题).

第二个问题是,在 A 向 B 进行了对称密钥密码的通信后,A 可能会否认向 B 发送过加密了的消息,他可以说是 B 自己创建了这则消息,然后使用他们共享的密钥加密. 由于用此密钥加密和解密的过程相同,并且他们都可以访问它,所以他们中的任何一个人都可以加密这则消息. 因此,B 希望 A 的消息带有数字签名,这样 A 就无法否认了(身份认证问题).

综上,对称密钥密码虽然是很好的加密方式,但并不是完美的.如果能够向对称密钥密码技术中添加一些附加的功能,那么它将会更加完美.

在 20 世纪 70 年代中期,斯坦福大学的研究生 Diffie 和教授 Hellman 一般性地研究了密码学,特别研究了密钥分发问题.他们提出了一个方案,由此能够通过公开信息建立一个共享的秘密(共享的对称密钥).这个方案称为 Diffie-Hellman 密钥交换协议,或 DH 协议.DH 协议解决了一个秘密共享的问题,但不是加密.

Diffie 和 Hellman 在 1976 年发表了他们的结果,那篇论文概述了公钥密码体制(一个密钥用于加密,另一个密钥用于解密)的思想.文中指出,他们还没有一个这样的算法,但是描述了他们迄今为止所得的结果.

1977 年,R. L. Rivest,A. Shamir 和 L. M. Adleman[85]三人开发出了一个能够真正加密数据的算法.他们在 1978 年公开了这个算法,这就是众所周知的 RSA[86]公钥密码体制[87].

6.1.2 公钥密码体制的思想

事实上,现实生活中到处都体现出公钥密码体制的思想,这里仅以一个例子来说明公钥密码体制的思想.

例 6.1 保密信盒.设 A,B 两个人要进行保密通信,他们选择一个牢固的信盒.

(1) A 把需要发送的信件装入信盒,用自己的锁锁上信盒,钥匙自己保管好,把信盒送给 B;

(2) B 收到信盒后,由于没有钥匙,当然不能打开信盒,相反地,他在信盒的另一个并排的锁环处又加上了自己的锁(并列),钥匙也自己保管起来,把信盒又送回给 A;

(3) A 收到信盒后,打开自己的锁,把信盒再次送给 B;

(4) B 收到信盒,用自己的钥匙打开信盒,取出信件.

这样 A,B 就实现了一次保密通信.

可以看到,

(1) 这是一次无接触信息交换,不需要密钥的传递过程;

(2) 这是一个两趟协议,从而是一种非实时通信方式,不便用于直接通信,一般用来传递对称密钥,所以这一协议称为密钥交换协议;

(3) 信盒的设计需要:两把锁可以并列地锁上、打开,互不影响;

(4) 交换信息的信道可以是非保密的.

1. Diffie-Hellman 密钥交换协议

1976 年,Diffie 和 Hellman 提出公钥密码思想时利用模幂的方法实现了上述信盒的思想,给出了一种无接触密钥交换算法——Diffie-Hellman 密钥交换协议.

设 A,B 为通信的双方,他们共同选择一个循环群 G,群 G 的一个本原元 $a\in G$.

(1) A 随机地选择一个整数 k_A，计算 $Q_A=a^{k_A}\in G$，将 k_A 保密，Q_A 公开；

(2) B 随机地选择一个整数 k_B，计算 $Q_B=a^{k_B}\in G$，将 k_B 保密，Q_B 公开；

(3) A 计算共享密钥，$k=Q_B^{k_A}=a^{k_A k_B}$；

(4) B 计算共享密钥，$k=Q_A^{k_B}=a^{k_A k_B}$.

2. 公钥密码的加解密方式

在公钥密码体制中，加密密钥叫做公开密钥(简称为公钥)，解密密钥叫做秘密密钥(简称为私钥). 用公钥 k 加密消息 m 可以表示为

$$E_k(m)=c, \tag{6.1}$$

而用相应的私钥 k' 解密密文 c 可以表示为：

$$D_{k'}(c)=m. \tag{6.2}$$

设 E_k，$D_{k'}$ 表示某一用户 B 的加密变换与解密变换，则设计公钥密码体制应遵循下列原则：

(1) 解密的唯一性，即对任意的 $m\in M$，$D_{k'}(E_k(m))=m$，其中 M 表示明文空间；

(2) 存在多项式时间的算法实现加密变换 E_k 和解密变换 $D_{k'}$；

(3) 任何用户要获得一对加、解密密钥是容易的.

3. 用公钥密码进行秘密通信过程

在 A，B 双方进行秘密通信时，A 首先得到 B 的公开密钥 pk_B 后，用其加密消息 m 得到密文 $c=E_{pk_B}(m)$，将其发送给 B. B 收到 c 后，用自己的私钥 sk_B 解密 c，$m=D_{sk_B}(c)$，得到消息 m. 在这个过程中，通信信道可以是公开的，并且在此之前，不必秘密传送密钥信息.

6.1.3 公钥密码体制的设计原理

公钥密码体制的设计原理与安全性主要取决于该体制所依赖的加密函数的单向性. 换言之，计算该加密函数的值是容易的，而求它的逆却是困难的.

设 $f(x)$ 是一个定义域为 A，值域为 B 的函数. 如果已知 x，则很容易计算 $f(x)$，而已知 $f(x)$，却难于计算 x，则称函数 $f(x)$ 为单向函数(one-way function). 这里，难于计算是指用目前的计算机来从 $f(x)$ 计算 x 将要耗费若干年. 实际上，很难证明一个函数 $f(x)$ 是否是一个单向函数，但有些函数看起来像单向函数，称这些函数为视在单向函数(apparent one-way function).

例 6.2 令 p 是一个大素数，$a\in \mathrm{F}_p^*$，则

$$\beta=f(x)=\alpha^x \tag{6.3}$$

为有限域 F_p 中的指数函数，其中 $0<x<p-1$. 指数函数的逆是 F_p 中的对数函数

$$x = \log_\alpha \beta. \tag{6.4}$$

显然，由 x 求 β 是容易的. 当 $p-1$ 无大的素因子时，Pohlig 和 Hellman 给出了一种求对数(6.4)的快速算法. 因此，在这种情况下，$f(x)=\alpha^x$ 就不能被认为是单向函数. 当 $p-1$ 有大的素因子时，F_p 上的指数函数 $f(x)=\alpha^x$ 是一个视在单向函数.

例 6.3　给定有限域 F_p 上的一个多项式

$$y = f(x) = x^n + a_{n-1}x^{n-1} + \cdots + a_1 x + a_0. \tag{6.5}$$

当给定 $a_0, a_1, \cdots, a_{n-1}, p$ 及 x 时，易于求出 y. 根据如下算法：

$$f(x) = (\cdots(((x + a_{n-1})x + a_{n-2})x + a_{n-3})x + \cdots + a_1)x + a_0$$

最多由 n 次乘法和 $n-1$ 次加法运算就可求出 $f(x)$. 反之，已知 $y, a_0, a_1, \cdots, a_{n-1}$，要求解 x 则需要求高次方程(6.5)的根. 当 n 和 p 很大时，这当然是困难的. 因此，多项式函数可以认为是一个视在单向函数.

另一类单向函数称为单向陷门函数(trapdoor one-way function)，此类单向函数是在不知道陷门信息的情况下求逆困难的函数. 当知道陷门信息后，求这类单向函数的逆就容易实现了. 因此，单向陷门函数实际上就不是单向函数，因为单向函数是在任何条件下求逆困难的函数.

如果一个函数是单向陷门函数，则用陷门信息作解密密钥，求函数值的算法作为加密算法，就构成一个公开密钥密码体制.

6.1.4　公钥密码的发展现状

使用公钥密码体制进行保密通信这一观点是由 Diffie 和 Hellman 在 1976 年首次提出的，它使密码学发生了一场根本性的变革. 而在 1977 年，Rivest，Shamir 和 Adleman 首先提出了一个比较完整的公钥密码体制，这就是著名的 RSA 公钥密码体制. 之后，人们不断寻找陷门单向函数，并相继提出了 Merke-Hellman 背包体制、Chor-Revest 背包型密码体制、Rabin 体制、McEliece 体制、二次剩余体制、ElGamal 体制、椭圆曲线体制等，其中有些算法是不安全的，而那些被视为安全的算法有许多却不实用，要么密钥太大，要么密文远大于明文. 只有少数几个算法既安全又实用，它们有些适用于加密，还有一些只适用于数字签名. RSA，ElGamal 和 Rabin 这三个算法可同时很好地用于加密和数字签名. 它们加密和解密速度比对称算法要慢得多，通常由于太慢而无法用于许多快速数据加密.

6.1.5　公钥密码体制的安全性

公钥密码体制的安全性是指计算上的安全性，而绝不是无条件的安全性，这是由它的安全性理论基础——计算复杂性理论决定的. 下面用一个例子来说明.

假定一个敌手观察到一个密文 c，因为加密变换 E_k 是公开知道的，所以他用加密变换 E_k 轮流加密每一个可能的明文，直至找到唯一的 m 使得 $c=E_k(m)$ 为止，这个 m 便是 c 的解密明文. 然而，这种穷举所有明文的方法在计算上一般是不可行的，所以公钥体制的安全性要从计算复杂性的角度来考虑.

6.2　RSA 公钥密码体制

6.2.1　RSA 公钥密码体制

1978 年，Rivest，Shamir 和 Adlemen 发表了著名的论文"A Method for Obtaining Digital Signatures and Public-Key Cryptosystems"（获得数字签名和公开密钥密码系统的一种方法），继 M-H 背包公钥体制之后，提出了第一个有效的公钥密码体制，称为 RSA 公钥密码体制. 这是一个容易理解的公钥密码算法，得到了广泛的应用，先后被 ISO，ITU，SWIFT 等国际化标准组织采用作为标准. RSA 已经成为事实上的国际标准. 使用 RSA 公钥体制的任一用户（如用户 B）构造密钥的过程如下：

(1) 随机选取两个大的素数 p 和 q，并计算 $n=pq$，$\varphi(n)=(p-1)(q-1)$；

(2) 随机地选择 e，使 $1<e<\varphi(n)$，$\gcd(e,\varphi(n))=1$；

(3) 利用扩展的欧几里得算法求 e 模 $\varphi(n)$ 的逆元 $d(1<d<\varphi(n))$，使得

$$ed \equiv 1(\bmod \varphi(n)); \tag{6.6}$$

(4)（用户 B）的公开密钥是 n,e（加密指数），私人密钥是 d（解密指数），p 与 q.

假设用户 A 要向用户 B 发送消息. A 首先要将消息分组，分组长度 l 要保证 $2^l \leqslant n$. 用 $m(0 \leqslant m < n)$ 表示某一组消息的十进制数，则由用户 A 和用户 B 分别实施的加密变换和解密变换如下：

加密变换：

$$E_B(m) = m^e \equiv c(\bmod n), \tag{6.7}$$

解密变换：

$$D_B(c) = c^d \equiv m(\bmod n). \tag{6.8}$$

容易证明

$$D_B(c) = c^d = (m^e)^d \equiv m(\bmod n).$$

注 6.1　可以证明：对任意的整数 t，

$$m^{ed} = m^{\varphi(n)t+1} = m(\bmod n).$$

例 6.4　设 $p=47,q=71,n=pq=3337$，则 $\varphi(n)=3220$. 随机选取 $e=79$，用扩展的欧几里得算法计算 $d=79^{-1}(\text{mod}3220)=1019$. 公开 n 和 e，保密 d,p 和 q. 假定要加密的消息的十进制表示为 $m=6882326879666683$，则对 m 的分组为：

$$m_1=688,\quad m_2=232,\quad m_3=687,\quad m_4=966,\quad m_5=668,\quad m_6=003.$$

加密时要用公开密钥 e 对 m 的每个分组 m_i 进行加密，如 $c_1=688^{79}(\text{mod}3337)=1570$. 同理，可以求出 $c_2,c_3,\cdots,c_6$. 于是 $c=c_1c_2\cdots c_6=1570\quad 2756\quad 2091\quad 2276\quad 2423\quad 158$　解密 c 时，要用私人密钥 d 对 c 的每个分组 c_i 进行解密，如 $m_1=1570^{1019}(\text{mod}3337)=688$.

6.2.2　RSA 的参数选取

为了建立 RSA 公钥体制，用户需要完成以下工作：

(1) 产生两个大的素数 p 和 q.

(2) 选择 e，使得 $1<e<\varphi(n)$ 且 $\gcd(e,\varphi(n))=1$. 这只要随机地选择一个小于 $\varphi(n)$ 的整数 e，用辗转相除法求出 e 与 $\varphi(n)$ 的最大公因数. 如果 $\gcd(e,\varphi(n))=1$，则输出 e；否则，重新选择 e，并重复以上步骤.

(3) 求 $e(\text{mod}\varphi(n))$ 的逆元 $d=e^{-1}(\text{mod}\varphi(n))$. 因为 $\gcd(e,\varphi(n))=1$，所以存在整数 u 和 v，使得 $ue+v\varphi(n)=1$. 求 u 和 v 的算法称为扩展的欧几里得算法.

求两个正整数的最大公因数的算法称为欧几里得算法. 其理论依据如下：设 a,b 是两个正整数，利用带余除法可以得到

$$\begin{cases} a=bq_1+r_1, & 0<r_1<b, \\ b=r_1q_2+r_2, & 0<r_2<r_1, \\ r_1=r_2q_3+r_3, & 0<r_3<r_2, \\ \cdots\cdots & \\ r_{n-2}=r_{n-1}q_n+r_n, & 0<r_n<r_{n-1}, \\ r_{n-1}=r_nq_{n+1}. & \end{cases} \tag{6.9}$$

于是

$$\gcd(a,b)=\gcd(b,r_1)=\gcd(r_1,r_2)=\cdots=\gcd(r_{n-1},r_n)=r_n.$$

同时，

$$\begin{aligned}\gcd(a,b)&=r_n=r_{n-2}-r_{n-1}q_n=r_{n-2}-(r_{n-3}-r_{n-2}q_{n-1})q_n\\ &=(1+q_{n-1}q_n)r_{n-2}-r_{n-3}q_n=\cdots.\end{aligned}$$

如此继续下去，必然存在整数 u,v，使得

$$\gcd(a,b)=ua+vb. \tag{6.10}$$

扩展的欧几里得算法（求 $a(\text{mod}m)$ 的逆）. 为了直观地展示这个算法，给出如

下例子.

例 6.5　整数 8 模 35 的逆.

$$35 = 8 \times 4 + 3,$$
$$8 = 3 \times 2 + 2,$$
$$3 = 2 \times 1 + 1,$$
$$2 = 1 \times 2,$$

于是$(8,35) = 1 = 3 \times 35 - 13 \times 8$. 整数 8 模 35 的逆为 $-13 \equiv -13 + 35 \equiv 22 \pmod{35}$.

(4) 模指数运算 $x^e \pmod{n}$. RSA 体制实用化的关键步骤是施行快速模指数运算. 令 $\beta \equiv \alpha^a \pmod{p}$ $(0 < a < p)$, a 的二进制表示为

$$a = a_0 + a_1 2 + a_2 2^2 + \cdots + a_{r-1} 2^{r-1},$$

则有

$$\alpha^a = \alpha^{a_0} \cdot (\alpha^2)^{a_1} \cdots (\alpha^{2^{r-1}})^{a_{r-1}},$$

而

$$(\alpha^{2^i})^{a_i} = \begin{cases} 1, & a_i = 0, \\ \alpha^{2^i}, & a_i = 1. \end{cases}$$

先进行预计算,

$$\alpha^2 = \alpha \cdot \alpha \pmod{p},$$
$$\alpha^4 = \alpha^2 \cdot \alpha^2 \pmod{p},$$
$$\cdots\cdots$$
$$\alpha^{2^{r-1}} = \alpha^{2^{r-2}} \cdot \alpha^{2^{r-2}} \pmod{p},$$

对于给定的 a,先将 a 用二进制表示,然后根据 $a_i = 1$ 取出相应的 α^{2^i},与其他项相乘,这最多需要 $r-1$ 次乘法运算.

例 6.6　在 F_{1823} 中选 $\alpha = 5$,计算 α^{375}.

先进行预计算,

$\alpha = 5$, $\alpha^2 = 25$, $\alpha^4 = 625$, $\alpha^8 \equiv 503 \pmod{1823}$, $\alpha^{16} \equiv 1435 \pmod{1823}$, $\alpha^{32} \equiv 1058 \pmod{1823}$, $\alpha^{64} \equiv 42 \pmod{1823}$, $\alpha^{128} \equiv 1764 \pmod{1823}$, $\alpha^{256} \equiv 1658 \pmod{1823}$, $\alpha^{512} \equiv 1703 \pmod{1823}$, $\alpha^{1024} \equiv 1639 \pmod{1823}$.

因为

$$375 = 1 + 2 + 2^2 + 2^4 + 2^5 + 2^6 + 2^8,$$

所以

$$5^{375} = ((((((5 \times 25) \times 625) \times 1435) \times 1058) \times 42) \times 1658) \pmod{1823}.$$

6.2.3 素性检测

在建立 RSA 密码体制的过程中,生成大的“随机素数”是必要的. 在实际应用中,一般的做法是先生成大的随机整数,然后利用随机多项式时间 Monte Carlo 算法(如 Solovay-Strassen 算法[88])来检测它们的素性.

1. 素数存在问题

在建立 RSA 公钥体制时,每个用户产生一对大的“随机素数”是必不可少的步骤. 任何合理规模的网络也需要许多这样的素数. 在讨论如何产生这样的素数之前,先解决如下人们经常担心的两个问题:

(1) 如果每个人都需要一对这样的素数,难道素数不会用完吗? 当然不会. 数论中有著名的素数定理:不超过 x 的素数的个数大约为 $x/\ln x$. 可以证明,在长度为 512 位(自然数的二进制表示的位数)的自然数中,有超过 10^{151} 个素数. 同时,任选一个 512 位的随机正整数 p,它是素数的概率大约为 $1/\ln p \approx 1/177$,即平均 177 个具有适当规模的随机正整数 p 中将有一个素数(若限制 p 为奇整数,则为 2/177).

(2) 是否会有两个人偶然地选中了同样的素数? 这种情况一般不会发生. 这是因为从超过 10^{151} 个 512 位素数中选中相同的素数的概率几乎为 0.

在代数或数论的教材中,除了用筛选法检测一个自然数是否为素数外,没有其他确定型算法来判定一个自然数是否为素数,而筛选法也只能检测一个小的自然数是否为素数. 本节将介绍几种常用的检测大的随机数是否为素数的概率算法,称之为概率素性检测.

2. 关于算法的几个名词

一个判定问题(decision problem)是指只能回答“是(yes)”或者“否(no)”的问题. 一个随机算法是指任一使用了随机数的算法(反过来,若一个算法没有使用随机数,则称为确定型算法). 下面的定义属于对判定问题的随机算法.

定义 6.1 对于一个判定问题的一个偏是(yes-biased)Monte Carlo 算法是具有下列性质的一个概率算法:算法回答的“是”总是正确的,回答的“否”则有可能不正确. 称一个偏是 Monte Carlo 算法具有错误概率 ε,如果算法对任何回答应该为“是”的实例(instance)至多以 ε 的概率给出一个不正确的回答“否”(这个概率是对于给定的输入,通过算法产生所有可能的随机选择进行计算而得到的). 一个偏否(no-biased)Monte Carlo 算法,对一个判定问题来说是一个具有错误概率 ε 的概率算法,它对回答应该是“否”的任何实例将至多以概率 ε 回答“是”.

3. 产生素数的过程

如何产生大的“随机素数”呢？在实际执行算法时，执行以下步骤：

(1) 产生一个 k 位的随机正整数 n(以二进制方法表示 n). 先设 n 的最高位和最低位分别为 1(最高位为 1 是为了保证正整数达到要求的长度，最低位为 1 是为了保证正整数为奇整数)，然后随机地将 0 或 1 填在中间，再将这个二进制数转换成十进制数 n.

(2) 检查以确保 n 不能被任何小的素数整除. 一般地，用小于 2000 的所有素数去除 n. 如果存在小的素数能整除 n，则要重新选择 n；否则，对 n 进行“素性检测”.

(3) 对 n 进行“素性检测”. 选择较小的 $b<n$(以保证较快的运行速度)，运行素性检测程序，以确定 n 是否为素数.

4. 素性检测算法

(1) Solovay-Strassen 素性检测算法. Solovay-Strassen 素性检测算法是对“判定奇整数 n 是否为合数”的一个偏是 Monte Carlo 算法，该算法具有的错误概率为 1/2. 因此，如果算法回答“是”，则 n 肯定是合数. 相反地，如果 n 是合数，则算法回答“是”的概率至少是 1/2(正确概率). 也就是说，该算法永远不会将素数错判为合数，但有可能将合数错误地判定为素数，并且它将合数错误地判定为素数的概率至多为 1/2. 但是，经过多次检测可以使判断错误的概率降到任意小.

下面建立 Solovay-Strassen 素性检测算法的数学模型.

问题 6.1　合数(composites).

条件：一个正整数 $n\geqslant 2$，n 为奇数.

问题：n 是一个合数吗？

首先，在“初等数论”课程中，有以下结论：如果 p 为奇素数，则方程 $x^2=a(\bmod p)$ 当 a 为二次剩余时，恰好有两个解.

定理 6.1(Euler 准则)　设 p 为一个奇素数，a 为一个整数，则 a 是一个模 p 二次剩余当且仅当

$$a^{(p-1)/2}\equiv 1(\bmod p).$$

证明　必要性. 假定 a 是一个模 p 二次剩余，则存在 y，使得方程 $y^2=a(\bmod p)$，于是

$$a^{(p-1)/2}\equiv (y^2)^{(p-1)/2}(\bmod p)\equiv y^{p-1}(\bmod p)\equiv 1(\bmod p).$$

充分性，假定 $a^{(p-1)/2}\equiv 1(\bmod p)$，设 b 为模 p 的一个本原元，则 $a\equiv b^i(\bmod p)$. 对于某个正整数 i 有 $1\equiv a^{(p-1)/2}\equiv (b^i)^{(p-1)/2}(\bmod p)\equiv b^{i(p-1)/2}(\bmod p)$. 由于 b 的阶为 $p-1$，因此，必有 $p-1$ 整除 $i(p-1)/2$. 因此，i 是偶数，于是 a 的平方根为 $\pm b^{i/2}(\bmod p)$.

定义 6.2 假定 p 是一个奇素数. 对于任意整数 a,定义 Legendre 符号 $\left(\frac{a}{p}\right)$如下:

$$\left(\frac{a}{p}\right)=\begin{cases}0, & a\equiv 0(\bmod p),\\ 1, & a\text{ 是一个模 } p \text{ 二次剩余},\\ -1, & a\text{ 是一个模 } p \text{ 二次非剩余}.\end{cases}$$

定理 6.2 假定 p 是一个奇素数,则

$$\left(\frac{a}{p}\right)\equiv a^{(p-1)/2}(\bmod p).$$

注 6.2 当 a 为模 p 的二次非剩余时,由$(a^{\frac{p-1}{2}})^2\equiv a^{p-1}\equiv 1(\bmod p)$,而此方程有解 1,所以$(a^{\frac{p-1}{2}})\equiv -1(\bmod p)$.

定义 6.3 假定 n 是一个奇的正整数,并且 n 的素数幂因子分解为

$$n=\prod_{i=1}^{k}p^{e_i}.$$

设 a 为一个整数,则 Jacobi 符号$\left(\frac{a}{n}\right)$定义为

$$\left(\frac{a}{n}\right)=\prod_{i=1}^{k}\left(\frac{a}{p_i}\right)^{e_i}.$$

假设 n 为正奇数,Jacobi 符号的性质如下:

(i) 设 $m_1\equiv m_2(\bmod n)$,则$\left(\frac{m_1}{n}\right)=\left(\frac{m_2}{n}\right)$;

(ii) $\left(\frac{2}{n}\right)=\begin{cases}1, & n\equiv\pm 1(\bmod 8),\\ -1, & n\equiv\pm 3(\bmod 8);\end{cases}$

(iii) $\left(\frac{m_1m_2}{n}\right)=\left(\frac{m_1}{n}\right)\left(\frac{m_2}{n}\right)$;

(iv) 假设 m 为正奇数,则

$$\left(\frac{m}{n}\right)=\begin{cases}-\left(\frac{n}{m}\right), & m\equiv n\equiv 3(\bmod 4),\\ \left(\frac{n}{m}\right), & \text{其他}.\end{cases}$$

例 6.7 计算 Jacobi 符号$\left(\frac{6278}{9975}\right)$.

解 因为 9975 的素数幂因子分解为 $9975=3\times 5^2\times 7\times 19$,因此有

$$\left(\frac{6278}{9975}\right)=\left(\frac{6278}{3}\right)\left(\frac{6278}{5}\right)^2\left(\frac{6278}{7}\right)\left(\frac{6278}{19}\right)$$

$$=\left(\frac{2}{3}\right)\left(\frac{3}{5}\right)^2\left(\frac{6}{7}\right)\left(\frac{8}{19}\right)$$
$$=(-1)(-1)^2(-1)(-1)$$
$$=-1.$$

定理 6.3　由定理 6.2,假定 n 是一个素数,则

$$\left(\frac{a}{n}\right)\equiv a^{(n-1)/2}(\bmod n).$$

定理 6.3 必要性不一定成立,即若 n 为合数,$\left(\frac{a}{n}\right)\equiv a^{(n-1)/2}(\bmod n)$可能成立.如果同余式成立,则称 n 为对于基底 a 的 Euler 伪素数.例如,91 是对于基底 10 的 Euler 伪素数.可以证明,对于任意奇合数 n,n 是对于基底 a 的 Euler 伪素数至多对一半的整数 $a\in \mathbf{Z}_n^*$ 成立.容易看出,$\left(\frac{a}{n}\right)=0$,当且仅当 $\gcd(a,n)>1$,则 n 一定为合数.

根据以上讨论,Solovar-Strassen 素性检测(简称 S. S. T)方法如下:

(i) 选择一个随机数 a,使得 $1\leqslant a\leqslant n-1$;

(ii) 计算 $J(a,n)=\left(\frac{a}{n}\right)$;

(iii) 如果 $J(a,n)=0$,则算法回答<是>;

(iv) 计算 $j\equiv a^{(n-1)/2}(\bmod n)$;

(v) 如果 $j\neq J(a,n)$,则算法回答<是>(那么 n 肯定不是素数);

(vi) 否则,$j=J(a,n)$,算法回答<否>(那么 n 不是素数的可能性至多是 50%).

选择 t 个不同的随机值 a,重复 t 次这种检测,如果算法都回答<否>,则 n 是合数的可能性不超过 $1/2^t$.于是 n 是素数的可能性大于 $1-\frac{1}{2^t}$.此算法的复杂性为 $O((\log_2 n)^3)$.

(2) Lehmann 素性检测算法.这种更简单的素性检测方法如下:

(i) 选择一个小于 n 的随机数 a;

(ii) 计算 $a^{(n-1)/2}(\bmod n)$;

(iii) 如果 $a^{(n-1)/2}\not\equiv 1$ 且 $-1(\bmod n)$,则 n 肯定不是素数;

(iv) 如果 $a^{(n-1)/2}\equiv 1$ 或 $-1(\bmod n)$,则 n 不是素数的可能性至多是 50%.

选择 t 个不同的随机值 a,重复 t 次这种检测.如果计算结果等于 1 或 -1,并不恒等于 1,则 n 可能是素数所冒的错误风险不超过 $1/2^t$.

(3) Miller-Rabin 素性检测算法[89,90].这是一个广泛使用的简单算法.首先选择一个待测的随机数 n,求 k 和 m,使得 $n-1=2^k m$ 且 $2\nmid m$,其中 k 为 2 整除 $n-1$

的次数(即 2^t 是能整除 $n-1$ 的 2 的最大次幂).

(i) 选择一个随机数 a,使得 $1\leqslant a\leqslant n-1$;

(ii) 计算 $b\equiv a^m(\bmod n)$;

(iii) 如果 $b\equiv 1(\bmod n)$,则回答"n 是素数"并退出;

(iv) for $i=0$ to $k-1$,do

如果 $b\equiv -1(\bmod n)$,则回答"n 是素数"并退出;

否则,$b\leftarrow b^2(\bmod n)$;

(v) 回答"是",此时 n 是合数.

上述算法显然是一个多项式时间的算法,由初步分析可知,其时间复杂度为 $O((\log_2 n)^3)$,与 Solovay-Strassen 素性检测算法相同. 但在实际运行中,Miller-Rabin 素性检测算法要比 Solovay-Strassen 素性检测算法好.

下面将证明:如果 n 是素数,则 Miller-Rabin 素性检测算法不会回答"是". 也就是说,该算法是"判定一个奇整数是否是合数"的偏是 Monte Carlo 算法.

定理 6.4 Miller-Rabin 素性检测算法是一个"判定一个奇整数是否是合数"的偏是 Monte Carlo 算法,并且错误概率为 1/4.

证明(反证法) 设 n 是素数且假设把 n 作为 Miller-Rabin 素性检测算法的输入得到的算法回答"n 是合数". 因为此算法回答"n 是合数",所以 $a^m\not\equiv 1(\bmod n)$. 现在考虑在算法中检测的 b 的序列. 因为在 for 循环的每一次迭代中,b 是一个数的平方,即测试的值为 $a^m, a^{2m}, \cdots, a^{2^{k-1}m}$. 因为算法回答"$n$ 是合数",所以 $a^{2^i m}\not\equiv -1(\bmod n)(0\leqslant i\leqslant k-1)$.

现在看假设的条件:n 是素数,所以由费马定理知 $a^{2^k m}\equiv 1(\bmod n)$. 由 $n-1=2^k m$ 可知,$a^{2^{k-1}m}$是 1 模 n 的平方根. 因为 n 为素数,所以 x 是 1 模 n 的平方根当且仅当 $n\mid(x-1)(x+1)$. 于是 $n\mid(x-1)$ 或 $n\mid(x+1)$,即 $x\equiv 1(\bmod n)$ 或 $x\equiv -1(\bmod n)$. 如果 $a^{2^{k-1}m}\not\equiv -1(\bmod n)$,则 $a^{2^{k-1}m}\equiv 1(\bmod n)$. 这就是说,$a^{2^{k-2}m}$必是 1 模 n 的平方根. 类似地,如果 $a^{2^{k-2}}\equiv 1(\bmod n)$,则……依此类推,最终可得 $a^m\equiv 1(\bmod n)$,这与 $a^m\not\equiv 1(\bmod n)$矛盾.

Rabin 素性检测算法比前两个算法更快. 如果 n 是一个 256 位的数,则 6 次检测的错误可能性小于 $1/2^{51}$.

(4) 确定性素性检测算法. 以上介绍了非确定型素性检测算法. 确定型素性检测算法是 RSA 体制实用化研究的基础之一. 在用确定型素性检测算法检测一个大的随机数 n 是否为素数时,只要回答"是",n 必是素数. 目前这方面的研究成果很少,但是 1988 年,澳大利亚的 Demytko 利用已知小素数,通过迭代给出了一个大素数. 这就是下面的定理.

定理 6.5 令 $p_{i+1}=h_i p_i+1$. 如果满足下列条件,则 $p_{i+1}=h_i p_i+1$ 必为素数:

(1) p_i 为奇素数;

(2) $h_i < 4(p_i + 1)$，其中 h_i 为偶数；

(3) $2^{h_i p_i} \equiv 1 \pmod{p_{i+1}}$；

(4) $2^{h_i} \not\equiv 1 \pmod{p_{i+1}}$.

根据定理 6.3，可由 16 比特的素数 p_0 导出 32 比特的素数 p_1. 由 p_1 又可导出 64 比特的素数 p_2. ……但如何能产生适于 RSA 体制的素数还未完全解决.

例 6.8　$p_0 = 3$ 为素数，$p_1 = 6p_0 + 1 = 19$ 为素数，$p_2 = 10p_1 + 1 = 191$ 为素数……

最后指出，概率素性检测的算法很多，若要全面了解它，需作专题介绍.

6.2.4　RSA 的安全性

RSA 的安全性极大地依赖于模数 n 的因数分解[91~93]. 如果 n 分解成 p 与 q 的乘积，那么就很容易计算出 $\varphi(n) = (p-1)(q-1)$，于是任何人都可以根据公开密钥 e 计算出私人密钥 d. 这就要求 $n = pq$ 必须足够大，使得分解 n 在目前的计算机上计算是不可行的. 根据目前分解 n 的算法，分解 200 位十进制数(663 比特)已经可以做到. 因此，用户选择的 p 和 q 都应大于 100 位的十进制数.

本节中，考虑对 RSA 密码体制除分解 n 外，还有没有其他的攻击方法.

1. 计算 $\varphi(n)$

不分解 n 能否计算出 $\varphi(n)$？假如能计算出 $\varphi(n)$，则可以证明 n 能被有效地分解. 这就是说，计算 $\varphi(n)$ 并不比分解 n 容易.

可以通过求解如下两个方程：

$$n = pq,$$
$$\varphi(n) = (p-1)(q-1)$$

来分解 p 和 q.

2. 解密指数[94]

下面将证明：任何能计算私人密钥 d 的算法都可以作为分解 n 的概率算法的一个子程序而使 n 得到分解，所以说计算私人密钥 d 并不比分解模数 n 容易. 这也表明，如果私人密钥被泄露，n 也就可以分解了，因此，必须重新选择模数 n. 首先，介绍相关算法的概念.

(1) Las Vegas 算法.

定义 6.4　假定 $0 < \varepsilon < 1$ 是一个实数. 一个 Las Vegas 算法是一个具有下列性质的概率算法：对问题的任何实例 I，算法以概率 ε 不作一个回答. 然而，如果算法作了一个回答，则回答一定正确.

一个 Las Vegas 算法可以不给出一个回答，但是它给出的任何回答都是正确的. 如果有解决一个问题的 Las Vegas 算法，则反复运行该算法，直至得到一个回答为止. 连续运行 m 次，算法都不作回答的概率为 ε^m. 在连续 m 次的运行中算法在第 m 次作出回答的概率为 $p_m=\varepsilon^{m-1}(1-\varepsilon)$. 这样，为了获得一个回答，算法必须运行的平均次数为 $\sum_{m=1}^{\infty}(m\times p_m)=\frac{1}{1-\varepsilon}$.

(2) 模 n 的平方根. 设 $n=pq$ 是两个不同的奇素数 p 与 q 的乘积，则同余方程 $x^2\equiv 1(\bmod p)$ 在 $\mathbf{Z}_n$ 中有两个解 $x\equiv\pm 1(\bmod p)$. 同样，$x^2\equiv 1(\bmod q)$ 在 $\mathbf{Z}_n$ 中有两个解 $x\equiv\pm 1(\bmod q)$. 因此，由中国剩余定理，1 模 n 有 4 个平方根，这 4 个平方根可以根据中国剩余定理求出，其中有两个平方根是 $x\equiv\pm 1(\bmod n)$，称之为 1 模 n 的平凡的平方根. 另外两个平方根为 1 模 n 的非平凡的平方根，其中一个是另一个模 n 的负元.

(3) 由模 n 的平方根分解 n. 若 x 是 1 模 n 的一个非平凡的平方根，则 $n\mid(x^2-1)=(x-1)(x+1)$. 但 n 同时不能整除 $x-1$ 和 $x+1$，所以 $\gcd(x+1,n)=p$(或 q)或 $\gcd(x-1,n)=p$(或 q). 由于最大公因数能够用欧几里得算法算出而无须知道 n 的分解，所以可以根据 1 模 n 的平方根的知识，使得分解 n 能在多项式时间内完成.

例 6.9 假定 $n=527=17\times 31$. 1 模 527 的 4 个平方根为 1,154,373 和 526，其中平方根 154 和 373 是通过下面两个方程组得到的：

$$\begin{cases}x\equiv 1(\bmod 17),\\ x\equiv -1(\bmod 31),\end{cases}$$

$$\begin{cases}x\equiv -1(\bmod 17),\\ x\equiv 1(\bmod 31),\end{cases}$$

而 $154,373\not\equiv 1(\bmod 527)$，

$$\gcd(153,527)=17,$$
$$\gcd(372,527)=31,$$

分解出 $527=17\times 31$.

现在，假设算法 A 是从公开密钥 e 计算私人密钥 d 的一个假想的算法. 下面将描述一个用 A 作为子程序，通过寻找 1 模 n 的非平凡的平方根来分解 n 的 Las Vegas 算法. 该算法至少以 1/2 的概率分解 n.

给定私人密钥 d 分解 n 的算法如下：

(1) 随机地选择 ω，使得 $1\leqslant\omega\leqslant n-1$；

(2) 计算 $x=\gcd(\omega,n)$；

(3) 如果 $1<x<n$，则算法停止(这时 $x=p$ 或 q，分解 n 成功)；

(4) 计算 $d=A(e)$(A 是一个由 e 求 d 的假想算法,特别地,当对应于 e 的私人密钥 d 已知时,无须预言);

(5) 把 ed 写成 $ed-1=2^s r$,其中 r 为奇数;

(6) 计算 $v \leftarrow \omega^r \pmod{n}$;

(7) 如果 $v \equiv 1 \pmod{n}$,则算法停止(分解 n 失败,可重选 ω);

(8) 当 $v \not\equiv 1 \pmod{n}$ 时,do

$$\begin{cases}(9)\ v_0 \leftarrow v; \\ (10)\ v \leftarrow v^2 \pmod{n};\end{cases}$$

(11) 如果 $v_0 \equiv -1 \pmod{n}$,则算法停止(分解 n 失败,可重选 ω);否则,

(12) 计算 $x=\gcd(v_0+1,n)$(这时 $x=p$ 或 q,分解 n 成功).

下面对上述算法作一点解释. 如果选到的 ω 正好是 p 或 q 的倍数,则能立即分解 n. 这一点可在算法的第(3)步检测出来. 如果 ω 和 n 互素,则通过连续的平方计算 $\omega^r, \omega^{2r}, \omega^{4r}, \cdots$ 直到对某一 t 有 $\omega^{2^t r} \equiv 1 \pmod{n}$ 为止. 因为 $ed-1=2^s r \equiv 0 \pmod{\varphi(n)}$,所以可以知道 $\omega^{2^s r} \equiv 1 \pmod{n}$. 因此,在至多 s 次迭代后,当圈(圈指第(8)~(10)步)结束时,找到一个值 v_0,使得 $v_0^2 \equiv 1 \pmod{n}$,但 $v_0 \not\equiv 1 \pmod{n}$. 如果 $v_0 \equiv -1 \pmod{n}$,则分解失败;否则,v_0 是 1 模 n 的一个非平凡的平方根,便可以利用 v_0 分解 n(第(12)步).

在这个算法中,有两种情况出现时不能分解 n. 一种是 $\omega^r \equiv 1 \pmod{n}$(第(7)步);另一种是对某一整数 $t(0 \leqslant t \leqslant s-1)$,使得 $\omega^{2^t r} \equiv -1 \pmod{n}$(第(11)步). 可以证明,这两种情况出现的概率至多是 1/2. 这表明该算法分解 n 成功的概率至少是 1/2. 如果该算法运行 m 次,则 n 将以至少 $1-1/2^m$ 的概率被分解.

3. RSA 的语义安全性

在前面的分析中,假定攻击者试图攻破密码体制以找出秘密密钥(对称密码体制下)或者私钥(公钥密码体制). 如果攻击者能做到这一点,那么密码体制就被完全攻破. 然而,在应用中,明文数据很可能含有一些非秘密的"部分信息". 即使敌手不能找到秘密密钥或公钥,他仍可以获得比所希望的更多的信息. 例如,某些数据永远在一个较小范围中. 如果要确保一个密码体制是"安全的",应该更准确地估计攻击者的目的. 下面列出了潜在攻击者的目的.

(1) 完全破译. 攻击者能够找出秘密密钥.

(2) 部分破译. 攻击者能以某一不可忽略的概率解密以前没见过的密文,或者攻击者能够对给定的密文得出明文的一些特定信息.

(3) 密文识别. 攻击者能够以超过 1/2 的概率识别两个不同明文对应的密文,或者识别出给定明文的密文和随机字符串.

密码体制安全的程度.如果密码体制对攻击目的较弱时是安全的,则说明体制的安全性较强.如果一个公钥密码体制使得敌手不能(在多项式时间内)识别密文,则称密码体制达到语义安全[95].虽然 RSA 体制的密文有时能"泄露"明文的部分信息[96,97],但可以证明,RSA 不能进行下面的语义识别攻击.

给定用 RSA 公钥体制加密的密文 $c=E_k(m)$,定义

$$\text{parity}(c)=\begin{cases}0, & m\text{ 为偶数},\\ 1, & m\text{ 为奇数},\end{cases}\quad \text{half}(c)=\begin{cases}0, & 0\leqslant m<n/2,\\ 1, & n/2<m\leqslant n-1,\end{cases}$$

其中 parity(c)表示 m 的二进制表示的最低位数.

定理 6.6　设 $c=E_k(m)$是用 RSA 公钥体制加密明文 m 得到的密文,则

$$E_k(m_1m_2)=E_k(m_1)E_k(m_2)(\bmod n), \tag{6.11}$$

$$\text{half}(c)=\text{parity}(c\times E_k(2)(\bmod n)), \tag{6.12}$$

$$\text{parity}(c)=\text{half}(c\times E_k(2^{-1})(\bmod n)). \tag{6.13}$$

定理 6.6 表明,如果根据密文 $c=E_k(m)$能在多项式时间内计算出 parity(c),则也能在多项式时间内计算出 half(c);反之也成立.因此,计算 parity(c)多项式地等价于计算 half(c).

下面将证明计算 parity(c)或 half(c)的任何算法 A 都可用作构造计算明文 m 的算法的一个子程序.这就意味着给定一个密文 c,计算明文低位比特(或判断明文 m 属于$\{1,2,\cdots,n\}$的前一半还是后半部)多项式地等价于确定整个明文 m.

假如有一个计算 half(c)的假想的算法 A,能否利用这个假想的算法计算 m 呢?设 $k=\lfloor \log_2 n\rfloor$,其中$\lfloor x\rfloor$表示不大于 x 的最大正整数,则可根据计算 half(c)的假想算法 A 给出计算 m 的算法 6.1.

算法 6.1　Oracle RSA　Decryption(n,b,y)(其中 b 为公钥)

```
External  Half
k←⌊log₂n⌋
for  i=0  to  k
do  { cᵢ←half(c);
    { c←(c×Eₖ(2)(modn));
l₀←0;
h₀←n;
for  i=0  to  k
   do { mid=(hᵢ+lᵢ)/2;
      { if cᵢ₋₁=1  then  lᵢ←mid;
      { else  hᵢ←mid;
return  m=⌊hₖ⌋
```

第一个 for 循环运行第 i 次时有

$$c_i = \text{half}(c \times E_k(2)^i(\text{mod}n)) = \text{half}(E_k(m \times 2^i)(\text{mod}n)), \quad 0 \leqslant i \leqslant \log_2 n.$$

观察到

$$\text{half}(E_k(m)) = 0 \Leftrightarrow m \in [0, n/2),$$
$$\text{half}(E_k(2m)) = 0 \Leftrightarrow m \in [0, n/4) \cup [n/2, 3n/4),$$
$$\text{half}(E_k(2^2 m)) = 0 \Leftrightarrow m \in [0, n/8) \cup [n/4, 3n/8) \cup [n/2, 5n/8) \cup [6n/8, 7n/8),$$

……

因此,可以利用二分检索技巧搜索到 m,这就是在第二个 for 循环中完成的. 算法 6.1 是多项式时间可以完成的. 从上面结果可知,如果存在计算 parity(c)的多项式时间算法,则存在 RSA 解密的多项式时间算法. 也就是说,RSA 是语义安全的.

4. 使用 RSA 时注意的问题

下面讨论对 RSA 体制的一些攻击方法以及使用 RSA 体制的过程中应当注意的问题.

(1) 由 RSA 体制的加密知,对一切 $m_1, m_2 \in \mathbf{Z}_n$ 有 $E_k(m_1m_2) = E_k(m_1)E_k(m_2)(\text{mod}n)$,称这个性质为 RSA 的同态性质. 根据这个性质,如果敌手 O 知道了密文 c_1 和 c_2 的明文 m_1 和 m_2,则他就也知道了 $c_1c_2(\text{mod } n)$所对应的明文是 $m_1m_2(\text{mod } n)$.

(2) 选择密文攻击. 敌手 O 对用户 A 和 B 的通信过程进行窃听,得到用户 B 的公开密钥 e 加密的消息 c. 为了解密 c,O 随机选择数 $r<n$,然后用 B 的公钥 e 计算,

$$x \equiv r^e(\text{mod}n), \quad y \equiv xc(\text{mod}n), \quad t \equiv r^{-1}(\text{mod}n).$$

O 让 B 用他的私人密钥 d 对 y 签名,即计算 $u \equiv y^d(\text{mod}n)$. O 收到 u 后计算

$$tu(\text{mod}n) = r^{-1}y^d \equiv r^{-1}x^dc^d(\text{mod}n) \equiv r^{-1}rc^d(\text{mod}n) \equiv m(\text{mod}n).$$

这表明,使用 RSA 公钥体制时,绝对不能用自己的私人密钥 d 对一个陌生人提供给你的随机消息进行签名. 当然,利用一个单向 Hash 函数(见第 7 章)对消息进行 Hash 运算后,可以防止这种攻击.

(3) 公共模攻击. 有一个可能的 RSA 的实现,每个人具有相同的 n 值,但有不同的公开密钥 e 和私人密钥 d. 不幸的是,这样做是不行的. 最显而易见的是,假如用两个不同的公开密钥加密同一消息,并且两个公开密钥 e_1 和 e_2 互素(它们在一般情况下会如此),则无需任何私人密钥就可以恢复出明文.

设公共的模数为 n,m 是明文消息,分别用两个公开密钥 e_1 和 e_2 加密 m,得到的两个密文为

$$c_1 \equiv m^{e_1} (\bmod n), \quad c_2 \equiv m^{e_2} (\bmod n).$$

密码分析者知道 $n, e_1, e_2, c_1 c_2$，则可以如下恢复出 m：由于 e_1 和 e_2 互素（多数情况会如此），所以由扩展的欧几里得算法能找出 r 和 s，满足 $re_1 + se_2 = 1$. 于是有 $c_1^r \times c_2^s \equiv m^{re_1} \times m^{se_2} \equiv m(\bmod n)$. 因此，在使用 RSA 体制时，千万不要让一组用户共用模 n.

(4) 循环攻击. 设 $c \equiv m^e(\bmod n)$ 是用 RSA 体制加密的密文，计算

$$c, c^e, c^{e^2}, \cdots, c^{e^k}, \cdots (\bmod n).$$

一旦出现 $c^{e^k} \equiv c(\bmod n)$，则 $c^{e^{k-1}} \equiv c^{e^{-1}} \equiv m(\bmod n)$. 称这种攻击为基本的循环攻击.

例 6.10 RSA 体制的模数 $n=35$，公钥 $e=17$，$c \equiv m^{17} \equiv 3(\bmod n)$ 是用该 RSA 体制加密明文 m 得到的密文，则 $c=3$，$c^{17} \equiv 33(\bmod 35)$，$c^{17^2} \equiv 3(\bmod 35)$，故 $m = c^{17} \equiv 33(\bmod 35)$.

一般的循环攻击本质上可视为分解 n 的一个算法，而分解 n 被假定是不可行的，所以循环攻击对 RSA 体制的安全性不构成威协.

(5) 不动点. 称满足条件 $m^e \equiv m(\bmod n)$ 的 m 为不动点. 显然，不动点对 RSA 的安全有一定的威协，因此，应当尽量减少之. 容易证明，RSA 体制下的不动点的个数为

$$\gcd(e-1, p-1) \times \gcd(e-1, q-1).$$

由此，为了减少不动点个数，必须使 $p-1$ 和 $q-1$ 的因子尽可能得少.

素数 $p=2a+1$ 称为安全素数，如果 a 也是素数. 当以安全素数 $p=2a+1$ 和 $q=2b+1$ 作为 RSA 体制中的 p 和 q 时，顶多只有 4 个不动点.

(6) Wiener 的低解密指数攻击[98]. 假定 $n=pq$，其中 p 和 q 均为素数，则 $\varphi(n)=(p-1)(q-1)$. 下面介绍 M. Wiener 提出的一种攻击，可以成功地计算出秘密的解密指数 d，前提是满足如下条件：

$$3d < n^{1/4} \quad \text{且} \quad q < p < 2q. \tag{6.14}$$

如果 n 的二进制表示为 l 比特，则当 d 的二进表示的位数小于 $l/4-1$，并且 p 和 q 相距不太远时，攻击有效.

人们可能试图选择较小的解密指数来加快解密过程. 如果使用平方-乘算法来计算 $c^d(\bmod n)$，那么当选择一个满足式(6.14)的 d 值时，解密的时间大约可以减少 75%. 以上得到的结果说明，应该避免使用这种办法来减少解密时间.

另外，利用格攻击方法可以在 $d < n^{0.2928}$ 且 $q < p < 2q$ 时成功攻击 RSA.

6.3 Rabin 公钥密码体制

1979 年，M. O. Rabin[99] 发表了论文“Digital Signatures and Public-Key Functions as Intractable as Factorization”（与分解因子同样困难的数字签名和公钥函

数)，提出了一个与因子分解困难性等价的公钥密码体制，现称之为Rabin体制. 该体制是利用在合数模下求平方根的困难性构造的一种安全的公钥体制.

6.3.1 Rabin密码体制

Rabin密码体制实际上是RSA密码体制的修正方案[100]. 令

$$p \equiv 3(\text{mod}4), \quad q \equiv 3(\text{mod}4) \tag{6.15}$$

是两个素数，计算 $n=pq$，公开密钥为 n，私人密钥为 p 和 q.

1. 加密变换

(1) 将电文 m 通过可逆映射 ρ(公开)映入明文空间 $\Omega_n \subset \mathbf{Z}_n^*$，计算

$$M = \rho(m) \in \Omega_n.$$

实际上，ρ 是一个将电文 m 转换成小于 n 且与 n 互素的正整数的映射.

(2) 计算并发送

$$c \equiv M^2(\text{mod}n). \tag{6.16}$$

2. 解密变换

(1) 求以下两个二次同余方程：

$$\begin{cases} x^2 \equiv c(\text{mod}p), \\ x^2 \equiv c(\text{mod}q) \end{cases}$$

的解

$$\begin{cases} x_1 \equiv c^{(p+1)/4}(\text{mod}p), \\ x_2 \equiv p - c^{(p+1)/4}(\text{mod}p), \\ x_3 \equiv c^{(q+1)/4}(\text{mod}q), \\ x_4 \equiv q - c^{(q+1)/4}(\text{mod}q). \end{cases} \tag{6.17}$$

这是因为假定 y 是一个模 p 二次剩余，当 $p\equiv 3(\text{mod}4)$时，有一个简单公式来计算模 p 二次剩余的平方根，即

$$(\pm y^{(p+1)/4})^2 \equiv y^{(p+1)/2}(\text{mod}p) \equiv y^{(p-1)/2}y(\text{mod}p) \equiv y(\text{mod}p). \text{(Euler 准则)}$$

根据中国剩余定理可以得到同余方程(6.17)的4个解为

$$\begin{cases} y_1 \equiv (ax_1 + bx_3)(\text{mod}n), \\ y_2 \equiv (ax_1 + bx_4)(\text{mod}n), \\ y_3 \equiv (ax_2 + bx_3)(\text{mod}n), \\ y_4 \equiv (ax_2 + bx_4)(\text{mod}n), \end{cases} \tag{6.18}$$

其中 $b=q\cdot(p^{-1}(\mathrm{mod}q))$，$a=p\cdot(q^{-1}(\mathrm{mod}p))$.

(2) 从(7.18)中选唯一属于 Ω_n 的解 y，令

$$M=y,\quad y\in\Omega_n.$$

(3) 利用 ρ^{-1} 恢复电文 $m=\rho^{-1}(M)$.

根据式(6.16)，(6.18)中必有一个与 M 相同. 如何从 4 个可能的电文中确定出哪一个是真正的电文？如果被加密的电文 m 是自然语言，则从解密的信息是否有意义很容易确定出正确的电文，但是对于非自然语言的数字或比特串，这就无法实现了. 解决这一问题的一个方法是在电文消息中加入一个已知的文字标题或电文采用某种格式，如后 100 位为 0. 也就是说，在明文中应包含足够的冗余信息来消去 4 个可能值中的 3 个.

6.3.2 Rabin 密码体制的安全性

定理 6.7 令 $n=pq$，其中 p,q 为素数. 设 A 是一个解同余方程

$$x^2\equiv c(\mathrm{mod}n) \tag{6.19}$$

的算法，并且对任意的 $c\in QR_n$，算法 A 能以不超过 $F(n)$ 次运算的代价找出式(6.19)的一个解，则存在一个分解 n 的概率算法，其期望运算时间不超过 $T(n)=2F(n)+3\log_2 n$ 次运算.

证明 下面提供一个解密预言 Rabin Decrypt 可以并入到一个分解模数 n 的 Las Vegas 算法中，具有至少 1/2 的概率. 这就是说，如果能有一个破译 Rabin 公钥体制的概率算法，那么就能分解整数 n，即分解整数 $n\propto_T$ **破译** Rabin 公钥体制(其中$\propto_T$ 为图灵归约).

算法 6.2 Rabin Oracle Factoring(n)

```
External  Rabin Decrypt
选择一个随机整数,r∈Z*n
y←r²(modn)
x←Rabin Decrypt(y)
if  x≡±r(modn)
    then return(“failure”)
    else ⎧p←gcd(x+r,n)
         ⎨q←n/p
         ⎩return(“n=p×q”)
```

同时，由算法 6.2 还可以看到，Rabin 公钥体制对选择密文攻击是不安全的.

6.4　基于离散对数问题的公钥密码体制

本节主要讨论基于离散对数问题[101]的公钥密码体制. 离散对数问题包括 $\mathbf{Z}_p^*$ 和 $\mathbf{Z}_p$ 中椭圆曲线上的两类离散对数问题. 下面介绍著名的公钥密码体制 ElGamal 密码体制[102].

6.4.1　ElGamal 密码体制

ElGamal 公钥体制的安全性依赖于计算有限域上离散对数(discrete logarithm)的困难性. 因为用该体制加密的密文依赖于明文和加密者选取的随机数，所以这种密码算法是非确定性的. 下面首先介绍离散对数问题.

1. 离散对数问题

以下以有限乘法(或加法)群(G, ·)为数学环境，n 阶循环群为工具.

实例　乘法群(G, ·)，一个 n 阶元素 $\alpha \in G$ 和元素 $\beta \in <\alpha>$.

问题 6.2　找到唯一的整数 $a(0 \leqslant a \leqslant n-1)$，满足

$$\alpha^a = \beta.$$

将这个整数记为 $\log_\alpha \beta$. 在群(G, ·)的子群 $<\alpha>$ 中定义离散对数问题. 在密码学中，主要应用离散对数问题的如下性质：求解离散对数是困难的，而其逆运算指数运算可以应用平方-乘的方法有效地计算出来. 换句话说，在相应的群 G 中，指数函数是单向函数.

2. ElGamal 密码体制

ElGamal 公钥密码体制是最著名的公钥密码体制之一. 在 ElGamal 密码体制中，加密运算是随机的，因为密文既依赖于明文 m，又依赖于 Alice 选择的随机数 x. 因此，对于同一个明文，会有许多($p-1$ 个)可能的密文. ElGamal 密码体制的加密算法有数据扩展.

设 p 是一个素数，使得群($\mathbf{Z}_p^*$, ·)上的离散对数是难处理的. $\alpha \in \mathbf{Z}_p^*$ 是 $\mathbf{Z}_p^*$ 的一个本原元. 令 $M=\mathbf{Z}_p^*$, $C=\mathbf{Z}_p^* \times \mathbf{Z}_p^*$. 定义

$$K = \{(p, \alpha, a, \beta) \mid \beta \equiv \alpha^a (\bmod p)\},$$

其中 $a<p-1$ 为随机选取的. 公开密钥为 p, α 和 β. α 和 p 可由一组用户共享. 私人密钥为 a. 如果用户 A 要对消息 m 进行加密，则先将 m 按照模 p 进行分组，使每组 m_i 都小于 p(以下仍将 m 视为其中的一组). 然后，随机选取数 x，使得

$$\gcd(x, p-1) = 1,$$

计算

$$\begin{cases} y_1 \equiv \alpha^x (\bmod p), \\ y_2 \equiv m \cdot \beta^x (\bmod p), \end{cases} \tag{6.20}$$

则密文

$$c = E_k(m,x) = (y_1, y_2), \tag{6.21}$$

其中密文为 $\mathbf{Z}_p^*$ 中的元素对(y_1, y_2),故密文的大小恰为明文的 2 倍.

当用户 B 收到用他的公钥加密的消息(y_1, y_2)时,他用自己的私人密钥 $k'=a$ 计算

$$D_{k'}(y_1, y_2) \equiv y_2 (y_1^a)^{-1} (\bmod p). \tag{6.22}$$

因为

$$D_{k'}(E_k(m,x)) \equiv D_{k'}(y_1, y_2) \equiv m \cdot \beta^x (\alpha^{ax})^{-1} \equiv m (\bmod p),$$

所以用户 B 可以有效地解密任何用户用他的公开密钥加密的消息.

显然,如果攻击者 O 可以计算 $a=\log_\alpha \beta$,则 ElGamal 公钥密码体制就是不安全的,因为那时 O 可以像 B 一样解密用该体制加密的密文. 因此,ElGamal 公钥密码体制安全的一个必要条件就是 $\mathbf{Z}_p^*$ 上的离散对数是难处理的.

例 6.11　假定 $p=2579$,$\alpha=2$,$a=756$,因此,$\beta \equiv 2^{756} (\bmod\ 2579)=949$. 用户 A 欲发送消息 $m=1229$ 给用户 B. A 随机选取 $x=853$,并计算 $y_1 \equiv 2^{853} (\bmod 2579)=435$. 再用 β^x 来隐蔽 m 产生 $y_2 \equiv 1229 \times 949^{853} (\bmod\ 2579)=2396$. A 将密文 $y=(435,2396)$发送给用户 B. 用户 B 收到密文 y 后,计算 $2396 \times (435^{765})^{-1} (\bmod\ 2579)=1299=m$.

作为密码分析者,截获了用户 A 发送给用户 B 的密消息 $y=(y_1, y_2)$后,当他仅知道加密此消息的公开密钥 α,β 和 p 时,他要求出 m,必须求出 B 的私人密钥 a. 因为他知道 a 和 α,β 的关系 $\beta \equiv \alpha^a (\bmod p)$,所以他必须找唯一的指数 $a(0<a<p-1)$,使得 $\beta \equiv \alpha^a (\bmod p)$. 这就是求有限域上的离散对数问题. 当然,可以用穷举法搜索 a. 但是,当 p 很大时,这种方法是不能成功的. 为此,介绍几种求有限域上的离散对数的非平凡的算法.

6.4.2　离散对数问题的算法

本节中,假设(G, ·)是一个乘法群,$\alpha \in G$ 是一个 n 阶元素,$\beta \in \langle \alpha \rangle$.

1. 穷举法

计算 $\alpha, \alpha^2, \alpha^3, \cdots$ 直到发现 $\beta=\alpha^a$. 这需要 $O(n)$的时间和 $O(1)$的空间穷举搜索.

2. 列表法

预先计算出所有可能的值 α^i，并对有序对 (i,α^i) 以第 2 个坐标排序列表. 然后，给定 β，对储存的列表实施一个二分搜索，直到找到 a，使得 $\beta=\alpha^a$. 这需要 $O(1)$ 的时间、$O(n)$ 步预计算和 $O(n)$ 存储空间解决.

3. Shanks 算法

Shanks 算法是第一个非平凡的时间-存储平衡算法. Shanks 算法表述如下：

算法 6.3　(1) $m\leftarrow\lfloor\sqrt{n}\rfloor$；

(2) for　$j=0$　to　$m-1$　do　$\alpha^{mj}(\bmod p)$；

(3) 对 m 个有序对 $(j,\alpha^{mj}(\bmod p))$ 按第 2 坐标排序，获得表 L_1；

(4) for　$i=0$　to　$m-1$　do $\beta\alpha^{-i}(\bmod p)$；

(5) 对 m 个有序对 $(i,\beta\alpha^{-i}(\bmod p))$ 按第 2 坐标排序，获得表 L_2；

(6) 找有序对 $(j,y)\in L_1$ 和 $(i,y)\in L_2$，即找第 2 坐标相同的两个有序对；

(7) $\log_\alpha\beta\leftarrow(mj+i)(\bmod(p-1))$.

如果需要，第(2)，(3)步可以预先计算. 算法的正确性是显然的. 因为

$$y=\beta\alpha^{-i}\equiv\alpha^{mj}(\bmod p),$$

所以

$$\beta\equiv\alpha^{i+mj}(\bmod p),$$

故

$$a\equiv i+mj(\bmod(p-1)).$$

反之，对任何 β，可令 $\log_\alpha\beta\leftarrow(mj+i)(\bmod(p-1))(0\leqslant i,j\leqslant m-1)$. 因此，算法中第 6 步的搜索总是成功的，其中 $\log_\alpha\beta\leqslant m(m-1)+m-1=m^2-1\leqslant n-1$，所以 m 取 $\lceil\sqrt{n}\rceil$.

很容易实现这个算法，使其运行时间为 $O(m)$，存储空间为 $O(m)$（忽略对数因子）. 下面是几个细节：第 2 步可以先计算 α^m，然后依次乘以 α^m. 这一步总的花费时间为 $O(m)$. 同样地，第 4 步花费的时间为 $O(m)$. 第 3 步和第 5 步利用有效的排序算法，花费时间为 $O(m\log_2 m)$. 最后，作一个对两个表 L_1 和 L_2 同时进行的遍历，完成第 6 步，这需要的时间为 $O(m)$.

例 6.12　假定 $p=809$，$\alpha=3$，$\beta=525$，在有限域 F_{809} 中求 $\log_\alpha\beta$.

令 $m=\lceil\sqrt{808}\rceil=29$，则 $\alpha^{29}(\bmod 809)=99$. 计算有序对 $(j,99^j(\bmod 809))(0\leqslant j\leqslant 28)$，并按第 2 坐标排序得表 L_1 如下：

(0,1)	(23,15)	(12,26)	(28,81)	(2,93)	(1,99)
(13,147)	(8,207)	(6,211)	(9,268)	(19,275)	(27,295)
(3,308)	(5,329)	(17,464)	(21,496)	(20,528)	(4,559)
(22,564)	(26,575)	(25,586)	(18,632)	(10,644)	(11,654)
(7,664)	(24,676)	(15,727)	(16,781)	(14,800)	

再计算有序对$(i,525\times(3^i)^{-1}(\mathrm{mod}809))(0\leqslant i\leqslant 28)$,并按第 2 坐标排序得表 L_2 如下：

(6,44)	(5,132)	(17,133)	(28,163)	(1,175)	(13,256)
(24,259)	(18,314)	(2,328)	(14,355)	(25,356)	(3,379)
(15,388)	(4,396)	(16,399)	(10,440)	(27,489)	(9,511)
(21,521)	(0,525)	(7,554)	(19,644)	(26,658)	(11,686)
(22,713)	(8,724)	(20,754)	(12,768)	(23,777)	

现在,同时查表 L_1 和 L_2,可以找到$(10,644)\in L_1$,$(19,644)\in L_2$. 因此,能计 $\log_3 525=29\times 10+19=309$. 经过验证,$3^{309}\equiv 525(\mathrm{mod}809)$.

4. Pohlig-Hellman[103]

假设 $n=\prod_{i=1}^{k}p_i^{c_i}$,其中 p_i 为不同的素数. 值 $a=\log_\alpha\beta$ 是模 n 唯一确定的. 首先已经知道,如果能够对每个 $i(1\leqslant i\leqslant k)$,计算出 $a(\mathrm{mod}p_i^{c_i})$,就可以利用中国剩余定理计算出 $a \bmod n$.

(1) 假设 q 是素数,先求 $a(\mathrm{mod}q^c)=\log_\alpha\beta(\mathrm{mod}q^c)=\sum_{i=0}^{c-1}a_iq^i$,其中 q 为素数, $n\equiv 0(\mathrm{mod}q^c)$且 $n\not\equiv 0(\mathrm{mod}q^{c+1})$.

求解过程如下:可以有如下等式：

$$a=\sum_{i=0}^{c-1}a_iq^i+sq^c.$$

可以证明

$$\beta^{n/q}=\alpha^{a_0n/q},\tag{6.23}$$

所以当 β 已知时,可以通过计算 $\gamma=\alpha^{n/q},\gamma^2,\cdots$直到对于某个 $i\leqslant q-1$,使得 $\gamma^i=\beta^{n/q}$,得到 $a_0=i$.

设 $\beta_0=\beta$,定义对于 $1\leqslant j\leqslant c-1$,

$$\beta_{j+1}=\beta\alpha^{-(a_0+a_1q+\cdots+a_jq^j)}=\beta_j\alpha^{-a_jq^j}.$$

可以证明如下类似于(6.23)的结论：

$$\beta_j^{n/q^{j+1}} = \alpha^{a_j n/q},$$

所以可以用与上同样的方法，由 β_j 求得 a_j.

这样就建立了一个计算链

$$\beta = \beta_0 \to a_0 \to \beta_1 \to a_1 \to \cdots \to \beta_{c-1} \to a_{c-1},$$

从而完成了

$$a(\mathrm{mod}\, q^c) = \log_\alpha \beta(\mathrm{mod}\, q^c) = \sum_{i=0}^{c-1} a_i q^i$$

的求解.

(2) 再根据中国剩余定理求出

$$a = \log_\alpha \beta(\mathrm{mod}\, n).$$

算法的直接运算时间是 $O(cq)$，元素 $\alpha^{n/q}$ 的阶数是 q，所以每个 $i(i=\log_{\alpha^{n/q}}\delta)$ 可以用 $O(\sqrt{q})$ 时间计算，这样算法的复杂性可以降到 $O(c\sqrt{q})$.

算法 6.4(Pohlig-Hellman 算法)

```
j←0
βj←β
While  j≤c-1  do
δ←βj^((p-1)/q^(j+1))
找到满足 δ=α^(i(p-1)/q)的 i
bj←i
βj+1←βj α^(-bj q^j)
j←j+1
return(b0,…,bc-1)
```

例 6.13　假定 $p=29$，则 $n=p-1=28=2^2\times 7^1$. 取 $\alpha=2$，$\beta=18$ 是 $\mathbf{Z}_{29}$ 上的一个本原元，现在来计算 $a=\log_2 18$.

先计算 $a(\mathrm{mod}4)$. 此时，

$$q=2,\quad c=2,$$

$$\gamma^1 = \alpha^{28/2}(\mathrm{mod}29) = 28,\quad \beta^{28/2}(\mathrm{mod}29) = 18^{14}(\mathrm{mod}29) = 28.$$

因此，$b_0=1$. 计算 $\beta_1=\beta_0\alpha^{-1}(\mathrm{mod}29)=9$，$\beta_1^{28/4}(\mathrm{mod}29)=28$. 因为 $\gamma^1=28$，所以 $b_1=1$. 因此，$a\equiv 3(\mathrm{mod}4)$.

再计算 $a(\mathrm{mod}7)$. 此时，

$$q=7,\quad c=1,$$

$$\beta^{28/7}(\mathrm{mod}29) = 18^4(\mathrm{mod}29) = 25,\quad \gamma^1 = \alpha^{28/7}(\mathrm{mod}29) = 16.$$

通过计算可知 $\gamma^2=24$，$\gamma^3=7$，$\gamma^4=25$. 因此，$b_0=4$，从而 $a\equiv 4(\mathrm{mod}7)$.

最后,由中国剩余定理解同余方程组

$$\begin{cases} a \equiv 3(\mathrm{mod}4), \\ a \equiv 4(\mathrm{mod}7) \end{cases}$$

可得 $a \equiv 11(\mathrm{mod}28)$,即 $\log_2 18 = 11$.

在运用 Pohlig-Hellman 算法计算有限域上的离散对数 $\log_\alpha \beta$ 时,需要分解 $p-1$为素数幂的乘积. 这一分解运算比较困难,这就意味着用这种方法来求有限域上的离散对数实际上也是困难的. 这个算法的时间复杂度为 $O(c\sqrt{q})$.

5. 指数演算法

前面三个算法可以用于任何群,指数演算法用于计算 $\mathbf{Z}_p^*$ 的离散对数的特殊情况,其中 p 为素数,α 为模 p 的本原元.

这个方法需建立一个因子基. 因子基是由一些"小"素数组成的集合 B. 假定 $B=\{p_1, p_2, \cdots, p_B\}$.

第 1 步(预处理)　计算因子基中 B 个素数的离散对数$\{\log_\alpha p_1, \log_\alpha p_2, \cdots, \log_\alpha p_B\}$.

第 2 步　利用这些因子基的离散对数,计算所要求的离散对数. 选择随机数 $s(1 \leqslant s \leqslant p-2)$,计算 $\gamma \equiv \beta\alpha^s(\mathrm{mod}p)$. 若能在因子基上分解 γ,则 $\beta\alpha^s \equiv p_1^{c_1} p_2^{c_2} \cdots p_B^{c_B}(\mathrm{mod}p)$等价于 $\log_\alpha \beta + s \equiv c_1 \log_\alpha p_1 + \cdots + c_B \log_\alpha p_B(\mathrm{mod}p-1)$则 $\log_\alpha \beta \equiv c_1 \log_\alpha p_1 + \cdots + c_B \log_\alpha p_B - s(\mathrm{mod}p-1)$.

*6.4.3　椭圆曲线上的密码体制[104~106]

椭圆曲线(elliptic curve)理论是一个古老而深奥的数学分支,已有 100 多年的历史,一直作为一门纯理论学科被少数数学家掌握. 它被广大科技工作者了解要归功于 20 世纪 80 年代的两件重要工作,即

(1) Wiles 应用椭圆曲线理论证明了著名的费马大定理;

(2) N. Koblitz 和 V. S. Miller 把椭圆曲线群引入公钥密码理论中,提出了椭圆曲线公钥密码体制(elliptic curves cryptosystem,ECC),取得了公钥密码理论和应用的突破性进展.

20 世纪 90 年代,最通用的公钥密码体制是 RSA 公钥密码体制和 Diffie-Hellman 公钥交换算法,其密钥长度一般为 512 比特. 1999 年 8 月 22 日,RSA-512 被攻破,所以这些公钥不得不被加长. 为了达到对称密钥 128 比特的安全水平,NIST 推荐使用 1024 比特的 RSA 密钥. 显然,这种密钥长度的增长对本来计算速度缓慢的 RSA 来说,无疑是雪上加霜.

ECC 的提出改变了这种状况,实现了密钥效率的重大突破,大有以强大的短

密钥优势取代 RSA 成为新一代公钥标准(事实标准)之势. 因此,椭圆曲线公钥密码体制的研究已越来越引起人们的广泛关注,这是因为该公钥体制不仅在理论上有其独特的研究价值,而且它的密钥长度短,易于分配和储存,所有用户都可选择同一个有限域 F 上不同的椭圆曲线,使所有用户使用同样的硬件来完成运算. 下面介绍 $\mathbf{Z}_p$ 上的椭圆曲线.

1. $\mathbf{Z}_p$ 上的椭圆曲线

定义 6.5　设 $p>3$ 是素数. $a,b\in\mathbf{Z}_p$ 且是满足 $4a^2+27b^3\neq 0(\bmod p)$ 的常量. $\mathbf{Z}_p$ 上同余方程 $y^2=x^3+ax+b(\bmod\ p)$ 的所有解 $(x,y)\in\mathbf{Z}_p\times\mathbf{Z}_p$,加上一个无穷远点 O,共同构成 $\mathbf{Z}_p$ 上的一个非奇异椭圆曲线.

假设 E 是一个非奇异椭圆曲线. 在 E 上定义一个模 p 的二元运算,使其成为一个阿贝尔群. 这个二元运算通常用加法表示. 无穷远点 O 将是一个单位元. 椭圆曲线可以定义在任意有限域上,但感兴趣的 ECC 主要是基于 $\mathbf{Z}_p$(其中 p 为素数)和特征为 2 的有限域 $F_{2^m}(m\geqslant 1)$. 下面将描述有限域 $\mathbf{Z}_p$ 上的椭圆曲线密码体制,先从 $\mathbf{Z}_p$ 上的椭圆曲线密码体制开始.

定义 6.6　设 $p>3$ 是素数,$\mathbf{Z}_p$ 上的椭圆曲线 $E(\mathbf{Z}_p)$ 由同余式

$$y^2 = x^3 + ax + b(\bmod p) \tag{6.24}$$

的解 $(x,y)\in\mathbf{Z}_p\times\mathbf{Z}_p$ 的集合和一个被称为无穷远的特殊点 O 组成,其中 $a,b\in\mathbf{Z}_p$ 为满足

$$4a^3 + 27b^2 \not\equiv 0(\bmod p)$$

的常数.

在一条确定的椭圆曲线 $E(\mathbf{Z}_p)$ 上定义加法运算(记为"+")如下:假设 $P=(x_1,y_1)$,$Q=(x_2,y_2)\in E(\mathbf{Z}_p)$. 如果 $x_2=x_1$,$y_2=-y_1$,则 $P+Q=O$;否则,$P+Q=(x_3,y_3)$,

$$x_3 = \lambda^2 - x_1 - x_2,\quad y_3 = \lambda(x_1 - x_3) - y_1,$$

其中 λ 满足当 $P\neq Q$ 时,

$$\lambda = (y_2 - y_1)(x_2 - x_1)^{-1};$$

当 $P=Q$ 时,

$$\lambda = (3x_1^2 + a)(2y_1)^{-1}.$$

对所有的 $P\in E(\mathbf{Z}_p)$,定义

$$P + O = O + P = P.$$

$E(\mathbf{Z}_p)$ 在定义 6.6 的运算下形成一个阿贝尔群 $(E,+)$,单位元为无穷远点

O. 证明 $E(\mathbf{Z}_p)$在定义 6.6 下形成一个阿贝尔群时，除结合律的证明比较难以外，阿贝尔群必须满足的其他条件都很容易直接验证. 由于群运算是加法，所以群中任何元 $\alpha=(x,y)$的逆元都应是$-\alpha=(x,-y)$.

例 6.14 设 $E(\mathbf{Z}_{11})$是 $\mathbf{Z}_{11}$上的椭圆曲线 $y^2=x^3+x+6$，为了确定 $E(\mathbf{Z}_{11})$中的点，对每一个 $x\in\mathbf{Z}_{11}$，计算 x^3+x+6，然后对 y 解方程 $y^2=x^3+x+6$. 并不是对每个 $x\in\mathbf{Z}_{11}$，$y^2=x^3+x+6$ 都有解. 若(6.24)有解，则用如下明显的公式计算模 p 的二次剩余的平方根：

$$\pm z^{(11+1)/4}(\text{mod}11)\equiv\pm z^3(\text{mod}11),$$

其计算结果如表 6.1 所示.

表 6.1 例 6.14 中 $\mathbf{Z}_{11}$上的椭圆曲线上的点

x	$x^3+x+6(\text{mod}11)$	$x^3+x+6\in QR_{11}$?	y
0	6		
1	8		
2	5	是	4;7
3	3	是	5;6
4	8		
5	4	是	2;9
6	8		
7	5	是	2;9
8	9	是	3;8
9	7		
10	4	是	2;9

这样，$E(\mathbf{Z}_{11})$上共有 13 个点，即(2,7)，(2,4)，(3,5)，(3,6)，(5,2)，(5,9)，(7,2)，(7,9)，(8,3)，(8,8)，(10,2)，(10,9)和无穷远点 O. 因为任意素数阶的群是循环群，所以 E 同构于 $\mathbf{Z}_{13}$，并且任何非无穷远点都是 E 的生成元.

假如取生成元 $\alpha=(2,7)$，则可以计算出 $E(\mathbf{Z}_{11})$中的任何元素，即 α 的“幂”(因为群的运算是加法，所以可以写成 α 的数乘). 例如，为了计算 $2\alpha=(x_3,y_3)$，需要先计算

$$\begin{aligned}\lambda &= (3\times 2^2+1)(2\times 7)^{-1}(\text{mod}11)\\ &= 2\times 3^{-1}(\text{mod}11)=2\times 4=8,\end{aligned}$$

于是

$$x_3=(8^2-2-2)(\text{mod}11)=5,$$

$$y_3 = (8\times(2-5)-7)(\bmod 11) = 2,$$

即 $2\alpha=(5,2)$.

下一个乘积是 $3\alpha=2\alpha+\alpha=(5,2)+(2,7)=(x_3',y_3')$. 再次计算 λ 如下：

$$\begin{aligned}\lambda &= (7-2)(2-5)^{-1}(\bmod 11)\\ &= 5\times 8^{-1}(\bmod 11)\\ &= 5\times 7(\bmod 11) = 2,\end{aligned}$$

于是

$$\begin{aligned}x_3' &= (2^2-5-2)(\bmod 11) = 8,\\ y_3' &= (2\times(5-8)-2)(\bmod 11) = 3,\end{aligned}$$

即 $3\alpha=(8,3)$.

如此计算下去，可以得到如下结果：

$$\begin{array}{lll}\alpha=(2,7), & 2\alpha=(5,2), & 3\alpha=(8,3),\\ 4\alpha=(10,2), & 5\alpha=(3,6), & 6\alpha=(7,9),\\ 7\alpha=(7,2), & 8\alpha=(3,5), & 9\alpha=(10,9),\\ 10\alpha=(8,8), & 11\alpha=(5,9), & 12\alpha=(2,4),\end{array}$$

所以 $\alpha=(2,7)$的确是本原元.

2. 椭圆曲线上循环群的存在性和离散对数问题

定义在 $\mathbf{Z}_p$(其中 p 为素数，$p>3$)上的一条椭圆曲线 $E(\mathbf{Z}_p)$大约有 p 个点. 著名的 Hasse 定理告诉我们，$E(\mathbf{Z}_p)$上的点的个数(记为 $E^{\#}(\mathbf{Z}_p)$)满足下列不等式：

$$p+1-2\sqrt{p}\leqslant E^{\#}(\mathbf{Z}_p)\leqslant p+1+2\sqrt{p}.$$

计算 $E^{\#}(\mathbf{Z}_p)$的精确值是比较困难的，但有一个有效的算法计算它，这个算法是由 Scoof 发现的(这里“有效”的意思是算法的运行时间是 $\log_2 p$ 的多项式). Scoof 算法可在 $O((\log_2 p)^8)$内计算出 $E^{\#}(\mathbf{Z}_p)$的精确值. 现在，假定能计算 $E^{\#}(\mathbf{Z}_p)$，想找到 $E(\mathbf{Z}_p)$的一个循环子群 H，使得 H 上的离散对数是难处理的. 为此，必须知道 $E(\mathbf{Z}_p)$的结构.

定理 6.8　设 $p>3$，p 是一个素数，$E(\mathbf{Z}_p)$是定义在 $\mathbf{Z}_p$ 上的一条椭圆曲线，则存在正整数 n_1 和 n_2，使得 $E(\mathbf{Z}_p)$同构于 $\mathbf{Z}_{n_1}\times\mathbf{Z}_{n_2}$，并且 $n_2\mid n_1$，$n_2\mid(p-1)$.

注意：在定理 6.8 中，$n_2=1$ 是可能的. 事实上，当且仅当 $E(\mathbf{Z}_p)$是循环群时，$n_2=1$. 还有，如果 $E^{\#}(\mathbf{Z}_p)$或者是一个素数，或者是两个不同素数的乘积，则 $E(\mathbf{Z}_p)$也必定是循环群.

因此，如果 n_1 和 n_2 能计算出来，则找到 $E(\mathbf{Z}_p)$的一个同构于 $\mathbf{Z}_{n_1}$(或 $\mathbf{Z}_{n_2}$)的循环子群. 在这个循环子群上，可以建立椭圆曲线公钥密码体制.

域 $\mathbf{Z}_p$ 上的椭圆曲线参数指定了椭圆曲线 $E(\mathbf{Z}_p)$ 和 $E(\mathbf{Z}_p)$ 上的基点 $\alpha=(x_p,y_p)$（即循环群的生成元）．这对于确切定义基于椭圆曲线密码学的公钥体制是必要的．$\mathbf{Z}_p$ 上的椭圆曲线域参数是一个六元数组，

$$T=(p,d,e,\alpha,n,h),$$

其中 p 为定义 $\mathbf{Z}_p$ 的素数 p，元素 $d,e\in\mathbf{Z}_p$ 决定了由下面的方程定义的椭圆曲线 $E(\mathbf{Z}_p)$：

$$y^2=x^3+dx+e(\mathrm{mod}p),$$

并且满足

$$4d^3+27e^2\not\equiv 0(\mathrm{mod}p),$$

α 为 $E(\mathbf{Z}_p)$ 上的基点 $\alpha=(x_p,y_p)$，素数 n 为点 α 的阶，整数 h 为余因子 $h=E^{\#}(\mathbf{Z}_p)/n$.

为了避免一些已知的对 ECC 的攻击，选取的 p 不应该等于椭圆曲线上所有点的个数，即 $p\neq E^{\#}(\mathbf{Z}_p)$，并且对于任意的 $1\leqslant m\leqslant 20$，$p^m\not\equiv 1(\mathrm{mod}n)$．类似地，基点 $\alpha=(x_p,y_p)$ 的选取应使其阶数 n 满足 $h\leqslant 4$.

椭圆曲线密码学是基于求解椭圆曲线离散对数问题（ECDLP）的困难性．ECC 可以用于任何一个公钥密码体制．实际的加密方案依赖于它所应用的密码体制．例如，将上例椭圆曲线应用于 ElGamal 公钥密码体制.

例 6.15　取例 6.11 中 $\alpha=(2,7)$，按 ElGamal 公钥密码体制，用户 A 的私人密钥取 $a=7$，计算 $\beta=7\alpha=(7,2)$，则加密变换

$$E_k(m,r)=(r\alpha,m+r\beta)=(c_1,c_2),$$

其中 $m\in E(\mathbf{Z}_{11})$，$0\leqslant r\leqslant 12$．解密变换

$$D_k(c_1,c_2)=c_2-7c_1.$$

如果消息 $m=(10,9)\in E(\mathbf{Z}_{11})$ 是待加密的，则用户 B 选随机数 $r=3$ 即可计算

$$c_1=3(2,7)=(8,3),$$
$$c_2=(10,9)+3(7,2)=(10,9)+(3,5)=(10,2),$$

故 $c=((8,3),(10,2))$ 为加了密的消息．解密时，

$$m=(10,2)-7(8,3)=(10,2)-(3,5)=(10,2)+(3,6)=(10,9).$$

这样便完成了椭圆曲线 $E(\mathbf{Z}_p)$ 上的 ElGamal 公钥密码体制．但是，这种体制存在如下两个问题：

(1) $\mathbf{Z}_p$ 上 ElGamal 体制的消息扩展为 2，而椭圆曲线 $E(\mathbf{Z}_p)$ 上 ElGamal 体制的消息扩展为 4．这就是说，每个明文加密成密文要由 4 个元素组成.

(2) 在椭圆曲线 $E(\mathbf{Z}_p)$ 上的 ElGamal 体制中，明文消息为椭圆曲线 $E(\mathbf{Z}_p)$ 上

的点,但又没有确定的产生 $E(\mathbf{Z}_p)$ 中点的方法或把一般明文转换成 $E(\mathbf{Z}_p)$ 中点的方法.

*6.5　抗量子计算的公钥密码体制

量子计算给出了现代密码学中几大著名公钥密码体制——RSA、ElGamal 和 ECC 的攻击算法,因此,在量子计算机出现后,这些公钥体制将面临致命的攻击.人们通过对现有的技术实现及对以往提出的公钥技术发掘和改进,已找出以下基于几类难解问题.通过适当地选择参数,可以构造出被认为可以抵抗现有量子计算能力下的猜想的密码体制.

6.5.1　基于编码理论的公钥密码体制

编码理论中的基本难解问题是解码问题,即在已知生成矩阵的情况下,在码空间中寻找一个码字,与已知码的 Hamming 距离最短.如果已知码为 0,则问题就是最小权重问题.1978 年,E. R. Berlekamp 等[107]证明了最小权重问题是 NP 完全问题.R. J. McEliece 于 1978 年提出了一种基于代数编码理论的公开密钥体制.该体制基于 Goppa 码的纠错编码存在性,解 Goppa 码有一种快速算法,但是要在线性二进制码中找到一种给定大小的代码字则是一个 NP 完全问题.

6.5.2　多变量公钥密码体制

多变量公钥密码是抗量子公钥密码中门限函数形式为有限域上多元二次方程组的一类体制的总称.它的安全性是基于在求解有限域上多元非线性方程组这一 NP 难解问题.H. Imai 和 T. Matsumoto[108]提出第一个多变量密码体制 MI,但其很快就被攻破,并且很多变形也没有达到安全的标准.近年来出于抗量子算法攻击的考虑,多变量公钥密码体制的研究重新受到重视,许多新的体制相继提出,其中比较著名的包括 Patarin 提出的 HFE(hidden field equations)[109]体制以及丁津泰等提出的 PMI+[110]体制.

6.5.3　基于 Hash 函数的数字签名体制

基于 Hash 函数的数字签名体制主要是基于 Hash 函数的安全性,即 Hash 函数的抗碰撞性,这可以看成是 Hash 函数数字签名的最低要求.这种体制主要是将签名消息经 Hash 函数由随机长度变为固定长度的比特串,然后再由单向函数对该比特串作出签名.Hash 函数的选择没有固定的要求,只要达到密码学中的 Hash 安全函数即可.

基于 Hash 函数的数字签名体制中最经典的是 Merkle Hash 树签名体制[111],

它是由传统的 Hash 函数和任意的一次签名算法共同构造出一个完全二叉树来实现数字签名的，由于该体制不依赖于大整数分解和离散对数等难解问题，所以被认为可以抵抗量子算法攻击. Merkle Hash 树签名由一次性签名的签名密钥作为叶子节点，实现了验证时只需要一个公钥作为根节点即可. 但是，Merkle Hash 树方案在实施时，相对于 RSA 签名，效率不够好，在初始化 Hash 树时需要的工作过多，从而影响了整个签名算法的效率，由此也有许多改进和变形. 现在基于 Hash 函数的数字签名体制被认为是抗量子公钥签名体制中最有可能代替 RSA 和椭圆曲线签名体制的候选算法.

6.5.4 基于格的公钥密码体制

格上的难解问题主要有以下两种：一是最短向量问题(SVP)，即在格中寻找长度最短的非零向量；二是最近向量问题(CVP)，即在格中寻找与固定向量距离最短的向量. 这两个问题都是 NP 难问题. 基于格上的难解问题设计的公钥加密算法，由于没有大整数的运算，运算速度与 RSA 相比要快得多. 更重要的是，目前还没有针对基于格中密码体制的攻击有效量子算法.

基于格的密码体制中，最经典的是 NTRU(numher theory research unit)公钥密码体制，其他比较著名的还有 O. Goldreich，S. Goldwasser 和 S. Halevi 提出的 GGH 密码体制[112]，M. Ajtai 和 C. Dwork 在 1996 年提出的 Ajtai-Dwork 密码体制[113]. 但目前最实用的系统是 NTRU 公钥密码体制. NTRU 公钥密码体制是在 20 世纪 90 年代中期由数学家小组 J. Hoffstein，J. Pipher 和 J. Silverman 研制的. Hoffstein 首先在 CRYPTO'96 会议上提出并命名了 NTRU 加密算法. NTRU 被接受为 IEEE1363 标准，被标准化在文档“Working Group for standards in Public-Key Cryptography”中. NTRU 算法的安全性基于在一个维数非常大的格中寻找最短向量的困难性.

NTRU 公钥密码体制在 $N-1$ 次的整系数多项式 $\mathrm{R}=\mathbf{Z}[x]/(x^N-1)$ 上讨论问题. 对任意的 $f\in R$，f 可以表示为

$$f=\sum_{i=0}^{N-1} f_i X^i=[f_0,f_1,\cdots,f_{N-1}].$$

多项式环 R 上的“+”运算即为普通意义上的多项式加法. 设 $f,g\in \mathrm{R}$，定义 h 为

$$h=f*g=\sum_{k=0}^{N-1} h_k X^k,$$

其中 $h_k=\sum\limits_{i+j\equiv k(\mathrm{mod}N)} f_i g_j$，即 $f*g$ 也就是模 x^N-1 的乘积.

例 6.16 设 $N=3,f=X^2+X+9,g=3X^2+X+5$，定义 $h=f*g$，则

$h_1 = f_0 g_1 + f_1 g_0 + f_2 g_2 = 9\times1+1\times5+1\times3=17,\quad h=33X^2+17X+49.$

NTRU 体制中明文空间 L_m，密钥空间 L_f 和 L_g 以及参数空间 L_φ 均为多项式环. 对于 $f\in \mathrm{R}$，$f \bmod q$ 表示 f 的系数用模 q 约简.

1. 参数说明

NTRU 的实现过程中需要选取三个重要参数(N,p,q)，其中 N 表示多项式环中的多项式为 $N-1$ 次多项式；p 为小模数，在解密中得到的明文 m 要用模 p 约简；q 为大模数，多项式的系数用模 q 约简. 为了确保 NTRU 的安全性，N 应为素数，$\gcd(p,q)=1$ 且 $p\ll q$.

2. 密钥生成

随机选取私钥 $f\in L_f$ 和 $g\in L_g$，然后分别计算 f 在环 $\mathbf{Z}_q[x]/(x^N-1)$上的逆元 f_q 和在环 $\mathbf{Z}_p[x]/(x^N-1)$上的逆元 f_p，使其满足

$$f * f_q \equiv 1(\bmod q),\tag{6.25}$$

$$f * f_p \equiv 1(\bmod p).\tag{6.26}$$

如果逆元不存在，则重新选择 f.

最后计算公钥

$$h\equiv f_q * g(\bmod q).\tag{6.27}$$

3. 加密算法

用公钥 h 加密明文 $m\in L_m$ 时，首先随机选取多项式 $\varphi\in L_\varphi$，然后计算密文

$$y\equiv p\varphi * h + m(\bmod q).\tag{6.28}$$

4. 解密算法

用户利用私钥 f 解密 y，首先计算

$$a\equiv f * y(\bmod q),\tag{6.29}$$

其中 $a_i\in(-q/2,q/2](i=0,1,2,\cdots,N-1)$. 然后计算 $b=a(\bmod p)$，最后用(6.26)定义的 f_p 计算明文

$$m\equiv f_p * b(\bmod p).$$

事实上，上述过程有时无法恢复出正确明文，但是解密错误的概率非常小，在通常情况是能够正确解密的.

由式(6.25)，(6.27)～(6.29)，

$$a\equiv f * y(\bmod q) = f * p\varphi * h + f * m(\bmod q)$$

$$\equiv f * p\varphi * f_q * g + f * m \pmod{q} = p\varphi * g + f * m \pmod{q}. \qquad (6.30)$$

多项式 φ, g, f, m 都是小系数多项式,所以 $\varphi * g$ 和 $f * m$ 都有小的系数且 $p \ll q$. 因此,多项式 $p\varphi * g + f * m$ 的系数在$(-q/2, q/2]$的概率非常大. 这时有 $a = p\varphi * g + f * m$,用模 p 化简 a 系数得到

$$b = f * m \pmod{p}.$$

又由式(6.26),

$$f_p * b \equiv f_p * f * m \pmod{p} = m \pmod{p},$$

从而解密成功.

小结与注释

考虑香农理论关于加密的语意性质:一个混合变换把明文空间中有意义的消息均匀地分布到整个消息空间中去. 那么,不必运用任何秘密便可以得到这样的随机分布[5]. 1976 年,Diffie 和 Hellman[83] 首先实现了这一点,这就是公钥密码学,公钥密码学是对密码学的一个全新的理解. 公钥密码的实现依赖于单项陷门函数的存在. 公钥密码最重要的两个应用是数字签名和公开信道的密钥建立. 这两个应用为计算机网络的发展提供了更强大的安全保障. 本章围绕公钥密码的产生和发展,公钥密码的代表体制 RSA 和 ElGamal 体制进行了讨论,并分析了公钥密码体制的安全性. 随着量子计算的发展,现代密码学中几大著名公钥体制——RSA、ElGamal 和 ECC 受到威胁,因此,人们越来越关注抗量子计算的密码体制,这也将成为密码学的一个研究热点.

RSA 密码体制的详细描述可参见文献[85],Solovy-Strassen 检测首先在文献[88]中描述.

有关 Diffie-Hellman 指数密钥交换协议可参见文献[84],有关 ElGamal 密码体制的描述可参见文献[102],关于椭圆曲线的思想来源于文献[104～106].

习题 6

6.1　对称密码体制与非对称密码体制在加密原理、密钥管理和应用环境的区别.

6.2　试给出一个视在单向函数的例子.

6.3　设 p 和 q 是两个不同的素数,$n = pq$, $m \in \mathbf{Z}_n$,则对任意非负整数 k 有

$$m^{k\varphi(n)+1} \equiv m \pmod{n}.$$

6.4　证明:在 RSA 体制中,如果 n 已被分解成 $n = pq$,则私人密钥 d 就可以

求出.

6.5　证明:在RSA体制中,若密码分析者可以获得$\varphi(n)$,则就能分解RSA的模数n.

6.6　设RSA公钥体制中,$n=143$,$e=23$,私人密钥$d=47$,待加密明文$m=12$. 求密文c.

6.7　利用扩展的欧几里得算法计算下面的乘法逆.

(1) $17^{-1}(\bmod 101)$;

(2) $357^{-1}(1234)$;

(3) $3125^{-1}(\bmod 9987)$.

6.8　对于$n=pq$,其中p和q为不同的素数,定义

$$\lambda(n)=\frac{(p-1)(q-1)}{\gcd(p-1,q-1)}.$$

假定对RSA公钥体制作如下修改,限定$ed\equiv 1(\bmod \lambda(n))$:

(1) 证明加密和解密在修改后的密码体制中仍是可逆的;

(2) 如果$p=37$,$q=79$,$e=7$,计算在修改后的密码体制以及原来的RSA体制中d的值.

6.9　根据6.2节的定义证明

$$\mathrm{half}(c)=\mathrm{parity}(c\times E_k(2)(\bmod n)).$$

6.10　假设有一个失败概率为ε的Las Vages算法.

(1) 证明在第n次试验首次达到成功的概率为$p_n=\varepsilon^{n-1}(1-\varepsilon)$;

(2) 达到成功需试验的平均次数为

$$\sum_{n=1}^{\infty}(n\times p_n),$$

证明这个平均值等于$1/(1-\varepsilon)$;

(3) 设δ是一个小于1的正整数,证明:为了将失败概率降低到至多为δ,需迭代的次数为

$$\left\lfloor\frac{\log_2\delta}{\log_2\varepsilon}\right\rfloor,$$

其中$\lfloor x\rfloor$表示不大于x的最大正整数.

6.11　设ElGamal公钥体制的公开密钥为$p=397$,$\alpha=5$,$\beta=82$,试加密明文$m=111$.(选用随机数$x=5$.)

6.12　用Pohlig-Hellman算法求F_{397}上的离散对数(其中$\alpha=5$为F_{397}的本原元)

$$a=\log_5 100(\bmod 396).$$

为了计算上的方便,给出$(x=100,y=5)$

$x^2\equiv 75, x^{2^2}\equiv 67, x^{2^3}\equiv 122, x^{2^4}\equiv 195, x^{2^5}\equiv 310, x^{2^6}\equiv 26, x^{2^7}\equiv 279(\bmod 397)$,
$y^2\equiv 25, y^{2^2}\equiv 228, y^{2^3}\equiv 374, y^{2^4}\equiv 132, y^{2^5}\equiv 353, y^{2^6}\equiv 348, y^{2^7}\equiv 19(\bmod 397)$.

6.13　设 $p=19,\alpha=2,\beta=14$ 为 ElGamal 公钥体制用户 B 的公开密钥. 若用户 A 选随机数 $x=5$,求 A 加密 $m=13$ 得到的密文 c. 用户 B 用自己的私人密钥 $a=7$如何解密 A 发来的密文 c.

6.14　在 RSA 公钥数据(e,n)中,为什么加密指数 e 必须与 $\phi(n)$互素?

6.15　假定 $n=pq$,其中 p 和 q 为不同的奇素数且 $ed\equiv 1(\bmod (p-1)(q-1))$. RSA 加密运算是 $E_k(m)=m^e(\bmod n)$且解密运算为 $D_k(c)=c^d(\bmod n)$. 已经证明 $D_k(E_k(m))=m$ 对于 $x\in \mathbf{Z}_n^*$ 成立,现在证明这个断言对于任一 $x\in \mathbf{Z}_n$ 都成立.(提示:利用 $m_1\equiv m_2(\bmod pq)$ 当且仅当 $m_1\equiv m_2(\bmod p)$ 且 $m_1\equiv m_2(\bmod q)$,这可由中国剩余定理得出.)

6.16　如果 $E_k(m)=m$,则称明文 m 为不动的. 证明:在 RSA 体制中,不动的明文 $m\in \mathbf{Z}_n^*$ 的个数是 $\gcd(e-1,p-1)\times\gcd(e-1,q-1)$,其中 e 为 RSA 公钥体制的公开密钥.(提示:考虑如下方程组:$E_k(m)\equiv m(\bmod p)$,$E_k(m)\equiv m(\bmod q)$.)

6.17　假定用户 B 由于粗心泄露了他的解密指数 $d=14039$,在这个 RSA 公钥密码体制中公开密钥为 $n=36581,e=4679$. 对于给定的信息,实现一个随机算法来分解 n. 用随机选择 $w=9983$ 和 $w=13461$ 来测试你的算法. 写出所有的计算.

6.18　设 n 是一个正合数. 若 $x\not\equiv -y(\bmod n)$且 $x^2\equiv y^2(\bmod n)$,则 $\gcd(x-y, n)=d\neq 1$.

6.19　设 $p=11,q=23$,则 Rabin 体制的公开密钥 $n=253$,私人密钥为 $p=11$ 和 $q=23$. 试用 Rabin 体制将明文 8 加密成密文 c,然后将 c 再逐步解密成明文.

6.20　设 $p=179,q=263,n=pq=47077$,用 Rabin 体制加密信息 $m=12345$.

6.21　设 $p=2347,q=2551,n=pq=5987197$,用 Rabin 体制加密信息 $m=123456$.

6.22　设 $p=239,q=607,n=pq=145073$,用 Rabin 体制解密信息 $c=142271$.

6.23　设 $p=3187,q=2551,n=pq=22815733$,用 Rabin 体制解密信息 $c=21557029$.

6.24　假设 Rabin 体制的私人密钥 $p=199,q=211$,公开密钥 $n=41989$. 完成下列计算:

(1) 确定 1 模 n 的 4 个平方根;

(2) 不经过映射 ρ,直接对明文 32767 加密得 $c=E_k(32767)$;

(3) 对这个计算出来的密文 c 确定 4 个可能的解密.

6.25　设 $p=541,\alpha=357$ 是 $\mathbf{Z}_p^*$ 的生成元,构造 ElGamal 公钥体制.

6.26 设 $p=2063$, $\alpha=877$ 是 $\mathbf{Z}_p^*$ 的生成元，私人密钥 $a=37$，选用随机数 $x=747$，构造ElGamal公钥体制，并加密加密消息 $m=860$.

6.27 设 $p=7309$, $\alpha=877$ 是 $\mathbf{Z}_p^*$ 的生成元，私人密钥 $a=37$，公开密钥 $\beta=6689$，构造ElGamal公钥体制，并解密密文 $c=(3505,4903)$.

6.28 设 $p=127373$, $\alpha=877$ 是 $\mathbf{Z}_p^*$ 的生成元，私人密钥 $a=711$，公开密钥 $\beta=77286$，构造ElGamal公钥体制，并解密密文 $c=(47805,21057)$.

第 7 章

Hash 函数与数字签名体制

Hash 函数[114]是一类确定的函数，它将任意长的比特串映射为固定长度比特串的杂凑值. 数字签名体制是实现身份认证的重要工具之一，它们都可以实现数据完整性保护，分别属于对称技术和非对称技术. 在实际应用中，它们之间存在密切的联系，如数字签名中，Hash 函数可用来产生"消息摘要"或"消息指纹"，这为数字签名体制提供可证明安全性. 因此，将这两种技术放在一起作为本章的研究内容. 本章中，将对这两种技术进行研究，首先给出 Hash 函数和数字签名的概念，进一步对 Hash 函数的安全性和数字签名的多种应用给予描述.

7.1 Hash 函数概述

Hash 函数 $H(M)$作用于一个任意长度的消息 M，他返回一个固定长度的杂凑值 h. 输入为任意长度且输出为固定长度的 Hash 函数有很多种，但密码学中的 Hash 函数具有能保障数据的完整性性质，因此，通常需要它还具有下列性质：①有效性：给定 M，很容易计算 h；②单向性：给定 h，根据 $H(M)=h$ 计算 M 很难；③无碰撞性：给定 M，要找到另一消息 M'并满足 $H(M)=H(M')$很难；④混合性：对于任意输入 x，输出的 Hash 值 h 应当与区间$[0,2^{|h|}]$中均匀的二进制串在计算上是不可区分的.

Hash 函数在密码学中有着广泛的应用背景. 在数字签名中，Hash 函数可以用来产生消息摘要，为数字签名提供更加可靠的安全性. 在具有实用安全性的公钥密码系统中，Hash 函数被广泛地用于实现密文正确性验证机制. 对于要获得可证安全的抵抗主动攻击的加密体制来说更是必不可少. 在需要随机数的密码学应用中，Hash 函数被广泛地用作实用的伪随机函数.

单向 Hash 函数按其是否有密钥控制分为两大类：一类有密钥控制，称之为密码 Hash 函数，以 $h(k,m)$表示，此类函数具有身份验证功能. 带密钥的 Hash 函数通常用来作消息认证码(MAC).另一类 Hash 函数无密钥控制,称之为一般 Hash 函数,以 $h(m)$表示,一般用于检测接收数据的完整性.不带密钥的 Hash 函数的消息摘要 $y=h(m)$需要保存在安全的地方,而带密钥的 Hash 函数的消息摘要 $y=h(k,m)$可以在不安全信道上传输.

由于 Hash 函数应用的多样性和其本身的特点而有很多的名字,其含义也有差别,如压缩函数(compression)、紧缩函数(contraction)、数据认证码(data authentication code)、消息摘要(message digest)、数字指纹、数据完整性校验(data integrality check)、密码检验和(cryptographic check sum)、消息认证码 MAC(message authentication code)、篡改检测码 MDC(manipulation detection code)等.从这些应用背景中可以看到,需要具有单向性、无碰撞的 Hash 函数.下面来考察在密码应用中 Hash 函数应具有的安全性质.

7.2 Hash 函数的安全性

7.2.1 三个问题和三个安全标准[1]

由三个问题引出三个 Hash 函数的安全性标准.

定义 7.1 给定一个 Hash 函数 h,y 为一个消息摘要,寻找出 x 使得 $y=h(x)$的问题称为原像问题.给定一个 Hash 函数 h,y 为一个消息摘要,若要找出 x 使得 $y=h(x)$在计算上不可行,则称此 Hash 函数为单向的.

定义 7.2 如果有两个消息 $m_1,m_2,m_1\neq m_2$,使得 $h(m_1)=h(m_2)$,则称这两个消息 m_1 和 m_2 为碰撞(collision)的消息.

定义 7.3 给定 Hash 函数 h 和任意给定的消息 m,寻找一个 $m',m'\neq m$,使得 $h(m')=h(m)$的问题称为第二原像问题.给定 Hash 函数 h 和任意给定的消息 m,如果要找一个 $m',m'\neq m$,使得 $h(m')=h(m)$在计算上不可行,则称 h 为弱无碰撞的 Hash 函数(weak collision-free Hash function).

定义 7.4 给定一个 Hash 函数 h,寻找任意一对消息 $m_1,m_2,m_1\neq m_2$,使得 $h(m_1)=h(m_2)$的问题称为碰撞问题.给定一个 Hash 函数 h,如果要找到任意一对消息 $m_1,m_2,m_1\neq m_2$,使得 $h(m_1)=h(m_2)$在计算上不可行,则称 h 为强无碰撞的 Hash 函数(strong collision-free Hash function).

7.2.2 安全标准的比较

由上述定义可以看出,弱无碰撞的 Hash 函数是在给定 m 下,考察与这个特定 m 的无碰撞性;而强无碰撞的 Hash 函数是考察输入集中任意两个元素的无碰撞性.因此,如果一个 Hash 函数是强无碰撞的,则该函数一定是弱无碰撞的.

下面可以看到,如果一个 Hash 函数是强无碰撞的,则该函数一定是单向的.假定 Hash 函数为 $h:X\to Y$,其中 X 和 Y 均为有限集,并且 $|X|\geqslant 2|Y|$. 这种假定是合理的,这是因为:如果考虑将 X 中的元素编码成长度为 $\log_2|X|$ 的比特串,Y 中的元素编码成长度为 $\log_2|Y|$ 的比特串,则消息摘要至少比原消息短一半比特.

定理 7.1　假设 $h:X\to Y$ 是一个 Hash 函数,其中定义域 X 和值域 Y 为有限集,并且 $|X|\geqslant 2|Y|$. 若存在 h 原像问题的一个 $(1,q)$ 算法,则存在一个碰撞问题的概率 Las Vegas 算法 $(1/2,q+1)$,它能找到 h 的一个碰撞的概率至少为 1/2.

证明过程略.

定理 7.1 表明,只要 h 是强无碰撞的,则 h 一定是单向函数. 这就是说,强无碰撞性不仅包含了弱无碰撞性,而且也包含了单向性. 以后总将注意力限制在强无碰撞的 Hash 函数上.

易见,强无碰撞的 Hash 函数比弱无碰撞的 Hash 函数的安全性要强. 因为弱无碰撞的 Hash 函数不能保证找不到一对消息 $m,m',m\neq m'$,使得 $h(m')=h(m)$,也许有消息 $m,m',m\neq m'$,使得 $h(m')=h(m)$. 然而,对随机选择的消息 m,要故意地选择另一个消息 $m',m\neq m'$,使得 $h(m')=h(m)$在计算上是不可行的. 值得注意的是,弱无碰撞的 Hash 函数随着重复使用次数的增加而安全性逐渐降低,这是因为用同一个弱无碰撞的 Hash 函数,Hash 的消息越多,找到一个消息的 Hash 值等于先前消息的 Hash 值的机会就越大,从而系统的总体安全性降低. 强无碰撞的 Hash 函数不会因其重复使用而降低安全性.

利用诸如离散对数问题、因子分解问题、背包问题等一些难求解问题可以构造出许多 Hash 函数. 用这种方法构造出来的 Hash 函数的安全性自然依赖于解这些问题的困难性. 用这些方法构造 Hash 函数是一种理论上安全的 Hash 函数,但在实际中,这种方法往往不被采用,原因是速度问题.

7.2.3　随机预言模型

如果 Hash 函数 h 设计得好,则对给定的 m,求出函数 h 在点 m 的值应当是得到 $h(x)$的唯一有效的方法,甚至当其他的值 $h(m_1),h(m_2),\cdots$已经计算出来,这仍然应该是正确的. 在实际中,要设计这样的 Hash 函数是一件不容易的事.

由 M. Bellare 和 P. Rogaway 引入的随机预言模型[115] (random oracle model)提供了一个"理想的"Hash 函数的数学模型. 在这个模型中,随机从 $F^{X,Y}$ 中选出一个 Hash 函数 $h:X\to Y$,仅允许预言器访问函数 h. 这意味着不会给出一个公式或算法来计算函数 h 的值. 因此,计算 $h(x)$的唯一方法是询问预言器.

随机预言模型是一个很强的函数,它组合了以下三种性质,即确定性、有效性和均匀输出. 这是 Hash 函数某种理想化的安全的模型. 这可以想象为在一个巨大的关于随机数的书中查询 $h(x)$的值,对于每个 x,有一个完全随机的值 $h(x)$与之对应.它是一种虚构的函数,因为现实中不存在如此强大的计算机或机器.真实环境中的 Hash 函数仅仅以某种精度仿真随机预言模型的行为,使它们之间的差异是一个可以忽略的量.随机预言模型的提出对于要获得可证安全的抵抗主动攻击的加密体制来说是必不可少的,在公钥密码系统中有着广泛的应用.

7.2.4　生日攻击

生日攻击不涉及 Hash 算法的结构,可用于攻击任何 Hash 函数.生日攻击源于生日问题.

生日问题之一:在一个教室中至少应有多少个学生才能使得有一个学生和另一个已确定的学生的生日相同的概率不小于 0.5?因为除已确定的学生外,其他学生中任意一个与已确定学生同日生的概率为 1/365,而不与已确定的学生同日生的概率为 364/365,所以如果教室里有 t 个学生,则 $(t-1)$ 个学生都不与已确定学生同日生的概率为 $(364/365)^{t-1}$.因此,这 $(t-1)$ 个学生中至少有一个与已确定的学生同日生的概率为

$$p=1-\left(\frac{364}{365}\right)^{t-1}.$$

要使 $p\geqslant 0.5$,只要 $\left(\frac{364}{365}\right)^{t-1}\leqslant 0.5$.不难计算,$t\geqslant 183$ 可使 $p\geqslant 0.5$.

生日问题之二:在一个教室中至少应有多少学生才能使得有两个学生的生日在同一天的概率不小于 0.5?已经知道,第 1 个人在特定生日的概率为 1/365,而第 2 个人不在该生日的概率为 $(1-1/365)$,类似地,第 3 个人与前两个人不同生日的概率为 $(1-2/365)$……依此类推,t 个人都不同生日的概率为

$$\left(1-\frac{1}{365}\right)\left(1-\frac{2}{365}\right)\cdots\left(1-\frac{t-1}{365}\right).$$

因此,至少有两个学生同生日的概率为

$$p=1-\prod_{i=1}^{t-1}\left(1-\frac{i}{365}\right).$$

当 x 是一个比较小的实数时,$1-x\cong \mathrm{e}^{-x}$,而

$$\mathrm{e}^{-x}=1-x+\frac{x^2}{2!}-\frac{x^3}{3!}+\cdots,$$

故

$$\prod_{i=1}^{t-1}\left(1-\frac{i}{365}\right)\cong\prod_{i=1}^{t-1}\mathrm{e}^{-\frac{i}{365}}=\mathrm{e}^{-\frac{t(t-1)}{2\times 365}}.$$

由 $p=1-\mathrm{e}^{-\frac{t(t-1)}{2\times 365}}$ 可得 $\mathrm{e}^{\frac{t(t-1)}{365}}=\frac{1}{(1-p)^2}$,两边取对数可得

$$t^2 - t = 365\ln\frac{1}{(1-p)^2}.$$

去掉 t 这一项有 $t \cong \left[365\ln\frac{1}{(1-p)^2}\right]^{1/2}$. 取 $p=0.5$, $t=1.17\sqrt{365}\cong 22.3$,因而在一个教室中至少有 23 名学生,才能使得至少有两个学生生日在同一天的概率大于 0.5.

弱无碰撞的 Hash 函数正是基于类似于生日问题之一的攻击而定义的,而强无碰撞的 Hash 函数则是基于类似于生日问题之二的攻击而定义的.

例 7.1 令 h 是一个 Hash 值为 80 比特的 Hash 函数,并假定 2^{80} 个 Hash 值出现的概率相等. 在消息集中找一对消息 m 和 m',使得 $h(m')=h(m)$. 根据生日问题之二所需的试验次数至少为 $1.17\times 2^{40}<2\times 10^{12}$. 利用大型计算机,至多用几天时间就能找到 m 和 m'. 由此可见,Hash 值仅为 80 比特的 Hash 函数不是强无碰撞的 Hash 函数.

在一般情况下,假设往 M 个箱子中随机投 q 个球,然后检查是否有一箱子装有至少两个球(设 Hash 函数 $h: X\to Y$,这 q 个球对应于 q 个随机的 x_i,而 M 对应于 Y 中可能的元素个数,即消息摘要集合的大小). 于是有如下结论:在 X 中对超过 $1.17\sqrt{M}$ 个随机元素计算出的 Hash 函数值里面有至少 50%的概率出现一个碰撞. 这种生日攻击意味着安全消息摘要的长度有一个下界 $1.17\sqrt{M}$. 目前,在应用密码学中广泛使用的 Hash 函数是 SHA-1 和 RIPEMD-160,它们的输出长度都是 160 比特,抗击攻击的能力约为 2^{80} 的计算能力.

7.3 Hash 函数标准 SHA-1

SHA-1[116]在 1995 年由 NIST 和数字签名标准 DSA 同时提议作为标准,并且被采纳为 FIPS180-1. SHA-1 是 SHA-0 的小变形. 2001 年 5 月 30 日,NIST 宣布 FIPS180-2[117]的草案接受公众评审,这次提议的标准包括 SHA-1 和 SHA-256, SHA-384, SHA-512. SHA(secure Hash algorithm)是美国 NIST(美国国家标准技术研究所)和 NSA(国家安全局)共同设计的一种标准 Hash 算法,它合并了各种各样的修正来增强安全性,抵抗以前版本中已经发现的攻击. 例如,在 MD_4[118,119] 中"完全"Hash 函数以及 MD_5[120,121] 中压缩函数的碰撞被揭示出来. 它用于数字签名标准 DSS(digital signature standard),也可用于其他需要 Hash 算法的情况. SHA-1 算法具有较高的安全性.

SHA-1 算法和 MD_5 一样,首先将消息填充成 512 比特的整数倍. 先填充一个 1,然后填充尽量多的 0,使其长度正好为 512 比特的倍数减去 64,最后 64 比特表示填充前的消息长度.

SHA-1 算法构造消息摘要可按以下步骤进行：

(1) 给出 5 个 32 比特变量(A,B,C,D,E)的初始值(因为该算法要产生 160 比特的 Hash 值,所以比 MD_5 多一个 32 比特变量),以 16 进制表示为

$$A = 6\,7\,4\,5\,2\,3\,0\,1,$$
$$B = e\,f\,c\,d\,a\,b\,8\,9,$$
$$C = 9\,8\,b\,a\,d\,c\,f\,e,$$
$$D = 1\,0\,3\,2\,5\,4\,7\,6,$$
$$E = c\,3\,d\,2\,e\,1\,f\,0.$$

(2) 执行算法的主循环. 主循环次数是消息中 512 比特分组的数目. 每次主循环处理 512 比特消息. 这 512 比特消息分成 16 个 32 比特字 $m_0 \sim m_{15}$,并将它们扩展变换成所需的 80 个 32 比特的字 $w_0 \sim w_{79}$,其变换方法如下：

$$w_t = m_t, \quad t = 0,\cdots,15,$$
$$w_t = (m_{t-3} \oplus m_{t-8} \oplus m_{t-14} \oplus m_{t-16}) \lll 1, \quad t = 16,\cdots,79.$$

SHA 算法同样用了 4 个常数,即

$$k_t = 5a827999, \quad t = 0,\cdots,19,$$
$$k_t = 6ed9eba1, \quad t = 20,\cdots,39,$$
$$k_t = 8f1bbcdc, \quad t = 40,\cdots,59,$$
$$k_t = ca62c1d6, \quad t = 60,\cdots,79.$$

先将 A,B,C,D,E 置入 5 个寄存器：$A\to a, B\to b, C\to c, D\to d$ 和 $E\to e$. 主循环有 4 轮,每轮 20 次操作(MD_5 有 4 轮,每轮有 16 次操作),每次操作对 a,b,c,d 和 e 中的 3 个进行一次非线性运算,然后进行与 MD_5 类似的移位运算和加运算(图 7.1). SHA-1 算法的非线性函数为

$$f_t(X,Y,Z) = (X \wedge Y) \vee ((\neg X) \wedge Z), \quad t = 0,\cdots,19,$$
$$f_t(X,Y,Z) = X \oplus Y \oplus Z, \quad t = 20,\cdots,39,$$
$$f_t(X,Y,Z) = (X \wedge Y) \vee (X \wedge Z) \vee (Y \wedge Z), \quad t = 40,\cdots,59.$$
$$f_t(X,Y,Z) = X \oplus Y \oplus Z, \quad t = 60,\cdots,79,$$

其中$\oplus$,$\wedge$和$\vee$分别为逐位模 2 加、逐位与和逐位或运算,$\neg$为逐位取反.

设 t 是操作序号(t=0,…,79),w_t 表示扩展后消息的第 t 个子分组,$\lll s$ 表示循环左移 s 位,则主循环如下所示：

```
for  t=0  to  79
    TEMP=(a<<<5)+f_t(b,c,d)+e+w_t+k_t
    e=d
    d=c
```

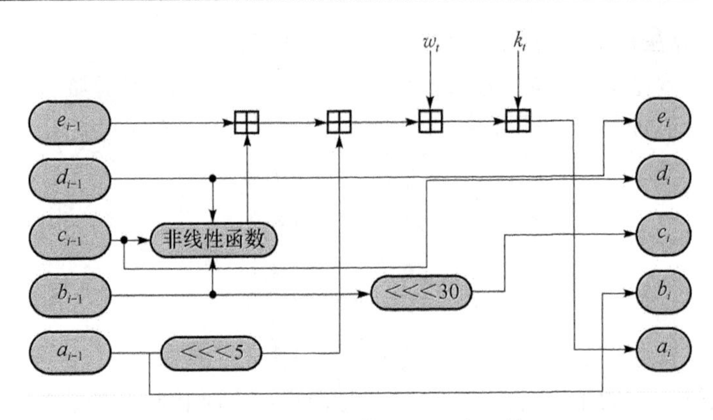

图 7.1　SHA-1 算法的一次运算

```
c=b<<<30
b=a
a=TEMP
```

此后，a,b,c,d 和 e 分别加上 A,B,C,D 和 E 作为下一个 512 比特分组的寄存器输入，然后用下一个 512 比特数据分组继续运行算法，最后的输出为 $h(m)=A\|B\|C\|D\|E$.

7.4　数字签名体制概述

数字签名[122,123] (digital signature)是实现认证的重要工具，它在信息安全，包括身份验证、数据完整性、不可否认性以及匿名性等方面有重要作用，特别在大型网络安全通信的密钥分配、认证及电子商务系统中具有特殊作用.

传统签名的真正目的是让个人/实体提供同一数据或文档的图章. 在当今世界中，几乎每个合法的经济交易都有正式的书面内容. 文件上的一个或多个签名可保证其真实性. 多个世纪以来，法律系统已经使签名发展为一种使交易合法化和正式化的事实选择. 这些合法机制包括一些经受住时间检验的机制，证实了文档的真实性. 在基于书面文档的世界中，签名和原始文档始终无法紧密联系在一起，如把未经授权的文档插入到原始文档和伪造文档之间这样的犯罪活动是非常容易做到的. 同时，签名者也有可能在一个文档上随便涂画，并宣布这就是他的实际签名，那么接收方将无法再检验这个签名. 为了避免这些问题，在一些高额交易中，通常需要签名者在同一个文档上签名两次. 因此，在基于书面的世界中可以非常明白的看到，签名、签名者和被签署文档之间的联系是不安全的.

在商业应用前沿，传统习惯目前正在经历迅速的变革，大多数商业通信已经从书面形式转为电子交易形式. 随着电子交易的出现，数据已经完全变成电子格式，并且以自动方式进行的交易越来越多，商业应用程序也越来越智能化，能够代表人来进行交易. 因为在这些系统中人的干预非常小，所以就带来了一个附加问题，即需要能够对消息源进行准确的认证. 电子形式的数据非常容易被篡改，因为在通常情况下，篡改电子数据格式不会留下任何痕迹. 使用电子数据时，另一个风险就是假扮某用户. 为了避免假扮用户的攻击，严格认证用户的身份已经成为迫在眉睫的要求.

数字签名是一种给以电子形式储存消息签名的方法. 正因为如此，签名之后的消息能够通过计算机网络传输. 数字签名实现了签名的数字化，使只能使用物理形式验证的手写签名变成了可以以数学为基础的难题作为工具的数字化验证. 数字签名能够把签名者与其签署的电子文档紧密联系在一起. 一个数字签名体制包括两部分，即签名算法和验证算法.

一个数字签名体制至少应满足以下三个条件：

(1) 签名者事后不能否认自己的签名，接收者也不能否认收到的签名消息；

(2) 接收者能验证签名，而任何其他人都不能伪造签名；

(3) 当双方关于签名的真假发生争执时，法官或第三者能解决双方之间发生的争执.

为了实现签名，发送者必须向接收者提供足够的非保密信息，以便使其能验证消息的签名，但又不能泄露用于产生签名的机密消息，以防他人伪造.

按照签名的不同功能，可分成普通的数字签名和特殊功能的数字签名(如不可否认签名、盲签名、群签名和代理签名等). 按照验证方法，可分成在验证时需要输入被签名信息和在验证时自动恢复被签名信息两类. 按照是否使用随机数，可分成确定的和概率的两种签名算法. 按使用公钥系统不同，可分为基于一般公钥系统和基于身份的公钥系统的签名体制等.

一个数字签名体制由有以下部分组成：

(1) 一个明文消息空间 M：某字母表中串的集合；

(2) 一个签名空间 S：可能的签名集合；

(3) 一个签名密钥空间 K：用于生成签名的可能密钥集合；一个认证密钥空间 K'：用于验证签名的可能密钥集合；

(4) 一个有效的密钥生成算法 $\mathrm{Gen}: \mathrm{N} \to K \times K'$，其中 K 和 K' 分别为私钥和公钥空间；

(5) 一个有效的签名算法 $\mathrm{Sign}: M \times K \to S$；

(6) 一个有效的验证算法 $\mathrm{Verify}: M \times S \times K' \to \{\mathrm{True}, \mathrm{False}\}$.

对任意 $sk \in K$ 和任意的 $m \in M$，用

$$s \leftarrow \mathrm{Sign}_{sk}(m)$$

表示签名变换,称"s 是用密钥 sk 生成的 m 的签名".

对任意的私钥 $sk \in K$,用 pk 表示与 sk 相匹配的公钥. 对于 $m \in M$ 和 $s \in S$,必有

$$\mathrm{Verify}_{pk}(m,s) = \begin{cases} \text{True,概率为 } 1, & s = \mathrm{Sign}_{sk}(m), \\ \text{False,压倒性概率}, & s \neq \mathrm{Sign}_{sk}(m), \end{cases}$$

其中概率空间包括 S,M,K 和 K'. 如果签名/验证是概率算法,则也许还包括一个随机的输入空间.

在公钥密码体制中,一个主体可以使用他自己的私钥"加密"消息,所得到的"密文"可以用该主体的公钥"解密"来恢复成原来的消息,这样生成的"密文"和"被加密"的消息一起可以起到篡改检验码的作用,即为消息提供数据完整性保护. 基于公钥密码算法的数字签名本质上是公钥密码算法的逆序应用,签名算法一般由加密算法来充当,即用私人密钥签名,用公开密钥验证.

设用户 A 选用了某公钥密码体制,公开密钥为 e,私人密钥为 d,加、解密算法分别记为 E_d 和 D_e,则 d 为签名密钥,e 为验证密钥. 设用户 A 要向用户 B 发送消息 m 并签名,则用户 A 用自己的私人密钥 d 加密(签名)消息 m,

$$s = E_d(m),$$

并把(m,s)发给 B. 用户 B 用 A 的公开密钥 e 验证(解密)签名 s,

$$\mathrm{Verify}_e(m,s) = \mathrm{True} \Leftrightarrow m = D_e(s).$$

7.5 数字签名体制的安全需求

一般来说,数字签名体制的安全性在于:由 m 和 m 的签名 s 难以推出密钥 k 或伪造一个 m',使得 $s = \mathrm{Sign}_{sk}(m', s) = \mathrm{Sign}_{sk}(m, s)$. 实际上,对一个给定的公钥和签名体制,有大量的消息——签名对可以利用,因为它们并非秘密信息. 攻击者应当有权要求签名者对攻击者所选取的消息签名. 这样的攻击称为适应性攻击,因为它可以用一种适应的方式选取消息. 称抵抗适应性选择消息攻击的不可伪造性为强安全的数字签名. 一个签名体制不可能是无条件安全的,因为对一个给定的消息,攻击者使用验证算法 Verify_{pk} 可以尝试所有的 $m \in M$,直到他发现一个有效的签名. 因此,给定足够的时间,攻击者总能对任何消息伪造签名. 目的是找到计算上或可证明安全的签名体制.

数字签名几乎总是和一种非常快的 Hash 函数结合使用. 使用具有好的性质的 Hash 函数,不仅可以提高签名速度,缩短签名长度,而且可以增加抗伪造攻击的能力. Hash 函数和签名算法的结合如图 7.2 所示.

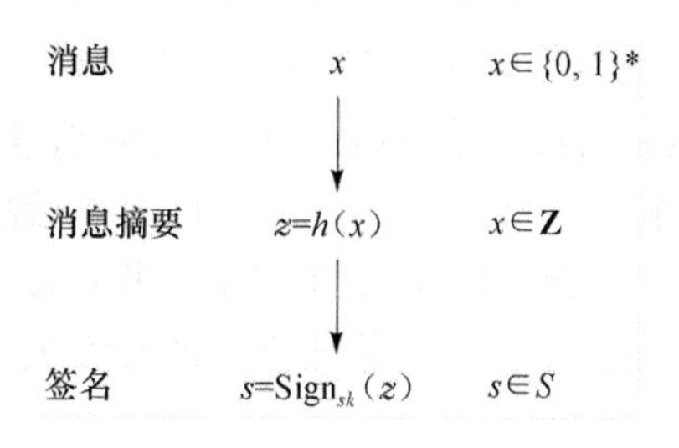

图 7.2 带 Hash 的签名方式

由于 Hash 函数的无碰撞性，寻找 $m_1,m_2,m_1\neq m_2$，使得 $h(m_1)=h(m_2)$ 是困难的，这样产生伪造签名的可能性就会很小.

7.6 几种著名的数字签名体制

到现在为止，基于公钥的数字签名体制是数字签名体制设计的主流方式，也就是基于两类数学难题的安全性——大数分解问题和离散对数问题.

7.6.1 基于大数分解问题的数字签名——RSA 数字签名体制

RSA[85]签名体制是继 Diffie 和 Hellman 提出数字签名思想后的第一个数字签名体制，它是由 Rivest，Shamir 和 Adleman 三人实现的，体制描述如下：

设 $n=pq$，其中 p 和 q 是两个大素数. 令 $M=G=\mathbf{Z}_n$，随机选取整数 $e(1<e<\varphi(n))$，使得 $\gcd(e,\varphi(n))=1,ed\equiv 1(\mathrm{mod}\varphi(n))$，公开 n 和 e，保密 p,q,d. 对消息 $m\in\mathbf{Z}_n$，定义

$$s=\mathrm{Sign}_{sk}(m)\equiv m^d(\mathrm{mod}n) \tag{7.1}$$

为 m 的签名. 对给定的 m 的签名 s，可按以下验证条件验证其真假：

$$\mathrm{Verify}_{pk}(m,s)=\mathrm{True}\Leftrightarrow m\equiv s^e(\mathrm{mod}n). \tag{7.2}$$

如果用户 A 使用 RSA 的解密密钥签一个消息 m，则 A 是唯一能产生此签名的人，这是因为私人密钥 d 只有 A 知道. 而验证算法使用了 RSA 的加密算法，所以任何人都能验证一个签名是不是一个有效的签名.

RSA 签名体制有以下三个弱点：

(1) 难防假冒. 如果用户 A 把对消息 m 的签名 $s=\mathrm{Sign}_{sk}(m)\equiv m^d(\mathrm{mod}n)$ 发送给用户 B，那么任何人都可以将此签名 s 作为用户 A 的签名发给另一用户 C. 这样，用户 C 就得到一个假冒用户 A 对消息 m 的签名.

(2) 难防伪造. 如果用户 A 对消息 m_1 和 m_2 的签名分别是 s_1 和 s_2，那么任何一个拥有(m_1,m_2,s_1,s_2)的人都可以伪造消息 $m=m_1m_2$，并盗用 A 的签名 $s=\mathrm{Sign}_{sk}(m)$. 这是因为

$$\mathrm{Sign}_{sk}(m)=\mathrm{Sign}_{sk}(m_1m_2)=\mathrm{Sign}_{sk}(m_1)\mathrm{Sign}_{sk}(m_2)(\bmod n).$$

(3) 签名太长. 签名者每次只能签$[\log_2 n]$比特的消息,获得同样长度的签名. 因此,当消息很长时,只能将消息分成$[\log_2 n]$比特的组,逐组进行签名. 而 RSA 数字签名所涉及的运算都是模指数运算,故签名的运算速度慢且签名太长.

克服上述三个弱点的办法之一是在对消息进行签名之前,先将消息 Hash 成消息摘要.

在传输签名和消息对给验证者的过程中,为了对消息进行保护,通常对消息进行加密. 用 RSA 公钥密码体制将加密和签名结合起来,有如下两种不同的方法:

(1) 先签名后加密. 给定明文消息 m,用户 A 先对 m 进行签名得 $s=\mathrm{Sign}_A(m)$. 然后使用 B 的公开密钥对 m 和 s 进行加密得 $c=E_B(m,s)$. 最后 A 将密文 c 发给 B. 当 B 收到 c 后,他首先利用自己的私人密钥解密 c 获得(m,s),然后使用 A 的公开验证算法 Verify_A 检测(m,s)是否等于真.

(2) 先加密后签名. 给定明文消息 m,用户 A 先用 B 的加密变换对消息 m 进行加密得 $c=E_B(m)$,然后对 c 进行签名得 $s=\mathrm{Sign}_A(c)$,最后 A 将(c,s)发送给 B. B 收到(c,s)后,先解密 c 以获得 m,然后使用 Verify_A 验证 A 对 c 的签名 s.

方法(2)容易引起误解. 如果攻击者 O 获得一对(c,s),他可用 $s'=\mathrm{Sign}_O(c)$代替 s 得到(c,s'),将(c,s')发送给 B. B 先对 c 进行解密,然后使用 O 的验证算法 Verify_O 验证签名的有效性. 这样,B 误认为消息来自 O. 由于这个原因,应当采用先签名后加密体制才比较安全.

7.6.2 基于离散对数的数字签名体制——ElGamal 签名体制

基于求解有限域上离散对数的困难性而设计的数字签名体制统称为离散对数数字签名体制. 该类体制有以下参数:p 是 $2^{L-1}<p<2^L$ 中的大素数,其中 $512\leqslant L\leqslant 1024$;$q$ 是 $p-1$ 或 $p-1$ 的大素因子,q 的值可限定在某个范围内;$\alpha\in\mathbf{Z}_p^*$,$\alpha^q\equiv 1(\bmod p)$;$h$ 是一个选定的单向 Hash 函数.

整个网络共用 p,q,α 和 h,而用户的私人密钥为 $x(1<x<q)$,公开密钥为

$$\beta\equiv\alpha^x(\bmod p).\tag{7.3}$$

下面介绍 ElGamal[102] 数字签名体制. ElGamal 数字签名体制是由 T. ElGamal 于 1985 年提出的既可用于加密又可用于签名的密码体制,其修正形式已被美国 NIST(美国国家标准技术研究所)作为数字签名标准. 该体制的安全性基于求 F_p 上离散对数的困难性,并且是一种非确定性双钥体制. 对同一明文消息,由于选择的随机参数不同而有不同的签名.

对于 $K=(p,\alpha,x,\beta)$和一个秘密的随机数 $k\in\mathbf{Z}_{p-1}^*$,定义消息 m 的签名为

$$\mathrm{Sign}_K(m,k)=(s,t),$$

其中

$$s \equiv \alpha^k (\mathrm{mod} p), \quad t \equiv (m - xs)k^{-1}(\mathrm{mod}(p-1)).$$

对 $m, s \in \mathbf{Z}_p^*$ 和 $t \in \mathbf{Z}_{p-1}$，定义

$$\mathrm{Verify}_K(m,(s,t)) = \mathrm{true} \Leftrightarrow \beta^s s^t \equiv \alpha^m (\mathrm{mod} p).$$

在使用 ElGamal 数字签名体制时，还应当注意如下几点：

(1) 签名者不能泄露签某个消息的随机数 k；否则，可以由签名解出用户的私人密钥 x.

(2) 签名者也不能用同一个随机数 k 来签两个不同的消息 m_1 和 m_2. x 为私钥，假如用某个 k 签了消息 m_1 和 m_2 分别得到 $(s_1 \| t_1)$ 和 $(s_2 \| t_2)$，则由

$$t_1 k + xs_1 \equiv m_1(\mathrm{mod}(p-1)), \tag{7.4}$$

$$t_2 k + xs_2 \equiv m_2(\mathrm{mod}(p-1)) \tag{7.5}$$

可得

$$k = (m_1 - xs_1)t_1^{-1} \equiv (m_2 - xs_2)t_2^{-1}(\mathrm{mod}(p-1)),$$

于是

$$x \equiv (m_2 t_1 - m_1 t_2)(s_2 t_1 - s_1 t_2)^{-1}(\mathrm{mod}(p-1)).$$

这样，只要 $(s_2 t_1 - s_1 t_2)^{-1}$ 存在，就解出了用户的私人密钥 x，从而可以冒充签名者签任何其他消息.

7.6.3 ElGamal 签名体制的变形

1. Schnorr 签名体制

在 1989 年，Schnorr[124] 提出了一种可看成是 ElGamal 签名方案的变形的一种签名体制，但它本身还具有一个特点，即可以大大地缩短素数域元素的表示，而不降低离散对数的安全性. 这是对公钥密码学的一个重要贡献.

可以通过构造一个域 F_p，使之包含一个更小的、素数阶 q 的子群来缩短表示. 注意到在类 ElGamal 密码系统中，目前参数 p 的标准设置为 $p \approx 2^{1024}$. 为了适应在解离散对数问题方面的进步，p 的长度很可能需要增大. 但是，在 Schnorr 的工作之后，将参数 q 设置为 $q \approx 2^{160}$ 已经成为一种标准的约定. 这种设置很可能保持不变，而不考虑 p 的长度的增加. 这是因为子群的信息对于解 F_p 上离散对数问题的一般方法来说不会起到什么作用，即使知道了目标元素在给定的子群中也没用. 设 q 为恒定的 2^{160} 仅仅是由生日攻击的下界要求定出的. Schnorr 签名体制描述如下：

1) 系统参数的建立

(1) 选取两个素数 p 和 q，使其满足 $q \mid (p-1)$（这两个参数典型的长度分别为

$|p|=1024$ 和 $|q|=160$)；

(2) 选取一个 q 阶元素 $g\in \mathbf{Z}_p^*$；

(3) 建立一个密码 Hash 函数 $H:\{0,1\}^*\rightarrow \mathbf{Z}_p$.

2) 主体密钥建立

用户 A 选取一个随机数 $x\in \mathbf{Z}_p^*$，并计算

$$y\leftarrow g^{-x}(\bmod p),$$

A 的公钥为 (p,q,g,y,H)，他的私钥为 x.

3) 签名生成

为了生成消息 $m\in\{0,1\}^*$ 的签名，A 选取一个随机数 $l\in \mathbf{Z}_p^*$，并生成一个签名对 (e,s)，其中

$$\begin{aligned} r &= g^l(\bmod p),\\ e &= H(m\,\|\,r),\\ s &= l+xe(\bmod q). \end{aligned}$$

(4) 签名验证

设 B 是一个验证者，他知道公钥 (p,q,g,y,H) 属于 A. 给定一个消息——签名对 $(m,(e,s))$，B 的验证过程为

$$\begin{aligned} r' &\equiv g^s y^e(\bmod p),\\ e' &= H(m\,\|\,r'),\\ \mathrm{Verify}_{(p,q,g,y,H)}(m,(s,e)) &= \mathrm{True},\quad e'=e. \end{aligned}$$

其签名的长度被大大地缩短为 $2\log_2 q$，其中体制是在 $\mathbf{Z}_p^*$ 上定义的，$p-1\equiv 0(\bmod q)$，但计算仍是在 $\bmod p$ 上进行的.

2. 数字签名算法(DSA)

DSA(digital signature algorithm)[125,126]数字签名体制是 1991 年 8 月由美国 NIST 公布，1994 年 12 月 1 日正式采用的美国联邦信息处理标准 DSS(digital signature standard). 这个签名标准有较大的兼容性和适用性，已成为网络中安全体系的基本构件之一. DSS 中所采用的签名算法简记为 DSA，此算法是 D. W. Kravits 于 1993 年设计的. 算法中使用的单向 Hash 函数为 SHA-1. 如 Schnorr 签名体制一样，DSA 使用了 $\mathbf{Z}_p^*$ 的一个 q 元子群. 在 DSA 中，要求 q 是 160 比特的素数，p 是长为 L 比特的素数，其中 $L\equiv 0(\bmod\ 64)$ 且 $512\leqslant L\leqslant 1024$. DSA 中的密钥与 Schnorr 签名体制的密钥具有相同的形式. DSA 还规定了在消息被签名之前，要用 SHA-1 算法将消息压缩. 结果是 160 比特的消息摘要有 320 比特的签名，并且计算是在 $\mathbf{Z}_p$ 和 $\mathbf{Z}_q$ 上进行的. 体制描述如下：

对于 $K=(p,q,\alpha,x,\beta)$ 和一个秘密的随机数 $k(1\leqslant k\leqslant q-1)$，DSA 算法定义

$\mathrm{Sign}_K(m,k)=(r,s)$，其中

$$r \equiv \alpha^k (\mathrm{mod} p)(\mathrm{mod} q),$$
$$s \equiv (\text{SHA-1}(m) + xr)k^{-1} (\mathrm{mod} q)$$

(如果 $r=0$ 或 $s=0$，则应该为 k 另选一个随机数).

对于 $m\in\{0,1\}^*$ 和 $s,r\in \mathbf{Z}_q^*$，验证是通过下面的计算来完成的. 计算

$$e_1 \equiv \text{SHA-1}(m)s^{-1} (\mathrm{mod} q),$$
$$e_2 \equiv r\, s^{-1} (\mathrm{mod} q),$$
$$\mathrm{Verify}_K(m,(r,s)) = \mathrm{ture} \Leftrightarrow (\alpha^{e_1}\beta^{e_2})(\mathrm{mod} p)(\mathrm{mod} q) \equiv r.$$

3. 椭圆曲线 DSA

在 2000 年，椭圆曲线数字签名算法[127] (elliptic curves digital signature algorithm, ECDSA)作为 FIPS 186-2 得到了批准. 体制描述如下：

设 p 是一个素数或 2 的幂次方，E 是定义在 F_p 上的椭圆曲线. 设 α 是 E 上阶数为 q 的一个点，使得在 $\langle\alpha\rangle$ 上的离散对数问题是难处理的. 定义

$$K = \{(p,q,E,\alpha,a,\beta) \mid \beta = a\alpha\},$$

其中 $1\leqslant a\leqslant q-1$，值 p,q,e 和 α 为公钥，a 为私钥.

对于 (p,q,E,α,a,β) 和一个秘密的随机数 $k(1\leqslant k\leqslant q-1)$，定义

$$\mathrm{Sign}_{sk}(m,k) = (r,s),$$

其中

$$k\alpha = (u,v),$$
$$r \equiv u(\mathrm{mod} q),$$
$$s \equiv k^{-1}(h(m) + ar)(\mathrm{mod} q),$$

这里 Hash 函数采用 SHA-1(如果 $r=0$ 或 $s=0$，则应该为 k 另选一个随机数). 对于 m 的签名 $r,s\in \mathbf{Z}_q^*$，验证是通过下面的计算完成的.

$$w \equiv s^{-1}(\mathrm{mod} q),$$
$$i \equiv wh(m)(\mathrm{mod} q),$$
$$j \equiv wr(\mathrm{mod} q),$$
$$(u,v) = i\alpha + j\beta,$$
$$\mathrm{Verify}_{pk}((m,(r \| s))) = \mathrm{True} \Leftrightarrow u(\mathrm{mod} q) \equiv r.$$

7.6.4 Neberg-Rueppel 签名体制

这个数字签名体制是一个消息恢复数字签名体制，即验证人可以从签名中恢

复出原始消息,使得签名人不需要将被签名的消息发送给验证人.

设 p 是一个大素数,$q|(p-1)$ 也是一个大素数,$\alpha\in \mathbf{Z}_p^*$ 且 $\alpha^q\equiv 1(\bmod p)$. 用户 A 的私钥是 $x\in \mathbf{Z}_p^*$,公钥是 $\beta\equiv\alpha^x(\bmod p)$.

签名算法 对于待签名的消息 m,A 进行以下步骤:

计算出 $\overline{m}=R(m)$,其中 R 为一个一一映射,并且容易求逆. 选择一个随机数 $0<k<q$,计算 $r\equiv\alpha^{-k}(\bmod p)$. 计算 $e\equiv\overline{m}r(\bmod p)$ 和 $s\equiv xs+k(\bmod q)$,则 (e,s) 为 m 的签名.

验证算法 数字签名的收方在收到数字签名 (e,s) 后,进行以下步骤:

验证 $0<e<p$, $0\leqslant s<q$,计算 $v\equiv\alpha^s\beta^{-e}(\bmod p)$ 和 $m'\equiv ve(\bmod p)$. 验证 $m'\in R(M)$,其中 $R(M)$ 表示 R 的值域,计算 $m=R^{-1}(m')$.

这个签名体制的正确性可以由以下等式证明:

$$\begin{aligned} m' &\equiv ve(\bmod p)\equiv \alpha^s\beta^{-e}e(\bmod p)\\ &\equiv \alpha^{xe+k-xe}e(\bmod p)\equiv\alpha^k e(\bmod p)=\overline{m}. \end{aligned}$$

7.7 具有隐私保护的数字签名体制

7.7.1 群签名及其应用

在 EUROCRYPT'91 年会上,D. Chaum 和 E van Heyst[128] 提出了一个新类型的签名体制——群签名. 这种体制允许群成员之一代表这个群体对消息签名,任何知道群公钥的人都可以验证签名的正确性,没有人可以知道是群中哪一位签的名. 但有一个可信任的第三方——称之为群管理员,他在签名出现争议时可以确定签名者的身份. 在群签名体制中,验证者只能确定是群中的某个成员生成的签名,但不能确定具体是哪个成员生成的签名,从而实现了签名者的匿名性,具有隐私保护的功能. 群签名在管理、军事、政治及经济等多个方面有着广泛的应用. 例如,在公共资源的管理、重要军事命令的签发、重要领导人的选举、电子商务、重要新闻的发布和金融合同的签署等事物中,群签名都可以发挥重要作用.

一个群签名体制包括下列 4 个过程:

(1) 建立:一个指定群管理员和群成员之间概率交互协议,它的结果包括群公钥 y,群成员的秘密密钥 x 和给群管理员的秘密管理密钥;

(2) 签名:一个概率算法,其输入为一个消息和群成员的秘密密钥 x,其结果为一个对消息的签名;

(3) 验证:一个算法,其输入为消息、消息签名和群公钥 y,其结果为签名是否正确;

(4) 打开:一个算法,对输入的签名和群管理员的秘密管密钥,其结果为发出签名的群成员的身份和事实证明.

可以假定群成员和群管理员之间的所有交流都是秘密进行的. 一个群签名体制必须满足下列性质：

(1) 不可伪造性:只有群成员才能产生正确的消息签名；

(2) 匿名性:要确定哪一个群成员对消息进行了签名是不可能的；

(3) 不可连接性:要确定两个签名是否是由同一个群成员签署的是不可能的；

(4) 陷害攻击安全性:群成员不能打开签名,同时也不能代表其他成员签名,进一步群管理员也是如此.

最后一个性质表明,群管理员一定不能知道群成员的秘密密钥. 对于群签名体制的有效性由如下几个因素决定：

(1) 群公钥 y 的大小；

(2) 签名的长度；

(3) 签名和验证算法的有效性；

(4) 加入和打开协议的有效性.

7.7.2 盲签名及其应用

盲签名体制[129]是保证参与者匿名性的基本的密码协议. 自从出现对电子现金技术的研究以来,盲签名已成为其最重要的实现工具之一. 一个盲签名体制是一个协议,包括两个实体,即消息发送者和签名者. 它允许发送者让签名者对给定的消息签名,并且没有泄露关于消息和消息签名的任何信息. 1982 年,Chaum 首次提出盲签名概念,并利用盲签名技术提出了第一个电子现金方案. 利用盲签名技术可以完全保护用户的隐私权,因此,盲签名技术在诸多电子现金方案中广泛使用.

盲数字签名的基本原理是两个可换的加密算法的应用,第一个加密算法是为了隐蔽信息,可称为盲变换;第二个加密算法才是真正的签名算法.

盲数字签名的过程可以用图 7.3 表示.

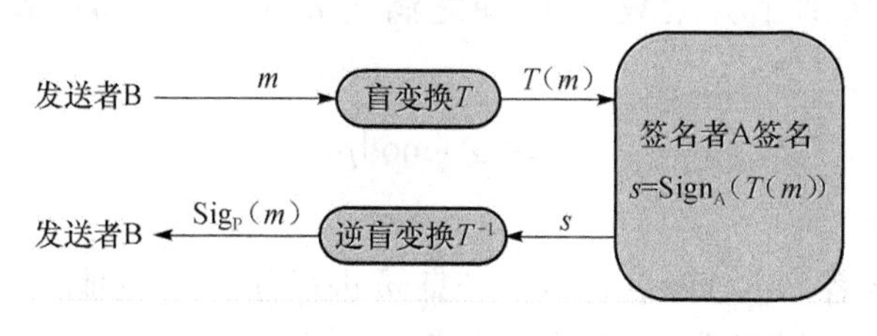

图 7.3　盲签名示意图

盲数字签名的特点如下：

(1) 消息的内容对签名者是盲的；

(2) 签名者不能将所签文件 $T(v)$和实际要签的文件 v 联系起来,即使他保存所有签过的文件,也不能确定出所签文件的真实内容.

下面介绍几种盲签名算法.

1. 基于RSA数字签名体制的盲签名

签名者A选两个大素数 p,q,计算 $n=pq$,随机选择 $e,\gcd(e,\varphi(n))=1$. 由 $ed\equiv 1(\bmod \varphi(n))$ 求出 $d\equiv e^{-1}(\bmod \varphi(n))$,再选一个单向函数 f,公开 n,e 和 f.

设发送者B要求签名者A对消息 m 进行盲签名. 则他和A执行如下协议:

(1) B随机选盲因子(blinding factor)$k\in \mathbf{Z}_p^*$,计算

$$m'\equiv f(m)k^e(\bmod n), \tag{7.6}$$

并将 m' 发送给A;

(2) 签名者A收到 m' 后,用RSA的私人密钥 d 对 m' 进行签名得

$$s'=\mathrm{Sign}_{\mathrm{A}}(m)\equiv (m')^d(\bmod n), \tag{7.7}$$

并将 s' 发送给B;

(3) B收到 s' 后,计算

$$s=s'/k\equiv f(m)^d(\bmod n), \tag{7.8}$$

则 s 是A对 $f(m)$ 的签名,B通过

$$\mathrm{Verify}_{\mathrm{A}}(f(m),s)=\mathrm{True}\Leftrightarrow s^e\equiv f(m)(\bmod n) \tag{7.9}$$

验证 s 是否为 $f(m)$ 的有效签名,因而是 m 的有效盲签名.

在签名过程中,A从未见到过 m 和对 m 的盲签名 s(实际上是对 $f(m)$ 的签名),所以他无法将 (m,s) 和 (m',s') 联系起来,因而A无法确定他所签文件的内容,其中签名的盲化子为 k.

2. 基于离散对数签名体制的盲签名

签名者A选两个大素数 p,q,使之满足 $q\mid(p-1)$,$\alpha\in\mathbf{Z}_p^*$ 满足 $|\alpha|=q$,$x\in\mathbf{Z}_p^*$. 计算

$$\beta\equiv\alpha^x(\bmod p), \tag{7.10}$$

公开 p,q,α 和 β.

设消息发送者B欲让签名者A对消息 m 进行盲签名,则他和A执行下列协议:

(1) 签名者A随机选择 $\bar{k}\in \mathrm{F}_q^*$,计算

$$\bar{r}\equiv\alpha^{\bar{k}}(\bmod p), \tag{7.11}$$

并把 $\bar{r}$ 发送给B;

(2) 消息发送者B随机选两个数 $e_1,e_2\in\mathrm{F}_q$,计算

$$r \equiv \bar{r}^{e_1}\alpha^{e_2}(\mathrm{mod}\,p), \tag{7.12}$$

$$\bar{m} \equiv e_1 m\bar{r}r^{-1}(\mathrm{mod}\,q), \tag{7.13}$$

并把 $\bar{m}$ 发送给 A;

(3) A 计算

$$\bar{s} \equiv (x\bar{r} + \bar{k}\bar{m})(\mathrm{mod}\,q), \tag{7.14}$$

并把 $\bar{s}$ 发送给 B;

(4) B 计算

$$s \equiv (\bar{s}r\bar{r}^{-1} + e_2 m)(\mathrm{mod}\,q), \tag{7.15}$$

这样,$(r \| s)$是对消息 m 的一个盲签名.

该签名的验证方程为

$$\alpha^s \equiv \beta^r \cdot r^m(\mathrm{mod}\,p), \tag{7.16}$$

其中盲化子为 e_1,e_2. 不难看出,A 在签名的过程中从未看到过 m 和对 m 的盲签名$(r \| s)$,因此,他无法将$(m, r \| s)$和$(\bar{m}, \bar{r} \| \bar{s})$联系起来去确定所签文件的内容 m. 然而,他确实对 m 签了名.

盲签名广泛应用于电子选举和电子货币中. 先以其在电子选举中的应用为例来说明盲签名是如何实现的.

设选民 B 不想让选举管理中心 A 知道其选票内容,但选票又必须经过管理中心 A 签名以确认身份后才能有效. 因此,选民 B 填好选票 v 后,对选票 v 进行盲变换 T 得到 $T(v)$,然后签名得到 $s=\mathrm{Sign}_{\mathrm{B}}(T(v))$. B 将$(I(B), T(v), s)$发送给 A,其中 $I(B)$为选民 B 的身份信息. 当选举管理中心 A 收到$(I(B), T(v), s)$后,它要检查如下内容:

(1) B 有无权利参加选举,若 B 无权参加选举,则不对 B 的选票签名;否则,检查(2);

(2) B 是否申请过对选票进行签名,若已经申请过,则不对 B 的选票签名;否则,检查(3);

(3) s 是否是选票 $T(v)$的有效签名,若不是选票 $T(v)$的有效签名,则不对 B 的选票 $T(v)$签名;否则,对 B 的选票签名得 $s'=\mathrm{Sign}_{\mathrm{A}}(T(v))$,并把 s'发送给选民 B.

最后选举管理中心 A 宣布获得他对选票签名的总人数,并公布包括$(I(B), T(v), s)$的一张表.

投票之前,每个选民 B 都要验证 A 对他的选票签名是否有效. 若无效,则要重新向 A 申请对自己的选票进行签名;如果 A 的签名有效,则 B 匿名地将(s', v)发送给计票站.

小结与注释

数据完整性保护技术可以分为对称技术和非对称技术,由对称密码技术生成的通常称为消息认证码(MAC). MAC 的生成和验证可以使用密钥 Hash 函数技术,也可以使用分组密码加密算法. 在数字签名中,Hash 函数可以用来产生消息摘要,为数字签名提供更加可靠的安全性,在具有实用安全性的公钥密码系统中,Hash 函数被广泛地用于实现密文正确性验证机制. 对于要获得可证安全的抵抗主动攻击的加密体制来说更是必不可少. 在需要随机数的密码学应用中,Hash 函数被广泛地用作实用的伪随机函数,所以对 Hash 函数在密码学中的应用问题的理解,到这里应该有更多的了解. 要设计一个接受任意长度输入的函数不是一件容易的事,更要满足单向性、无碰撞性和混合性. 当然,Hash 函数的混合性和抗碰撞性可以用分组密码体制,甚至公钥密码体制的迭代方式来获得,但是这样构造的 Hash 函数的速度是令人难以忍受的. 在实际中,Hash 函数的构造是建立在压缩函数的想法上,也就是本章中介绍的安全 Hash 函数标准 SAH-1 的设计方法:给定一长度为 m 的输入,单向压缩函数输出长为 n 的压缩值,压缩函数的输入是消息分组和文本前一分组的输出. 一般认为,如果压缩函数是无碰撞的,则用它 Hash 任意长度的消息也是无碰撞的. 有关 Hash 函数的更多详细信息可参见文献[114],有关 SHA-1 可参见文献[116].

数字签名技术对今天的每个人都有着紧密的联系. Internet 银行已经部分地从顾客服务台转移到顾客的台式机上,给予顾客很大的灵活性,并且银行可以通过减少每次的周转时间来提高其内部的效率. 目前,大多数银行都具有了基本交易功能. 使用数字签名以提高生产率的另一个例子是美国专利和商标办公机构(United States Patent and Trademark Office,USPTO). USPTO 最近启动了一个电子归档系统(electronic filing system,EFS),该系统支持通过 Internet 对专利应用文档进行安全电子归档. EFS 在公钥基础设施内部使用了数字证书,从而以数字化的方式签署电子数据包,使其在 Internet 上传输. 从应用者的角度来看,电子归档系统最大的好处是能够一年内 365 天每 24 小时归档专利应用文档,并消除由于邮寄而产生的延迟. 除此之外,数字签名技术在安全电子交易 SET(secure electronic transaction)和 VoIP(voice over IP)等领域都有广泛的应用. 正像任何发展的技术一样,尽管发展过程充满曲折,但基于公钥的数字签名也在不断前进,所以对特定的商业需求来说,数字签名将会产生多种变化形式,如具有隐私保护的数字签名方案、代理签名、使用匿名证书的签名、隐形数字签名等. 有关数字签名算法 DSA 可参见文献[125,126],有关 ElGamal 签名方案可参见文献[102].

习题7

7.1 什么是随机预言模型？随机预言模型存在吗？

7.2 设 Hash 函数输出空间大小为 2^{160}，找到该 Hash 函数一个碰撞概率大于1/2所需要的计算量是多少？

7.3 为什么说 Hash 函数实际上是不可逆的？

7.4 如果定义一个 Hash 函数(或压缩函数)h，它把一个 n 比特的二元串压缩成 m 比特的二元串. 可以把 h 看成一个从 $\mathbf{Z}_{2^n}$ 到 $\mathbf{Z}_{2^m}$ 的函数，它试图以模 2^m 的整数运算来定义 h. 在练习中说明这种类型的一些简单构造是不安全的，应该避免.

假定 $n=m, m>1, h:\mathbf{Z}_{2^m}\to\mathbf{Z}_{2^m}$ 被定义为

$$H(x)=x^2+ax+b(\bmod 2^m),$$

证明对任意的 $x\in\mathbf{Z}_{2^m}$，无需解二次方程式，就很容易解决第二原像问题.

7.5 假定 $f:\{0,1\}^m\to\{0,1\}^m$ 是一个原像稳固的双射. 定义 $h:\{0,1\}^{2m}\to\{0,1\}^m$ 如下：给定 $x\in\{0,1\}^{2m}$，记作

$$x=x'\parallel x'',$$

其中 $x',x''\in\{0,1\}^m$. 然后定义

$$h(x)=f(x'\oplus x''),$$

证明 h 不是第二原像稳固的.

7.6 假定 Alice 使用 ElGamal 签名方案 $p=31847, \alpha=5$ 以及 $\beta=25703$. 设 a 为私人密钥，给定消息 $x=8990$ 的签名(23972, 31396)以及 $x=31415$ 的签名(23972, 20481)，假设两个签名使用同一个随机数 k，计算 k 和 a 的值(无须求解离散对数问题的实例).

7.7 假定实现了 $p=31847, \alpha=5$ 以及 $\beta=26379$ 的 ElGamal 签名方案，编制完成下面任务的计算机程序.

(1) 验证对消息 $x=20543$ 的签名(20679, 11082)；

(2) 通过求解离散对数问题的实例决定私钥 a；

(3) 在无须求解离散对数问题的实例的情况下，确定对消息 x 签名时使用的随机值 k.

7.8 这里是 ElGamal 签名方案的一种变形. 密钥用同前面相似的方法构造. Alice 选择 $\alpha\in\mathbf{Z}_p^*$ 是一个本原元，$0\leqslant\alpha\leqslant p-2$，其中 $\gcd(a,p-1)=1$ 且 $\beta=\alpha^a(\bmod p)$. 密钥 $K=(\alpha,a,\beta)$，其中 α,β 值为公开的，a 为私钥. 设 $x\in\mathbf{Z}_p$ 是一则要签名的消息，Alice 计算签名 $\mathrm{Sign}(x)=(\gamma,\delta)$，其中

$$\gamma=\alpha^k(\bmod p)$$

且

$$\delta=(x-k\gamma)\alpha^{-1}(\bmod(p-1)).$$

与原来的 ElGamal 签名方案唯一的差别是计算 δ. 回答下列有关该方案的问题：

(1) 描述关于消息 x 的签名(γ,δ)是如何使用 Alice 的公钥进行验证的；

(2) 描述修改后的方案的计算优点；

(3) 简要比较原来的与修改后的方案的安全性.

7.9 证明在 ECDSA 中一个正确构造的签名将满足验证条件.

7.10 设 E 表示椭圆曲线 $y^2=x^3+x+26(\bmod 127)$，可以看出 $\#E=131$ 是一个素数. 因此，E 中任何非零元素是$(E,+)$的生成元. 假设 ECDSA 在 E 上实现，$A=(2,6)$，$m=54$，

(1) 计算公钥 $B=mA$；

(2) 当 $k=75$ 时，计算在 SHA-1$(x)=10$ 的情况下关于 x 的签名；

(3) 说明用于验证(2)构造出来的签名的计算过程.

第 8 章

密钥建立及管理技术

密钥是加密算法中的可变因素.用密码技术保护的现代信息系统的安全性极大地取决于对密钥的保护,而不是对算法或硬件本身的保护.即使密码体制公开,密码设备丢失,只要密钥没有泄露,同一型号的密码机仍可以使用.然而,一旦密钥丢失或出错,不但合法用户不能提取信息,而且可能给非法用户窃取信息提供良机.因此,密钥的保密和安全管理在信息系统的安全中是极为重要的.

密钥管理是处理从密钥产生到最终销毁的整个过程中的有关问题,包括密钥的产生、储存、装入、分配、保护、丢失、销毁等内容,其中密钥的分配和储存是最棘手的.

本章将研究密钥分配、密钥协商、秘密共享、密钥的储存等问题,同时也对密钥管理的其他方面作些简要的介绍.

8.1 密钥概述

8.1.1 密钥的种类

根据密钥在信息系统安全中所起的作用,密钥大体上可以分为以下几种:

(1) 基本密钥(base key)或称初始密钥(primary key),它是用户自己选定或由系统分配给用户的可在较长(相对于会话密钥)一段时间内由一对用户专用的秘密密钥,故又称之为用户密钥(user key),以 k_p 表示.要求基本密钥既安全又便于更换.基本密钥要和会话密钥一起去启动和控制某种加密算法构成的密钥生成器来产生用于加密明文数据的密钥流.

(2) 会话密钥(session key),它是两个通信终端用户在一次通话或交换数据时所用的密钥,以 k_s 表示.当用其对传输的数据进行保护时,称之为数据加密密钥(data encrypting key);当用它保护文件时,称之为文件密钥(file key).会话密钥的作用是不必太频繁地更换基本密钥,有利于密钥的安全和管理.这一类密钥可由用户预先约定,也可由系统动态地产生并赋于通信双方,它为通信双方专用,故又称之为专用密钥(private key).

基本密钥与会话密钥之间的关系如图 8.1 所示.

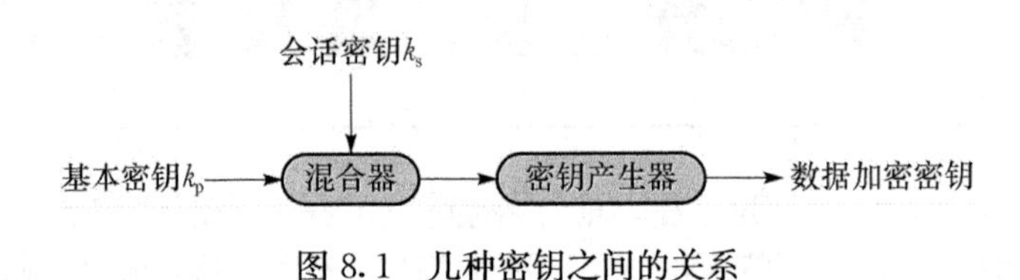

图 8.1　几种密钥之间的关系

(3) 密钥加密密钥(key encrypting key),它是用于对传送的会话密钥或文件密钥进行加密时使用的密钥,也称之为次主密钥(submaster key)或辅助(二级)密钥(secondary key),以 k_e 表示.通信网中每个节点都分配有一个这样的密钥.为了安全起见,各节点的密钥加密密钥应互不相同.在主机和主机以及主机和各终端之间传送会话密钥时都需要有相应的密钥加密密钥.每台主机储存有关至各其他主机或本主机范围内各终端所用的密钥加密密钥,而各终端只需要一个与其主机交换会话密钥时所需的密钥加密密钥,称之为终端主密钥(terminal master key).在主机和一些密码设备中,储存各种密钥的装置应有断电保护和防窜扰、防欺诈等控制能力.

(4) 主机主密钥(host master key),它是对密钥加密密钥进行加密的密钥,储存在主机处理器中,以 k_m 表示.

除了以上几种密钥外,还有用户选择密钥(custom option key),用来保证同一类密码机的不同用户可使用的不同的密钥;簇密钥(family key)及算法更换密钥(algorithm changing key)等.这些密钥的主要作用是在不加大更换密钥工作量的情况下,扩大可使用的密钥量.

8.1.2　建立密钥的方式

密钥建立协议是为两方或多方提供共享的秘密,在其后作为对称密钥使用,以达到加密、消息认证和实体认证的目的.密钥建立大体分成两类,即密钥分配和密钥协商.密钥分配是由一方建立(或得到)一个秘密值安全地传送给另一方;密钥协商是由双方(或多方)形成的共享秘密,该秘密是参与各方提供信息的函数,任何一方都不能事先预定所产生的秘密数值.

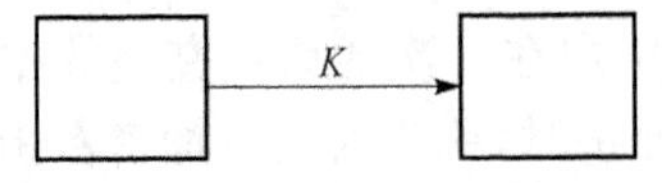

图 8.2　点到点的密钥建立模式

密钥建立的模式大致可分成以下三种:

(1) 点到点机制,涉及的双方直接通信,如图 8.2 所示.

(2) 密钥分配中心(key distribution center). 用户 A 和 B 分别与 KDC 有共享主密钥 K_{AT}, K_{BT}, KDC 为用户 A 和 B 生成并分配会话密钥 K. 在图 8.3 中, A 将 (A,B) 发送给 KDC. KDC 将 $E_{K_{AT}}(B,K)$ 返回给用户 A. 此外, 如图 8.3(a)所示, 将 $E_{K_{BT}}(A,K)$ 经过 A 传送给 B, 或如图 8.3(b)所示, 直接将 $E_{K_{BT}}(A,K)$ 传送给 B.

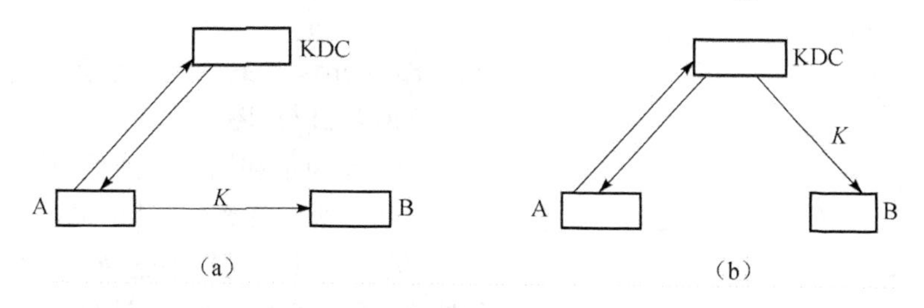

图 8.3　密钥分配中心

(3) 密钥转换中心(key translation center). 与(2)不同的是, 由 A 生成 A, B 之间的会话密钥 K, KDC 只起转送作用. 首先 A 将 (A, B, $E_{K_{AT}}(B,K)$) 发送给 KTC. KTC 求出 K 后将生成的 $E_{K_{BT}}(A,K)$ 经过 A 传送给 B, 或直接传送给 B.

8.2　密钥分配

所谓密钥分配(key distribution)是指一方选择密钥, 然后把它发送给另一方或许多方. 利用密钥分配协议可以在一个不安全的信道上传送用户之间的公享密钥, 并且每个用户不需要储存很多的密钥.

8.2.1　基于对称密码体制的密钥分配协议——Kerberos 方案

Kerberos[6]密钥分配协议是一种在线式密钥分配协议(on-line key distribution protocol). 所谓在线, 指的是当两个用户 U 和 V 想要进行保密通信时, 就根据协议产生一个新的密钥, 而不是事先确定一个密钥.

在线式密钥分配协议每次产生的密钥都是随机的, 也就是说, 密钥随时在更新, 避免了由于一个密钥使用过久而存在的密钥泄露问题, 从而提高了用户之间保密通信的安全性. 在有 TA(trusted authority)参与的在线式密钥分配协议中, TA 和通信网络中的每个用户 U 共享一个密钥 K_U. TA 和用户 U 之间的保密通信利用分组密码来实现, 密钥为 K_U. 当用户 U 想利用分组密码与用户 V 进行保密通信时, 用户 U 就向 TA 申请一个会话密钥. 在接到申请后, TA 产生一个会话密钥 K, 并将其加密, 然后传送给用户 U 和 V.

如果使用在线密钥分配, 则网络中的每个用户和可信中心要共享一个密钥而无须再储存别的密钥, 会话密钥将通过请求可信中心 TA 来得到. 确保密钥新鲜

(key freshnees)是可信中心的职责.

Kerberos 密钥分配方案是一个基于单钥体制的密钥服务系统. 在这个系统中,每个用户 A 和可信中心 TA 共享一个秘密的 DES 密钥. 在方案的最新版本中,传送的所有消息都通过 CBC 模式进行加密. 用 ID(A)表示用户 A 的身份识别信息.

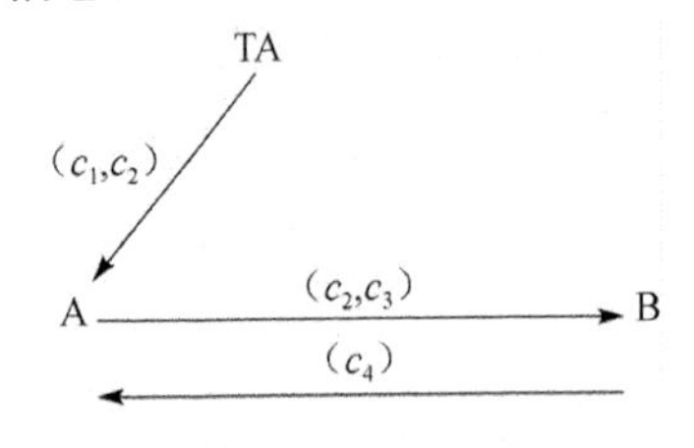

图 8.4　Kerberos 方案的传输过程

使用 Kerberos 方案传输一个会话密钥的过程可分如下两步进行(图 8.4):

(1) 用户 A 为了和用户 B 通信,他就向可信中心 TA 申请一个会话密钥,其申请过程如下:

(i) 可信中心 TA 随机地选择一个会话密钥 k,一个时戳 t 和一个生存期 L,计算

$$c_1 = E_{k_A}(k,\mathrm{ID}(B),t,L) \quad 和 \quad c_2 = E_{k_B}(k,\mathrm{ID}(A),t,L),$$

并将 c_1 和 c_2 发送给 A;

(ii) 用户 A 首先解密 c_1 获得密钥 k,ID(B),t 和 L;

(2) 用户 A 和用户 B 交换密钥 k 的过程如下:

(i) A 计算 $c_3=E_k(\mathrm{ID}(A),t)$,并将 c_3 和可信中心发送来的 c_2 一起发送给 B;

(ii) 用户 B 首先解密 c_2 获得密钥 k,ID(A),t 和 L,然后使用 k 解密 c_3,获得 t 和 ID(A),并检测 t 的两个值和 ID(A)的两个值是否一样,如果是一样的,则 B 计算 $c_4=E_k(t+1)$,并将 c_4 发送给 A;

(iii) A 使用 k 解密 c_4 获得 $t+1$,并验证解密结果是 $t+1$.

方案的第 1 步是可信中心 TA 和申请通信者 A 之间进行秘密的密钥交换. 可信中心 TA 首先使用他和申请者 A 共享的密钥 k_A 加密他为 A 和 B 通信选择的密钥 k,时戳 t,生存期 L 和 ID(B)形成 c_1,使用他和用户 B 共享的密钥 k_B 加密 k,t,L 和 ID(A)形成 c_2,然后他把 c_1 和 c_2 都发给用户 A. A 能使用他与可信中心共享的密钥 k_A 解密 c_1 获得他将要与 B 通信的会话密钥 k,时戳 t,生存期 L 和 ID(B),并且 A 能验证目前的时间在区间$[t,t+L]$内,并通过验证解密 c_1 获得的 ID(B)检测可信中心颁发给他的会话密钥 k 是他和用户 B 的会话密钥. 最后,用户 A 将 c_2 转发给 B,并且使用新的会话密钥 k 加密 t 和 ID(A),也将加密结果 c_3 发送给 B. 当用户 B 收到 A 发来的 c_2 和 c_3 后,他用自己和可信中心共享的密钥 k_B 解密 c_2 获得 k,t,L 和 ID(A),然后使用新的会话密钥 k 解密 c_3 获得 t 和 ID(A),并验证这两个 t 的值相同,并且两个 ID(A)的值也相同. 这可使 B 相信加密在 c_2 中的会话密钥 k 和用于加密 t,ID(A)的密钥相同. 然后,B 使用 k 加密 $t+1$,并将所得的结果 c_4 送回给 A. 当 A 收到 c_4 后,他使用 k 解密 c_4,并验证解密结果是 $t+1$. 这可使 A 相信会话密钥 k 已经被成功地传输给了 B,因为产生消息 c_4 时需要 k. 消息 c_1 和 c_2 用

来提供会话密钥 k 在传输过程中的秘密性，c_3 和 c_4 用来提供密钥 k 的确证性（key confirmation），也就是能使 A 和 B 相互相信他们拥有同样的会话密钥.

时戳 t 和生存期 L 的目的是阻止一个主动的敌手储存旧消息并在后来重发，这种攻击称为重放攻击（replay attack）. 这种方法之所以奏效是因为一旦密钥过期，它不能再被作为合法的密钥接收.

Kerberos 协议的缺点如下：首先协议需要在线认证服务；其次，网络中的所有用户都要有同步时钟，因为目前的时间被用来确定一个给定的会话密钥是否是合法的. 在实际中，提供完全的同步是困难的，所以允许有一定量的时差.

8.2.2 基于公钥密码系统的密钥传送方案

公钥密码学的一个重要优点就是易于建立两个相距遥远的终端用户间的密钥信道，而不需要他们彼此见面或者使用在线认证服务，这正好克服了对称密码技术的缺点. 因此，基于公钥的技术能够容易地增加在大的开放性系统中的应用.

在公钥密码系统中，不再需要秘密的信道来传送私钥，并且总是假定已经掌握对方的真实公钥. 因此，对方公钥的真实性是保证公钥系统安全的保障之一.

在实际中，如何能保证被访问者的公钥确实是属于被访问者的呢？有可能假冒者已经用他自己的公钥代替了被访问者的公钥. 除非在如何形成密钥和密钥的真实性和合法性认证中存在可靠性，否则，公钥加密算法是不可信的.

为了使公钥加密算法能在商业应用中发挥作用，有必要加上一个基础设施来跟踪公钥. 公钥基础设施也可以简称为 PKI，它是一个框架结构，是由定义加密体制运转规则的策略和用于产生和发布密钥和证书的程序构成的. 所有的 PKI 都是由证书授权和合法性操作组成的. 证书授权将一个公钥绑定给一个实体. 合法性确保了证书是合法的. PKI CA 提供公钥加密和数字签名服务的平台，采用 PKI 框架管理密钥和证书，基于 PKI 的框架结构及在其上开发的 PKI 应用，为建立 CA 提供了强大的证书和密钥管理能力.

证书（certification）是指由其发布者签署的大量信息，这里发布者一般指的是证书认证中心（CA）. 有很多类型的证书，其中身份证书包含了一个实体的身份信息，数据都由 CA 的私人密钥进行签名. 根据 X. 509[130] 建议，CA 为用户的公开密钥提供证书. 用户与 CA 交换公开密钥，CA 用其私钥对数据集（包括 CA 名、用户名、用户的公开密钥及其有效期等）进行数字签名，并将该签名附在上述数据集后构成用户的证书，存放在用户的目录款项中.

证书作为网上交易双方真实身份证明的依据，是一个经证书认证中心（CA）数字签名的、包含证书申请者（公开密钥拥有者）个人信息及其公开密钥的文件. CA 作为可信第三方通过签名担保公钥及公钥所属主体的真实性. CA 有自己的签名密钥对，每个已在系统中注册的用户都能获得 CA 真实的公钥，并用它对证书中的

CA 签名进行验证. 系统用户验证签名成功,获得对公钥真实性的信任. 由此看到,公钥证书是传递信任的一种手段,证书帮助证实个人身份. 当你把你的证书送给某人,并将消息用你的密钥加密,接受者就能用证书中的公钥来证实你的身份. 你的证书和你的公钥就是你是谁的证据.

1) 证书类型

证书的类型主要有个人证书(客户证书)、服务器证书(站点证书)、安全电子函件证书(这种证书证实电子函件用户的身份和公钥)、CA 证书.

2) 证书的内容

证书的格式定义在 IUT 标准 X. 509 中,根据这项标准,证书包括申请证书个人的信息和发行证书的 CA 的信息.

X. 509 是一种国际标准,被设计来为大型计算机网络上的目录服务提供认证. 由于它本身是作为国际标准组织和国际电信联盟的一个标准,所以很多产品都是基于它开发出来的. 例如,X. 509 被用在签证和万事达信用卡的安全电子交易的标准中.

公钥证书是一个数据结构,它由数据部分和签名部分组成. 数据部分至少应包括明文形式的公钥及公钥主体标识(在系统内唯一). 签名部分是 CA 对数据部分的签名,它的作用是把公钥与公钥主体捆绑起来. 公钥证书的数据部分还可以包括以下内容:

(1) 公钥的可用期限;

(2) 证书的序号或公钥标识符;

(3) 关于主体的其他信息(如住址、网址);

(4) 关于公钥的其他信息(如公钥加密算法、打算怎样使用);

(5) 与识别主体身份、生成密钥对或其他安全政策有关的措施;

(6) 有助于签名验证的信息(如签名算法标识符、签名人的姓名);

(7) 公钥目前状态(是否吊销).

建立公钥证书时,CA 用非密码技术确定用户的身份以及公钥. 用户的公私钥对可以由 CA 生成,再将用户的私钥安全地交给用户;或者由用户自己生成,用户只把公钥交给 CA. CA 应该要求该用户证明他掌握与之相应的私钥,其目的是防止对手把某用户的公钥偷换成自己的公钥去形成该用户的新公钥证书. 为此,可以采用如下方法:

(1) 要求用户对证书的部分签名;

(2) 用户先随机选择 r_1,CA 再随机选择 r_2,并计算 $h(r_1 \parallel r_2)$,让用户对其签名.

3) CA 的管理

一个单独的实体能够跟踪并发布每个 Internet 用户的公钥是不可能的. 相

反,PKI 通常是由多个 CA 和他们发布的证书组成的,这些 CA 可以相互认证身份. 标准的公钥证书框架称为 X. 509 公钥证书基础设施,规模呈树状层次结构增大,称之为目录信息树(DIT). 在这种树状层次结构中,每个节点代表一个主体,并且它的公钥证书由他相邻的父节点发行. 叶节点表示端用户主体,非叶节点代表不同级别或不同域的 CA. 例如,国家级 CA 有银行、教育和政府机构域,其中每个域又分为许多子 CA,如银行域又分为不同类型的银行子域. 根节点代表根 CA,它是整个系统中的主体. 根 CA 应该保证它自己的公钥的可靠性. 因为每个 CA 都有服务于一个很大的域的潜力,所以 DIT 的深度不需要很大. 两个端用户主体通过在 DIT 中向上找一个离它们最近的父节点来建立一条安全的通信信道.

8.3　密 钥 协 商

密钥协商是一种协议. 利用这种协议,通信双方可以在一个公开的信道上通过互相传送一些消息来共同建立一个公享的秘密密钥. 在密钥协商中,双方共同建立的秘密密钥通常是双方输入消息的一个函数.

本节介绍 Diffie-Hellman 密钥协商协议. 1976 年提出的 Diffie-Hellman 密钥交换协议[84]是一个典型的密钥协商协议. 通信双方利用该协议可以在一个公开的信道上建立共享的会话密钥.

设 p 是一个素数,α 是 $\mathbf{Z}_p^*$ 的一个本原元,p 和 α 是公开的,则 Diffie-Hellman 密钥协商协议可描述如下:

(1) A 随机地选择 $a_A(0\leqslant a_A\leqslant p-2)$,计算 $\alpha^{a_A}\pmod p$,并将计算结果发送给 B;

(2) B 随机地选择 $a_B(0\leqslant a_B\leqslant p-2)$,计算 $\alpha^{a_B}\pmod p$,并将计算结果发送给 A;

(3) A 计算 $k\equiv(\alpha^{a_B})^{a_A}\pmod p$,B 计算 $k\equiv(\alpha^{a_A})^{a_B}\pmod p$.

这样,A 和 B 实际上建立了共同的密钥 $k\equiv\alpha^{a_Aa_B}\pmod p$. A 和 B 以后再通信时确定的密钥就不再是这个值了. 因为他们各自都要重新随机选择私人密钥 a_A 和 a_B. 不幸的是,Diffie-Hellman 密钥协商协议容易受到一个主动攻击者的中间入侵攻击(intruder-in-middle). 设 O 是一个主动攻击者,他同时和用户 A 与用户 B 进行密钥协商协议. 当 O 收到 A 的 α^{a_A} 时,O 把 $\alpha^{a'_A}$ 发给了 B;当 O 收到了 B 的 α^{a_B} 时,O 把 $\alpha^{a'_B}$ 发给了 A. 这样,在协议末,O 和 A 建立了共同的密钥 $\alpha^{a_Aa'_B}$,O 和 B 建立了共同的密钥 $\alpha^{a_Ba'_A}$. 于是当 A 加密一个消息发给 B 时,O 能解密它而 B 不能. 类似地,当 B 加密一个消息发给 A 时,O 能解密它而 A 不能.

为了克服中间入侵攻击,必须确保用户 A 和 B 正在执行密钥协商协议,而不是 A 和 O 或 B 和 O 在进行密钥协商协议. 采用第 6 章的方法,在执行密钥协商协议之前先执行一个身份识别体制,以确定相互的身份,但这仍不能抵抗中间入侵攻击. 这是因为 O 可以等到 A 和 B 相互证明身份之后再进行中间入侵攻击. 因此,密钥协商协议应能自己认证参加者的身份. 这种密钥协商协议称为认证密钥协商协议.

8.4 秘密共享

为了保护密钥不使其因损坏而蒙受巨大损失,人们往往采取建立多个拷贝的方法. 这样,在增加可靠性的同时也加大了风险. 秘密共享(secret shairing)是一种可取的方案,因为它在增加可靠性的同时不加大风险,而且有助于关键行为(如签署支票、打开金库)的共同控制. 秘密共享是一种份额化的密钥分配技术,它的基本思想是把秘密分成许多块(称为份额 share),分别由多人掌管,必须有足够多的份额才能重建原来的秘密,并用它触发某个动作.

一类特殊的秘密共享称为 (t,n) 门限方案(threshold scheme). 令 $t\leqslant n$ 是正整数, (t,n) 门限方案是这样一种方法:在 n 个参与者组成的集体中共享密钥 k,其中任何 t 个人组成的子集可以重构密钥 k 的值,而任何小于 t 个参与者组成的子集将无法算出 k 的值.

(t,n) 门限方案是更多普遍的共享方案的关键组成模块,下面将描述建立 (t,n) 门限方案的一种方法——Shamir 阈值方案[131]. 这个方案是在 1979 年由 Shamir 设计的,它是基于高等代数中的一些思想的自然推广.

以下用 K 表示密钥集, S 表示子密钥集,并且 $P=\{P_i\,|\,1\leqslant i\leqslant n\}$. 在 Shamir 的 (t,n) 门限体制中,分发者构造了一个次数至多为 $t-1$ 的随机多项式 $a(x)$,其常数项为密钥 k. 每个参与者 P_i 得到了多项式 $a(x)$ 所确定的曲线上的一个点 (x_i,y_i) $(1\leqslant i\leqslant n)$. 设 $K=\mathbf{Z}_p$,其中 $p\geqslant n+1$ 为素数,子密钥集 $S=\mathbf{Z}_p$. 这里,密钥 k 和分配给参与者的子密钥都是 $\mathbf{Z}_p$ 中的元.

(1) 分发者随机选择一个 $t-1$ 次多项式

$$h(x)=a_{t-1}x^{t-1}+\cdots+a_1x+a_0\in\mathbf{Z}_p[x],\quad a_0=k; \tag{8.1}$$

(2) 分发者选择 $\mathbf{Z}_p$ 中 n 个不同的非零元 $x_1,x_2,\cdots,x_n$,计算 $y_i=h(x_i)$ $(1\leqslant i\leqslant n)$;

(3) D 将 (x_i,y_i) 分配给每个参与者 P_i $(1\leqslant i\leqslant n)$,值 x_i $(1\leqslant i\leqslant n)$ 是公开知道的, y_i $(1\leqslant i\leqslant n)$ 作为参与者的共享密钥.

例 8.1　设 $p=17,t=3,n=5$,并且公开的 x 坐标 $x_i=i$ $(1\leqslant i\leqslant 5)$, $B=\{P_1,P_3,P_5\}$. 设 P_1,P_3,P_5 的子密钥分别为 $y_1=8,y_3=10,y_5=11$,记多项式为

$$h(x)=a_0+a_1x+a_2x^2,$$

并且由计算 $h(1)$,$h(3)$和 $h(5)$得到 $\mathbf{Z}_{17}$ 中三个线性方程

$$a_0+a_1+a_2=8,$$
$$a_0+3a_1+9a_2=10,$$
$$a_0+5a_1+8a_2=11.$$

容易求出,此线性方程组在 $\mathbf{Z}_{17}$ 中的唯一解 $a_0=13$,$a_1=10$ 和 $a_2=2$,故得到密钥 $k=a_0=13$,多项式 $h(x)=13+10x+2x^2$.

一般地,令 $y_{i_j}=h(x_{i_j})(1\leqslant j\leqslant t)$,$h(x)=a_{t-1}x^{t-1}+\cdots+a_1x+a_0\in\mathbf{Z}_p[x]$,$a_0=k$,则由参与者的子集的密钥$(x_{i_j},y_{i_j})$可得如下方程组:

$$a_0+a_1x_{i_1}+\cdots+a_{t-1}x_{i_1}^{t-1}=y_{i_1},$$
$$a_0+a_1x_{i_2}+\cdots+a_{t-1}x_{i_2}^{t-1}=y_{i_2},$$
$$\cdots\cdots$$
$$a_0+a_1x_{i_t}+\cdots+a_{t-1}x_{i_t}^{t-1}=y_{i_t},\tag{8.2}$$

其系数矩阵 $\mathbf{A}$ 为范德蒙矩阵,并且 $\mathbf{A}$ 的行列式值

$$|\mathbf{A}|=\prod_{1\leqslant j<s\leqslant t}(x_{i_s}-x_{i_j})(\bmod p).$$

因为每一个 x_{i_j} 的值均两两不同,所以$|\mathbf{A}|\neq 0$,故线性方程组(8.2)在 $\mathbf{Z}_p$ 中有唯一解$(a_0,a_1,\cdots,a_{t-1})$.这样,从发给的某 t 个参与者的子密钥(x_{i_j},y_{i_j})便可确定多项式 $h(x)$及密钥 $k=a_0$.

$t-1$ 个参与者打算计算 k 的值,其结果如何?此时,(8.2)是 t 个未知数 $t-1$ 个方程的线性方程组.假设他们以猜一个 y_0 的方法来增加方程组中方程的个数(第 t 个方程),以达到使(8.2)有解的目的.对每一个猜测的子密钥 y_0 的值,都存在一个唯一的多项式 $h_{y_0}(x)$,满足

$$y_{i_j}=h_{y_0}(x_{i_j}),\quad 1\leqslant j\leqslant t-1,$$

并且 $y_0=h_{y_0}(0)$.而密钥值是 $k=a_0=h(0)$.因此,$t-1$ 个参与者合伙也不能推出密钥 k.更确切地说,任何小于等于 $t-1$ 个参与者构成的组都不能得到有关密钥 k 的任何信息.

假设已经有了多项式(8.1)并且每个参与者都有了自己的子密钥 $y_i=h(x_i)$$(1\leqslant i\leqslant n)$,则每一对$(x_i,y_i)$都是“曲线”$h(x)$上的一个点.因为 t 个点唯一地确定多项式 $h(x)$,所以 k 可以由 t 个共享重新构出.但是,从 $t_1<t$ 个共享就无法确定 $h(x)$或 k.

给定 t 个共享 $y_{i_s}(1\leqslant s\leqslant t)$,根据拉格朗日插值公式重构的 $h(x)$为

$$h(x)=\sum_{s=1}^{t}y_{i_s}\prod_{\substack{j=1\\j\neq s}}^{t}\frac{x-x_{i_j}}{x_{i_s}-x_{i_j}},\tag{8.3}$$

其中的运算都是 $\mathbf{Z}_p$ 上的运算.

一旦知道了 $h(x)$,通过 $k=h(0)$就易于计算出密钥 k. 因为

$$k=h(0)=\sum_{s=1}^{t}y_{i_s}\prod_{\substack{j=1\\j\neq s}}^{t}\frac{-x_{i_j}}{x_{i_s}-x_{i_j}}(\bmod p),\tag{8.4}$$

若令

$$b_s=\prod_{\substack{j=1\\j\neq s}}^{t}\frac{-x_{i_j}}{x_{i_s}-x_{i_j}}(\bmod p),\tag{8.5}$$

则

$$k=h(0)=\sum_{s=1}^{t}b_s y_{i_s}(\bmod p).\tag{8.6}$$

因为 $x_i(1\leqslant i\leqslant n)$的值是公开知道的,所以可以计算出 $b_s(1\leqslant s\leqslant n)$.

例 8.2 例 8.1 中参与者的子集是$\{P_1,P_3,P_5\}$. 根据式(8.5)可以计算出

$$b_1=\frac{-x_3}{x_1-x_3}\cdot\frac{-x_5}{x_1-x_5}(\bmod 17)=3\times5\times(-2)^{-1}\times(-4)^{-1}(\bmod 17)=4.$$

类似地可得 $b_3=3$,$b_5=11$. 在给出子密钥分别为 8,10 和 11 的情况下,根据式(8.6)可以得到

$$k=4\times8+3\times10+11\times11(\bmod 17)=13.$$

Shamir 门限体制可建立在任何有限域 F_q 上,其中 q 为素数的方幂. 在计算机的应用中,最感兴趣的是有限域 F_{2^n}.

8.5 密钥保护

8.5.1 密钥保存

密钥的安全保密是密码系统安全的重要保证. 保证密钥安全的基本原则除了在有安全保证环境下进行密钥的产生、分配、装入以及储存于保密柜内备用外,密钥绝不能以明文形式出现.

(1) 终端密钥的保护. 可用二级通信密钥(终端主密钥)对会话密钥进行加密保护. 终端主密钥储存于主密钥寄存器中,并由主机对各终端主密钥进行管理. 主机和终端之间就可用共享的终端主密钥保护会话密钥的安全.

(2) 主机密钥的保护. 主机在密钥管理上担负着更繁重的任务,因而也是敌手

攻击的主要目标.在任一给定时间内,主机可以有几个终端主密钥在工作,因而其密码装置需为各应用程序所共享.工作密钥存储器要由主机施以优先级别进行管理加密保护,称之为主密钥原则.这种方法将大量密钥的保护问题化为仅对单个密钥的保护.在有多台主机的网络中,为了安全起见,各主机应选用不同的主密钥.有的主机采用多个主密钥对不同类密钥进行保护.例如,用主密钥0对会话密钥进行保护,用主密钥1对终端主密钥进行保护,而网中传送会话密钥时所用的加密密钥为主密钥2.三个主密钥可存放于三个独立的存储器中,通过相应的密码操作进行调用,可视为工作密钥对其所保护的密钥进行加密、解密.这三个主密钥也可由储存于密码器件中的种子密钥按某种密码算法导出,以计算量来换取存储量的减少.此方法不如前一种方法安全,除了采用密码方法外,还必须和硬件软件结合起来,以确保主机主密钥的安全.

密钥分级管理保护法.图8.5和表8.1都给出了密钥的分级保护结构,从中可以清楚地看出各类密钥的作用和相互关系.从这种结构可以看出,大量数据可以通过少量动态产生的数据加密密钥(初级密钥)进行保护;而数据加密密钥又可由更少量的、相对不变(使用期较长)的密钥(二级)或主机密钥0来保护,其他主机密钥(1和2)用来保护三级密钥.这样,只有极少数密钥以明文形式储存在有严密物理保护的主机密码器件中,其他密钥则以加密后的密文形式储存于密码器以外的存储器中,因而大大简化了密钥管理,并改进了密钥的安全性.

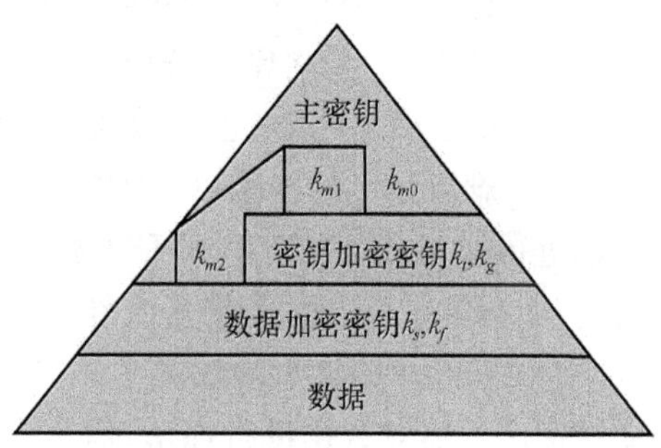

图8.5　密钥分级保护

表8.1　密钥分级结构

密钥种类	密钥名	用　途	保护对象
	主机主密钥0,k_{m0} 主机主密钥1,k_{m1} 主机主密钥2,k_{m2}	对现有密钥或 储存在主机内的 密钥加密	初级密钥 二级密钥 二级密钥
密钥加 密密钥	终端主密钥(或二级通信密钥) k_t 文件主密钥(或二级文件密钥)k_g	对主机外的 密钥加密	初级通信密钥 初级文件密钥
数据加 密密钥	会话(或初级)密钥 k_s 文件(或初级)密钥 k_f	对数据加密	传送的数据 储存的数据

为了保证密钥的安全,在密码设备中都有防窜扰装置.当密封的关键密码器被撬开时,其基本密钥和主密钥等会自动从存储器中消除,或启动装置自动引爆.

对于密钥丢失的处理也是保护密钥的一项重要工作.在密码管理中要有一套

管理程序和控制方法,最大限度地降低密钥丢失率.对于事先产生的密钥加密密钥的副本应存放在可靠的地方,作为备份.一旦密钥丢失,可派信使或通过系统传送新的密钥,以便迅速恢复正常业务.由于硬件或软件故障以及人为操作上的错误都会造成密钥丢失或出错,采用报文鉴别程序可以检测系统是否采用了正确的密钥进行密码操作.

密钥的安全储存也是保护密钥的重要手段.密钥储存时必须保证密钥的机密性、认证性和完整性,防止泄露和修正.下面介绍几种可行的储存密钥的方法.

(1) 每个用户都有一个用户加密文件备以后用.由于只与一个人有关,个人负责,因而是最简易的储存方法.例如,在有些系统中,密钥存于个人的脑海中,而不存于系统中,用户要记住它,并且每次需要时键入.

(2) 存入 ROM 钥卡或磁卡中.用户将自己的密钥键入系统,或将卡放入读卡机或计算机终端.若将密钥分成两部分,一半存入终端,另一半存入如 ROM 钥卡上.一旦丢失 ROM 钥卡也不致泄露密钥.

(3) 难以记忆的密钥可用加密形式储存,这要用密钥加密密钥来对要使用的密钥进行加密.例如,RSA 的私人密钥可用 DES 加密后存入硬盘,用户需有 DES 密钥,运行解密程序才能将其恢复.

(4) 若利用确定型算法来生产密钥,则在每次生产时,用易于记忆的口令,启动密钥产生器对数据进行加密,但这不适用于文件加密(过后要解密,还得用原来密钥,又要储存它).

控制密钥的使用也是保护密钥的重要手段.

对密钥的使用进行限制,以保证按预定的方式使用密钥,对密钥的保护也十分重要.可以赋予密钥的控制信息有:①密钥的主权人;②密钥的合法使用期限;③密钥的识别符;④预定的用途;⑤限定的算法;⑥预定使用的系统和环境或密钥的授权用户;⑦与密钥生成、注册、证书有关的实体名字;⑧密钥的完整性校验(作为密钥真实性的组成部分).

为了密码的安全,避免一个密钥作多种应用,需要对密钥实施隔离(separation)、物理上的保护或密码技术上的保护来限制密钥的授权使用.密钥标签(tags)、密钥变形(varionts)、密钥公证(nortarization)、控制矢量(control vectors)等都是为对密钥进行隔离所附加的控制信息的方式.

8.5.2 密钥生存期

密钥不能一成不变,而是需要定期的更新.每个密钥从创建到撤消的整个有效期之内,可能会处在多个不同阶段.

密钥管理生命周期为备用、使用、用过、废除.

小结与注释

加密算法与其密钥的安全性息息相关. 在本章中,讨论了关于密钥建立和管理的重要问题. 已经知道,公钥密码思想的提出为公开信道的密钥建立提供了可能性,但实际中,并不能完全依赖公钥密码进行密钥分配. 公钥密码加密的主要缺点在于:当与最好的对称密钥方法进行比较时,即使最好的公开密钥加密计算也是比较慢的. 因此,有时 RSA 用来传送一个 DES 密钥,该密钥将被用来保护大量数据传送的安全性. 然而,一个需要在短时间内与许多客户机通信的中心服务器需要的密钥建立方法有时比目前的公开密钥算法快. 因此,在这种情况下,就有必要考虑其他的方法来交换和制定对称加密算法的密钥. Kerberos(由古希腊神话中一个守护地狱入口的三头狗而得名)是一个对称加密协议的真实实现,该协议的目的是为网络中各种用户间的密钥交换提供高等级的认证和安全性. Kerberos 是每天都会用到的一个正式版本的协议(如在银行兑取现金),详细描述可参见文献[132].

公钥加密算法是一个涉及身份鉴别、密钥分发的强大工具. 在这些应用中,公钥是公开的,但是当访问公钥时,如何能保证被访问者的公钥确实是属于被访问者的呢? 有可能假冒者已经用他自己的公钥代替了被访问者的公钥. 除非在如何形成密钥和密钥的真实性和合法性认证中存在可靠性,否则,公钥加密算法是不可信的. PKI CA 提供了这种信认关系建立的平台. 在这个平台上,证书是公钥密码密钥管理的重要方式之一,是传达信任关系的纽带,是公钥密码实现可信的基础,相关文献参见[130].

通过公钥认证框架(树状层次公钥证书基础设施,如 X. 509 公钥证书框架)来实现把一个主体的公钥与他的身份消息结合起来是公钥安全实现的一种方式. 然而,为了建立和维护这种树状结构,PKI 会导致系统异常复杂且成本过高. 人们一直希望标准的公钥认证框架能够简化. 1984 年,Shamir[133] 开创了一种新的公钥密码体制,该体制大大减小了密钥认证系统的复杂性. 在这个体制中,私钥是由主密钥和公钥生成的,这和通常的公钥密码体制密钥生成的步骤相反,这个计算过程是保密的,只限于特许的主体(如可信机构 TA)知道,TA 拥有专有的主密钥. 公钥作为密钥生成过程的输入具有任意性,而为了减小公钥认证的复杂性,Shamir 在他的新公钥体制中建议用户的身份可以作为公钥,因此,新方案命名为基于身份(ID)的公钥密码学. 在基于身份的公钥密码系统中,一个逻辑步骤内能够同时验证公钥的可靠性和基于公钥的私钥的真实性是基于 ID 公钥的一个好的特性,能够避免从签名者到验证者之间证书的传递,节约通信带宽,因此,基于 ID 的公钥密码体制也被称为非交互式的公钥密码体制. 但必须注意:在基于 ID 公钥系统中,必须存在可信的主体,这是一个非常严格的限制.

无论是对称密码还是非对称密码，密钥建立和管理的问题将贯穿密码技术应用的整个过程，也将一直伴随密码发展的各个阶段.

习题 8

8.1 假设 A 和 B 要进行 $p=43, \alpha=3$ 的 Diffie-Hellman 密钥预分配方案，并设 A 选择了 $a_A=37$ 和 B 选择了 $a_B=16$. 给出 A 和 B 将要完成的计算，并确定他们计算出来的密钥.

8.2 假设使用 Shamir 门限体制共享密钥 k，其中 $p=31, t=3, n=7$，并且公开的 x 坐标分别为 $x_1=2, x_2=3, x_3=5, x_4=7, x_5=11, x_6=13, x_7=17$. 令 $B=\{P_1, P_5, P_7\}$，P_1, P_5, P_7 分享的子密钥分别为 $y_1=10, y_5=24, y_7=17$，试求 $h(x)$ 和密钥 k.

8.3 Shamir 秘密共享体制如第 8.2 题，令 $B=\{P_2, P_4, P_6\}$ 且 P_2, P_4, P_6 分享的子密钥分别为 $y_2=30, y_4=26, y_6=16$，不求 $h(x)$ 而直接计算出密钥 k.

*第 9 章

零知识证明和身份识别体制

为了防止在通信过程中进行身份欺诈行为，通信或数据传输系统应能够正确认证通信用户或终端的个人身份. 例如，银行的自动出纳机 ATM(automatic teller machine)只将现款发给经它正确识别的账号持卡人，从而大大提高了工作效率和服务质量. 计算机的访问和使用、安全地区的出入也都是以精确的身份认证为基础的.

传统的身份认证是通过检验诸如工作证、身份证、护照等证件或指纹、视网膜图样等"物"的有效性来确认持证人的身份的. 这种靠人工的识别方法在信息化的社会中已远远不能适应成百万个验证对象，因而需要采用电子方式来实现个人的身份认证.

9.1 零知识证明的基本概念

用 A 表示"出示证件者"，B 表示"验证者". A 如何向 B 证明他知道某事或具有某件物品? 通常的方法是 A 告诉 B 他知道该事或向 B 展示此物品. 这种证明方法的确使 B 相信 A 知道此事或具有此物品. 然而，这样做的结果使 B 也知道了此事或见到了此物品，称这种证明是最大泄露证明(maximum disclosuure proof). A 如何使 B 相信他知道某事或具有某件物品而又不让 B 知道此事或见到此物品? 如果 A 和 B 通过互相问答的方式，并且 A 的回答始终没有泄露他知道的事情或展示他具有的物品，而又使 B 通过检验 A 的每一次回答是否成立能最终相信 A 知道此事或具有此物品，则这种证明就是零知识证明[134](zero knowledge proof).

这类证明可分为两大类，即最小泄露证明(minimum disclosure proof)和零知识证明.

最小泄露证明满足下述条件:

(1) 证明的完备性(completenees). 若 A 知道某知识，则 A 使 B 几乎确信 A 知道此知识，或者说，A 使 B 相信他知道此知识的概率为 $1-|q|^{-t}$(对大于 1 的整

数 q 和任意正常数 t)，也即出示证件者 A 可以使验证者 B 相信他知道此知识.

(2) 证明的可靠性(soundnees). 若 A(或第三者 O)不知道此知识，则 A 使 B 相信他知道此知识的概率几乎为 0，或者说，验证者 B 拒绝接受 A 的出示证件的概率为 $1-|q|^{-t}$(对大于 1 的整数 q 和任意正常数 t)，即出示证件者 A 无法欺骗验证者 B.

零知识证明满足上述条件(1)和(2)，而且满足以下条件：

(3) 证明是零知识的. 验证者 B 从出示证件者 A 那里得不到要证明的知识的任何信息，因而 B 也不可能向其他任何人出示此证明.

零知识证明是通过交互式协议(interactive protocol)实现的. 若 A 知道要证明的知识，则他可以正确回答 B 的提问；若 A 不知道要证明的知识，则他能正确回答 B 的提问的概率小于等于 1/2. 当 B 向 A 作了多次这样的提问后就可以推断出 A 是否知道要证明的知识，而且保证这些提问及相应的回答不会泄露 A 所要证明的知识.

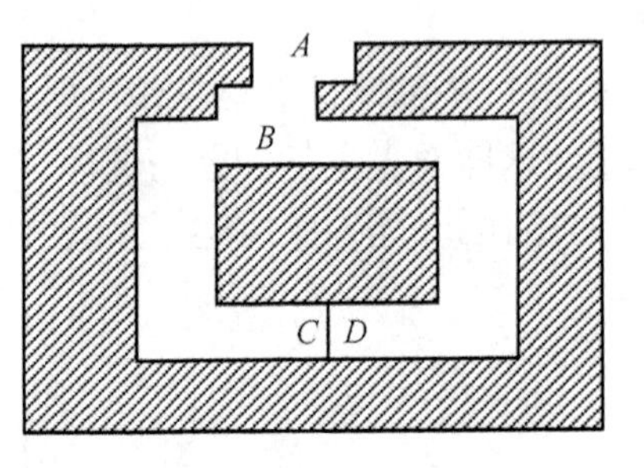

图 9.1　零知识说明图

为了更清楚地了解零知识证明的过程，先介绍一个通俗的例子.

图 9.1 是一个环形洞穴，环中间 C 点和 D 点之间有一道秘密门，这个门只靠念咒语才能打开. 现在，A 要向 B 证明他知道开启 C 和 D 之间秘密门的咒语，但他又不想让 B 知道此咒语. 为此，他们执行下列协议：

协议 1：

(1) A 进入洞中 C 点或 D 点；

(2) 当 A 到达秘密门之后，B 从 A 点走到 B 点并叫 A：

(i) 从左边出来；或

(ii) 从右边出来；

(3) A 按 B 的要求去执行(以咒语相助)；

(4) B 在 B 点验证 A 是否按要求走出来.

A 和 B 重复执行协议 1 多次(t 次).

若 A 知道开门咒语，则 A 每次都可以按 B 的要求走出来，因而 B 确信 A 知道启门咒语. 这就是说，这个证明是完备的.

若 A 不知道开门咒语，则 A 走到 B 点到底从左边进入 C 点还是从右边进入 D 点才能猜中 B 的呼叫呢？显然，A 猜中 B 的呼叫的机会只有 50%. 因此，每执行完一次协议 1，A 能够按 B 的要求走出洞口的概率为 1/2. 当 A 和 B 执行 t 次协议 1 后，A 每次都能按 B 的要求走出洞口的概率仅为 2^{-t}. 当 $t=16$ 时，A 能欺骗 B 的概率仅为 $1/65536\approx0.00001526$，因而 B 拒绝接受 A 的示证的概率为 $1-2^{-t}$. 这就是说，这个证明是可靠的.

因为执行完 t 次协议1之后，B也未得到A所知道的开门咒语的任何信息(此信息记在A的心中，任何人无法得到)，所以这个证明也是零知识的.

此洞穴问题可以转换为数学问题. 假如A知道解某个难题 G 的秘密信息，而B通过与A执行交互式协议来验证其真伪.

协议2：

(1) A将难题 G 转换成另一难题 H，并且 H 与 G 同构，A根据解难题 G 的秘密信息和同构算法解难题 H，并将 H 出示给B(B不可能由此难题 H 得到有关难题 G 或其解)；

(2) B要求A回答下列问题之一：

(i) 向B证明 G 和 H 同构；或

(ii) 公布 H 的解 s，并证明 s 是 H 的解；

(3) A按B的要求去执行；

(4) B验证A的回答是否正确.

A和B重复执行协议2共 t 次. 值得注意的是，A必须仔细进行 G 到 H 的转换和回答B的提问，使A和B即使重复多次执行协议2也得不到有关难题 G 的解的任何信息.

例 9.1　Hamilton回路问题. 设 G 是一个有 n 个顶点的连通的有向图. 如果 G 中有一条回路可以通过且仅通过 G 的各顶点一次，则称之为 G 上的一条Hamilton回路. 当 n 很大时，要想找 G 中的一条Hamilton回路是一个NP完全问题. 若A知道 G 上的一条Hamilton回路，如何使B相信他知道这条回路而又不泄露这条回路的任何信息呢？为此，A和B执行下列协议：

协议3：

(1) A随机置换图 G 的顶点并改变其顶点的标号得到图 H(改变 G 的顶点的同时 G 的边也相应地改变). 因为 G 和 H 同构，所以 G 上的Hamilton回路和 H 上的Hamilton回路一一对应. 由出示证件者A知道 G 上的一条Hamilton回路可知，A也可以得到 H 上相应的一条Hamilton回路. A将 H 的复本出示给B.

(2) B要求A回答下列问题之一：

(i) 出示 G 与 H 同构的证明；或

(ii) 出示 H 上的Hamilton回路；

(3) A根据B的要求执行下列任务之一：

(i) 证明 G 与 H 同构，但不出示 H 上的Hamilton回路；或

(ii) 出示 H 上的Hamilton回路，但不证明 G 与 H 同构；

(4) B验证A所执行的任务的正确性.

A和B执行协议3共 t 次，而每次选用的置换都是不同的.

若 A 知道 G 上的一条 Hamilton 回路，则 A 总能正确完成协议 3 的第(3)步. B 经过多次提问并验证后，可以确信 A 知道 G 上的一条 Hamilton 回路，所以此证明是完备的.

若 A 不知道 G 上的 Hamilton 回路，则 A 在协议 3 的第(3)步可以正确回答 B 在(i)中的提问，但若 B 要求 A 执行任务(ii)时，因为 A 不知道 G 上的 Hamilton 回路，尽管他知道 G 与 H 是如何同构的，也找不出 H 上的 Hamilton 回路. 因为寻找图 H 上的一条 Hamilton 回路是困难的. 因此，A 能正确回答 B 的提问的概率仅为 1/2. 当 A 和 B 执行 t 次协议 3 之后，A 每次都能正确回答 B 的提问的概率为 2^{-t}，故此证明是可靠的.

直观地说，验证者 B 不可能知道图 G 上的 Hamilton 回路. 这是因为若 B 得到 G 与 H 同构的证明，则在 H 上找一条 Hamilton 回路和在 G 上找一条 Hamilton 回路一样困难. 若 B 知道 H 上的一条 Hamilton 回路，要找出 G 与 H 的同构是另外一个难题. 因此，B 不可能得到图 G 上的 Hamilton 回路的任何信息. 这就是说，此证明是零知识的.

但是，如果要严格证明一个交互式协议是零知识的，必须考虑两种概率分布：①一种是由验证者 B 与出示证件者 A 交互之后产生的概率分布；②另一种是没有和任何出示证件的人交互自然算出的概率分布. 交互式证明协议是零知识的意味着对每个类型①的分布，都存在一个类型②的分布，使得这两个分布是“本质上相同的”. 直观地说，交互式证明协议的零知识性意味着 B 与 A 交互所得到的信息是 B 单独也能得到的.

协议 1～协议 3 都要求 A 和 B 交互执行协议 t 次，并且 t 要相对得大. 可用并行零知识证明协议来完成上述 t 次交互.

例 9.2 离散对数的零知识证明. 出示证件者 A 要向验证者 B 证明他知道一个 x，使得

$$\alpha^x \equiv \beta (\bmod p), \tag{9.1}$$

其中 p 为大素数，$\alpha, \beta \in \mathbf{Z}_p^*$，$|\alpha| = p-1$，$\alpha, \beta, p$ 公开. A 如何向 B 证明他知道一个 x 满足式(9.1)，而又不让 B 知道 x？为此，他们执行下列协议：

协议 4：

(1) A 生成 t 个随机数 $r_1, r_2, \cdots, r_t (r_i \leqslant p-1, i=1,2,\cdots,t)$，并计算

$$h_i \equiv \alpha^{r_i} (\bmod p), \quad i = 1,2,\cdots,t, \tag{9.2}$$

A 将 $h_1, h_2, \cdots, h_t$ 发给 B；

(2) A 和 B 一起执行掷硬币试验，产生 t 个比特的二元数据 $k_1, k_2, \cdots, k_t$；

(3) 对所有的 t 个比特的二元数据 $k_1, k_2, \cdots, k_t$，A 执行下列任务之一：

(i) 若 $k_i = 0$，则 A 将 $b_i = -r_i$ 发送给 B；或

(ii) 若 $k_i=1$, A 将 $b_i=(x-r_i)(\mathrm{mod}(p-1))$ 发送给 B;

(4) B 验证

$$\alpha^{b_i} \equiv h_i^{-1}\beta^{k_i}(\mathrm{mod}\ p). \tag{9.3}$$

因为

$$\alpha^{b_i} \equiv \alpha^{k_i x-r_i} \equiv h_i^{-1}\beta^{k_i}(\mathrm{mod}\ p),$$

所以如果 A 遵守协议 4,即 A 知道 x 且 A 的回答通过了式(9.3)的验证,则 B 接收 A 的身份证明,B 确信 A 知道 x. 因此,协议 4 是完备的.

若 A 不知道满足式(9.1)的 x,则当 $k_i=0$ 时,A 在第(3)步的回答可以通过第(4)步 B 的验证. 而当 $k_i=1$ 时,A 在第(3)步的回答不能通过第(4)步 B 的验证. 这是因为 A 不知道满足式(9.1)的 x 时,只能猜一个 x 去计算 b_i 作为回答. 由于 x 是取值于 $[0,p-1]$ 的整数,猜对的可能性极小. 综上,对每个 i,A 在第(3)步的回答可以通过第(4)步 B 的验证的概率为 1/2. 执行完所有的 $i=1,2,\cdots,t$ 步后,A 的回答都能通过 B 在第(4)步的验证的概率仅为 2^{-t},所以这个身份识别协议是可靠的.

直观地说,检验证件者 B 要想得到 A 的秘密信息 x,只有在执行协议第(3)步中 $k_i=1$ 时,通过 b_i 来求 x. 因为 B 不掌握 x 和 r_i,所以尽管他得到了 b_i,也无法求出 x. 因此,此证明是零知识的.

零知识证明的可靠性已经保证了出示证件者 A 无法欺骗验证者 B. 验证者 B 是否能冒充出示证件者 A,或者与第三者勾结起来冒充 A? 这是一个零知识证明协议的安全性问题,将在以后各节结合具体的零知识身份证明协议讨论这个问题.

交互式零知识证明存在着以下两个问题:

(1) 难以使第三者 O 相信 A 和 B 没有勾结. B 欲使第三者 O 相信 A 知道某知识,他将他与 A 执行零知识证明的协议复本送给 O. 此时,O 未必相信 A 知道此知识,因为 O 很难相信 B 与 A 没有勾结. 假如 A 和 B 都不知道此知识,A 假装知道此知识而让 B 只提他可以答对的问题,这样得到的 A 和 B 执行协议的复本就可以欺骗 O.

(2) 不便于机器验证.

为了使第三者相信 A 确实知道某知识,也为了便于机器验证,可以将任何零知识交互证明系统转换成非交互式零知识证明系统. 这只要将 B 的提问用计算 Hash 函数的值来代替就可以了.

协议 5:

(1) A 将难题 G 转换成 t 个不同的难题 $H_1,H_2,\cdots,H_t$, $G\approx H_i(i=1,2,\cdots,t)$. A 根据解难题 G 的秘密信息解 t 个不同的难题 $H_1,H_2,\cdots,H_t$;

(2) A 将上述所有信息送入 Hash 函数 h 进行计算,并保存前 t 个比特的值

$k_1, k_2, \cdots, k_t$;

(3) A 依次取出(2)中前 t 个比特,

(i) 若 $k_i=0$,则证明新旧难题同构;或

(ii) 若 $k_i=1$,则公布 H_i 的解,并证明它是 H_i 的解;

(4) A 公布(2)中所有的约定和(3)中所有的做法.

任何人或机器都可以对一个非交互式零知识证明进行验证.

若 Hash 函数 h 的前 t 个比特值基本上是"0","1"平衡的,则可以证明这种非交互式零知识证明协议的完备性、可靠性以及此证明是零知识的.

与交互式零知识证明相比,在无交互作用下,t 的值应当取得大些. 一般地,应满足 $t=64\sim128$.

9.2 识别个人身份的零知识证明

诸如 ID 卡、信用卡和计算机通行字等身份识别技术存在的问题之一是出示证件者 A 通过泄露储存或印在一张卡上的一个识别字 ID(A)来证明他的身份. 一名敌手 O 和一位不诚实的验证者 B 合作就可以获得一个身份验证的付本卡或窃取识别字 ID(A). 这样,敌手 O 以后便可以利用这些信息冒充 A,从而可以获得与 A 一样的存取权或进行各种其他业务的权利. 使用个人身份的零知识证明(一般是实时的)可以避免上述身份识别的这种缺陷.

假设下面身份识别体制中有一个可信中心 TA. TA 选一个 Blum 数作为模数,即 $n=pq$,其中 p 和 q 为两个大素数且 $p\equiv3(\mathrm{mod}4)$,$q\equiv3(\mathrm{mod}4)$. TA 公布 n,保密 p 和 q 就结束自己的使命.

令出示证件者 A 的身份信息为 J,其中 J 是由诸如姓名、性别、年龄、职业、身份证号码、DNA 等组成的数字串. 用一个单向函数(如 Hash 函数)f 将 J 变换成 A 的秘密身份识别符 $f(J)=\mathrm{ID(A)}$,再将 ID(A)分成 k 个十进制数 $c_1, c_2, \cdots, c_k$,其中 $1\leqslant c_j<n$ 且 $\gcd(c_j, n)=1$. A 的公开身份识别符 ID′(A)也为 k 个十进制数 $d_1, d_2, \cdots, d_k$,其中 $1\leqslant d_j<n$,而且每个 d_j 与 c_j 有下列关系:

$$d_j c_j^2 \equiv \pm 1(\mathrm{mod}n), \quad j=1,2,\cdots,k. \tag{9.4}$$

出示证件者 A 要使验证者 B 相信他知道自己的秘密身份识别符 ID(A),他将自己公开的身份识别符 ID′(A)和 n 发送给 B,并与 B 一起执行下列交互式协议:

协议:

(1) A 选择一个随机数 r,计算

$$x \equiv \pm r^2(\mathrm{mod}n), \tag{9.5}$$

并将 x 发送给 B;

(2) B 选择足标集合$\{1,2,\cdots,k\}$的一个子集G,并将G发送给 A;

(3) A 计算

$$y \equiv rT_c(\bmod n), \tag{9.6}$$

其中T_c为足标j属于G的那些c_j的乘积,A 将y发送给 B;

(4) B 验证

$$x \equiv \pm y^2 T_d(\bmod n) \tag{9.7}$$

是否成立,其中T_d为足标j属于G的那些d_j的乘积.

若条件(9.7)得不到满足,则 B 拒绝 A 的示证;否则,A 与 B 再次执行协议. 设 A 与 B 执行协议共t次.

在协议的第(1)步使用r是必要的;否则,B 可以通过选择$G=\{j\}$找出所有的c_j,从而得到 A 的秘密身份识别符.

素数$p\equiv 3(\bmod 4)$,$q\equiv 3(\bmod 4)$可以确保 A 的公开身份识别符中的数可以在模n的所有雅可比符号等于 1 的范围内取值.

因为

$$y^2 T_d \equiv r^2 T_c^2 T_d \equiv \pm r^2 \equiv \pm x(\bmod n),$$

所以如果 A 遵守协议,即知道他自己的秘密身份信息 ID(A),则他在协议的第(3)步的回答是正确的,因而能通过 B 在第(4)步的验证,因此,B 接收 A 的这轮身份证明. 当 A 和 B 执行协议多次后,B 确信了 A 的身份. 于是身份识别协议是完备的.

若冒充者 O 不知道身份信息 ID(A),O 行骗的唯一方法是在执行协议时预先猜出集合G(注意:G是由 B 确定的),并把$\pm r^2 T_d$作为第(1)步中的x发送给 B,而且令第(3)步中的$y=r$. 这样,如果 O 猜对了集合G,则可以通过 B 在第(4)步的验证;如果 O 猜错了集合G,当然不能通过 B 在第(4)步的验证,而 O 猜对集合G的概率显然小得可怜. 这是因为 O 既不知道子集G中元素的个数s,也不知道究竟要选哪s个元素. 不妨设 O 猜对子集G的概率为2^{-u},则 O 与 B 执行协议共t次后,O 都能猜对子集G的概率仅为2^{-ut}. 这就是说,这个身份识别协议是可靠的. 可以证明,A 和 B 在执行协议共t次的过程中,始终没有泄露他的秘密身份信息 ID(A),因此,这个身份识别协议是零知识的.

例 9.3　可信中心 TA 公布模数$n=2773$. A 的身份识别符 ID(A)由下列 6 组数组成:

$$c_1 = 1901,\quad c_2 = 2114,\quad c_3 = 1509,$$
$$c_4 = 1400,\quad c_5 = 2001,\quad c_6 = 119,$$

每个$c_i(i=1,2,\cdots,6)$的平方 mod2773 依次为

$$582,\quad 1693,\quad 448,\quad 2262,\quad 2562,\quad 296.$$

根据式(9.4)可以计算出 A 的公开身份识别符

$$d_1 = 81,\quad d_2 = 2678,\quad d_3 = 1207,$$
$$d_4 = 1183,\quad d_5 = 2681,\quad d_6 = 2595.$$

当 $j=1,3,4,5$ 时,$d_jc_j^2 \equiv 1(\mathrm{mod} 2773)$;当 $j=2,6$ 时,$d_jc_j^2 \equiv -1(\mathrm{mod} 2773)$.

若 A 选择随机数 $r=1111$,并将

$$x \equiv -r^2(\mathrm{mod} 2773) = 2437$$

发送给 B,再假定 B 将 $G=\{1,4,5,6\}$发送给 A. 于是 A 计算

$$y = 1111 \times 1901 \times 1400 \times 2001 \times 119 \equiv 1282(\mathrm{mod} 2773),$$

并将 y 发送给 B. 由于

$$\begin{aligned} y^2 T_d &= 1282^2 \times 81 \times 1183 \times 2681 \times 2595 \\ &\equiv 2437(\mathrm{mod} 2773) = x, \end{aligned}$$

所以验证条件成立.

同样,若 A 选择随机数 $r=1990$,

$$x \equiv r^2(\mathrm{mod} 2773) = 256,$$

并且 B 选择 $G=\{2,3,5\}$,则得到

$$T_d = 688,\quad T_c = 1228,\quad y = 707.$$

此时,验证条件应为

$$-y^2 T_d \equiv -2517 \equiv x(\mathrm{mod} 2773),$$

验证条件仍然成立.

9.3 Feige-Fiat-Shamir 身份识别体制

Fiat 和 Shamir 于 1986 年根据零知识证明的思想提出的一种新型的身份识别体制,后经 Feige,Fiat 和 Shamir 改进为身份的零知识证明. 这是最著名的零知识身份证明.

先来介绍简化的 Feige-Fiat-Shamir[135](简称为 F. F. S)身份识别体制.

(1) 可信中心 TA 为该体制选择以下参数:TA 选择 $n=pq$(其中,p,q 为大素数,n 至少为 512 比特,尽量为 1024 比特),n 可在一组示证者之间共用;

(2) 可信中心 TA 产生用户 A 的公钥和私钥,

(i) TA 随机选取 $\omega \in \mathbf{Z}_n^*$,使得 ω 是模 n 的平方剩余;

(ii) 求最小正整数 s,使得

$$s \equiv \sqrt{\omega^{-1}} (\bmod n), \tag{9.8}$$

用户 A 的公钥为 ω,私人密钥为 s(以 s 代表 A 的身份);

(3) 示证者 A 向验证者 B 证明他的身份要执行如下简化的 F. F. S 身份识别协议:

(i) A 选随机数 $r(r<n)$,计算

$$I \equiv r^2 (\bmod n), \tag{9.9}$$

并将 I 发送给 B;

(ii) B 选随机比特 $k=0$ 或 1,并把 k 发送给 A;

(iii) A 按 B 的要求回应 B,若 $k=0$,则他把 r 发送给 B;否则,他将 $y=rs(\bmod n)$发送给 B;

(iv) B 验证 A 的回应,

$$若\ k=0,则\ B\ 验证\ I=r^2 (\bmod n); \tag{9.10}$$

$$若\ k=1,则\ B\ 验证\ I \equiv y^2\omega (\bmod n). \tag{9.11}$$

如果 B 对 A 的回应通过验证(9.10)或(9.11),则 B 接收 A 的证明.

已经知道,若 $k=0$,则 $I=r^2(\bmod n)$;若 $k=1$,则 $y^2\omega=r^2s^2\omega\equiv r^2(\bmod n)$. 因此,如果 A 遵守简化的 F. F. S 身份识别协议,即 A 知道 $s\equiv\sqrt{\omega^{-1}}$且 A 的回答通过了 B 在第(4)步的验证,则 B 接收 A 的这轮身份证明. 这就是说,简化的 F. F. S 身份识别协议是完备的.

若 A 不知道 s,则 A 在执行简化的 F. F. S 身份识别协议的第(iii)步时,若 $k=0$,则他把 r 发送给 B,此时 B 可以通过第(iv)步的验证而受骗,而若 $k=1$,因为 A 不知道 s,所以他不可能计算出正确的 $y=rs(\bmod n)$. 他可能的做法是要么仍把 r 发送给 B,这样 B 通过第(iv)步的验证发现 A 不知道 s;要么他随便取一个 y 发送给 B,此时 B 也可以通过第(iv)步的验证发现 A 不知道 s. 综上,当 A 不知道 s 时,B 受骗的概率为 1/2,而连续执行 t 次简化的 F. F. S 身份识别协议后,B 受骗的概率仅为 2^{-t}. 这就是说,简化的 F. F. S 身份识别协议是可靠的.

其次,介绍 F. F. S 身份识别体制. 该体制在简化的 F. F. S 身份识别体制的基础上,采用了并行的零知识证明,增加了每轮中的识别数量,减少了 A 与 B 之间的交互次数.

(1) 可信中心 TA 为该体制选择以下参数:TA 选择 $n=pq$(其中 p,q 为大素数,n 至少为 512 比特,尽量为 1024 比特),n 可在一组出示证件者之间共用;

(2) 可信中心 TA 产生用户 A 的公钥和私钥:

(i) TA 随机选取 d 个不同的数 $\omega_1,\omega_2,\cdots,\omega_d\in\mathbf{Z}_n^*$,使得 $\omega_i(i=1,2,\cdots,d)$是模 n 的平方剩余;

(ii) 对每个 $\omega_i(i=1,2,\cdots,d)$,求最小正整数 s_i,使得

$$s_i \equiv \sqrt{\omega_i^{-1}} \pmod{n}, \quad i = 1,2,\cdots,d, \tag{9.12}$$

用户 A 的公钥为 $\omega_i(i=1,2,\cdots,d)$，私人密钥为 $s_i(i=1,2,\cdots,d)$；

(3) 示证者 A 向验证者 B 证明他的身份要执行如下 F. F. S 身份识别协议：

(i) A 选随机数 $r(r<n)$，计算

$$I = r^2 \pmod{n}, \tag{9.13}$$

并将 I 发送给 B；

(ii) B 选随机比特串 $k_1,k_2,\cdots,k_d$，并把 $k_1,k_2,\cdots,k_d$ 发送给 A；

(iii) A 计算

$$y = r \cdot \prod_{i=1}^{d} s_i^{k_i} \pmod{n}, \tag{9.14}$$

并把 y 发送给 B；

(iv) B 验证

$$I \equiv y^2 \cdot \prod_{i=1}^{d} \omega_i^{k_i}, \tag{9.15}$$

如果 B 通过了(9.15)的验证，则 B 接收 A 的身份证明. 因为

$$y^2 \cdot \prod_{i=1}^{d} \omega_i^{k_i} \equiv r^2 \cdot \left(\prod_{i=1}^{d} s_i^{k_i}\right)^2 \cdot \prod_{i=1}^{d} \omega_i^{k_i} \equiv r^2 \equiv I \pmod{n},$$

所以如果 A 遵守 F. F. S 身份识别协议，即 A 知道 $s_i(i=1,2,\cdots,d)$，并且 A 的回答通过了 B 在第(iv)步的验证，则 B 接收 A 的身份证明. 于是 F. F. S 身份识别协议是完备的.

类似于简化的 F. F. S 身份识别协议，可以证明 F. F. S 身份识别协议是可靠的.

例 9.4 设 $n=5\times7$，则可能的二次剩余 ω 及 $x^2\equiv\omega \pmod{n}$ 的解分别为(表 9.1)：

表 9.1

ω	$x^2\equiv\omega \pmod{n}$ 的解	ω	$x^2\equiv\omega \pmod{n}$ 的解
1	1,6,29,34	16	4,11,24,31
4	2,12,23,33	21	14,21
9	3,17,18,32	25	5,30
11	9,16,19,26	29	8,13,22,27
14	7,28	30	10,25
15	15,20		

因为 14,15,21,25,30 与 35 都不互素，所以 ω 只能在 1,4,9,11,16,29 中选，它们的逆分别是 1,3,2,4,9,8. 设 A 的公钥是{4,11,16,29}，私钥是{3,4,9,8}，A

和B执行一轮F.F.S身份识别协议如下:

(1) A选随机数 $r=16$,计算 $I=16^2 \pmod{35}=11$,并将11发送给B;

(2) B选随机比特串{1,1,0,1},并把{1,1,0,1}发送给A;

(3) A计算 $16\times3\times4\times8 \pmod{35}=31$,并把31发送给B;

(4) B验证 $31^2\times4\times11\times29 \pmod{35}=11=I$.

如果B通过第(4)步验证,则B接收A的身份证明.A和B可重复执行F.F.S身份识别协议 t 次,每次用的随机数 r 都不要相同,并且每次选用的比特串 $k_1,k_2,\cdots,k_d$ 也不能相同.

最后,介绍加强的F.F.S身份识别体制.设用户A的身份识别符为 J,选择一个安全的杂凑函数 h(公开),再找一系列的随机数 $j_1,j_2,\cdots,j_d$,使得

$$\omega_i \equiv h^2(J\cdot j_i)\pmod{n},\quad i=1,2,\cdots,d, \tag{9.16}$$

并且 $\omega_i^{-1}(i=1,2,\cdots,d)$ 存在.再求最小正整数 $s_i(i=1,2,\cdots,d)$ 满足

$$s_i \equiv \sqrt{\omega_i^{-1}}\pmod{n},\quad i=1,2,\cdots,d. \tag{9.17}$$

令 $\omega_1,\omega_2,\cdots,\omega_d$ 为用户A的公钥,$s_1,s_2,\cdots,s_d$ 为A的私钥.

在执行F.F.S身份识别协议之前,A应当将自己的公开身份信息 J 和 d 个随机数 $j_1,j_2,\cdots,j_d$ 发送给B.这样,B就可以根据公开的杂凑函数 h 和式(9.16)计算出A的公钥 $\omega_1,\omega_2,\cdots,\omega_d$.然后,A和B就可以执行F.F.S身份识别协议了.

最后声明,若所有用户都各自选用自己的模数 n,并在密钥文件中公开,则可以免去可信中心TA.

9.4 Guillou-Quisquater身份识别体制

F.F.S身份识别体制对于智能卡这样的应用不甚理想.这是因为它与外部的信息交换很费时,并且每次识别所需的存储量使卡中的有限资源更为紧张.

Guillou-Quisquater[136](简称为GQ)身份识别体制更适合类似于智能卡的应用.它将A与B之间的信息交换和每次交换的并行识别都控制到最少,每次证明只进行一次识别信息的交换.

下面来介绍GQ身份识别体制.

(1) 可信中心TA为智能卡选择以下参数:

(i) 选择两个大素数 p 和 q,计算 $n=pq$(其中 p 和 q 仅TA知道,对任何人都保密),并且选好RSA的公开密钥 e,使 e 是一个大于等于40比特的素数;

(ii) 选择一个安全的签名体制 F 和一个安全的杂凑函数 h.

上述RSA公钥体制的模 n,公开密钥 e 及杂凑函数 h 和签名体制 F 的验证方程 Ver_T 归所有智能卡共用.

(2) 可信中心 TA 为用户 A 颁发身份证书. 设用户 A 的身份信息为 J.

(i) TA 用杂凑函数 h 对 A 的身份信息 J 进行杂凑得到身份识别符 ID(A);

(ii) 用户 A 选一个私人密钥 $b(0\leqslant b\leqslant n-1)$,计算

$$I\equiv(b^{-1})^e(\mathrm{mod}n),\tag{9.18}$$

并将 I 发送给 TA;

(iii) TA 对(ID(A),I)签名得

$$s=\mathrm{Sign}_T(\mathrm{ID(A)},I),\tag{9.19}$$

并将证书 $C(\mathrm{A})=(\mathrm{ID(A)},I,s)$发送给 A.

(3) 示证者 A 向验证者 B 证明他的身份要执行如下 GQ 身份识别协议:

(i) A 选择一个随机数 $r(0\leqslant r\leqslant n-1)$,并计算

$$\beta\equiv r^e(\mathrm{mod}n),\tag{9.20}$$

A 把他的证书 $C(\mathrm{A})=(\mathrm{ID(A)},I,s)$和 β 发送给 B;

(ii) B 通过检测 $\mathrm{Ver}_T(\mathrm{ID(A)},I,s)$来验证 TA 的签名,然后选一随机数 $k(1\leqslant k\leqslant e)$,并将 k 发送给 A;

(iii) A 计算

$$\alpha\equiv rb^k(\mathrm{mod}n),\tag{9.21}$$

并将 α 发送给 B;

(iv) B 计算

$$\beta'\equiv\alpha^eI^k(\mathrm{mod}n),\tag{9.22}$$

如果 $\beta'=\beta$,则 B 应接收 A 的身份证明.

下面给出的例子没有使用杂凑函数和签名.

例 9.5 可信中心 TA 为 GQ 身份识别体制选择的参数为 $p=467,q=479$, $n=pq=223693,e=503$. 假定用户 A 的私人密钥 $b=101576$,计算

$$I\equiv(101576^{-1})^{503}(\mathrm{mod}223693)=89888.$$

A 要向 B 证实他的身份且他选择了 $r=187485$,于是他发给 B 的值为

$$\beta\equiv r^e(\mathrm{mod}n)=24412.$$

设 B 以 $k=375$ 回应,则 A 计算

$$\alpha\equiv187485\times101576^{375}(\mathrm{mod}223693)=93725,$$

并把 93725 发送给 B. 最后 B 计算

$$\beta'\equiv93725^{503}\times89888^{375}(\mathrm{mod}223693)=24412=\beta.$$

因此,B 接受 A 的身份证明.

因为

$$I^k\alpha^e \equiv (b^{-e})^k(rb^k)^e(\mathrm{mod}n) \equiv r^e(\mathrm{mod}n) = \beta,$$

所以如果 A 遵守 GQ 协议，即 A 知道 b 且 A 的回答通过了 B 在第(iv)步的验证，则 B 接收 A 的身份证明，并且称 GQ 身份识别协议为完备的.

因为 I 是由 A 的私人密钥通过 RSA 公钥体制加密而成的，所以可以假定从 I 求出 b 是不可行的. 在这个假定下，下面来证明 GQ 身份识别体制是可靠的.

定理 9.1　假设 O 知道一个值 β，在 GQ 身份识别协议中，他能用这个值成功地冒充 A 的概率 $\varepsilon > 1/e$，则 O 在多项式时间内能计算出 b 的值.

证明　当 O 知道 β 后，他要模仿 A，必须猜出接收者 B 所选的口令 $k(1 \leqslant k \leqslant e)$. 因为 O 能用此 β 依概率 $\varepsilon > 1/e$ 成功地模仿 A，所以在 e 个可能的口令 k 中，有大于 $e\varepsilon=1$ 个口令被猜中. 只要有一个口令被猜中，O 就能计算出一个 α，使 B 在 GQ 身份识别协议的第(iv)步通过他的验证. 因此，O 能够计算出值 α_1, α_2 满足

$$\beta \equiv I^{k_1}\alpha_1^e \equiv I^{k_2}\alpha_2^e(\mathrm{mod}n).$$

不失一般性，假设 $k_1 > k_2$，则有

$$I^{k_1-k_2} \equiv \left(\frac{\alpha_2}{\alpha_1}\right)^e(\mathrm{mod}n).$$

因为 $0 < k_1 < k_2 < e$ 和 e 是素数，必存在 $t = (k_1 - k_2)^{-1}(\mathrm{mod}\ e)$，并且 O 通过使用扩展的欧几里得算法能在多项式时间内计算 t，因此，

$$I^{(k_1-k_2)t} \equiv \left(\frac{\alpha_2}{\alpha_1}\right)^{et}(\mathrm{mod}n).$$

现在对某个正整数 j 有

$$(k_1 - k_2)t = ej + 1,$$

所以

$$I^{ej+1} \equiv \left(\frac{\alpha_2}{\alpha_1}\right)^{et}(\mathrm{mod}n),$$

等价地

$$I \equiv \left(\frac{\alpha_2}{\alpha_1}\right)^{et}(I^{-1})^{ej}(\mathrm{mod}n).$$

同余式两边同时 $e^{-1}(\mathrm{mod}\ \varphi(n))$ 次幂得到

$$b^{-1} \equiv \left(\frac{\alpha_2}{\alpha_1}\right)^{t}(I^{-1})^{j}(\mathrm{mod}n),$$

同余式两边同时计算模 n 的逆可得

$$b \equiv \left(\frac{\alpha_2}{\alpha_1}\right)^{-t} I^j \pmod{n}.$$

这就是说,O 能在多项式时间内计算出 b.

定理 9.1 证明了任何以不可忽略的概率成功地执行 GQ 身份识别协议的人必定知道(即在多项式时间内计算出)A 的私人密钥 b. 换言之,若冒充者 O(包括 A 本身)不知道 A 的私人密钥 b,那么他成功地执行识别协议的概率可以忽略. 因此,GQ 身份识别协议是可靠的.

9.5 Schnorr 身份识别体制

Schnorr 身份识别体制[137]是 F. F. S 和 GQ 身份识别体制的一种变形,其安全性基于计算有限域上离散对数的困难性,可以通过预计算来降低实时计算量,所需传送的数据量也减少许多,特别适用于计算能力有限的情况.

该体制是最有吸引力的身份识别体制,在许多国家都申请了专利.

下面来介绍 Schnorr 身份识别体制.

(1) 可信中心 TA 为该体制选择以下参数:

(i) TA 选择素数 $p>2^{512}$,使计算 $\mathbf{Z}_p^*$ 上的离散对数是困难的;

(ii) TA 选择素数 $q \geqslant 2^{140}$,使 $q|(p-1)$,q 为素数;

(iii) TA 选择 $\alpha \in \mathbf{Z}_p^*$,使 $|\alpha|=q$(如 $\alpha=g^{(p-1)/q} \pmod{p}$,其中 g 为 $\mathbf{Z}_q^*$ 的生成元);

(iv) TA 选择一个安全参数 t 满足 $q>2^t$($t \geqslant 40$),为了更高的安全性,Schnorr 建议 $t \geqslant 72$);

(v) TA 选择一个安全的签名体制 F,其签名算法为 Sign_T,验证算法为 Ver_T;

(vi) TA 选择一个安全的杂凑函数 h,所有信息在签名之前都要进行杂凑.

公开的参数为 p,q,α 及杂凑函数 h 和签名体制 F 的验证方程.

(2) 可信中心 TA 为用户 A 颁发身份证书. 设用户 A 的身份信息为 J.

(i) TA 使用杂凑函数 h 杂凑 A 的身份信息 J 得到 A 的身份识别信息 ID(A);

(ii) 用户 A 选一个私人密钥 b($0 \leqslant b \leqslant q-1$),计算

$$I \equiv \alpha^{-b} \pmod{p}, \tag{9.23}$$

并将 I 发送给 TA;

(iii) TA 对(ID(A),I)签名得

$$s = \mathrm{Sign}_T(\mathrm{ID}(\mathrm{A}), I), \tag{9.24}$$

并将证书 $C(\mathrm{A})=(\mathrm{ID}(\mathrm{A}), I, s)$发送给 A.

(3) 示证者 A 向验证者 B 证明他的身份要执行如下 Schnorr 身份识别协议：

(i) A 选择一个随机数 $r(0\leqslant r\leqslant q-1)$，并计算

$$\beta\equiv\alpha^r(\bmod p),\tag{9.25}$$

A 把他的证书 $C(\mathrm{A})=(\mathrm{ID}(\mathrm{A}),I,s)$ 和 β 发送给 B；

(ii) B 通过检测 $\mathrm{Ver}_T(\mathrm{ID}(\mathrm{A}),I,s)=$ 真来验证 TA 的签名，然后选择一随机数 $k(1\leqslant k\leqslant 2^t)$，并将 k 发送给 A；

(iii) A 验证 $1\leqslant k\leqslant 2^t$，计算

$$y\equiv(bk+r)(\bmod q),\tag{9.26}$$

并将 y 发送给 B；

(iv) B 计算

$$\beta'\equiv\alpha^y I^k(\bmod p),\tag{9.27}$$

如果 $\beta'=\beta$，则 B 的身份识别成功.

下面给出的例子没有使用杂凑函数和签名.

例 9.6 可信中心 TA 为 Schnorr 身份识别体制选择的参数为 $p=88667$，$q=1031$，$t=10$，$\alpha=70322$，α 在 $\mathbf{Z}_p^*$ 中的阶为 q. 假定用户 A 的私人密钥 $b-755$，计算

$$I\equiv(70322)^{-755}\equiv(70322)^{1031-755}(\bmod 88667)=13136.$$

A 要向 B 证实他的身份且他选择了 $r=543$，则他发给 B 的值为

$$\beta\equiv 70322^{543}(\bmod 88667)=84109.$$

设 B 以 $k=1000$ 回应，则 A 计算

$$y=755\times 1000+543(\bmod 1031)=851,$$

并把 851 发送给 B. 最后 B 计算

$$\beta'\equiv 70322^{851}\times 13136^{1000}(\bmod 88667)=84109=\beta.$$

因此，B 接受 A 的身份证明.

因为

$$\beta'\equiv\alpha^y I^k(\bmod p)\equiv\alpha^{bk+r}(\alpha^{-b})^k\equiv\alpha^r(\bmod p)=\beta,$$

所以如果 A 遵守 Schnorr 协议，即 A 知道 b 且 A 的回答通过了 B 在第(iv)步的验证，那么 B 接收 A 的身份证明，并且称 Schnorr 身份识别协议为完备的.

下面先对协议作几点说明.

(1) 该协议的第(i)步可在 B 出现之前作预处理.

(2) 设置 t 的目的是为了防止冒充者 O 伪装 A 猜测 B 的口令 k. 因为 $1\leqslant k\leqslant 2^t$，所以当 k 由 B 随机选择时，O 能猜测到 k 的概率仅为 2^{-t}. 当 $t=40$ 时，此概率几乎为 0. 假如 O 能猜测到 B 的口令 k，则 O 就可以任选一个 y，计算

$$\beta \equiv \alpha^{y} I^{k} (\bmod p)\ ,$$

O 就能将 A 的身份证书 $C(A)=(ID(A), I, s)$(O 可以接收到 A 发给 B 的 $C(A)$)和 β 发送给 B. 这样,在协议第(iii)步 O 收到 B 发来的口令 k 后(O 不用这个 k 去计算 y,因为他不知道 A 的私人密钥 b),O 将自己选的 y 发送给 B,于是 B 在第(iv)步可以通过验证 $\beta' \equiv \alpha^{y} I^{k} (\bmod p)$. 这样,O 可以冒充 A 向 B 证明 A 的身份.

(3) TA 的签名用来证明 A 的身份证书的合法性. 当 B 验证了 TA 对 A 的证书的签名后,他无疑问地相信 A 的身份证书是真实的. 如果冒充者 O 要伪造 A 的身份证书,那么 B 可以通过验证签名来识破 O 的伪造.

(4) 若冒充者 O 使用 A 的正确的证书 $C(A)=(ID(A), I, s)$,在不知道 A 的私人密钥 b 的情况下去模仿 A,则他在协议的第(iii)步要通过计算 $y \equiv (bk+r)(\bmod q)$ 来回答 B 在第(ii)步提出的口令 k,而 y 是 b 的函数,要计算 y 又涉及离散对数问题,所以 O 这样去冒充 A 向 B 证明 A 的身份也是不可能的.

下面来证明 Schnorr 身份识别协议是可靠的.

定理 9.2 假设 O 知道一个值 β,在 Schnorr 身份识别协议中,他能用这个值成功地冒充 A 的概率 $\varepsilon \geqslant 1/2^{t-1}$,则在多项式时间内,O 能计算出 b 的值.

证明 当 O 知道 β 后,他要模仿 A,必须猜出验证者 B 所选的口令 $k(1 \leqslant k \leqslant 2^{t})$. 因为 O 能用此 β 依概率 $\varepsilon \geqslant 1/2^{t-1}$ 成功地模仿 A,所以在 2^{t} 个可能的口令 k 中,大约有 $2^{t} \times \varepsilon \geqslant 2$ 个口令被猜中. 只要有一个口令 k 被猜中,O 就能计算出一个 y,使 B 在 Schnorr 身份识别协议的第(iv)步通过他的验证. 因此,O 能计算出 y_1, y_2, k_1 和 k_2 满足

$$y_1 \neq y_2 (\bmod p) \quad 且 \quad \beta \equiv \alpha^{y_1} I^{k_1} \equiv \alpha^{y_2} I^{k_2} (\bmod p),$$

即

$$\alpha^{y_1 - y_2} \equiv I^{k_2 - k_1} (\bmod p).$$

因为 $I=\alpha^{-b}$,所以有

$$y_1 - y_2 \equiv b(k_1 - k_2)(\bmod q).$$

又因为 $0<|k_1-k_2|<2^{t}$ 且 $q>2^{t}$ 是素数,所以 $\gcd(k_1-k_2, q)=1$,故 O 能计算出

$$b \equiv (y_1 - y_2)(k_1 - k_2)^{-1} (\bmod q).$$

定理 9.2 证明了任何一个能以不可忽略的概率成功地执行 Schnorr 身份识别协议的人必定知道(即在多项式时间内计算出)A 的私人密钥 b. 换言之,若冒充者 O(包括 A 本身)不知道 A 的私人密钥 b,那么他成功地执行此身份识别协议的概率可以忽略. 因此,Schnorr 身份识别协议是可靠的.

例 9.7 设 Schnorr 身份识别体制的参数与例 9.6 中相同. 假如 O 知道了

$$\alpha^{851} I^{1000} \equiv \alpha^{454} I^{19} (\bmod p),$$

那么他计算

$$b=(851-454)(1000-19)^{-1}(\bmod 1031)=755,$$

从而得到了 A 的私人密钥 b.

前面已经证明了 Schnorr 协议是可靠的和完备的，但这两点仍不足以保证该协议是安全的. 例如，若用户 A 为了向 O 证明他的身份，他简单地泄露了他的私人密钥 b 的值. 此时，该协议仍是可靠的和完备的. 然而，它将是完全不安全的，因为以后 O 总能冒充 A. 这迫使必须考虑此协议泄露给参加协议的验证者（或攻击者）的秘密信息（在这个协议中是 b 的值）. 希望用户 A 在证明自己的身份时，验证者 B 或攻击者 O 不能得到他的私人密钥 b 的任何信息，从而以后 O 不能冒充用户 A.

如果通过参与执行该协议多项式次，并且有进行多项式数量级的计算仍不能确定出 b 的值的任何信息，那么就相信此协议是安全的.

虽然该协议计算速度非常快，但还不能证明该协议是安全的. 9.6 节中，Okamoto 改进了 Schnorr 的身份识别体制，在计算上的某些假设下能证明 Okamoto 身份识别协议是安全的.

9.6　Okamoto 身份识别体制

Okamoto 身份识别体制[138]是 Schnorr 身份识别体制的一种改进，这种改进使得在假定 $\mathbf{Z}_p$ 上计算一个特定的离散对数是困难的情况下可以证明其安全性. 但仅就速度和有效性来讲，Schnorr 身份识别协议比 Okamoto 身份识别协议更实用.

下面来介绍 Okamoto 身份识别体制.

(1) 可信中心 TA 为该体制选择以下参数：

(i) TA 选择素数 $p\geqslant 2^{512}$，目的是使计算 $\mathbf{Z}_p^*$ 上的离散对数是困难的；

(ii) TA 选择素数 $q\geqslant 2^{140}$，使 $q\mid(p-1)$；

(iii) TA 选择 $\alpha_1,\alpha_2\in\mathbf{Z}_p$，使 $|\alpha_1|=|\alpha_2|=q$；

(iv) TA 选择一个安全参数 t 满足 $q>2^t$（$t\geqslant 40$，为了更高的安全性，Schnorr 建议 $t\geqslant 72$）；

(v) TA 选择一个安全的签名体制 F，其签名算法为 Sign_T，验证算法为 Ver_T；

(vi) TA 选择一个安全的杂凑函数 h，所有信息在签名之前都要进行杂凑.

公开的参数为 p,q,α_1,α_2 及杂凑函数 h 和签名方案 F 的验证方程 Ver_T.

(2) 可信中心 TA 为用户 A 颁发身份证书. 设用户 A 的身份信息为 J.

(i) TA 用杂凑函数 h 对 A 的身份信息 J 进行杂凑，得到 A 的身份识别信息 $\mathrm{ID}(\mathrm{A})=h(J)$；

(ii) 用户 A 选两个随机数 a_1,a_2（$0\leqslant a_1,a_2\leqslant q-1$），计算

$$I \equiv \alpha_1^{-a_1} \alpha_2^{-a_2} (\bmod p), \tag{9.28}$$

并将 I 发送给 TA；

(iii) TA 对(ID(A)，I)签名得

$$s = \mathrm{Sign}_T(\mathrm{ID}(A), I), \tag{9.29}$$

并将证书 $C(A) = (\mathrm{ID}(A), I, s)$ 发送给 A.

(3) 示证者 A 向验证者 B 证明他的身份要执行如下 Okamoto 身份识别协议：

(i) A 选择随机数 $r_1, r_1 (0 \leqslant r_1, r_2 \leqslant q-1)$，并计算

$$\beta \equiv \alpha_1{}^{r_1} \alpha_2{}^{r_2} (\bmod p), \tag{9.30}$$

A 把他的证书 $C(A) = (\mathrm{ID}(A), I, s)$ 和 β 发送给 B；

(ii) B 通过检测 $\mathrm{Ver}_T(\mathrm{ID}(A), I, s) =$ 真来验证 TA 的签名，然后选择一随机数 $k (1 \leqslant k \leqslant 2^t)$，并将 k 发送给 A；

(iii) A 验证 $1 \leqslant k \leqslant 2^t$，计算

$$\begin{aligned} y_1 &\equiv a_1 k + r_1 (\bmod q), \\ y_2 &\equiv a_2 k + r_2 (\bmod q), \end{aligned} \tag{9.31}$$

并将 y_1, y_2 发送给 B；

(iv) B 计算

$$\beta' \equiv \alpha_1^{y_1} \alpha_2^{y_2} I^k (\bmod p), \tag{9.32}$$

如果 $\beta' = \beta$，则 B 的这轮识别成功.

因为

$$\beta' \equiv \alpha_1^{a_1 k + r_1} \alpha_2^{a_2 k + r_2} (\alpha_1^{-a_1} \alpha_2^{-a_2})^k \equiv \alpha_1^{r_1} \alpha_2^{r_2} \equiv \beta (\bmod p),$$

所以如果 A 遵守 Okamoto 协议，那么 B 应接收 A 的身份证明. 这表明，Okamoto 协议满足完备性.

类似于 Schnorr 协议，证明 Okamoto 协议满足可靠性.

定理 9.3 假定 O 知道一个值 β，他能用此 β 依概率 $\varepsilon \geqslant 1/2^{t-1}$ 成功地模仿 A，则 O 能在多项式时间内计算出 b_1 和 b_2，使 $I \equiv \alpha_1^{-b_1} \alpha_2^{-b_2} (\bmod p)$.

证明 当 O 知道 β 后，他要模仿 A，必须猜出接收者 B 所选的口令 $k (1 \leqslant k \leqslant 2^t)$. 因为 O 能用此 β 依概率 $\varepsilon \geqslant 1/2^{t-1}$ 成功地模仿 A，所以在 2^t 个可能的口令 k 中，大约有 $2^t \times \varepsilon \geqslant 2$ 个口令被猜中. 只要猜中一个口令，O 就能计算出一对 y_1, y_2，使 B 在识别协议的第(iv)步通过他的验证. 因此，O 能计算出 y_1, y_2, k_1 和 z_1, z_2, k_2，使 $y_1 \neq y_2$，并且

$$\alpha_1^{y_1} \alpha_2^{y_2} I^{k_1} \equiv \alpha_1^{z_1} \alpha_2^{z_2} I^{k_2} (\bmod p),$$

即

$$I^{k_1-k_2} \equiv \alpha_1^{z_1-y_1}\alpha_2^{z_2-y_2} \pmod p.$$

两边$(k_1-k_2)^{-1}$次幂得到

$$I \equiv \alpha_1^{(z_1-y_1)(k_1-k_2)^{-1}}\alpha_2^{(z_2-y_2)(k_1-k_2)^{-1}} \pmod p.$$

令

$$b_1 \equiv (y_1-z_1)(k_1-k_2)^{-1} \pmod p,$$
$$b_2 \equiv (y_2-z_2)(k_1-k_2)^{-1} \pmod p,$$

则

$$I \equiv \alpha_1^{-b_1}\alpha_2^{-b_2} \pmod p.$$

在假设计算离散对数 $\log_{\alpha_1}\alpha_2$是不可行的条件下，能够证明 Okamoto 协议是安全的. 证明的基本思想如下：若 A 通过执行协议，多项式次地向 O(攻击者)证明自己的身份，并且假定 O 能获取 A 的私人密钥 a_1 和 a_2 的某些信息，证明 A 和 O 一起能依很高的概率在多项式时间内计算出离散对数 $\log_{\alpha_1}\alpha_2$. 这与 $\log_{\alpha_1}\alpha_2$ 是不可计算的假设矛盾. 因此，O 通过参加协议，一定不能获得 A 的私人密钥 a_1 和 a_2 的任何信息. 这就是下面的定理.

定理 9.4　假定 O 知道一个值β，并且 O 能用此β依概率$\varepsilon \geqslant 1/2^{t-1}$成功地模仿 A，则 A 和 O 一起能依概率$(1-1/q)$在多项式时间内计算出 $\log_{\alpha_1}\alpha_2$.

证明　由定理 9.3 可知，O 能在多项式时间内确定值$b_1,b_2,I\equiv\alpha_1^{-b_1}\alpha_2^{-b_2} \pmod p$. 现假定 A 通过执行 Okamoto 协议将 a_1 和 a_1 泄露给 O，于是 $I\equiv\alpha_1^{-b_1}\alpha_2^{-b_2} \pmod p$，故 $\alpha_1^{a_1-b_1}\equiv\alpha_2^{b_2-a_2} \pmod p$，即

$$a_1-b_1 \equiv (b_2-a_2)\log_{\alpha_1}\alpha_2 \pmod p.$$

情况 1　若$(a_1,a_2)\neq(b_1,b_2)$，则 $a_1\neq b_1$ 且 $a_2\neq b_2$，故存在模逆元$(a_1-b_1)^{-1} \pmod q$和$(b_2-a_2)^{-1} \pmod q$，从而 $\log_{\alpha_1}\alpha_2\equiv(a_1-b_1)(b_2-a_2)^{-1} \pmod q$可在多项式时间内算出.

情况 2　若$(a_1,a_2)=(b_1,b_2)$，则此时，无法利用情况 1 所示的方法计算出 $\log_{\alpha_1}\alpha_2$ 的值. 下面证明这种情况出现的概率仅为 $1/q$.

定义

$$D=\{(a'_1,a'_2)\in \mathbf{Z}_q\times\mathbf{Z}_q \mid \alpha_1^{-a'_1}\alpha_2^{-a'_2}\equiv\alpha_1^{-a_1}\alpha_2^{-a_2} \pmod p\}.$$

这就是说，D 由 A 的所有可能的私人密钥(a_1,a_2)的有序对组成. 若令 $a'_2=a_2+\theta$ $(\theta\in\mathbf{Z}_q)$，则

$$D=\{(a_1-c\theta,a_2+\theta) \mid \theta\in\mathbf{Z}_q, c=\log_{\alpha_1}\alpha_2\},$$

于是$|D|=q$，而由 A 和 O 合伙计算的有序对$(b_1,b_2)\in$D. 下面证明(b_1,b_2)的值独

立于 A 的私人密钥(a_1,a_2)，即证明

(1) A 的私人密钥(a_1,a_2)是 D 中 q 个可能的有序对之一；

(2) A 向 O 证明自己身份时没有向 O 泄露正确的对(a_1,a_2)的任何信息.

(1) 是显然的. 下证(2).

每执行一次 Okamoto 协议，A 选一个值 β，O 选一个值 k. A 的泄露只能为 $\beta=\alpha_1^{y_1}\alpha_2^{y_2}I^k$ 中的 y_1 和 y_2，其中

$$y_1\equiv(a_1k+r_1)(\mathrm{mod}\,q),$$

$$y_2\equiv(a_2k+r_2)(\mathrm{mod}\,q),$$

$$\beta\equiv\alpha_1^{r_1}\alpha_2^{r_2}(\mathrm{mod}\,p).$$

因为(a_1,a_2)为 A 的私人密钥，r_1,r_2 是 A 随机选择的，所以根据这三个同余式，r_1,r_2,a_1,a_2都没有被泄露.

因为 y_1,y_2 分别是 a_1 和 a_2 的函数，所以每执行一次 Okamoto 协议产生的(β,k,y_1,y_2)依赖于 a_1 和 a_2. 假定$(a_1',a_2')\in D$，$a_1'=a_1-c\theta$，$a_2'=a_2+\theta$，即 $0\leqslant\theta\leqslant q-1$，则

$$y_1=a_1k+r_1=a_1'k+(r_1+kc\theta),$$
$$y_2=a_2k+r_2=a_2'k+(r_2-k\theta),$$

于是(β,k,y_1,y_2)也可以由有序对(a_1',a_2')及随机数 $r_1'=r_1+kc\theta$ 和 $r_2'=r_2-k\theta$ 产生. 因为 r_1 和 r_2 的值未被 A 公开，所以不管 A 使用 D 中哪一个有序对，(β,k,y_1,y_2)都没有给出 A 实际使用的私人密钥(a_1,a_2)的任何信息. 这就是说，(β,k,y_1,y_2)等可能地由 D 中任何一对别的有序对(a_1',a_2')产生出来. 因此，A 向 O 证明身份时，没有泄露他的私人密钥(a_1,a_2)的任何信息.

因为(b_1,b_2)的值独立于 A 的私人密钥(a_1,a_2)，并且(a_1,a_2)由 A 随机地选择，所以$(a_1,a_2)=(b_1,b_2)$出现的概率为 $1/q$，于是情况 2 出现的概率为 $1/q$. 因此，A 与 O 合伙计算 $\log_{\alpha_1}\alpha_2$ 成功的概率为 $1-1/q$.

小结与注释

本章对零知识证明和身份识别体制进行研究. 首先介绍零知识证明的概念，然后给出利用零知识证明构造的身份识别协议.

在现实世界中，我们用物理信物作为身份证明，如护照、驾驶执照、信用卡等. 这些信物包含了把它与一个人联系起来的东西，通常是照片或签名，怎么能用数字方式来实现这种联系呢？可以采用身份认证协议来实现. 使用零知识证明来作身份证明最先是由 U. Feige，A. Fiat 和 A. Shamir 提出的[139].

习题 9

9.1　设用户 A 的秘密身份识别符 c 与公开身份识别符 d 满足 $dc^2 \equiv \pm 1 \pmod{n}$，而 $n=pq$，$p\equiv q\equiv 3 \pmod{4}$ 为两个不同的奇素数. 证明雅可比符号 $\left(\frac{d}{n}\right)=1$.

9.2　设正整数 $n=pq$，其中 p,q 为素数，公开 n，保密 p 与 q. 再设 $x\in QR_n$. 示证者 A 要证明他知道 x 的平方根 s，于是他和验证者 B 执行如下协议：

协议 A：

(1) A 选一个随机数 $r\in \mathbf{Z}_n^*$，计算 $y\equiv r^2 \pmod{n}$，并把 y 发送给 B；

(2) B 选一个随机数 $k=0$ 或 1，并把 k 发送给 A；

(3) A 计算 $I\equiv s^k r \pmod{n}$，并把 I 发送给 B；

(4) B 验证是否有 $I^2\equiv x^k y \pmod{n}$，如果 $I^2\equiv x^k y \pmod{n}$，则 B 接收 A 的这轮证明，试证明协议 A 是完备的和可靠的.

9.3　在第 9.2 题中，

(1) 定义一个有效三元组是具有形式 (y,k,I) 的三元组，此处，$y\in QR_n$，$k=0$ 或 1，$I\in \mathbf{Z}_n^*$ 且 $I^2\equiv x^k y \pmod{n}$，证明有效三元组的数目是 $2(p-1)(q-1)$；

(2) 证明：如果 A 和 B 遵守协议 A，则每一个这样的三元组是等概率出现的；

(3) 证明：在不知道 $n=pq$ 的分解的情况下，B 能产生有相同概率分布的三元组；

(4) 证明：协议 A 是一个对 B 的零知识证明.

9.4　假设用户 A 使用 GQ 身份识别体制，其参数 $p=17$，$q=19$ 和 $e=13$.

(1) 假设用户 A 的私人密钥 $b=41$，求 A 的身份识别信息 I；

(2) 假设 $r=31$，计算 $\beta\equiv r^e \pmod{n}$；

(3) 假设用户 B 发出一个询问 $k=7$，计算用户 A 的回答 α；

(4) 完成用户 B 的验证.

9.5　假设用户 A 使用 GQ 身份识别体制，其参数 $n=199543$，$e=523$ 和 $I=146152$，又设攻击者 O 已经发现

$$I^{456}\times 10136^e \equiv I^{257}\times 36056^e \pmod{n},$$

陈述 O 如何计算出用户 A 的私人密钥 b.

9.6　假设用户 A 使用 Schnorr 身份识别体制，其参数 $q=1201$，$p=122503$，$t=10$ 和 $\alpha=11538$.

(1) 验证 α 在 $\mathbf{Z}_p^*$ 中有阶 q；

(2) 假设 A 的私人密钥 $a=357$，计算 I；

(3) 假设 $r=868$，计算 β；

(4) 假设用户 B 发出一个询问 $k=501$,计算用户 A 的回答 y;

(5) 完成用户 B 的验证过程.

为了便于计算,给出

$$\alpha^2 \equiv 87186,\quad \alpha^{2^2} \equiv 87446,\quad \alpha^{2^3} \equiv 43153,\quad \alpha^{2^4} \equiv 13306,\quad \alpha^{2^5} \equiv 32801,$$

$$\alpha^{2^6} \equiv 84255,\quad \alpha^{2^7} \equiv 101181,\quad \alpha^{2^8} \equiv 19051,\quad \alpha^{2^9} \equiv 86715,\quad \alpha^{2^{10}} \equiv 12079,$$

$$I^2 \equiv 114881,\quad I^{2^2} \equiv 28462,\quad I^{2^3} \equiv 95608,\quad I^{2^4} \equiv 83313,\quad I^{2^5} \equiv 35989,$$

$$I^{2^6} \equiv 106405,\quad I^{2^7} \equiv 51759,\quad I^{2^8} \equiv 98477,$$

以上均模 122503.

9.7 假设用户 A 使用 Schnorr 身份识别体制,其参数 $q=1201$,$p=122503$,$t=10$ 和 $\alpha=11538$. 现设 $I=51131$,并且 O 知道了

$$\alpha^3 I^{148} \equiv \alpha^{151} I^{1077} (\mathrm{mod}\, p),$$

O 如何计算出用户 A 的私人密钥 a?

9.8 假设用户 A 使用 Okamoto 身份识别体制,其参数 $q=13$,$p=53$,$t=3$,$\alpha_1=16$ 和 $\alpha_2=28$.

(1) 设用户 A 的私人密钥 $a_1=10$,$a_2=7$,计算 I;

(2) 设用户 A 选随机数 $r_1=3$,$r_2=8$,计算 β;

(3) 设用户 B 发出一个询问 $k=5$,计算用户 A 的回答 y_1 和 y_2;

(4) 完成用户 B 的验证.

9.9 假设用户 A 使用 Okamoto 身份识别体制,其参数 $q=13$,$p=53$,$t=3$,$\alpha_1=16$ 和 $\alpha_2=28$.

(1) 验证

$$\alpha_1^6 \alpha_2^3 I^7 \equiv \alpha_1^2 \alpha_2^8 I^4 (\mathrm{mod}\ 53);$$

(2) 使用这个信息计算 b_1 和 b_2,满足

$$\alpha_1^{-b_1} \alpha_2^{-b_2} \equiv I (\mathrm{mod}\ 53);$$

(3) 假设用户 A 泄露了 $a_1=10$ 和 $a_2=7$,用户 A 和攻击者 O 一起能计算出 $\log_{\alpha_1} \alpha_2$ 吗? 为什么?

9.10 给定下列对平方剩余问题的交互式证明系统:

已知不知道分解的整数 $n=pq$,其中 p 和 q 均为素数,$x \in Q\widetilde{R}_n$.

协议 B:

(1) B 选一个随机数 $k \in \mathbf{Z}_n^*$,并计算 $y \equiv k^2 (\mathrm{mod}\, n)$;

(2) B 再随机选 $i=0$ 或 1,并把 $z \equiv x^i y (\mathrm{mod}\, p)$ 发送给 A;

(3) 若 $z \in QR_n$,A 定义 $j=0$;否则,他定义 $j=1$,然后把 j 发送给 B;

(4) B 检查是否有 $i=j$.

A 和 B 一起共执行 $\log_2 n$ 次协议 B. 如果执行 $\log_2 n$ 次协议 B 时，B 在第(4)步都得到验证，则 B 接收 A 的证明.

(1) 证明：该交互式证明系统是可靠的和完备的；

(2) 解释该交互式证明系统不是零知识的原因.

*第 10 章

SSL 协议和 IPsec 协议

10.1　网络安全概述

随着计算机技术的迅速发展,在计算机上处理的业务也由基于单机的数学运算、文件处理,基于简单连接的内部网络的内部业务处理、办公自动化等发展到基于复杂的内部网(Intranet)、企业外部网(Extranet)、全球互联网(Internet)的企业级计算机处理系统和世界范围内的信息共享和业务处理. 在系统处理能力提高的同时,系统的连接能力也在不断地提高. 但在连接能力和信息流通能力提高的同时,基于网络连接的安全问题也日益突出. 为此,提出了网络安全的概念.

网络安全是指网络系统的硬件、软件及其系统中的数据受到保护,不因偶然的或者恶意的原因而遭受到破坏、更改、泄露,系统连续可靠正常地运行,网络服务不中断. 网络安全从其本质上来说就是网络上的信息安全. 从广义上来说,凡是涉及网络上信息的保密性、完整性、可用性、真实性和可控性的相关技术和理论都是网络安全的研究领域. 网络安全是一门涉及计算机科学、网络技术、通信技术、密码技术、信息安全技术、应用数学、数论、信息论等多种学科的综合性学科.

网络安全研究的对象主要是计算机网络,计算机网络以通信为手段来达到资源共享的目的. 在通信过程中,必须要用到安全协议,本章通过介绍两个比较经典的网络安全协议来了解如何运用密码技术创建安全网络.

10.2　SSL 协议

安全套接层(secure sockets layer,SSL)是为网络通信提供安全及数据完整性的一种安全协议. SSL 协议位于应用层与传输层协议之间,为数据通信提供安全支持. SSL 协议可分为两层,一是 SSL 记录协议(SSL record protocol),它建立在可靠的传输协议(如 TCP) 之上,为高层协议提供数据封装、压缩、加密等基本功能的支持;二是 SSL 握手协议(SSL handshake protocol),它建立在 SSL 记录协议之上,用于在实际的数据传输开始前,通信双方进行身份认证、协商加密算法、交换加密密钥等.

10.2.1　SSL 体系结构

如图 10.1 所示，SSL 协议是由两层组成的，在这两层上确定 4 个协议[140]，分别是握手协议、改变密码规格协议、告警协议和 SSL 记录协议.

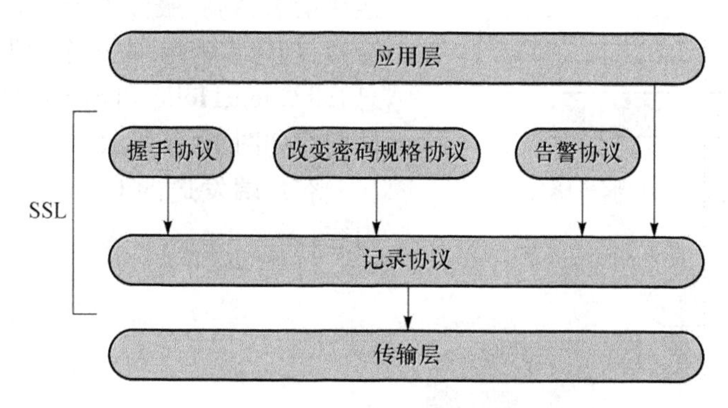

图 10.1　SSL 协议所处的位置

SSL 协议的优势在于它与应用层协议独立无关. 高层的应用层协议(如 HTTP，FTP，Telnet)可以透明地建立在 SSL 协议之上. SSL 协议在应用层协议通信之前就已经完成加密算法、通信密钥的协商以及服务器认证工作. 在此之后，应用层协议所传送的数据都会被加密，从而保证通信的机密性.

SSL 协议提供的服务主要有如下几个：①认证用户和服务器，确保数据发送到正确的客户机和服务器；②加密数据以防止数据中途被窃取；③维护数据的完整性，确保数据在传输过程中不被改变.

SSL 协议的工作流程如下：

(1) 服务器认证阶段. ①客户端向服务器发送一个开始信息“Hello”以便开始一个新的会话连接；②服务器根据客户的信息确定是否需要生成新的主密钥，如需要，则服务器在响应客户的“Hello”信息时将包含生成主密钥所需的信息；③客户根据收到的服务器响应信息产生一个主密钥，并用服务器的公开密钥加密后传给服务器；④服务器恢复该主密钥，并返回给客户一个用主密钥认证的信息，以此让客户认证服务器.

(2) 用户认证阶段. 在此之前，服务器已经通过了客户认证，这一阶段主要完成对客户的认证. 经认证的服务器发送一个提问给客户，客户则返回(数字)签名后的提问和其公开密钥，从而向服务器提供认证.

10.2.2　SSL 握手协议

SSL 握手协议可以进行客户端和服务器相互认证，并协商加密密钥用于保护

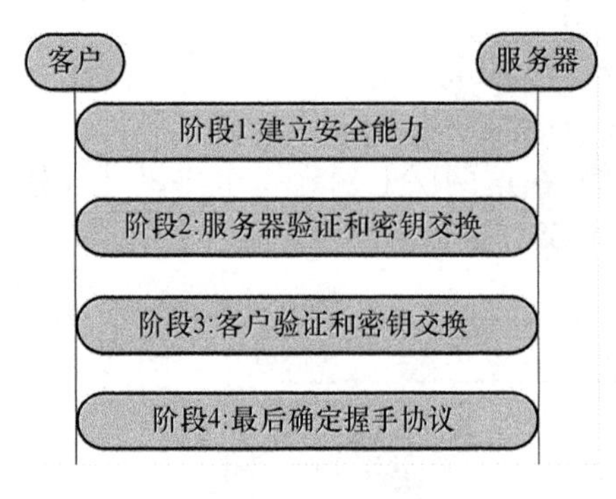

图 10.2 SSL 握手协议

SSL 记录层所发送的数据. 实行握手协议分为 4 个阶段,如图 10.2 所示.

1) 第一阶段:建立安全能力

这一阶段由客户端向服务器发起建立连接请求,然后服务器与客户机进行消息交换,创建主密钥. 在这个阶段交换两个信息,即 ClientHello 和 ServerHello 信息. 具体内容如图 10.3 所示.

客户端发送的 ClientHello 包含以下内容:

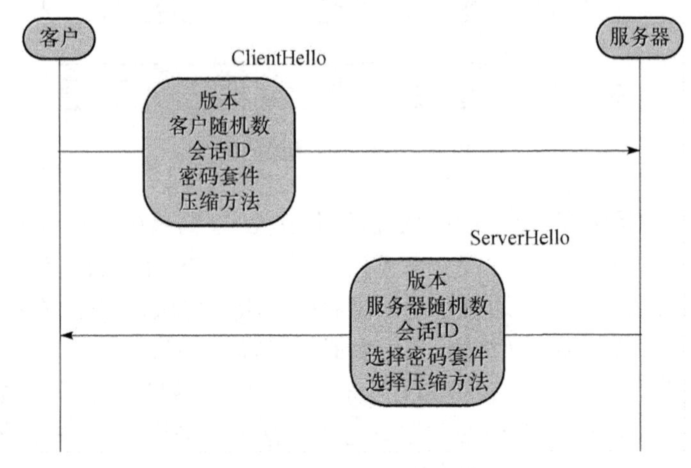

图 10.3 第一阶段建立过程

(1) 客户可以支持的 SSL 的最高版本;

(2) 客户端生成的 32 字节的随机数;

(3) 一个可变长度的会话标识符 ID,非零值表示客户端希望更新现有连接的参数,零值表示客户端希望为这次会话建立一条新连接;

(4) 客户端可以支持的密码算法组合以优先选用递减的顺序给出;

(5) 客户端可以支持的压缩方法列表.

服务器发送的 ServerHello 包含以下内容:

(1) 一个版本号,选取客户支持的最高版本号和服务器支持的最高版本号中的较低者;

(2) 服务器生成的 32 字节的随机数;

(3) 一个会话标识符 ID,与客户端发送的一致;

(4) 从客户端列表中选择密码算法;

(5) 从客户端列表中选择压缩方法.

SSL 协议支持如下密钥交换方法：

(1) RSA：密钥用接收者的 RSA 公钥加密；

(2) 固定 Diffie-Hellman：这是一个 Diffie-Hellman 密钥交换过程，客户端和服务器都可以准备固定的参数(g 和 p)，然后它们可以创建一个固定的 Diffie-Hellman 半密钥(g^x)，而这些半密钥包含在用户的公钥证书里，因此，双方可以交换证书来获得固定密钥；

(3) 匿名 Diffie-Hellman：该方法使用基本的 Diffie-Hellman 密钥交换方法来获得密钥，注意：该方法不进行认证，因此，容易受到中间人攻击；

(4) 暂时 Diffie-Hellman：该方法用于创建临时或者一次性密钥，为了阻止中间人攻击，客户端和服务器都用本身的私钥签名一个 Diffie-Hellman 密钥并发送给对方，接收者用相应的公钥验证签名；

(5) Fortezza：这种技术是专为 Fortezza 方案而定义的，Fortezza 是一种带有 96 比特密钥的分组密码算法.

2) 第二阶段：服务器验证和密钥交换

如果需要认证，则在这一阶段，服务器发送其证书、公钥，也许还要向客户请求证书. 然后服务器将发送 server_key_exchange 消息，如果服务器已发送包含固定 Diffie-Hellman 参数的证书或者使用了 RSA 密钥交换方法，则无须发送该消息. 下面介绍需要发送 server_key_exchange 消息的情况.

(1) RSA 密钥交换发生在服务器使用了 RSA，但是有一个仅用于 RSA 签名密钥的情况下；

(2) 匿名 Diffie-Hellman，消息由两个全局 Diffie-Hellman 密钥值(一个素数和它的一个本原根)以及一个服务器公钥组成；

(3) 暂时 Diffie-Hellman，消息由匿名 Diffie-Hellman 提供的三个 Diffie-Hellman 参数和这些参数的签名组成.

接下来，服务器会向客户端发送证书请求信息，向客户端请求第三阶段的证书，如果客户端使用的是匿名 Diffie-Hellman，服务器就不能向客户端请求证书，因此，该步骤是可选的.

最后，服务器发送 Sever_Hello_Done 消息结束第二阶段.

3) 第三阶段：客户端认证和密钥交换

该阶段共有三个消息从客户端发送到服务器.

首先，如果服务器在第二阶段已请求证书，则客户端要发送一个证书信息. 如果没有证书，则发送一个告警信息(no_ceritificate).

然后，客户端将发送 server_key_exchange 消息. 如果密钥交换算法是 RSA，客户端就创建完整的预备主密钥，并用服务器 RSA 公钥进行加密. 如果是匿名 Diffie-Hellman 或暂时 Diffie-Hellman，客户端就发送 Diffie-Hellman 半密钥；如果是固定

Diffie-Hellman,信息内容就为空;如果是 Fortezza,就发送 Fortezza 参数.

最后,客户端向服务端发送证书验证消息进行证书确认,以便宣布它拥有证书中的公钥,这对于阻止一个发送了证书并声称该证书来自客户的假冒者是必需的.注意:仅当客户端证书具有签名功能时才会发送该消息,所以固定 Diffie-Hellman 证书不能这样验证.

4) 第四阶段:完成

在这个阶段交换 4 个信息.

首先客户端发送一个改变密码规格信息,并把未定的密码规格复制到当前密码规格中,这个信息实际上是将要讨论的改变密码各个协议的一部分.然后发送一个完成消息宣布握手协议完成.

服务器为了响应这两条消息,发送一个改变密码规格信息,并把未定的密码规格复制到当前密码规格中.然后发送一个完成消息宣布握手协议完成.

10.2.3 SSL 改变密码规格协议

SSL 改变密码规格协议只包含一条信息,由一个值为 1 的字节组成.这条信息的功能是使未定的密码规格复制到当前密码规格中,更新这一连接上的密码机制,其中未定密码规格包含了当前握手协议协商好的压缩、加密、计算 MAC[141] 算法以及密钥等,当前密码规格包含了记录层正在实施的压缩、加密、计算 MAC 算法以及密钥等.

10.2.4 SSL 告警协议

SSL 告警协议用于报告错误和反常状态,该协议的每条消息都由两个字节组成,如表 10.1 所示.

表 10.1 SSL 告警信息的类型

值	描 述	意 义
0	关闭通知	发送者将不再发送任何信息
10	意外信息	接收到的不恰当的信息
20	不良记录 MAC	接收到错误的 MAC
30	解压失败	解压缩函数的输入不合适
40	握手失败	发送者不能最后确定握手
41	无证书	客户没有证书要发送
42	废证书	接收到的证书是无效的
43	不支持的证书	不支持接收到的证书类型
44	证书撤回	证书已经被签署者撤销
45	过期证书	证书已过期
46	未知证书	未知的证书
47	非法参数	一个超范围或不合适的域

10.2.5　SSL 记录协议

SSL 记录协议是为上一层协议传送信息的,其中上一层协议包括握手协议、改变密码规格协议、告警协议或应用层协议等. SSL 记录协议的主要功能[142]有如下两个:

(1) 通过握手协议中确定的秘密密钥保证信息的机密性;

(2) 通过信息生成的消息认证码(MAC)保证信息的完整性.

SSL 记录协议的具体操作流程如图 10.4 所示.

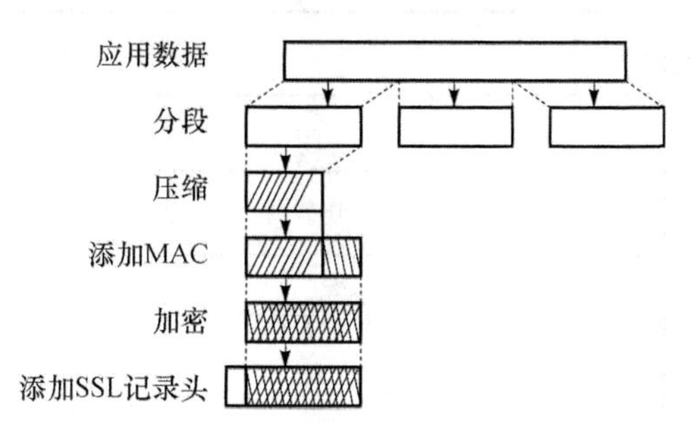

图 10.4　SSL 记录协议的工作流程

首先发送者将上一层协议发送的信息划分为 2^{14} 字节的分组,最后的那个分组有可能小于这个数. 然后将每一个分组都用握手协议过程中协商的压缩方法压缩. 接下来发送者用握手协议中确定的验证方法生成消息认证码(MAC). 下一步发送者用握手协议中协商好的加密算法加密压缩信息和 MAC. 最后发送者添加一个 SSL 记录报头并发送出去. 接收方收到以上报文后反方向操作,先去报头,然后解密、作完整性验证、解压缩、重组.

10.3　IPsec 协议

IPsec(Internet protocol security)是通过对网络层数据包进行加密和认证来保护其安全的网络传输协议族. IPsec 主要由两大部分组成:①建立安全分组流的密钥交换协议;②保护分组流的协议. 前者为 IKE(Internet key exchange)协议,后者包括加密分组流的封装安全载荷(ESP)协议或认证头(AH)协议,用于保证数据的机密性、来源可靠性(认证)、无连接的完整性,并提供抗重放服务.

10.3.1　IPsec 工作模式

IPsec[143]的工作模式分为两种,即传输模式和隧道模式.

1. 传输模式

在传输模式中,IPsec 保护从传输层传递到网络层的信息,也就是说,传输模式主要是为上层协议提供保护.注意:在传输模式下,IPsec 不能保护 IP 文件头,只能保护来自传输层的信息,如图 10.5 所示.

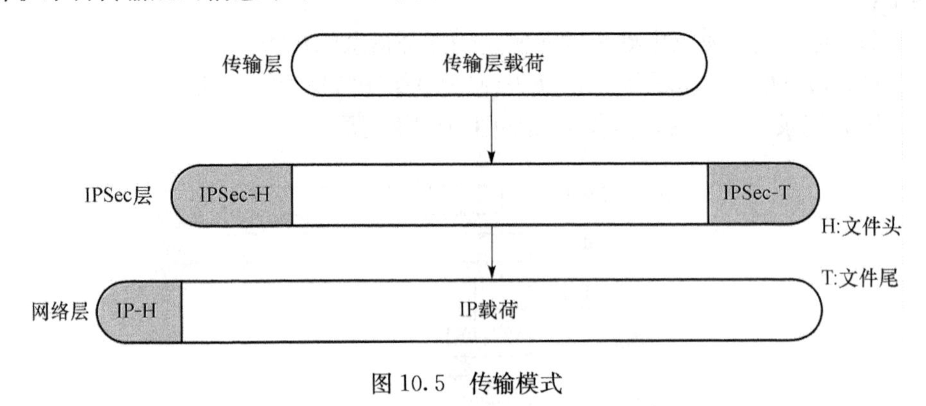

图 10.5　传输模式

2. 隧道模式

在隧道模式中,IPsec 保护整个 IP 数据包,对整个 IP 数据包(包括 IP 头文件)使用 IPsec 安全方法,然后再在外部增加一个新的 IP 头,如图 10.6 所示.

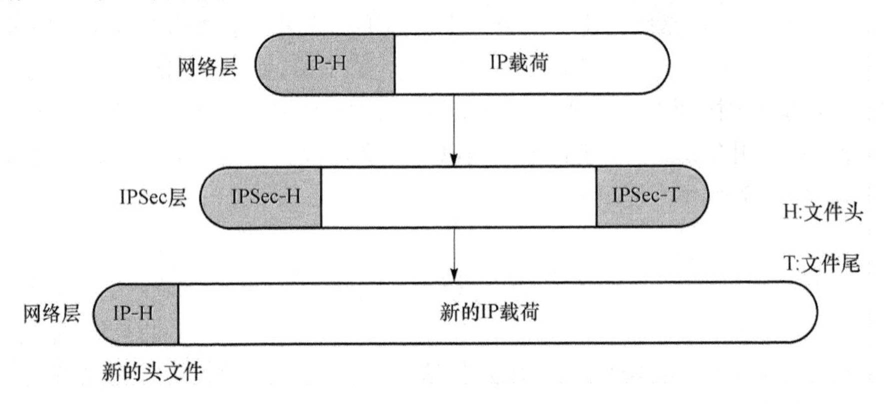

图 10.6　隧道模式

这个新的 IP 头具有与原 IP 头不同的信息,如当 A 向 B 发送 IP 数据包时,新 IP 头的源 IP 地址和目的 IP 地址可能分别为 A 和 B 的本地网络边界的路由 IP 地址.

隧道模式与传输模式的不同之处在于隧道模式是加密整个 IP 数据包,将整个原数据包保护起来,但是这样同样会造成一个问题,即 IPsec 主要集中在安全网关,增加了安全网关的处理负担.

10.3.2　AH 协议

认证头(AH)协议被用来保证被传输分组的完整性和可靠性,此外,它还保护不受重放攻击.认证头试图保护 IP 数据报的所有字段,那些在传输 IP 分组的过程中要发生变化的字段就只能被排除在外.

1. AH 报头格式

如图 10.7 所示,AH 报头字段由 5 个固定长度字段和 1 个变长字段组成.

0	1	2	3
0 1 2 3 4 5 6 7	0 1 2 3 4 5 6 7	0 1 2 3 4 5 6 7	0 1 2 3 4 5 6 7
下一个报头	载荷长度	保留	
安全参数索引			
序列号			
认证数据(可变长度)			

图 10.7　AH 报头

(1) 下一个报头(next header):识别下一个使用 IP 协议号的报头.例如,Next Header 值等于"6",表示紧接其后的是 TCP 报头.

(2) 载荷长度(payload length):AH 报头长度.

(3) 保留(reserved):16 位,供将来使用.AH 规范 RFC2402 规定:这个字段应被置为 0.

(4) 安全参数索引(security parameters index):这是一个为数据报识别安全关联的 32 位伪随机值,SPI 值 0 被保留来表明"没有安全关联存在".

(5) 序列号(sequence number):从 1 开始的 32 位单增序列号,不允许重复,唯一地标记了每一个发送数据包,为安全关联提供反重播保护.接收端校验序列号为该字段值的数据包是否已经被接收过.如果接收过,则拒收该数据包.

(6) 认证数据(authentication data):包含完整性检查和.接收端接收数据包后,首先执行 Hash 计算,再与发送端所计算的该字段值比较.若两者相等,则表示数据是完整的;若在传输过程中数据被修改,两个计算结果不一致,则丢弃该数据包.

2. AH 工作模式

(1) 传输模式.在传输模式中,AH 被插在 IP 头之后,但在所有的传输协议之前,它保护的是端到端的通信,通信终点必须是 IPsec 终点.

(2) 隧道模式.在隧道模式中,AH 插在原始的 IP 头之前,并且重新生成一个新的 IP 头放在 AH 之前.

10.3.3 ESP 协议

封装安全载荷(ESP)协议对分组提供了源可靠性、完整性和保密性的支持. 与 AH 头不同的是,IP 分组头部不被包括在内.

1. ESP 报头格式

如图 10.8 所示,ESP 数据包由 4 个固定长度的字段和 3 个变长字段组成.

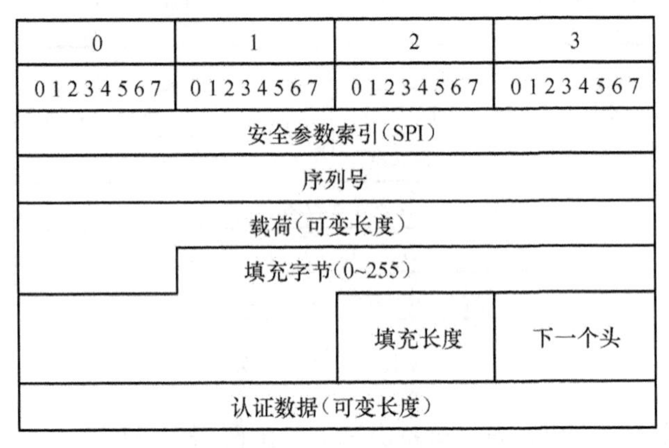

图 10.8　ESP 报头

(1) 安全参数索引(security parameters index):为数据包识别安全关联.

(2) 序列号(sequence number):从 1 开始的 32 位单增序列号,不允许重复,唯一地标记了每一个发送数据包,为安全关联提供反重播保护. 接收端校验序列号为该字段值的数据包是否已经被接收过. 如果接收过,则拒收该数据包.

(3) 载荷(payload date):加密保护的可变长度的数据,包括传输层数据或者 IP 数据包.

(4) 填充字节(padding):0～255 个字节. DH 算法要求数据长度(以位为单位)模 512 为 448. 若应用数据长度不足,则用扩展位填充.

(5) 填充长度(padding length):8 比特长,填充字节的长度. 接收端根据该字段长度去除数据中扩展位.

(6) 下一个报头(next header):识别下一个使用 IP 协议号的报头,如 TCP 或 UDP.

(7) 认证数据(authentication data):包含完整性检查和. 完整性检查部分包括 ESP 报头、有效载荷(应用程序数据)和 ESP 报尾.

2. ESP 操作模式

(1) 传输模式. 在传输模式中,ESP 被插在 IP 头和所有的选项之后,但是在传输层协议之前. 与 AH 不同,ESP 不对整个 IP 数据报进行认证.

(2) 隧道模式. 在隧道模式中,ESP 被插在原始 IP 头之前,并且重新生成一个新的 IP 头放在 ESP 之前.

10.3.4　安全关联

安全关联(security association,SA)是 IPsec 非常重要的一个方面,它是通信双方之间的一个契约,可以在通信双方之间创建一个安全信道. IPsec 使用的 AH 协议和 ESP 协议均使用 SA,IKE 协议的一个主要功能就是动态建立 SA.

1. SA 的定义[144]

所谓 SA 是指通信对等方之间为了给需要受保护的数据流提供安全服务而对某些要素的一种协定,如 IPsec 协议(AH 或 ESP 协议)、协议的操作模式(传输模式或隧道模式)、密码算法和已经拥有保护它们之间数据流的密钥的生存期.

2. 安全关联数据库

SA 是通过像 IKE 这样的密钥管理协议在通信对等方之间协商的. 当一个 SA 的协商完成时,两个对等方都需要将该 SA 的参数储存下来. 也就是说,可以储存一列 SA 的数据库,这个数据库就称为安全关联数据库(SAD). 因为安全关联是单向的,因此,输入和输出的数据流需要建立独立的 SAD.

当一个主机需要发送一个必须传送 IPsec 文件头的数据包时,需要找出输出 SAD 的相关项,这样才能找到安全的应用于数据包的信息. 同样地,当一个主机接收到一个传输 IPsec 文件头的数据包时,主机也需要找到输入 SAD 的相关项,才能找到检查数据包安全性的信息. 因此,SA 由一个三元组唯一地标记,该三元组包含一个安全参数索引(SPI),一个用于输出处理 SA 的目的 IP 地址,或者一个用于输入处理 SA 的源 IP 地址以及一个特定的协议(如 AH 或者 ESP 协议),SAD 的项即由这三个索引选出来.

另外,一个 SAD 条目还包含以下这些参数:

(1) 序列号计数器:一个 32 位整数,用于生成 AH 或 ESP 头中的序列号;

(2) 序列号溢出:用来定义序列号溢出的标记;

(3) 抗重放窗口:用来判断输入的 AH 或 ESP 数据包是否是一个重放包;

(4) AH 信息:包含 AH 协议的信息;

(5) ESP 信息:包含 ESP 协议的信息;

(6) IPsec 模式:定义 AH 和 ESP 的工作模式,分为传输模式和隧道模式;

(7) 路径最大传输单元:定义 IP 数据包从源主机到目的主机的过程中,无须分段的最大长度;

(8) SA 有效期:包含一个时间间隔,定义 SA 的有效期,过了这个时间间隔,该 SA 将会被代替或终止.

10.3.5 安全策略

IPsec 的另一个重要方面就是安全策略. 在数据包被发送或到达时,安全策略可以定义安全的类型. 也就是说,对于一个外出包,SP 决定对该数据包使用什么 SA;对于一个进入包,SP 决定怎样对该数据包作处理. 因此,每一个使用 IPsec 协议的主机都要有一个安全策略数据库(SPD),分为输入 SPD 和输出 SPD 两种.

SPD 负责维护 IPsec 策略,它包含一个策略条目的有序列表. IPsec 协议要求进入或离开 IP 堆栈的每个数据包都必须查询 SPD. 由 SPD 区分数据包是否应该丢弃,是否需要进行 IPsec 处理. 如果需要对数据包进行 IPsec 处理. 则 SPD 的条目中必须包含一个指向 SA 的指针.

SPD 中的每一个条目都可以通过使用一个或者多个选择符来确定. 当前允许的选择符有如下几个:

(1) 目的 IP 地址:它可以是一个 32 位的 IPv4 或者 128 位的 IPv6 地址,该地址从 AH,ESP 和 IP 头的目的 IP 地址域中得到;

(2) 源 IP 地址:同目的 IP 地址一样,它也可以是一个 32 位的 IPv4 或者 128 位的 IPv6 地址,该地址从 AH,ESP 和 IP 头的源 IP 地址域中得到;

(3) 传输层协议:传输层协议可以从 IPv4 或者 IPv6 协议的下一个头域中得到;

(4) 名字:名字可以是用户 ID,也可以是系统名,如完整的 DNS 名或 Email 名等;

(5) 源端口和目的端口:运行于源主机和目的主机上的程序的端口地址.

10.3.6 互联网密钥交换协议

互联网密钥交换(IKE)是用来创建输入安全关联和输出安全关联的协议. IKE 是一个混合协议,它使用到了三个不同协议的相关部分,即 Internet 安全关联和密钥交换协议(ISAKMP)、Oakley 密钥确定协议和 SKEME 协议.

IKE 分为两个阶段,即阶段 1 和阶段 2. 阶段 1 为阶段 2 创建 SA;阶段 2 为与 IPsec 一样的数字交换协议创建 SA. 同时,IKE 定义了几种模式,阶段 1 有两种模式,即主模式和野蛮模式;阶段 2 只有一种模式,即快速模式. 在这两个交换阶段,阶段 2 交换是在阶段 1 建立的 IKE SA 的保护下进行的,而阶段 2 没有任何安全保护,所以 IKE 为阶段 1 提供了 4 种认证方法,分别是预共享密钥方法、源公钥方法、修正的公钥方法和数字签名方法,具体认证过程不在此详述.

1. 主模式

在主模式中,发起者和应答者通常要交换 6 条信息. 在前两条信息中,双方要协商好 IKE SA 需要的各项参数. 在第 3,4 条信息中,双方交换半密钥(即 Diffie-Hellman 方法的 g^i 和 g^r)和一些辅助参数生成共享密钥. 然后双方各自将 Diffie-Hellman 交换的公开数字、SA 和自己的身份 ID 作为输入生成一个 Hash 值. 在第 5,6 条信息中,连同自己的 ID 一起发送给对方. 如果双方能够重构预期的 Hash 值,则表明 Hash 计算中涉及的各个信息在传输中是完整的.

2. 野蛮模式

野蛮模式相当于是主模式的压缩版,在这种模式下只交换三条信息. 第 1 条信息,发起者 SA 参数,Diffie-Hellman 公开值和一些身份认证的数据给应答者. 第 2 条消息,如果应答者接收发起者的建议,则它回应选择好的 SA,Diffie-Hellman 公开值和一些身份认证的数据给发起者. 第 3 条信息拥有认证发起者的身份.

3. 快速模式

快速模式应用在阶段 2 中,这种模式是在由阶段 1 协商好的 SA 的保护下进行的,即 IPsec SA 的建立过程受到 IKE SA 的机密性和完整性保护. 在快速模式下,交换的数据都是加密的. 首先发起者按本地策略,发送一个或多个安全协议(AH 或 ESP),并给出其相应的安全参数. 然后响应者从建议的一个或多个安全协议中选择一种,形成选择后的 SA,发送给发起者. 最后一条消息对前面的交换进行认证.

小结与注释

本章对网络安全中的两个重要协议进行研究,详细介绍了 SSL 协议和 IPsec 协议的体系结构和具体工作流程.

SSL 安全协议的主要目标就是提供服务器验证和客户验证,以及数据机密性和数据完整性,如使用 TCP 服务的超文本传输协议(HTTP) 就可以用 SSL 协议提高协议安全性. IPsec 安全协议可以帮助网络层(IP 层)建立可信数据包和机密数据包,并且它提供访问控制、无连接的完整性、数据源认证、机密性保护、有限的数据流机密性保护以及抗重放攻击等安全服务.

习题 10

10.1　简述 SSL 协议的体系结构.

10.2 SSL 握手协议中客户端和服务器之间建立连接分为哪几个阶段?

10.3 简述 SSL 记录协议的工作过程.

10.4 IPsec 的工作模式分为哪几种? 它们的区别是什么? 各有哪些优缺点?

10.5 简述安全关联数据库和安全策略数据库的作用.

10.6 IKE 定义了哪几种模式?

10.7 简述 IKE 两个交换阶段实现的功能.

*第 11 章

密码学新进展

11.1 概　　述

伴随计算方式从手工计算、机械计算到电子计算的转变，人类的计算能力在不断提升. 与此同时，密码完成了从完全依赖个人经验的古典密码技术到建立在 Shannon 信息论和算法复杂性理论基础上的现代密码科学的转变，人们对密码的理解在不断深化，设计精巧的密码体制不断涌现. 一些堪称经典的体制，如 RSA 算法与 AES 算法，其算法久经考验而没有被攻破的迹象. 现有的形势似乎是如此美好，以至于人们可以高枕无忧，但由物理学与生物学的重大进展带动的人类计算能力再次提升，使得密码学前进的步伐不可能就此停止.

云计算是网格计算、分布式计算、并行计算、效用计算、网络存储、虚拟化、负载均衡等传统计算机和网络技术发展融合的产物，它体现了“网络就是计算机”的思想，将大量计算资源、存储资源与软件资源链接在一起，形成巨大规模的共享虚拟 IT 资源池，为远程计算机用户提供“召之即来、挥之即去”且似乎“能力无限”的 IT 服务.

本章将从量子计算与 DNA 计算出发，从密码体制安全性的角度解释量子计算与 DNA 计算给现代密码学带来的挑战与机遇，由此引出对量子密码与 DNA 密码的一些简单介绍. 本章将对云计算的现状与未来作简要介绍.

11.2 量子计算与量子密码

量子力学自其诞生之日起就对科学发展产生了巨大影响. 量子力学现象发生的尺度是在粒子层次，与我们的日常经验不完全一致. 关于它的解释，物理学界也产生了诸多争论，而对于非物理学家，这更是一个不易理解的话题. 虽然解释存在争议，但是观测到的量子力学现象是人们普遍接受的. 因此，相对于寻找更具说服力的解释，科研人员近年来更关注如何利用量子力学现象为现实服务，量子计算和量子密码就是其中的代表性领域.

11.2.1 量子计算

量子计算和量子计算机的概念起源于著名物理学家 Feynman. 他在 1982 年

观察到一些量子力学现象不能有效地在经典计算机上模拟出来,因此,他建议考虑利用量子力学做一些经典计算机上不可能做的计算,按照量子力学原则建造的新型计算机对解决某些问题可能比传统计算机更有效. 1985 年,Deutsch 指出,利用量子态的相干叠加性可以实现并行量子计算,并提出了量子图灵机的模型.

1. 量子计算机的特性

(1) 传统计算机以“位(bit)”作为信息单元,每个位有 0 或 1 两种状态;量子计算机以“量子位(qubit)” 作为信息单元,每个量子位所处的量子态需要用两个正交的基本量子态$|0\rangle$和$|1\rangle$来表示. 不同之处在于以下几个方面:

(i) 位只有 0 或 1 两种状态,而量子位的状态可以既非$|0\rangle$也非$|1\rangle$,它以叠加态的形式存在,即

$$|\psi\rangle = \alpha|0\rangle + \beta|1\rangle,$$

其中 α,β 为复数且满足$|\alpha|^2+|\beta|^2=1$;

(ii) 任意一个时刻,位处于 0 还是 1 是可以准确测定的,而量子位处于哪一个量子态是无法准确测定的,即无法确定 α 和 β 的准确值,只知道如果对它进行测量,则$|\psi\rangle$变为$|0\rangle$的概率为$|\alpha|^2$,变为$|1\rangle$的概率为$|\beta|^2$. 对处于叠加态的量子位进行测量时,叠加态将受到干扰并发生变化,这种变化称为坍缩.

(2) 传统计算机中,一个 n 位寄存器一个时刻只能储存一个 n 位数;量子计算机中,n 位量子寄存器能同时储存从 0 到 2^n-1 这 2^n 个 n 位数.

(3) 传统计算机中,对于函数 f,一个点 x 经过一次处理产生一个输出 $f(x)$,如果有多个点,则只能依次逐个处理;量子计算机中,输入和输出的量子位可以是某些基本态的线性组合,量子计算机能同时处理线性组合中所有的基本态. 也就是说,量子计算机的一次处理能计算出所有 x 的 $f(x)$,量子计算机相当于众多的经典计算机并行.

但是,要注意的是,由于在测量量子位的量子态时,其叠加态将发生坍缩,因此,虽然量子寄存器能同时储存 2^n 个 n 位数,但只能读出某一个 n 位数;虽然量子计算机的一次处理能计算出所有 x 的 $f(x)$,但也只能读出某个 x_0 的输出 $f(x_0)$.

因此,需要设计“好”的量子算法来使得想要检验的结果出现的概率比其他的要高得多.

2. 量子算法

为了充分利用量子计算机的量子并行计算特性,解决传统计算机不能解决的问题,需要设计高效的量子算法来使所需要的结果在测量时以高概率出现.

1994 年,P. W. Shor 提出了基于量子傅里叶变换(QFT)的大数分解量子算

法[145]. 在量子计算机上,Shor量子算法将大整数分解成两个素因子乘积的时间复杂度为多项式级别的$O(n^2(\lg n)(\lg\lg n))$,实现了指数加速,即Shor量子算法将传统计算机上这个NP问题变为了量子计算机上的P问题.

1996年,L. K. Grover提出了量子搜索算法[146]. 在N个元素中寻找到符合某个条件的元素,传统算法平均需要$O(N)$次搜索,而Grover量子搜索算法平均只需$O(N^{1/2})$次即可. 虽然Grover量子搜索算法只是二次加速,而不是指数加速,但由于其应用的广泛性,因而也备受关注.

要注意的是,虽然量子计算机的计算能力比传统计算机强大,但也存在极限,不是所有的NP问题都在量子计算机上可解,特别是NPC问题.

3. 对现代密码体制的挑战

已经知道,目前对密码体制安全性的评价标准有计算安全性、可证明安全性和无条件安全性. 近年来,Shor量子算法的研究表明,大多数安全性可以归约到HSP问题(hidden subgroup problem)的公钥密码体制无法抵抗量子计算. 这意味着RSA,ElGamal及ECC等目前的主流公钥密码体制将不再安全. Grover量子搜索算法极大地提高了穷尽搜索密钥的效率,相当于将密码体制的密钥长度减少一半,这对密钥长度较短的密码体制的安全性有一定影响,但现在的对称密码体制(如AES)只需增加密钥长度即可抵抗量子计算. 因此,量子计算对现代密码学的威胁主要在公钥密码方面.

但是,机遇总是与挑战并存,量子力学原理也为探索设计无条件安全密码带来了新思路,基于量子力学原理的量子密码也开始蓬勃发展.

11.2.2 量子密码

在密码学初期,安全性依赖于加密方法的保密. 现代密码学最重要的假设就是Kerckhoffs原则:在评估一个密码系统的安全性时,必须假定敌方知道所用的加密方法. 因此,密码系统的安全性应该基于敌方确定密钥的困难程度,而不是所用算法的隐藏性[147]. ”

1917年,Vernam提出了一次一密(one-time pad). 由于它在加密前需要交换一个和明文一样长的真随机数序列作为密钥,而且这个密钥只能用一次,使得敌方确定密钥的难度增大,保证了密码体制的无条件安全性,但也给密钥管理带来巨大困难,因此,传统环境限制了它的使用范围. 然而,量子密码的出现有可能使得一次一密的广泛应用成为现实.

1. 量子密码的安全性基础

与安全性建立在计算复杂性理论基础上的密码学不同,量子密码的安全性建立在量子力学的 Heisenberg 测不准原理和量子不可克隆原理上,这与敌方的计算能力无关.

Heisenberg 测不准原理表明,对于微观粒子的共轭物理量(如位置和动量),当对其中的一个物理量进行测量时,将会干扰另一个物理量,即不可能同时精确地测量粒子的共轭物理量.

不可克隆原理[148]是 Heisenberg 测不准原理的推论. 它表明,在不知道量子态的情况下,要精确复制单个量子是不可能的. 因为对于单个量子,要复制就需要先进行测量,而由 Heisenberg 测不准原理知,测量必然会改变量子态.

2. 量子密钥分配(QKD)

这是目前量子密码最主要的应用,也是提出时间最早、研究最深入的量子密码方案.

在传统信道中,如果窃听者要获取合法用户的通信内容,只需接入信道截获即可. 但是,在量子信道中,每个经典信息由单个量子携带,窃听者为获得信息,要么需要对量子态进行测量,要么需要对量子进行复制. 然而,Heisenberg 测不准原理和量子不可克隆原理表明,这些方法不可能成功,并且一旦有窃听行为,合法的通信过程就会被破坏,合法的通信用户就能发现有窃听行为存在,从而保证了通信安全.

因此,原则上,量子密钥分配方案可以用于传输一次一密和现有对称密码算法(如 AES)的密钥. 用户在通信前产生一个完全随机的密钥,并通过量子信道完成密钥交换,用该密钥对信息加密后在经典信道上传输完成通信.

1984 年,C. H. Bennett 和 G. Brassard 提出了第一个量子密码方案[149],这是一个量子密钥分配方案,简称 BB84 方案. 该方案使用 4 个非正交的量子态,4 个量子态分别属于两组共轭基,每组共轭基内的两个量子态正交. 因此,该方案也称四态方案. BB84 方案具有无条件安全性.

1992 年,Bennett 提出了使用两个非正交的量子态的量子密码方案[150],简称 B92 方案. 但是理论和实验证明,在某些环境下,该方案存在被窃听的可能.

1991 年由 A. K. Ekert 提出的基于关于量子纠缠态 EPR 原理的 Bell 不等式方案[151]简称为 E91 方案.

尽管不可克隆原理为量子密钥分配提供了安全保证,但是也为量子密钥分配的远距离应用带来了障碍. 通过直接传输光子的量子密钥分配方法在理论上仅有几百千米. 由于不能通过克隆来实现远距离应用,因此,需要通过其他方法,如量子远程传态来解决这个问题.

3. 量子远程传态

量子远程传态[152]属于量子通信的研究领域. 理论上,如果能够将处于位置 A

和 B 的两个粒子实现纠缠纯化，则到达 A 的光子就可以被远程传送到 B，而不需要经过中间的光纤，重复多次就可以将密钥传递任意远(纠缠是量子力学中一个很重要的性质).

其中，要注意的是，第一，量子态没有被克隆；第二，它需要经典信道配合；第三，整个过程不是瞬时实现的. 量子远程传态的核心是实现"纠缠纯化". 目前，该技术仍在研究中.

11.3 DNA 计算与 DNA 密码

随着现代生物技术的进步，DNA 计算得到了广泛的研究和发展，成为非传统计算的重要发展方向之一. DNA 计算的一些特性使得 DNA 计算对现代密码学的安全性构成了一定的挑战. 同时，一个结合了现代生物技术与信息技术的密码学新领域——DNA 密码也开始发展.

11.3.1 DNA 计算

DNA 计算是利用 DNA 链的超大规模并行性和 Waston-Crick 互补配对特性，以 DNA 分子和生物酶等为载体，以生物化学反应作为信息处理工具的一种新的计算模式. 目前，DNA 计算已经成为计算领域的一个热点，在理论和实验方面也取得了一些重要进展，特别是在解决 NPC 问题时显示出了巨大潜力，未来有望在密码学、数学等众多领域取得突破性进展与应用.

1. DNA 计算的特性

与传统计算相比，DNA 计算有以下优点：

(1) 高度并行性. 在 DNA 计算中，每一个 DNA 分子都相当于一个纳米级处理器，所有的 DNA 分子同时进行生化反应，就相当于数以万亿计的运算单元同时进行并行运算. DNA 计算的这种并行处理能力，使得全局搜索的计算复杂度不再与解空间的大小成指数关系，而是由检验条件的个数决定，搜索算法因此得到极大简化.

(2) 海量存储能力. DNA 分子体积小，存储密度远远超过当前电子设备的存储水平.

(3) 低能量消耗. DNA 计算是生化过程，其生化联结过程利用分子能进行，不需要提供额外能源.

2. DNA 计算的思想

DNA 计算的总体思想如下：对于一个给定问题，在所有可能的解空间中，利用并行穷举搜索的方法筛选出问题的解.

DNA 计算的三个步骤如下：

(1) DNA 编码：将所要解决的原始问题映射到编码为 DNA 的序列；

(2) 计算过程：在生物酶的作用下，进行各种生物操作生成所有可能的解空间；

(3) 解的分离与提取：利用分子生物技术检测或提取所需要的目标 DNA 链.

其中最为核心的问题是编码问题，它决定了 DNA 序列的合成质量、DNA 计算的可靠性以及解空间的大小.

3. DNA 计算的应用

DNA 计算在数学与密码分析方面的应用如下：

1994 年，L. M. Adleman 在 *Science* 发表论文[153]，介绍了用 DNA 计算解决 NPC 问题——Hamilton 路径问题(Hamilton path problem)的方法. 它证明了在分子水平进行计算的可能性，标志着 DNA 计算这一全新领域的建立.

1994 年，D. Beaver 利用 Adleman 的思想将大数分解问题转化为 Hamilton 路径问题[154].

1995 年，R. J. Lipton 利用 Adleman 的思想求解 NPC 问题——3-SAT 问题[155].

1996 年，Roweis 等构造了一种新的 DNA 计算模型——粘贴模型(sticker model)[156]. 粘贴模型是目前 DNA 计算中很重要的模型之一.

1997 年，Q. Ouyang 等利用 DNA 计算求解 NPC 问题——图的最大团问题(maximal clique problem)[157].

1996 年，Lipton 等提出在分子计算机上破译 DES 的思想[158]. 在此基础上，1999 年，L. Adleman 等提出使用粘贴模型破译 DES 的方法[159]. 这表明，密钥长度小于 64 位的体制在现有 DNA 计算下是不安全的.

2007 年，M. Darehmiraki 和 H. M. Nehi 利用 DNA 计算求解 0-1 背包问题[160].

以上 DNA 计算使用的模型受 Turing 机思想的影响，随着计算量的增加，时间复杂度不再显著增长，但空间复杂度呈现“指数爆炸”. 这一方面极大地提高了人们破译密码的能力，另一方面也限制了对现有密码体制的攻击程度. 构造一个真正适合 DNA 计算特性的模型将从根本上提高 DNA 计算能力.

目前，DNA 计算的研究涉及 DNA 计算能力、计算模型、算法等方面，DNA 计算机的研制已经取得一些成果.

11.3.2 DNA 密码

DNA 密码是伴随着 DNA 计算的研究而出现的密码学新领域，它以 DNA 为信息存储载体,用DNA计算进行加密和解密,借助DNA的生物化学特性保证数据安全.在应用上,主要涉及DNA加密体制、信息隐藏与认证等方面.选择合适的生物学困难问题,可以用来构建密码体制.目前,DNA密码整体上还处于初级阶段,有效的DNA密码体制较少.

1. DNA加密体制

由于密钥规模巨大,一次一密的实际应用受到了电子媒介存储能力的限制,而DNA体积小、存储量大的优点则为一次一密的密钥存储提供了便利条件.利用DNA的这种性质,2000年,A. Gehani等提出了基于DNA的一次一密体制[161].然而,由于大规模DNA一次一密密钥本的具体实现在目前需要进行较复杂的生物学实验,因此,加解密的成本也较高.

基于DNA计算的加密算法是建立在生物计算的特殊操作步骤、结构或生化条件等基础上的,在并行处理大量数据上具有一定优势,但在存储数据的时间、质量和纠错方法等方面还有待研究.

2. 信息隐藏

DNA信息隐藏的原理如下:利用大量的无关信息隐藏加密后的DNA信息,使得攻击者难以确定正确的DNA片断.只有正确的接收者才能根据事前双方约定的信息找到正确的DNA片断,并获取隐藏于其中的信息.

1999年,C. T. Clelland等成功地把"June 6 invasion:Normandy"隐藏在DNA微点中,实现了基于DNA的信息隐藏[162].该方法主要利用了DNA的高密度特性,以生物技术作为安全保证,没有涉及复杂的数学运算.

3. DNA认证

目前的DNA认证主要利用DNA的生物特性,不涉及太多的DNA计算技术,因此,DNA认证技术发展得较为成熟,已广泛应用于司法、金融等领域.DNA鉴别技术的理论基础是生物个体DNA序列具有特殊性,并且亲缘关系较近的生物体DNA序列具有相似性.如果将DNA隐写的基本原理运用到DNA鉴定中,则可以进行更广意义上的认证.如果将DNA计算引入DNA隐写和认证技术中,则能降低算法复杂度,提高安全级别.

4. 待解决问题

现有DNA密码面临的主要问题有以下几个:

(1) 缺乏相关的理论支持.在设计理念上,DNA密码试图将生物学中的困难问题与密码学中的计算复杂性理论结合起来作为其安全性基础.但现代生物学主要还是基于实验的,问题的困难性还没有完善的理论予以保证,用计算复杂性理论来描述生物问题的困难性还未系统化.因此,相应的理论基础和实现模型还有待研究.

(2) 实现困难,应用代价高.目前的加解密过程大都是需要在实验室中才能进行的精细的生物学实验,这使得 DNA 密码在实际应用中较不方便. DNA 芯片技术会使实际应用较为容易实现.未来生物技术的发展与 DNA 密码设计理论的成熟会有助于这个问题的解决.

11.4　基于同态加密的云计算

本节首先介绍云计算的概况及其安全需求,阐述云计算如何对用户的加密数据进行处理,传统的加密方式都无法满足这种需求,而全同态加密方案就可以很好地解决这个问题,然后介绍同态加密和全同态加密的基本定义,最后阐述全同态加密的发展状况.

11.4.1　云计算

云计算以其便利、经济、高可扩展性等优势吸引了越来越多的企业的目光,将其从 IT 基础设施管理与维护的沉重压力中解放出来,更专注于自身的核心业务发展.由于云计算的发展理念符合当前低碳经济与绿色计算的总体趋势,并极有可能发展成为未来网络空间的神经系统,它也被世界各国政府所大力倡导与推动.我国也积极参与云计算的研究中. 2010 年 10 月,北京启动实施“祥云工程”行动计划,计划到 2015 年,形成 500 亿元的产业规模,带动整个产业链规模达到 2000 亿元,云应用的水平居于世界前列,使北京成为世界级云计算产业基地. 2010 年 11 月,上海云计算 3 年发展方案出台,上海将致力打造“亚太云计算中心”,培育 10 家年经营收入超亿元的云计算企业,带动信息服务业新增经营收入千亿元.可以说,云计算将渗透到以后人们工作、生活、学习的各个方面.

随着云计算的不断普及,云计算发展面临许多关键性问题,隐私保护首当其冲,已成为制约其发展的重要因素.例如,用户数据被盗卖给其竞争对手、用户使用习惯隐私被记录或分析、分析用户潜在而有效的赢利模式,或者通过两个公司之间的信息交流推断他们之间可能有的合作等.数据安全与隐私保护涉及用户数据生命周期中创建、储存、使用、共享、归档、销毁等各个阶段,同时涉及所有参与服务的各层次云服务提供商,所以要求有一种加密方式可以对用户的加密数据直接进行处理而无须解密,用户收到云处理的数据后进行解密可以得到所需要的结果.显然,无论是传统的对称加密还是非对称加密,都无法满足这种需求,而全同态加密方案就可以很好地解决这个问题.

11.4.2 同态加密

同态加密(homomorphic encryption,HE)最初由 R. L. Rivest 等[163]于 1978 年提出,是一种允许直接对密文进行操作的加密变换技术.但是由于其对已知明文攻击是不安全的,后来由 F. L. Domingo 和 J. J. Herrera[164]作了进一步的改进. HE 技术最早用于对统计数据进行加密,由算法的同态性保证了用户可以对敏感数据进行操作,但又不泄露数据信息.

同态加密是一种加密形式,它允许人们对密文进行特定的代数运算得到仍然是加密的结果,与对明文进行同样的运算再将结果加密一样.具体原理如下:

记加密操作为 E,明文为 m,加密得 e,即 $e=E(m)$,$m=E^{-1}(e)$.已知针对明文有操作 f,针对 E 可构造 F,使得 $F(e)=E(f(m))$.这样,E 就是一个针对 f 的同态加密算法.假设 f 是个很复杂的操作,有了同态加密,我们就可以把加密得到的 e 交给第三方,第三方进行操作 F,我们拿回 $F(e)$并解密后就得到了 $f(m)$.换言之,这项技术令人们可以在加密的数据中进行诸如检索、比较等操作,得出正确的结果,而在整个处理过程中无须对数据进行解密.其意义在于真正从根本上解决了将数据及其操作委托给第三方时的保密问题.

一个同态加密标准 ε 应该有 4 个算法:$\text{KeyGen}_\varepsilon$,$\text{Encrypt}_\varepsilon$,$\text{Decrypt}_\varepsilon$ 和 $\text{Evaluate}_\varepsilon$.

加解密过程及其同态性如下:

设信息空间$(M,\circ)$是一个有限群,设 σ 是安全系数.一个基于 M 公钥加密体制有一个四元组(K,E,D,A),满足

$\text{KeyGen}_\varepsilon$:

输入:1^σ 的算法 K.

输出:密钥对$(k_e,k_d)=k\in K$,其中 K 为密钥空间.

$\text{Encrypt}_\varepsilon$:

输入:1^σ,k_e 和明文空间中的元素 $m\in M$.

输出:密文 $c\in C$.

$\text{Decrypt}_\varepsilon$:

输入:1^σ,k 和 $c\in C$.

输出:密文空间 C 中的元素,对于所有的 $m\in M$,如果 $\text{Prob}[D(1^\sigma,k,c)\neq E(1^\sigma,k,m)]$不是可以忽略的,则 $c=E(1^\sigma,k,m)$.

$\text{Evaluate}_\varepsilon$:$\text{Evaluate}_\varepsilon$ 与一组功能函数 F_ε 相关联.对于 F_ε 的每个布尔函数 f 以及任意密文 $c_1,c_2,\cdots,c_t$,其中 $c_i=\text{Encrypt}_\varepsilon(k_e,m_i)$,算法 $\text{Evaluate}_\varepsilon(k_e,f,c_1,c_2,\cdots,c_t)$输出 $f(m_1,m_2,\cdots,m_t)$加密密钥 k_e 作用下对应的密文 c.也就是说,有 $\text{Decrypt}_\varepsilon(k_d,c)=f(m_1,m_2,\cdots,m_t)$成立.

HomomorphicProperty:

输入：1^σ，k 和 $c_1,c_2,c_3\in C$.

输出：$c_3\in C$，其中 $m_1,m_2\in M$，如果 $m_3=m_1\circ m_2$，$c_1=E(1^\sigma,k_e,m_1)$，$c_2=E(1^\sigma,k_e,m_2)$，则 $\mathrm{Prob}[D(A(1^\sigma,k_e,c_1,c_2))\neq m_3]$是可以忽略的.

显然，同态加密方案的一个平凡必要条件就是 $\mathrm{Evaluate}_\varepsilon$ 输出的密文能够被正确解密.

正确性 对于任意安全参数 σ，$\mathrm{KeyGen}_\varepsilon$ 输出任意密钥对(k_e,k_d)，对任意 $f\in F_\varepsilon$，给定任意明文 $m_1,m_2,\cdots,m_t$ 与对应的密文 $\boldsymbol{c}=(c_1,c_2,\cdots,c_t)$，若 $\boldsymbol{c}\leftarrow\mathrm{Evaluate}_\varepsilon(k_e,f,\boldsymbol{c})$，则必有 $f(m_1,m_2,\cdots,m_t)=\mathrm{Decrypt}_\varepsilon(k_d,\boldsymbol{c})$成立.

同态加密 加密方案 $\varepsilon=(\mathrm{KeyGen}_\varepsilon,\mathrm{Encrypt}_\varepsilon,\mathrm{Decrypt}_\varepsilon,\mathrm{Evaluate}_\varepsilon)$称为同态加密方案，如果对一类特定函数 F_ε 中的每个布尔函数 f，$\mathrm{Evaluate}_\varepsilon$ 输出的密文都满足正确性要求.

全同态加密 加密方案 $\varepsilon=(\mathrm{KeyGen}_\varepsilon,\mathrm{Encrypt}_\varepsilon,\mathrm{Decrypt}_\varepsilon,\mathrm{Evaluate}_\varepsilon)$称为全同态加密方案，如果对于所有布尔函数 f，$\mathrm{Evaluate}_\varepsilon$ 输出的密文都满足正确性要求.

一个同态的密码体制应该是能存在一个高效的算法来计算它的加解密、求和、对密文的同态处理(但不是对明文的处理).

在过去的几年里，同态加密体制在实际中已经被广泛地使用，而随着全同态加密的提出，在云计算领域中也有很大的发展. 事实上，全同态加密的应用价值早被密码学家所熟知，但对它的构造一直困扰着密码学界. 2009 年 9 月，IBM 研究员 C. Gentry[165]设计了一个全同态加密方案，该方案使得加密信息即使是被刻意打乱的数据，仍能够被深入和无限地分析，而不会影响其保密性. 他使用被称为"理想格"的数学对象，格可以提供一些附加的结构基础，而理想格则可以提供多变量结构基础，这样可以方便构造者来计算深层的循环，使人们可以充分操作加密状态的数据，而这在过去根本无法设想. 经过这一突破，储存他人机密电子数据的电脑销售商就能受用户委托来充分分析数据，不用频繁地与用户交互，也不必看到任何隐私数据. 利用 Gentry 的技术，对加密信息的分析能得到同样细致的分析结果，就好像原始数据完全可见一样. 同年，M. V. Dijk 等[166]提出了第二种同态加密方案，该方案无须理想格，比 Gentry 基于理想格的方案更加简洁.

小结与注释

量子计算的实现不存在原理性的困难，当前难点在于量子计算的物理实现，但量子计算机进入实用化阶段只是时间早晚的问题，基于固态物理系统与量子光学系统的量子计算机是目前研究的重点.

除了已经处于工程研究和实际应用阶段的量子密钥分配，量子密码还包括量子身份认证、量子签名、量子秘密共享等.尽管面临诸多困难,量子密码仍然得到越来越多的关注.

量子计算和量子密码都包含在更广泛的量子信息学中.量子信息学是量子力学与信息科学相结合的一个新兴学科,除了量子计算、量子密码,还包括量子通信、量子纠错、量子密集编码等诸多内容.随着时代发展与科技进步,其内容也会更加丰富.

与传统计算相比,DNA计算在解决NPC问题上有一定优势,但规模受到条件制约,目前还不足以对现有的密码体制构成实质威胁.

DNA密码与量子密码未来将会成为传统建立在数学基础上的密码学的有益补充.DNA密码对DNA计算与量子计算是免疫的,而且与量子密码相比,DNA密码在数据安全存储上拥有巨大优势.

面向数据隐私保护是云计算研究领域的一个重要分支,对该领域的研究已取得了不少成果.如何既保证数据的正确性,又实现隐私数据的保密性成为研究人员要解决的重要问题.利用同态加密技术可以较好地解决这一问题,人们正在此基础上研究更完善的实用技术,这对云计算具有重大价值.

密码学的目的就是信息保密与破译,它的发展也是一个学科交叉融合的过程.最初以个人经验为起点,通过结合计算技术,并将基础建立在数学之上才形成如今的密码学.科学技术的进步为今后学科交叉融合提供了更多的条件.以计算为纽带,密码学将有可能在更广的范围内与其他学科结合.某些学科的发展会对密码学提出新的需求,或为密码破译提供新的工具,而一些学科中的难题则可以为构建新型密码体制提供素材.

参 考 文 献

[1] Stinson D. Cryptography:Theory and Practice. CRC Press,1995

[2] Shannon C E. Communication theory of secrecy systems. Bell Systems Technical Journal, 1949,28:656-715

[3] Shannon C E. A mathematical theory of communication. Bell Systems Technical Journal, 1948,27:379-423

[4] Aho A V,Hopcroft J E,Ullman J D. The Design and Analysis of Computer Algorithms. Addison-Wesley Publishing Company,1974

[5] Mao Wenbo. 现代密码学理论与实践. 王继林,伍前红,等,译. 北京:电子工业出版社, 2004:65

[6] Menezes A J,VAN Oorschot P C,Vanstone S A. Handbook of Applied Cryptography. CRC Press,1996

[7] Beker H,Piper F. Cipher Systems,the Protection of Communications. John Wiley and Sons, 1982

[8] Ding C,Xiao G,Shan W. The stability theory of stream ciphers. Lecture Notes in Computer Science. Berlin:Springer-Verlag,1991,561

[9] Siegenthaler T. Correlation-immunity of nonlinear combining functions for cryptographic applications. IEEE Trans Inform Theory,1984,30(5):776-780

[10] Meier W,Pasalic E,Cadet C. Algebraic attacks and decomposition of Boolean functions. EUROCRYPT 2004,LNCS 3027,Springer-Verlag,2004:474-491

[11] Courtois N,Meier W. Algebraic attacks on stream ciphers with linear feedback. EUROCRYPT 2003,LNCS 2656,Springer-Verlag,2003:345-359

[12] Cadet C,Dalai D K,Gupta K C,et al. Algebraic immunity for cryptographically significant Boolean functions:analysis and construction. IEEE Trans Inform Theory,2006,52(7): 3105-3121

[13] Dalai D K,Gupta K C,Maitra S. Results on algebraic immunity for cryptographically significant Boolean functions. INDOCRYPT 2004,LNCS 3348,Springer-Verlag,2004:92-106

[14] Lobanov M. Tight bound between nonlinearity and algebraic immunity. http://eprint.iacr.ore/2005/441

[15] Webster A F,Tavares S E. On the design of S-boxes// Advances in Cryptology-CRYPTO' 85. Lecture Notes in Computer Science. Springer-Verlag,1986,218:523-534

[16] Forre R. The strict avalanche criterion:properties of boolean functions and extended definition // Advances in Cryptology(CRYPTO' 88. Lecture Notes in Computer Science. Springer-Verlag,1990,403:450-468

[17] Meier W, Pasalic E, Carlet C. Algebratic attacks and decomposition of Boolean function //Advances in Cryptology-EUROCRYPTO2004. Lecture Notes in Computer Science. Berlin: Springer-Verlag, 2004, 3027: 474-491

[18] Golomb S W. Shift Register Sequences. San Francisco: Holden-Day, 1967

[19] Massey J L. Shift-register synthesis and BCH decoding. IEEE Trans Inform Theory, 1969, 15(1): 122-127

[20] Klapper A, Goresky M. Cryptanalysis based on 2-adic rational approximation// Advances in Cryptology-CRYPTO' 95. Lecture Notes in Computer Science. Berlin, Germany: Springer-Verlag, 1995, 963: 262-273

[21] Rueppel R A, Staffelbach O J. Products of linear recurring sequences with maximum complexity. IEEE Trans Inform Theory, 1987, 33(1): 124-131

[22] Rueppel R A. Analysis and Design of Stream Ciphers. Berlin: Springer-Verlag, 1986

[23] Beth T, Piper F C. The stop-and-go generator// Advances in Cryptology-EUROCRYPT' 84. Lecture Notes in Computer Science. Berlin/Heidelberg: Springer-Verlag, 1985, 209: 88-92

[24] Gollmann D, Chambers W G. Clock-controlled shift registers: a review. IEEE Journal on Selected Areas in Communications, 1989, 7(4): 525-533

[25] Günther C G. Alternating step generators controlled by de Bruijn sequences// Advances in Cryptology-EUROCRYPT' 87. Lecture Notes in Computer Science. Berlin/Heidelberg: Springer-Verlag, 1988, 304: 5-14

[26] Coppersmith D, Krawczyk H, Mansour Y. The shrinking generator// Advances in Cryptology-CRYPTO' 93. Lecture Notes in Computer Science. Berlin/Heidelberg: Springer-Verlag, 1994, 773: 22-39

[27] Meier W, Staffebach O. The self-shrinking generator// Advances in Cryptology-EUROCRYPT' 94. Lecture Notes in Computer Science. Berlin/Heidelberg: Springer-Verlag, 1995, 950: 205-214

[28] Siegenthaler T. Decrypting a class of stream ciphers using ciphertext only. IEEE Trans Comput, 1985, 34(1): 81-85

[29] Siegenthaler T. Correlation-Immunity of nonlinear combining functions for cryptographic applications. IEEE Trans Inform Theory, 1984, 30(5): 776-780

[30] Meier W, Staffelbach O. Fast correlation attacks on stream ciphers// Advances in Cryptology-EUROCRYPT' 88. Lecture Notes in Computer Science. Berlin: Springer-Verlag, 1988, 330: 301-314

[31] Meier W, Staffelbach O. Fast correlation attacks on certain stream ciphers. Journal of Cryptology, 1989, 1(3): 159-176

[32] Klapper A, Goresky M. 2-Adic shift registers // Fast Software Encryption, Cambridge Security Workshop. Lecture Notes in Computer Science. New York: Springer-Verlag, 1993, 809: 174-178

[33] Klapper A, Goresky M. Feedback shift registers, 2-adic span and combiners with memory.

Journal of Cryptology,1997,10(2):111-147

[34] Qi W F, Xu H. Partial period distribution of FCSR sequences. IEEE Trans Inform Theory,2003,49(3):761-765

[35] Seo C,Lee S,Sung Y,et al. A lower bound on the linear span of an FCSR. IEEE Trans Inform Theory,2000,46(2):691-693

[36] Qi W F,Xu H. On the linear complexity of FCSR sequences. Applied Mathematics,2003, 18(3):318-324

[37] Lidl R,Niederreiter H. Finite Fields//Encyclopedia of Mathematics and its Applications. Cambridge,U. K. :Cambridge University Press,1983,20

[38] Berlekamp E R. Algebraic Coding Theory. New York:McGraw-Hill,1968

[39] Ding C,Xiao G, Shan W. The Stability Theory of Stream Ciphers // Lecture Notes in computer Science. Berling:Springer-Verlag,1991,561

[40] Rueppel R A. Correlation immunity and the summation generator // Advances in Cryptology-CRYPTO'85. Lecture Notes in Computer Science. Berlin: Springer-Verlag, 1986,218:260-272

[41] Bluetooth™. Bluetooth Specication(version 1. 2). November,2003:903-948. Available at http://www. bluetooth. org

[42] Goresky M,Klapper A. Arithmetic cross-correlations of feedback with carry shift register sequences. IEEE Trans Inform Theory,1997,43(7):1342-1345

[43] Xu H,Qi W F. Autocorrelations of maximum period FCSR sequences. SIAM Journal on Discrete Mathematics,2006,20(3):568-577

[44] Tian T,Qi W F. A note on the crosscorrelation of maximal length FCSR sequences. Des Codes Cryptogr,2009,51(4):1-8

[45] Goresky M,Klapper A. Fibonacci and Galois representations of feedback-with-carry shift registers. IEEE Trans Inform Theory,2002,48(11):2826-2836

[46] Arnault F,Berger T P,Lauradoux C. Update on F-FSCR stream cipher. ECRYPT Stream Cipher Project Report 2006/025,2006. Available at http://www. ecrypt. eu. org/stream

[47] Hell M,Johansson T. Breaking the F-FCSR-H stream cipher in real time// Advances in Cryptology-ASIACRYPT 2008. Lecture Notes in Computer Science. Berlin: Springer-Verlag,2008,5350:557-569

[48] eSTREAM-the Ecrypt Stream Cipher Project. Available at http://www. ecrypt. eu. org/stream/

[49] Babbage S,Cannière C De, Canteaut A, et al. The eSTREAM portfolio. http://www. ecrypt. eu. org/stvl/,2008

[50] Babbage S, Cannière C De, Canteaut A, et al. The eSTREAM portfolio (rev. 1). http://www. ecrypt. eu. org/stvl/,2008

[51] Data Encryption Standard(DES). Federal Information Proceeding Standard Publication 46,1977

[52] DES mod es of Operation. Federal Information Proceeding Standard Publication 81,1980

[53] Guidelines for Implementing and Using the NBS Data Encryption Standard. Federal Information Proceeding Standard Publication 74,1981

[54] Computer Data Authentication. Federal Information Proceeding Standard Publication 113, 1985

[55] Advanced Encryption Standard. Federal Information Proceeding Standard Publication 197, 2001

[56] Feistel H. Cryptography and computer privacy. Scientific American,1973,228(5):15-23

[57] Smid N P,Branstad D K. The data encryption standard:past and future//Contemporary Cryptology,the Science of Information Integrity,IEEE Press,1992,43-64

[58] 3rd Generation Partnership Project. Technical Specification Group Services and System Aspects,3G Security,Specification of the 3GPP Confidentiality and Integrity Algorithms, Document2,KASUMI Specification,V. 3. 1. 1,2001

[59] Matsui M. Block encryption algorithm MISTY. FSE 1997,LNCS 1267,Springer-Verlag, 1997:64-67

[60] Kühn U. Cryptanalysis of reduced-round MISTY. EUROCRYPT 2001, LNCS 2045, Springer-Verlag,2001:325-339

[61] Blunden M,Escott A. Related key attacks on reduced round KASUMI. FSE 2001,LNCS 2355,Springer-Verlag,2002:277-285

[62] Biham E,Dunkelman O,Keller N. A related-key rectangle attack on the full KASUMI. ASIACRYPT 2005,LNCS 3788,Springer-Verlag,2005:443-461

[63] Dunkelman O,Keller N,Shamir A. A practical-time related-key attack on the KASUMI cryptsystem used in GSM and 3G telephony. CRYPTO 2010, LNCS 6223, Springer-Verlag,2010:393-410

[64] Daemen J,Rijmen V. The block cipher Rijndael//Smart Card Research and Applications. Lecture Notes in Computer Science. Springer-Verlag,2000,1820:288-296

[65] Daemen J,Knudsen L,Rijmen V. The block cipher square//Fast Software Encryption'97. Lecture Notes in Computer Science. Springer-Verlag,1997,1267:149-165

[66] Biham E, Shamir A. Differential cryptanalysis of DES-like cryptosystems. Journal of Cryptology,1991,4(1):3-72

[67] Biham E,Shamir A. Differential Cryptanalysis of the Data Encryption Standard. Springer-Verlag,1993

[68] Biham E, Shamir A. Differential cryptanalysis of the full 16-round DES// Advances in Cryptology-CRYPTO' 92. Lecture Notes in Computer Science. Springer-Verlag, 1993, 740:494-502

[69] Matsui M. Linear cryptanalysis method for DES cipher//Advances in Cryptology-EUROCRYPT'93. Lecture Notes in Computer Science. Springer-Verlag,1994,765:386-397

[70] Matsui M. The first experimental cryptanalysis of the data encryption standard//

Advances in Cryptology-CRYPTO'94. Lecture Notes in Computer Science. Springer-Verlag,1994,839:1-11

[71] Coppersmith D. The data encryption standard(DES) and its strength against attacks. IBM Journal of Research and Development,1994,38:243-250

[72] Landau S. Standing the test of time: the data encryption standard. Notices of the AMS, 2000,47:341-349

[73] Knudsen L R. Contemporary block ciphers//Lectures on Data Security. Lecture Notes in Computer Science. Springer-Verlag,1999,1561:105-126

[74] Feistel N,Kelsey J,Lucks S,et al. Improved cryptanalysis of Rijndael//Fast Software Encryption 2000. Lecture Notes in Computer Science. Springer-Verlag,2001,1978:1213-230

[75] Ferguson N,Schroeppel R,Whiting D. A simple algebraic representation of Rijndael// Selected Areas in Crptography 2001. Lecture Notes in Computer Science. Springer-Verlag,2001,2259:103-111

[76] Lai X,Massey J L,Murphy S. Markov ciphers and differential cryptanalysis//Advances in Cryptology-EUROCRYPT' 91. Lecture Notes in Computer Science. Springer-Verlag, 1992,547:17-38

[77] Nyberg K. Linear approximation of block ciphers // Advances in Cryptology-EUROCRYPT'94. Lecture Notes in Computer Science. Springer-Verlag,1995,950:439-444

[78] Keliher L,Meijer H,Tavares S. New method for upper bounding the maximum average linear hull probability for SPNs//Advances in Cryptology-EUROCRYPT 2001. Lecture Notes in Computer Science. Springer-Verlag,2001,2045:420-436.

[79] Keliher L,Meijer H,Tavares S. Improving the upper bound on the maximum average linear hull probability for Rijndael//Selected Areas in Cryptology 2001. Lecture Notes in Computer Science. Springer-Verlag,2001,2259:112-128

[80] Unod P. On the complexity of Matsui's attack//Selected Areas in Cryptography 2001. Lecture Notes in Computer Science. Springer-Verlag,2001,2259:199-211

[81] Heys H M. A Tutorial on Linear and Differential Cryptanalysis. University of Waterloo, Canada:Technical report CORR 2001-17,Dept. of Combinatorics and Optimization,2001

[82] Heys H M,Tavares S E. Substitution-permutation networks resistant to differential and linear cryptanalysis. Journal of Cryptology,1996,9(1):1-19

[83] Diffie W,Hellman M E. New directions in cryptography. IEEE Trans Inform Theory, 1976,22(6):644-654

[84] Diffie W,Hellman M. E. Multiuser cryptographic techniques. Federal Information Processing Standard Conference Proceedings,1976,45:109-112

[85] Rivest R L,Shamir A,Adleman L. A method for obtaining digital signatures and public key cryptosystems. Communications of the ACM,1978,21:120-126

[86] Boneh D. Twenty years of attacks on the RSA cryptosystem. Notices of the American Mathematical Society,1999,46:203-213

[87] Diffie W. The first ten years of public-key cryptography//Contemporary Cryptology. The Science of Information Integrity. IEEE Press, 1992: 135-175

[88] Solovay R, Strassen V. A fast Monte Carlo test for primality. SIAM Journal on Computing, 1977, 6: 84-85

[89] Miller G L. Riemann's hypothesis and tests for primality. Journal of Computer and Systems Science, 1976, 13: 300-317

[90] Rabin M O. Probabilistic algorithms for testing primality. Journal of Number Theory, 1980, 12: 128-138

[91] Lenstra A K. Integer factoring. Designs, Codes and Cryptography, 2000, 19: 102-128

[92] Lenstra A K, Lenstra H K JR. The Development of the Number Field Sieve//Lecture Notes in Computer Science. Springer-Verlag, 1993, 1554

[93] Lenstra A K, Lenstra H W JR. Algorithms in number theory//Handbook of Theoretical Science. Volume A: Algorithms and Complexity. Elsevier Science Publishers, 1990: 673-715

[94] Salomaa A. Public-Key Cryptography. Springer-Verlag, 1990

[95] Goldwasser S, Micali S. Probabilistic encryption. Journal of Computer and Systems Science, 1984, 28: 270-299

[96] Alexi W, Chor B, Goldreich O, et al. RSA and Rabin functions: certain parts are as hard as the whole. SIAM Journal on Computing, 1988, 17: 194-209

[97] Goldwasser S, Micali S. Tong P. Why and how to establish a common code on a public network//23rd Annual Symposium on the Foundations of Computer Science. IEEE Press, 1982: 134-144

[98] Boneh D, Durfee G. Cryptanalysis of RSA with private key d less than $N^{0.292}$. IEEE Trans Inform Theory, 2000, 46(4): 1339-1349

[99] Rabin M O. Digitized signatures and public-key functions as intractable as factorization. MIT Laboratory for Computer Science Technical Report, LCS/TR-212, 1979

[100] Kurosawa K, Ito T, Takeuchi M. Public key cryptosystem using a reciprocal number with the same intractability as factoring a large number. Cryptologia, 1988, 12: 225-233

[101] Odlyzko A M. Discrete logarithms: the past and the future. Designs, Codes, and Cryptography, 2000, 19: 129-145

[102] ElGamal T. A public key cryptosystem and a signature scheme based on discrete logarithms. IEEE Trans Inform Theory, 1985, 31(4): 469-472

[103] Pohlig S C, Hellman M E. An improved algorithm for computing logarithms over GF(p) and its cryptographic significance. IEEE Trans Inform Theory, 1978, 24(1): 106-110

[104] Koblitz N. Elliptic curve cryptosystems. Mathematics of Computation, 1987, 48: 203-209

[105] Miller V. Uses of elliptic curves in cryptography//Advances in Cryptology-CRYPTO'85. Lecture Notes in Computer Science. Springer-Verlag, 1986, 218: 417-426

[106] Koblitz N, Menezes A, Vanstone S. The state of elliptic curve cryptography. Designs,

Codes and Cryptography,2000,19:173-193

[107] Berlekamp E R,McEliece R J,van Tilborg H. On the inherent intractability of certain coding problems. IEEE Trans Information Theory,1978,24(3):384-386

[108] Imai H,Matsumoto T. Algebraic methods for constructing asymmetric cryptosystems //Algebraic Algorithms and Error-Correcting Codes. 3rd International Conference. Lecture Notes in Computer Science. Berlin:Springer-Verlag,1986,229:108-119.

[109] Patarin J. Hidden fields equations(HFE) and isomorphisms of polynomials(IP):two new families of asymmetric algorithms//Advances in Cryptology-EUROCRYPT'96. Lecture Notes in Computer Science. Berlin:Springer-Verlag,1996,1070:33-48

[110] Ding J T,Gower J E. Inoculating multivate schemes against differential attacks//Pubilic Key Cryptography'2006. Lecture Notes in Computer Science. Berlin: Springer-Verlag, 2006,3958:290-301

[111] Merkle R C. Secrecy,authentication,and public key systems. Michigan: UMI Research Press,1982

[112] Goldreich O,Goldwasser S,Halevi S. Public-key cryptosystems from lattice reduction problems//Advances in Cryptology-CRYPTO'97. Lecture Notes in Computer Science. Berlin:Springer-Verlag,1997,1297:112-131

[113] Ajtai M,Dwork C. A public-key cryptosystem with worst-case/average-case equivalence//29th Annual ACM Symposium on Theory of Computing. ACM Press,1997:284-293

[114] Preneel B. The state of cryptographic hash functions//Lectures on Data Security. Lecture Notes in Computer Science. Springer-Verlag,1999,1561:158-182

[115] Bellare M,Rogaway P. Random oracles are practical:a paradigm for designing efficient protocols//First ACM Conference on Computer and Communications Security. ACM Press,1993:62-73

[116] Secure Hash Standard. Federal Information Proceeding Standard Publication 180-1,1995

[117] Secure Hash Standard. Federal Information Proceeding Standard Publication 180-2 (Draft),2001

[118] Rivest R L. The MD4 message digest algorithm//Advances in Cryptology-CRYPTO'90. Lecture Notes in Computer Science. Springer-Verlag,1991,537:303-311

[119] Dobbertin H. Cryptanalysis of MD4. Journal of Cryptology,1998,11(4):253-271

[120] Rivest R L. The MD5 Message digest algorithm. Internet Network Working Group RFC 1321,1992

[121] DEN Boer B,Bosselaers A. Collisions for the compression function of MD5. In Advances in Cryptology-EUROCRYPT'94. Lecture Notes in Computer Science. Springer-Verlag, 1995,765:293-304

[122] Pedersent T P. Signing contracts and paying electronically//Lectures on Data Security. Lecture Notes in Computer Science. Springer-Verlag,1999,1561:134-157

[123] Mohan Atreya 等. 数字签名. 贺军,等,译. 北京:清华大学出版社,2003:96

[124] Schnorr C P. Efficient signature generation by smart cards. Journal of Cryptology,1991, 4(3):161-174

[125] Digital Signature Standard. Federal Information Proceeding Standard Publication 186, 1994

[126] Digital Signature Standard. Federal Information Proceeding Standard Publication 186-2, 2000

[127] Johnson N D, Meneses A, Vanstone S. The elliptic curve digital signature algorithm (ECDSA). International Journal on Information Security,2001,1:36-63

[128] Chaum D, van Heyst E. Group signatures// Advances in Cryptology-EUROCRYPT'91. Lecture Notes in Computer Science. Berlin: Springer,1992,547:257-265

[129] Chaum D. Blind Signature Systems// Advances in Cryptology: Proceedings of CRYPTO' 83. New York: Plenum. 1984:153-156

[130] ITU-T. Rec. X. 509 (revised) the Directory-Authentication Framework. 1993. International Telecommunication Union, Geneva, Switzerland(equivalent to ISO/IEC 9594-8:1995)

[131] Shamir A. How to share a secret. Communications of the ACM,1979,22(11):612-613

[132] Schneier B. Applied Cryptography, Protocols, Algorithms and Source Code in C. Second Edition. John Wiley and Sons,1995

[133] Shamir A. Indentity-based cryptosystems and signature schemes// Advances in Cryptology-Proceedings of CRYPTO'84. Lecture Notes in Computer Science. Berlin: Springer-Verlag,1985,196:48-53

[134] Goldwasser S, Micali S, Rackoff C. The knowledge complexity of interactive Proof-Systems. SIAM Journal of Computing,1989,18:186-208

[135] Feige U, Fiat, Shamir A. Zero knowledge proofs of identity. Proceedings of STOC'87, 1987:210-217

[136] Guillon L S, Quisquater J J. A practical zero-knowledge protocol filted to security microprocessor minimizing both transmission and memory// Advances in Cryptology-EUROCRYPT'88. Lecture Notes in Computer Sciences. Springer-Verlag,1989,330:123-128

[137] Schnorr C P. Efficient Identification and Signature for Smartcards// Advances in Cryptology-CRYPTO'89. Lecture Notes in Computer Science. Springer-Verlag,1990,435:239-252

[138] Okamoto T. Provably secure and practical identification schemes and corresponding signature schemes// Advances in Cryptology-CRYPTO'92. Springer-Verlag,1993,740:31-53

[139] Fiat A, Shamir A. How to prove yourself: practical solutions to identification and signature problems// Advances in Cryptology-CRYPTO'86. Lecture Notes in Computer Science. Springer-Verlag,1987,263:186-194

[140] Behrouz A. Forouzan. 密码学与网络安全. 马振晗，贾军保，译. 北京：清华大学出版社，2009

[141] Stallings W. 密码编码学与网络安全. 第三版. 北京：电子工业出版社，2004

[142] William Stallings. 网络安全基础应用与标准. 白国强，等，译. 第四版. 北京：清华大学出版社，2011
[143] Carlton R D. IPsec：VPN 的安全实施. 周永彬，冯登国，等，译. 北京：清华大学出版社，2002
[144] 陈性元，杨艳，任志宇. 网络安全通信协议. 北京：高等教育出版社，2008
[145] Shor P W. Algorithms for quantum computation：discrete logarithms and factoring //Proc. of the 35th Annual Symposium on the Foundations of Computer Science. IEEE Computer Society Press，1994：124-134
[146] Grover L K. Quantum mechanics algorithm for database search//Proc. of the 28th，ACM Symposium on the Theory of Computation，212. ACM Press，1996
[147] Trappe W，Washington L C. Introduction to Cryptography with Coding Theory. Second Edition. Posts & Telecom Press，2006
[148] Wootters W K，Zurek W H. A single quantum cannot be cloned. Nature，1982，299：802-803
[149] Bennett C H，Brassard G. Quantum cryptography：Public key distribution and coin tossing// Proceedings of IEEE International Conference on Computers. Systems and Signal Processing. IEEE，1984：175-179
[150] Bennett C H. Quantum cryptography using any 2 nonorthogonal states. Phys. Rev. Lett.，1992，68(21)：3121-3124
[151] Ekert A K. Quantum cryptography based on Bell theorem. Phys. Rev. Lett.，1991，67(6)：661-663
[152] Loepp S，Wootters W K. Protecting Information：From Classical Error Correction to Quantum Cryptography. Cambridge University Press，2006
[153] Adleman L M. Molecular Computation of Solutions to Combinatorial Problems. Science，New Series，266，1994：1021-1024
[154] Beaver D. Factoring：the DNA solution. ASIACRYPT，1994：419-423
[155] Lipton R J. DNA solution of hard computational problems. science，1995，268：542-545
[156] Roweis S，Winfree E，Burgoyne R，et al. A Sticker Based Architecture for DNA Computation// Proceedings of the 2nd Annual Meeting on DNA Based Computers. DIMACS：Series in Discrete Mathematics and Theoretical Computer Science. Princeton，NJ 1996：1-27
[157] Ouyang Q，Kaplan P D，Liu S，et al. DNA Solution of the Maximal Clique Problem. Science，1997，278(17)：446-449
[158] Boneh D，Dunworth C，Lipton R J. Breaking DES Using a Molecular Computer. DIMACS Series in Discrete Mathematics and Theoretical Computer Science，27，1996
[159] Adleman L，Rothemund P W K，Roweis S，et al. On Applying Molecular Computation to the Data Encryption Standard. DIMACS Series in Discrete Mathematics and Theoretical Computer Science，44，1999

[160] Darehmiraki M, Nehi H M. Molecular solution to the 0-1 knapsack problem based on DNA computing, Applied Mathematics and Computation, 2007, 187: 1033-1037

[161] Gehani A, LaBean T H, Reif J H. DNA-based cryptography. Dimacs Series In Discrete Mathematics and Theoretical Computer Science, 2000, 54: 233-249

[162] Clelland C T, Risca V, Bancroft C. Hiding messages in DNA microdots. Nature, 1999, 399: 533-534

[163] Rivest R L, Adleman L, Detrouzos L. On data banks and privacy homomorphism. proc. of Foundations of Secure Computation. New York: Academic Press, 1978: 169-179

[164] Domingo F J, Herrera J J. A new privacy homomorphism and applications. Information Processing Letters, 1996, 60(5): 277-282

[165] Gentry C. Fully Homomorphic Encryption Using Ideal Lattices. ACM STOC 2009, 2009: 169-178

[166] Dijk M V, Gentry C, Halevi S, et al. Fully Homomorphic Encryption over the Integers // Advances in Cryptology-EUROCRYPT' 2010. Lecture Notes in Computer Science. Berlin: Springer-Verlag, 2010, 6110: 24-43

[167] Winfree E. On the Computational Power of DNA Annealing and Ligation. DIMACS Series in Discrete Mathematics and Theoretical Computer Science, American Mathematical Society, Providence, 1996, 27: 199-211

[168] Roweis S, Winfree E, Burgoyne R, et al. A Sticker-based mod el for DNA Computation. Journal of Computational Biology, 1998, 5(4): 615-629

[169] 谷利泽，郑世慧，杨义先. 现代密码学教程. 北京：北京邮电大学出版社，2009

[170] 肖国镇，卢明欣，秦磊，等. 密码学的新领域——DNA 密码. 科学通报，2006，51(10)：1139-1144

[171] 陈智华，张勋才，黄玉芳. 基于 DNA 计算的信息安全发展. 中国计算机学会通讯. 2008，4(12)：14-23

[172] Grover L K. Quantum machanics helps in searching for a needle in a haystack. Phys. Rev. Lett. , 1997, 79(2): 325-328

[173] 吕欣，马智，钟淑琴. 量子密码理论研究进展. 计算机工程与应用，2009，45(23)：28-32

[174] 夏培肃. 量子计算. 计算机研究与发展. 2001，38(10)：1153-1171

[175] 苏晓琴，郭光灿. 量子通信与量子计算. 量子电子学报，2004，21(6)：706-718

[176] 陈腾云. 量子通信与量子密码实验研究. 中国科学技术大学：中国科学技术大学博士学位论文，2006

附　录

附录 A　数论基础

设集合 $\mathbf{Z}=\{\cdots,-1,0,1,\cdots\}$ 为整数集合. 数论是研究整数性质的一门学科，它是数学中最古老的分支之一. 这里介绍数论最基本的一些概念和性质.

A1　整除性和带余除法

定义 A1.1　任给两个整数 a,b，其中 $b\neq0$，如果存在一个整数 q，使得

$$a=bq \tag{A1.1}$$

成立，则称 $\boldsymbol{b}$ **整除** $\boldsymbol{a}$，记作 $b|a$. 此时，把 b 叫做 a 的**因数**，a 叫做 b 的**倍数**. 如果式(A1.1)中的整数 q 不存在，则称 $\boldsymbol{b}$ **不整除** $\boldsymbol{a}$，记作 $b\nmid a$.

由整除的定义易得其基本性质如下：

(1) (反身性)$a|a$；

(2) (传递性)若 $b|a,c|b$，则 $c|a$；

(3) (度量)若 $b|a$ 且 $a\neq0$，则 $|b|\leqslant|a|$；

(4) (可乘性)$a|b\Rightarrow$任意 $c\neq0,ca|cb$；

(5) (可约性)$ac|bc,c\neq0\Rightarrow a|b$；

(6) (可加性)若 $c|a,c|b$，则对任意整数 m,n 有 $c|(ma+nb)$.

定理 A1.1　设 a,b 是两个整数，其中 $b>0$，则存在两个唯一的整数 q 及 r，使得

$$a=bq+r,\quad 0\leqslant r<b \tag{A1.2}$$

成立.

证明　作整数序列

$$\cdots,-3b,-2b,-b,0,b,2b,3b,\cdots,$$

则 a 必在上述序列的某两项之间，即存在一个整数 q，使得

$$qb\leqslant a<(q+1)b$$

成立. 令 $a-qb=r$，则(1.2)成立.

设 q_1,r_1 是满足(1.2)的另一对整数，因为

$$bq_1+r_1=bq+r,$$

于是

$$b(q-q_1)=r_1-r,$$

故

$$b\mid q-q_1\mid=\mid r_1-r\mid.$$

由于 r 及 r_1 都是小于 b 的非负整数，所以上式右边是小于 b 的，如果 $q\neq q_1$，则上式左边 $\geqslant b$，这是不可能的. 因此，$q=q_1$，$r=r_1$.

A2　素数和整数的唯一分解定理

A2.1　素数

定义 A2.1　一个大于 1 的整数，如果它的正因数只有 1 和它本身，则叫做**素数**；否则，叫做**合数**.

注 A2.1　由定义 A1.2 易得素数的一个基本性质：若 p 为素数且 $p|ab$，则 $p|a$ 或 $p|b$.

定义 A2.2　称整数 n 除 1 和它本身之外的正因数为**真因数**. 特别地，若素数 p 是整数 n 的因数，则称之为 n 的**素因数**.

例 A2.1　$12=3\times4$，其中 3 为 12 的素因数，而 4 则不是.

引理 A2.1　设 a 是任一大于 1 的整数，则

(1) a 的除 1 以外的最小正因数 q 是素数；

(2) 进一步，当 a 是合数时有 $q\leqslant\sqrt{a}$.

证明　先证(1).

(i) 若 a 是素数，则 a 的大于 1 的最小正因数 $q=a$ 为素数.

(ii) 若 a 是合数，设 q 是 a 的大于 1 的因数中的最小者. 下面证 q 是素数. 若 q 为合数，则它有真因数 $c(1<c<q)$. 于是由 $c|q$，$q|a$ 得 $c|a$，即 c 是 a 的因数. 这与假设 q 是 a 的大于 1 的最小因数相矛盾，故 q 是素数.

再证(2). 由于 a 是合数，q 是 a 的除 1 以外的最小正因数，故存在整数 $b(1<b<a)$，使得 $a=qb$. 若 $q>a^{1/2}$，则 $b\geqslant q>a^{1/2}$，从而 $a=qb>a^{1/2}\cdot a^{1/2}=a$，这是不可能的. 因此，$q\leqslant a^{1/2}$.

怎样找素数呢？公元前 250 年，人们就发现了**厄拉多塞**(Eratosthenes，古希腊)筛法：

由引理 A2.1 知，若 $n\leqslant N$ 且 n 是合数，则 n 必有一不大于 $N^{\frac{1}{2}}$ 的素因数. 先列出不超过 $N^{\frac{1}{2}}$ 的所有素数，设为 $2=p_1<p_2<\cdots<p_k\leqslant N^{\frac{1}{2}}$. 然后依次排列 $2,3,\cdots,N$，在其中留下 $p_1,p_2,\cdots,p_k$，而去掉它们的倍数，则最后留下的就是不超过 N 的全体素数.

人们将找到的所有素数列成表,即得**素数表**.

(1) 1914 年,莱梅(Lehmer)发表了 1～10006721 的素数表;

(2) 1951 年,库利克(Kulik)等将其增加到了 10999997;

(3) 截至 2005 年,人们找到的最大的素数是 7816230 位的十进制数($10^{7816230}$)(第 42 个 Mersenne 素数 $M_{25964951}=2^{25964951}-1$).

那么到底素数有多少呢? 这就是**素数的个数**问题.

定理 A2.1(Euclid) 素数的个数是无穷的.

证明 (反证法)若素数的个数是有限的,设 $p_1=2,p_2=3,\cdots,p_k$ 为全体素数. 令

$$P=p_1p_2\cdots p_k+1,$$

设 q 是 P 的素因数,则有 $q\neq p_j(j=1,\cdots,k)$;否则,若存在一个 $p_i(1\leqslant i\leqslant k)$,使得 $q=p_i$,则 $q|1$,这与 q 是素数矛盾,故素数的个数是无穷的.

注 A2.2 存在无穷多个形如 $4n-1$ 的素数.

注 A2.3(Dirichlet 定理) 设正整数 k,l 互素,则形如 $kn+l$ 的素数有无穷多个.

素数是否能用多项式表示呢?

定理 A2.2 对于任意给定的整数 x_0,不存在整系数多项式

$$f(x)=a_nx^n+a_{n-1}x^{n-1}+\cdots+a_1x+a_0,$$

使得当 x 取所有大于等于 x_0 的整数时,$f(x)$都表示素数.

证明 设 $f(x_0)=p$ 是一个素数,对于整数 y 有

$$f(x_0+py)-f(x_0)=pM,$$

即

$$f(x_0+py)=p(M+1),$$

其中 M 为一个整数. 由于最多有 $3n$ 个 y,使得

$$f(x_0+py)=0,\quad \pm p,$$

因此,对于充分大的 y,$f(x_0+py)$不是一个素数.

素数的个数是无穷多,在整数集合中,素数的分布如何? 有著名的素数定理.

定理 A2.3(素数定理) 令 $\pi(x)$表示不超过 x 的素数个数,可以证明

$$\lim_{x\to+\infty}\frac{\pi(x)}{x}=0.$$

也就是说,对于充分大的 x,$\pi(x)$近似地等于 $x/\ln x$. 它表明,尽管素数个数无穷多,但它比起正整数的个数来少得多. 进一步有

$$\lim_{x \to +\infty} \frac{\pi(x)\log x}{x} = 0.$$

具体分析如下(表 A2.2 和表 A2.2)：

表 A2.1

范　围	该范围中素数个数	范　围	该范围中素数个数
1～100	25	501～600	14
101～200	21	601～700	16
201～300	16	701～800	14
301～400	16	801～900	15
401～500	17	901～1000	14

表 A2.2

x	$\pi(x)$	$x/\ln(x)$	$\pi(x)/(x\ln(x))$
1000	168	145	1.159
10000	1229	1086	1.132
100000	9592	8686	1.104
1000000	78498	72382	1.084
10000000	664579	620421	1.071
100000000	5761455	5428681	1.061
1000000000	50847478	48254942	1.054

通过大量研究人们发现，素数的分布是很不规则的，而且越往后越稀疏. 例如，对于每个大于等于 2 的整数 n，连续 $n-1$ 个整数 $n!+2, n!+3, \cdots, n!+n$ 都不是素数. 可见，在正整数序列中，有任意长的区间中不含有素数. 另一方面，任意两个相邻的正整数 n 和 $n+l(n>3)$ 中必有一个不是素数. 相邻两个整数均为素数的只有 2 和 3. 但是，n 和 $n+2$ 均为素数的则有很多，这样一对素数称为**孪生素数**. 此外，还有一些特殊的素数，如

Mersenne 数：$M_p=2^p-1$(其中 p 为素数)；

Fermat 数：$F_n=2^{2^n}+1(n\geqslant 0)$.

完全数和亲和数　设 n 是一个正整数，如果 n 的全部因数的和等于 $2n$，则称 n 为完全数，如 6=(1+2+3)，28，496，8128 等. 一个数的真因子的和是另一个数，而另一个数的真因子的和恰好又等于这个数，具有这样性质的一对数称为亲和数. 例如，220 和 284 是一对亲和数，17926 和 18416 也是一对亲和数.

定理 A2.4　*n 是一个偶完全数的充要条件是 n 具有形状 $2^{p-1}(2^p-1)$，其中 p 和 2^p-1 均为素数.*

目前，奇完全数是否存在的问题还没有解决. 另外，数论中著名的哥德巴赫猜

想也是讨论素数的形式问题的.

哥德巴赫猜想 每一个大于或等于 6 的偶数都可以表示为两个奇素数之和；每一个大于或等于 9 的奇数都可以表示为三个奇素数之和.

A2.2 整数的唯一分解定理

定理 A2.5 任一大于 1 的整数都能表示成素数的乘积,即对于任一整数 $a>1$ 有

$$a = p_1 p_2 \cdots p_n, \quad p_1 \leqslant p_2 \leqslant \cdots \leqslant p_n, \tag{A2.1}$$

其中 $p_1, p_2, \cdots, p_n$ 为素数,并且若

$$a = q_1 q_2 \cdots q_m, \quad q_1 \leqslant q_2 \leqslant \cdots \leqslant q_m, \tag{A2.2}$$

其中 $q_1, q_2, \cdots, q_m$ 为素数,则 $m=n$ 且 $q_i=p_i (i=1,2,\cdots,n)$.

例 A2.2 以下是几个合数的分解式:

$$6 = 2 \cdot 3,$$
$$15 = 3 \cdot 5,$$
$$24 = 2^3 \cdot 3,$$
$$105 = 3 \cdot 5 \cdot 7.$$

引理 A2.2 若 p 是一素数,a 是任一整数,则有 $p|a$ 或者$(p,a)=1$.

证明 因为$(p,a)|p$,故$(p,a)=1$或$(p,a)=p$,后者即 $p|a$.

引理 A2.3 若 p 是一素数,$p|ab$,则 $p|a$ 或 $p|b$.

证明 若 $p\nmid a$,则由引理 5.2,$(p,a)=1$,从而 $p|b$.

定理 A2.5 的证明 存在性. 用数学归纳法证.

(1) 当 $a=2$ 时,结论显然成立.

(2) 假设对小于 a 的一切正整数结论都成立,下面证明对正整数 a,结论也成立.

(i) a 为素数;

(ii) a 为合数,$a=bc$,对 b,c 用归纳假设.

唯一性. 若对 a,(1),(2)都成立,则有

$$p_1 p_2 \cdots p_n = q_1 q_2 \cdots q_m.$$

由引理 A2.3 知,存在 p_i, q_j,使得 $p_1 | q_j, q_1 | p_i$. 因为 p_i, q_j 均为素数,故 $p_1=q_j$, $q_1=p_i$. 再由 $p_1 \leqslant p_i = q_1, q_1 \leqslant q_j = p_1$ 得 $p_1=q_1$,从而 $p_2 \cdots p_n = q_2 \cdots q_m$.

同理可得 $p_2=q_2, p_3=q_3, \cdots$,最后得 $m=n, p_n=q_n$.

由定理 A2.4 可以得到**整数的标准分解式**. 任一大于 1 的正整数 a 都具有如下标准分解式:

$$a = p_1^{\alpha_1} p_2^{\alpha_2} \cdots p_k^{\alpha_k},$$

其中 $\alpha_i > 0$, $p_i < p_j$ 为素数, $i < j$, $i, j \in \{1, 2, \cdots, k\}$.

注 A2.4 有些整环中,唯一因子分解定理不成立.数论中的许多结果都依赖于唯一因子分解定理的成立.整数分解中有一个单项问题,即求一个整数的分解式比已知因数求积要困难得多.

A3 最大公因数、最小公倍数和(扩展)欧几里得算法

A3.1 最大公因数

定义 A3.1 设 $a_1, a_2, \cdots, a_n$ 是 n 个不全为零的整数.若整数 d 是它们中每一个的因数,则 d 就叫做 $a_1, a_2, \cdots, a_n$ 的一个**公因数**.公因数中最大的一个叫做**最大公因数**,记作 $(a_1, a_2, \cdots, a_n)$.

例 A3.1 18 和 24 的公因数有 1,2,3,6,但最大公因数为 6.

注 A3.1 若 $(a_1, a_2, \cdots, a_n) = 1$,则称 $a_1, a_2, \cdots, a_n$ 互素.注意区分互素和两两互素.

定理 A3.1 设 a 和 b 都是正整数,并且 $a > b$,

$$a = bq + r, \quad 0 < r < b,$$

其中 q 和 r 都为正整数.则 $(a, b) = (b, r)$.

证明 因为 $(a,b) | a$, $(a,b) | b$,故 $(a,b) | (a(bq)$,即 $(a,b) | r$,显然,$(a,b) | b$,故 $(a,b) \leqslant (b,r)$.同理可证 $(b,r) \leqslant (a,b)$,故有 $(a,b) = (b,r)$.

A3.2 欧几里得算法和扩展的欧几里得算法

设 $a \geqslant b > 0$,由带余除法可以得到下列等式:

$$\begin{cases} a = bq_1 + r_1, & 0 < r_1 < b, \\ b = r_1 q_2 + r_2, & 0 < r_2 < r_1, \\ r_1 = r_2 q_3 + r_3, & 0 < r_3 < r_2, \\ \quad \cdots\cdots \\ r_{n-2} = r_{n-1} q_n + r_n, & 0 < r_n < r_{n-1}, \\ r_{n-1} = r_n q_{n+1} + r_{n+1}, & r_{n+1} = 0. \end{cases}$$

如此继续下去,必然存在整数 u, v,使得

$$\gcd(a, b) = ua + vb.$$

按上述辗转相除法设计的计算两个正整数 a 和 b 的最大公因数的算法称为欧几里得算法.找满足 $\gcd(a,b) = ua + vb$ 的两个整数 u 和 v 的算法称为扩展的欧几里得

算法. 当 $\gcd(k,q)=1$ 时,扩展的欧几里得算法可以用求 $k(\bmod q)$ 的逆 k^{-1}(因为 $uk+vq=1$,故 $k^{-1}=u(\bmod q)$). 下面给出算法的理论证明和例子.

定理 A3.2 若任给整数 $a>0,b>0$,则 (a,b) 就是上式中最后一个不等于零的余数,即 $(a,b)=rn$.

证明 由定理 A1.7 可得

$$r_n=(0,r_n)=(r_n,r_{n-1})=\cdots=(r_2,r_1)=(r_1,b)=(a,b).$$

定理 A3.3 任给整数 $a>0,b>0$,存在两个整数 m,n,使得 $(a,b)=ma+nb$.

证明 因为

$$\begin{aligned}(a,b)&=r_n=r_{n-2}-r_{n-1}q_n=r_{n-2}-(r_{n-3}-r_{n-2}q_{n-1})q_n\\&=(1+q_{n-1}q_n)r_{n-2}-r_{n-3}q_n=\cdots,\end{aligned}$$

故必然存在整数 m,n,使得 $(a,b)=ma+nb$.

推论 A3.1 设 d 是整数 a,b 的任一公因数,则 $d|(a,b)$.

例 A3.2 用辗转相除法求 $a=288,b=158$ 的最大公因数和 m,n,使得 $(a,b)=ma+nb$.

解 因为

$$\begin{aligned}288&=158\cdot 1+130,\\158&=130\cdot 1+28,\\130&=28\cdot 4+18,\\28&=18\cdot 1+10,\\18&=10\cdot 1+8,\\10&=8\cdot 1+2,\\8&=2\cdot 4,\end{aligned}$$

所以 $(288,158)=2$. 再由

$$\begin{aligned}2&=10-8\cdot 1\\&=10-(18-10\cdot 1)\cdot 1=10\cdot 2-18\\&=(28-18\cdot 1)\cdot 2-18=28\cdot 2-18\cdot 3\\&=28\cdot 2-(130-28\cdot 4)\cdot 3=-130+28\cdot 14\\&=(130\cdot 3+(158-130\cdot 1)\cdot 14=158\cdot 14-130\cdot 17\\&=158\cdot 14-(288-158\cdot 1)\cdot 17=-288\cdot 17+158\cdot 31\\&=(-17)\cdot 288+31\cdot 158,\end{aligned}$$

所以 $m=-17,n=31$.

定理 A3.4 若 $a|bc,(a,b)=1$,则 $a|c$.

证明 若 $c=0$,则结论显然成立. 若 $c\neq 0$,则由 $(a,b)=1$ 知,存在两个整数 m,

n,使得 $ma+nb=1$,故 $mac+nbc=c$. 又因为 $a|bc$,故 $a|c$.

那么,如何求多个正整数的最大公因数?

定理 A3.5　设 $n>2$,$a_1,a_2,\cdots,a_n$ 是 n 个正整数,记$(a_1,a_2)=d_2$,$(d_2,a_3)=d_3$,$\cdots$,$(d_{n-1},a_n)=d_n$,则$(a_1,a_2,\cdots,a_n)=d_n$.

证明　由 $d_n|a_n$,$d_n|d_{n-1}$,$d_{n-1}|a_{n-1}$,$d_{n-1}|d_{n-2}$可得

$$d_n \mid a_{n-1},\quad d_n \mid d_{n-2}.$$

由此类推,最后得到

$$d_n \mid a_n,\quad d_n \mid a_{n-1},\quad \cdots,\quad d_n \mid a_1,$$

因此有 $d_n\leqslant(a_1,a_2,\cdots,a_n)$. 另一方面,设$(a_1,a_2,\cdots,a_n)=d$,由推论 A3.1 的推论可得

$$d \mid d_2,\quad d \mid d_3,\quad \cdots,\quad d \mid d_n,$$

故

$$d \leqslant d_n,$$

即 $d\leqslant d_n$.

定理 A3.6　设 $a_1,a_2,\cdots,a_n$ 均为正整数,$n>2$,则存在整数 $x_1,x_2,\cdots,x_n$,使得

$$a_1x_1+a_2x_2+\cdots+a_nx_n=(a_1,a_2,\cdots,a_n).$$

A3.3　最小公倍数

定义 A3.2　设 $a_1,a_2,\cdots,a_n$ 是 $n(n\geqslant2)$个整数. 若整数 m 是它们中每一个的倍数,则 m 就叫做 $a_1,a_2,\cdots,a_n$ 的一个**公倍数**.

注 A3.2　$|a_1a_2\cdots a_n|$显然是 $a_1,a_2,\cdots,a_n$ 的公倍数.

定义 A3.2　整数 $a_1,a_2,\cdots,a_n$ 的公倍数中最小的正数叫做**最小公倍数**(least common multipler),记作$[a_1,a_2,\cdots,a_n]$.

定理 A3.7　设 a,b 是任给的两个正整数,则

(1) 若 m 是 a 和 b 的任一公倍数,则$[a,b]|m$;

(2) $[a,b]=\dfrac{ab}{(a,b)}$.

证明　设 m 是 a 和 b 的任一公倍数,$m=ak=bk'$. 令 $a=a_1(a,b)$,$b=b_1(a,b)$,代入 $ak=bk'$得 $a_1k=b_1k'$. 因为$(a,b)=1$,故 $b_1|k$. 设 $k=b_1t$,则有

$$m=ak=ab_1t=\frac{t\cdot ab}{(a,b)}.\tag{A3.1}$$

反之,当 t 为任一整数时,$t\cdot ab/(a,b)$为 a,b 的一个公倍数,故(A3.1)可以表示 a,b

的一切公倍数. 令 $t=1$,即得最小的正数,故$[a,b]=ab/(a,b)$,即结论(2)成立,从而再由式(3.1)知,结论(1)也成立.

A4 同余式和中国剩余定理

定义 A4.1 给定一个正整数m,如果用m去除两个整数a和b所得的余数相同,则称a,b对模数m同余,记作$a\equiv b(\mathrm{mod}\ m)$. 如果余数不同,则称$a,b$对模数$m$不同余,记作$a\not\equiv b(\mathrm{mod}\ m)$.

同余的等价定义如下:

定理 A4.1 整数a,b对模数m同余$\Leftrightarrow m|(a-b)$.

证明 设$a\equiv b(\mathrm{mod}\ m)$,则有$a=mq_1+r(0\leqslant r<m)$,$b=mq_2+r(0\leqslant r<m)$,故$a-b=m(q_1-q_2)$,$m|(a-b)$反之,设$a=mq_1+r_1$,$b=mq_2+r_2(0\leqslant r_1<m,0\leqslant r_2<m)$,$m|(a-b)$,则有

$$m \mid (a-b)=m(q_1-q_2)+r_1-r_2,$$

故$m|(r_1-r_2)$. 又因$|r_1-r_2|<m$,即得$r_1=r_2$.

由此易得同余的基本性质如下:

定理 A4.2 (1)(自反性)$a\equiv a(\mathrm{mod}\ m)$;

(2)(对称性)若$a\equiv b(\mathrm{mod}\ m)$,则$b\equiv a(\mathrm{mod}\ m)$;

(3)(传递性)若$a\equiv b(\mathrm{mod}\ m)$,$b\equiv c(\mathrm{mod}\ m)$,则$a\equiv c(\mathrm{mod}\ m)$;

由同余的上述关系可知,同余是一个等价关系. 如果$a\equiv b(\mathrm{mod}\ m)$,$\alpha\equiv\beta(\mathrm{mod}\ m)$,则有

(4) $ax+by\equiv\alpha x+\beta y(\mathrm{mod}\ m)$,其中$x,y$为任给的整数;

(5) $a\alpha\equiv b\beta(\mathrm{mod}\ m)$;

(6) $a^n\equiv b^n(\mathrm{mod}\ m)$,其中$n>0$;

(7) $f(a)\equiv f(b)(\mathrm{mod}\ m)$,其中$f(a)$为任意给定的整系数多项式.

定理 A4.3(中国剩余定理) 令r个整数$m_1,m_2,\cdots,m_r$两两互素,$a_1,a_2,\cdots,a_r$是任意r个整数,则同余方程组$x\equiv a_i(\mathrm{mod}\ m)(1\leqslant i\leqslant r)$,模$M=m_1m_2\cdots m_r$有唯一解

$$x=\sum_{i=1}^{r}a_iM_iy_i,$$

其中$M_i=M/m_i$,$y_i=M_i^{-1}(\mathrm{mod}\ m_i)(1\leqslant i\leqslant r)$.

例 A4.1 "今有物不知其数,三三数之余二,五五数之余三,七七数之余二",问物几何?

解 由题意

$$\begin{cases} x \equiv 2 (\bmod 3), \\ x \equiv 3 (\bmod 5), \\ x \equiv 2 (\bmod 7). \end{cases}$$

由中国剩余定理,先计算 $M=3\times5\times7=105$, $M_1=35$, $M_2=21$, $M_3=15$,并求出 $y_1=M_1^{-1}(\bmod 3)=2$, $y_2=M_2^{-1}(\bmod 5)=1$, $y_3=M_3^{-1}(\bmod 7)=1$. 最后得到

$$x=(2\times35\times2+3\times21\times1+2\times15\times1)(\bmod 105)=233(\bmod 105)=23.$$

中国剩余定理有着如下广泛的运用:

(1) 用于加速模的计算;

(2) 实际密码学的应用中,

(i) 多用于模是多个素数的乘积;

(ii) 将原来在 M 上的运算转为在每一个模 m_i 进行;

(iii) 加快运算速度.

A5 一些数论函数

A5.1 欧拉函数

欧拉函数 $\varphi(n)$ 表示小于 n 且与 n 互素的正整数的个数. $\varphi(n)$ 有如下性质:

(1) 若 p 为素数,则 $\varphi(p)=p-1$;

(2) 若 $\gcd(m,n)=1$,则 $\varphi(mn)=\varphi(m)\varphi(n)$;

(3) 若 $n=p_1^{e_1}p_2^{e_2}\cdots p_k^{e_k}$ 是 n 的标准分解式,则

$$\varphi(n)=n\left(1-\frac{1}{p_1}\right)\left(1-\frac{1}{p_2}\right)\cdots\left(1-\frac{1}{p_k}\right).$$

例 A5.1 $\varphi(37)=36$, $\varphi(21)=(3-1)\times(7-1)=2\times6=12$.

定理 A5.1(Wilson 定理) p 是素数 $\Leftrightarrow (p-1)!\equiv -1(\bmod p)$.

定理 A5.2(Fermat 定理) 当 p 是素数时, $\mathbf{Z}_p^*$ 中的元素 a 满足 $a^{p-1}\equiv 1(\bmod p)$.

定理 A5.3(Euler 定理) 令 $\mathbf{Z}_n^*=\{a\mid a\in\mathbf{Z}_n,\gcd(a,n)=1\}$,则 $\mathbf{Z}_n^*$ 中的元素满足 $a^{\varphi(n)}=1(\bmod n)$.

例 A5.2 若 $a=3$, $n=10$, $\varphi(10)=4$,则

$$3^4=81=1(\bmod 10).$$

若 $a=2$, $n=11$, $\varphi(11)=10$,则

$$2^{10}=1024=1(\bmod 11).$$

A5.2 默比乌斯函数 $\mu(n)$

定义 A5.1 默比乌斯(Mobius)函数为

$$\mu(n)=\begin{cases}1, & n=1,\\ (-1)^s, & n=p_1\cdots p_s,\\ 0, & n\text{ 有平方因子}.\end{cases}$$

定理 A5.4 如果 $n=1$,则有

$$\sum_{d/n}\mu(d)=\left[\frac{1}{n}\right].$$

证明 当 $n=1$ 时,显然成立. 现设 $n>1$,n 的标准分解为 $n=p_1^{l_1}\cdots p_s^{l_s}$,则

$$\begin{aligned}\sum_{d/n}\mu(d)&=\mu(1)+\mu(p_1)+\cdots+\mu(p_s)+\mu(p_1p_2)\\&\quad+\cdots+\mu(p_{s-1}p_s)+\cdots+\mu(p_1\cdots p_s)\\&=1+C_s^1(-1)+\cdots+C_s^s(-1)^s=(1-1)^s=0.\end{aligned}$$

注 A5.1 由默比乌斯函数可以得到欧拉函数的一个重要性质如下:

$$\begin{aligned}\varphi(n)&=n\left(1-\frac{1}{p_1}\right)\cdots\left(1-\frac{1}{p_s}\right)\\&=n-\sum_{i=1}^{s}\frac{n}{p_i}+\sum_{1\leqslant i<j\leqslant s}\frac{n}{p_ip_j}-\cdots+(-1)^s\frac{n}{p_1p_2\cdots p_s}\\&=\sum_{d|n}\mu(d)\frac{n}{d}.\end{aligned}$$

A5.3 默比乌斯反演公式

定义 A5.2 若数论函数 $f(n)$和 $g(n)$适合 $f(n)=\sum_{d/n}g(d)=\sum_{d/n}g(n/d)$,则称 $f(n)$ 为 $g(n)$ 的默比乌斯变换,而 $g(n)$ 为 $f(n)$ 的默比乌斯反变换.

注 A5.2 易知,n 和 $\varphi(n)$互为默比乌斯变换.

定理 A5.5 若任意两个数论函数 $f(n)$和 $g(n)$满足等式 $f(n)=\sum_{d/n}g(d)$,则有 $g(n)=\sum_{d/n}\mu(d)f(n/d)$,反之也成立.

A6 其他相关问题的简介

A6.1 本原根

给定整数 a,n,考虑等式 $a^m(\bmod n)=1$,$\gcd(a,n)=1$. 根据欧拉定理,$m=\varphi(n)$必满足等式,但可能存在小于 $\varphi(n)$的 m 仍能满足等式. 如果满足等式最小的 $m=\varphi(n)$,则称 a 为本原根. 本原根非常有用,但难以找到.

A6.2 离散对数

如果要考虑在模 p 上指数运算的逆运算,即求 x 满足 $a^x=b(\bmod p)$,记为 $x=$

$\log_a b(\bmod p)$或 $x=\mathrm{ind}_{a,p}(b)$，称之为离散对数问题. 如果 a 为本原根，则方程一定有解；否则，不一定有解. 离散对数问题是一个单向问题. 也就是说，求幂比求离散对数要容易得多.

A6.3　二次剩余、Legendre 符号和 Jacobi 符号

定义 A6.1　设 $a\in\mathbf{Z}_n^*$，若存在一个 $x\in\mathbf{Z}_n^*$，使得 $x^2\equiv a(\bmod n)$，则称 a 为一个模 n 二次剩余(quadratic residue modulo n)，记作 $a\in QR_n$，并称 x 为 a 的模n 平方根；否则，称 a 为一个模n 非二次剩余(quadratic nonresidue modulo n).

例 A6.1　在 $\mathbf{Z}_{11}^*=\{1,2,\cdots,10\}$中，

$$QR_{11}=\{1,3,4,5,9\},\quad \mathbf{Z}_{11}^*\backslash QR_{11}=\{2,6,7,8,10\}.$$

对于素数 p，定义 Legendre 符号为

$$\left(\frac{a}{p}\right)=\begin{cases}0, & p\mid a,\\ 1, & a\in QR_p,\\ -1, & a\notin QR_p.\end{cases}$$

判断 a 是否是模 p 的二次剩余只要看 a 模 p 的 Legendre 符号是否等于 1 即可.

附录 B　代数学基础

B1　群

B1.1　群的定义

设 G 是一个集合，G 上定义了一种运算，记为“·”，如果该运算满足

(1) $\forall a,b\in G,(a\cdot b)\cdot c=a\cdot(b\cdot c)$；

(2) 存在一个 $e\in G$，对于 $\forall a\in G$ 有 $a\cdot e=e\cdot a=a$ 成立，称 e 为 G 的单位元；

(3) $\forall a\in G$，存在 $a^{-1}\in G$，使得 $a\cdot a^{-1}=a^{-1}\cdot a=e$ 成立，称 a^{-1}为 a 的逆元，

则称 G 在定义的运算下构成一个群.

若该运算还满足

(4) $\forall a,b\in G,a\cdot b=b\cdot a$，

则称 G 在定义的运算下构成一个交换(Abel)群.

群 G 有如下基本性质：

(1) 单位元唯一；

(2) 对任 $a\in G$，a^{-1}唯一；

(3) G 中满足左右消去律，即对 $a,b,c\in G$，若 $ab=ac$，则 $b=c$；若 $ba=ca$，则 $b=c$；

(4) 对 $a,b\in G,(a^{-1})^{-1}=a,(ab)^{-1}=b^{-1}a^{-1}$;

(5) 对 $a,b\in G$,方程 $ax=b$(或 $xa=b$)在 G 中有唯一解.

B1.2 循环群

设 G 是一个群,如果存在一个 $g\in G$,对任意的 $b\in G$ 有整数 $j\in \mathbf{Z}$,使得 $b=a^j$,则称 G 为循环群,a 为 G 的生成元.

B1.3 群的同态

定义 B1.1 设 G 和 H 是两个群,f 是 G 到 H 的一个映射,若对任意的 $a,b\in G$ 有 $f(ab)=f(a)f(b)$,则称 f 为 G 到 H 的一个同态. 若 f 是满的,则称 f 为满同态;若 f 是单的,则称 f 为单同态;若 f 既是满的又是单的,则称 f 为同构. G 到 G 的同态称为自同态. G 到 G 的同构称为自同构.

注 B1.1 (1) 设 $f:G\to H, g:H\to K$ 是群的同态,则 $gf:G\to K$ 也是群同态;

(2) 设 $f:G\to H$ 是群同态,e_G 和 e_H 分别是 G 和 H 的单位元,则 $f(e_G)=e_H$,$f(a^{-1})=f(a)^{-1}$.

定义 B1.2 设 $f:G\to H$ 是群同态,称集合 $\{a\in G|f(a)=0\}$ 为 f 的核,记为 $\mathrm{Ker}f$. 称集合 $\{f(a)|a\in G\}$ 为 f 的象,记为 $\mathrm{Im}f$. 若 A 是 G 的子集,则称 $f(A)=\{f(a)|a\in A\}$ 为 A 的象. 若 B 是 H 的子集,则称 $f^{-1}(B)=\{a\in G \mid f(a)\in B\}$ 为 B 的逆象.

定理 B1.1 设 $f:G\to H$ 是群同态,则

(1) f 是单同态当且仅当 $\mathrm{Ker}f=\{e\}$;

(2) f 是同构当且仅当存在同态 $f^{-1}:H\to G$,使得 $ff^{-1}=1_H$ 和 $f^{-1}f=1_G$.

B1.4 子群

设 G 是一个群,子集 $H\subset G$,如果 H 在 G 的运算下仍构成一个群,则 H 为 G 的子群.

例 B1.1 全体整数 $\mathbf{Z}$ 构成的集合在加法的运算下构成一个交换(Abel)群,$H=\{h\in \mathbf{Z}|h\equiv 0 \pmod 3\}$ 构成 G 的一个子群.

例 B1.2 集合 $F_p=\{0,1,\cdots,p-1\}$ 在加法的运算下构成一个交换(Abel)群,F_p^* 在乘法运算下构成一个交换群,并且都是循环群.

B1.5 陪集和指数

定义 B1.3 设 H 是群 G 的子群,$a,b\in G$,若 $ab^{-1}\in H(a^{-1}b\in H)$,则称 a **模 H 右(左)同余 b**(a is right congruent to b modulo H).

定理 B1.2 设 H 是群 G 的子群,

(1) 模 H 右(左)同余是 G 上的一个等价关系；

(2) 设 $a\in G$,在模 H 右(左)同余下,a 的等价类为集合 $Ha=\{ha|h\in H\}$($aH=\{ah|h\in H\}$),称 Ha(aH)为 H 在 G 中的**右(左)陪集**；

(3) 对任 $a\in G$,$|Ha|=|H|=|aH|$；

(4) G 是 H 的右(左)陪集之并；

(5) G 中 H 的两个右(左)陪集或者不交或者相等,并且对 $a,b\in G$,$Ha=Hb\Leftrightarrow ab^{-1}\in H$,$aH=bH\Leftrightarrow a^{-1}b\in H$；

(6) 设 R 是 G 中所有 H 的右陪集,L 是 G 中所有 H 的左陪集,则 $|R|=|L|$(称基数 $|R|=|L|$ 为 H 在 G 中的**指数**(index),记为 $[G:H]$)；

(7) 设 $K<H<G$,则 $[G:K]=[G:H][H:K]$；特别地,$|G|=[G:H]|H|$,若 G 是有限群,则 $a\in G$ 的阶 $|a|$ 整除群 G 的阶 $|G|$；

(8) 设 H,K 是群 G 的有限子群,则 $|HK|=|H||K|/|H\cap K|$,其中 $HK=\{ab|a\in H,b\in K\}$.

B2　环

B2.1　环的定义

设 R 是一个集合,R 上定义了两种运算,加法"+"和乘法"·",如果运算满足

(1) 加法运算构成 Abel 群；

(2) $\forall a,b,c\in R,(a\cdot b)\cdot c=a\cdot(b\cdot c)$；

(3) $\forall a,b,c\in R,a\cdot(b\cdot c)=a\cdot b+a\cdot c,(b+c)\cdot a=b\cdot a+c\cdot a$,

则称 R 在定义的运算下构成一个环.

若该运算还满足

(4) $\forall a,b\in G,a\cdot b=b\cdot a$,

则称 R 为交换环.

B2.2　子环

设 R 是一个环,如果 $S\subset R$ 在 R 的运算下仍是一个环,则称 S 为 R 的子环.

B2.3　理想

设 $J\subset R$,如果 J 满足

(1) J 为 R 的子环；

(2) $\forall a\in J,r\in R$ 有 $ar\in J$ 且 $ra\in J$,

则称 J 为 R 的理想.

B2.4　交换环的主理想

设 R 是一个交换环且 J 是 R 的理想,如果存在 $a\in R$,使得 $J=(a)=\{ka|k\in J\}$,

则称 J 为 R 的主理想，a 为 J 的生成元.

例 B2.1 全体整数 $\mathbf{Z}$ 对于数的加法和乘法构成一个环，通常称为整数环. 但全体正整数对于加法和乘法就不构成一个环，因为不满足加法条件(3)，(4).

例 B2.2 设 $f(x)\in F_p[x]$ 是 F_p 上的多项式环中的 n 次多项式，则

$$F_p[x]/f(x)=\{g(x)\in F_p[x]\mid \deg(g(x))<n\}$$

构成一个环，称之为 $F_p[x]$ 模 $f(x)$ 的剩余类环. 令

$$f(x)=g(x)h(x),$$
$$A=\{k(x)\in F_p[x]/f(x)\mid g(x)\mid k(x)\}\subset F_p[x]/f(x),$$

则 A 构成 $F_p[x]/f(x)$ 的一个理想且为主理想.

B2.5 主理想整环

若环 R 的每个理想都是主理想，则称 R 为主理想整环. 易知，剩余类环和多项式环都是主理想整环.

附录 C 有限域基础

C1 有限域的结构

C1.1 有限域定义

在有限集合 F 上定义了两个二元运算：加法“+”和乘法“·”，如果 $(F,+)$ 是交换群，F 的非零元素对乘法构成交换群，而且乘法对加法满足分配律，则称 $(F,+,\cdot)$ 为有限域.

下面给出有限域的一些主要性质.

C1.2 特征

在有限域中，所有元素的加法阶都相同，并且都是素数，称该素数为有限域的特征(或者有另外的定义：对于 $\forall a\in F$，满足 $na=0$ 的最小正整数 n 称为 F 的特征).

设 p 为素数，阶为 $q=p^m$ 的有限域 F_q 的特征为 p，任一特征为 p 的有限域，其素域必同构于 $\mathbf{Z}/(p)=\{0,1,\cdots,p-1\}$.

C1.3 有限域的元素个数

定理 C1.1 (1) 设 F 为包含子域 K 的 q 元域，则 F 有 q^m 个元素，其中 $m=[F:K]$；

(2) 设 F 是有限域,则 F 中元素的个数为 p^n,其中 p 为 F 的特征,n 为 F 在其素子域上的次数.

C1.4　有限域的存在性和唯一性

(1) 如果 F 是 q 元有限域,则对任意 $a\in F$ 满足 $a^q=a$;

(2) 设 F 是 q 元有限域,K 为其子域,则 $K[x]$上的多项式 x^q-x 在 $F[x]$中可分解为 $\prod_{a\in F}(x-a)$,F 为 K 上多项式 x^q-x 的分裂域;

(3) 对任意素数 p 和任意正整数 n,存在包含 p^n 元的有限域;任意包含 $q=p^n$ 个元素的有限域同构于 F_p 上多项式 x^q-x 的分裂域. 由此,记 q 元有限域为 F_q.

C1.5　有限域的子域

设 F_q 为 $q=p^n$ 元有限域,则 F_q 的任意子域有阶 p^m,其中 m 为 n 的正因子. 相反地,如果 m 为 n 的正因子,则恰好存在一个含有 p^m 个元素的 F_q 的子域.

C1.6　有限域的乘法群

任意有限域 F_q 的非零元构成的乘法群 F_q^* 为循环群,并称 F_q^* 中的生成元为 F_q 的本原元. 反之,设 F 是域,若 F 的乘法群 F^* 是循环群,则 F 是有限域.

C1.7　有限域上的不可约多项式、根和共轭元

(1) 设 F_q 是有限域,F_r 是 F_q 的有限扩张,则 F_r 是 F_q 的单代数扩张,并且对任意 F_r 的本原元 α,都有 $F_r=F_q(\alpha)$;

(2) 有限域 F_q 上存在任意 n 次不可约多项式;

(3) 设 $f(x)\in F_q[x]$为 F_q 上次数为 m 的不可约多项式,则 $f(x)\mid(x^{q^n}-x)$当且仅当 $m\mid n$;

(4) 若 $f(x)$是 $F_q[x]$中次数为 m 的不可约多项式,则 $f(x)$在 F_{q^m}上恰有 m 个根;设 α 是 f 的一个根,则 f 的所有根为 $\alpha,\alpha^q,\alpha^{q^2},\cdots,\alpha^{q^{m-1}}$;

(5) 设 f 是 $F_q[x]$中次数为 m 的不可约多项式,则 f 的分裂域为 F_{q^m};

(6) $F_q[x]$上任意两个有相同次数的不可约多项式具有同构的分裂域.

C2　有限域上的迹函数和范函数

C2.1　迹函数定义

对 $\alpha\in F=F_{q^m}$,$K=F_q$,α 在 K 上的迹定义为

$$\mathrm{Tr}_{F/K}(\alpha)=\alpha+\alpha^q+\cdots+\alpha^{q^{m-1}}.$$

若 K 为 F 的素子域,则称 $\mathrm{Tr}_{F/K}(\alpha)$ 为 α 的绝对迹,并简记为 $\mathrm{Tr}_F(\alpha)$.

C2.2 迹函数性质

设 $K=F_q, F=F_{q^m}$,则 $\mathrm{Tr}_{F/K}$ 具有下列性质:

(1) $\mathrm{Tr}_{F/K}$ 的值域为 K.

设 $\alpha\in F, f\in K[x]$ 为 α 在 K 上的极小多项式,次数 $d|m$,则称 $g(x)=f(x)^{m/d}\in K[x]$ 为 α 在 K 上的特征多项式,即

$$g(x)=x^m+a_{m-1}x^{m-1}+\cdots+a_0=(x-\alpha)(x-\alpha^q)\cdots(x-\alpha^{q^{m-1}}).$$

比较系数得

$$\mathrm{Tr}_{F/K}(\alpha)=-a_{m-1}.$$

特别地, $\mathrm{Tr}_{F/K}(\alpha)\in K$.

下面的性质由上述结论易知,证明略.

(2) $\mathrm{Tr}_{F/K}(\alpha+\beta)=\mathrm{Tr}_{F/K}(\alpha)+\mathrm{Tr}_{F/K}(\beta)(\alpha,\beta\in F)$;

(3) $\mathrm{Tr}_{F/K}(c\alpha)=c\mathrm{Tr}_{F/K}(\alpha)(c\in K,\alpha\in F)$;

(4) $\mathrm{Tr}_{F/K}$ 为 F 到 K 的线性满射变换, F 和 K 看成 K 上的线性空间;

(5) $\mathrm{Tr}_{F/K}(a)=ma(a\in K)$;

(6) $\mathrm{Tr}_{F/K}(\alpha^q)=\mathrm{Tr}_{F/K}(\alpha)(\alpha\in F)$;

(7) 设 K 是一有限域, F 是 K 的有限扩张, E 是 F 的有限扩张, $\alpha\in E$,则 $\mathrm{Tr}_{E/K}(\alpha)=\mathrm{Tr}_{F/K}(\mathrm{Tr}_{E/F}(\alpha))$;

(8) 设 F 是有限域 K 的有限扩张, F 和 K 都视为 K 上的向量空间,则 F 到 K 的线性变换恰为映射 L_β,$(\beta\in F)$,其中 $L_\beta(\alpha)=\mathrm{Tr}_{F/K}(\beta\alpha)(\alpha\in F)$;进一步,对 $\beta,\gamma\in F$,当 $\beta\neq\gamma$ 时, $L_\beta\neq L_\gamma$;

(9) 设 F 是 $K=F_q$ 的有限扩张,则对 $\alpha\in F$, $\mathrm{Tr}_{F/K}(\alpha)=0$ 当且仅当存在 $\beta\in F$,使得 $\alpha=\beta^q-\beta$.

C2.3 范函数定义

设 $\alpha\in F=F_{q^m}, K=F_q$,定义范 $N_{F/K}$ 为

$$N_{F/K}(\alpha)=\alpha\cdot\alpha^q\cdots\alpha^{q^{m-1}}=\alpha^{(q^m-1)/(q-1)}.$$

C2.4 范函数性质

设 $K=F_q, F=F_{q^m}, \alpha,\beta\in F, a\in K$,范函数 $N_{F/K}$ 有如下性质:

(1) $N_{F/K}(\alpha\beta)=N_{F/K}(\alpha)N_{F/K}(\beta)$;

(2) $N_{F/K}: F\to K, N_{F/K}: F^*\to K^*$ 都是满射;

(3) $N_{F/K}(a)=a^m$;

(4) $N_{F/K}(\alpha^q)=N_{F/K}(\alpha)$;

(5) 设 K 是一有限域,F 是 K 的有限扩张,E 是 F 的有限扩张,$\alpha\in E$,则

$$N_{E/K}(\alpha) = N_{F/K}(N_{E/F}(\alpha)).$$

C3　有限域上的分圆域和分圆多项式

C3.1　分圆域定义

设 K 是域,n 是正整数,K 上 x^n-1 的分裂域 $K^{(n)}$ 称为 K 的 n 次分圆域.

C3.2　分圆多项式定义

设 K 是特征为 p 的域,n 是不被 p 整除的正整数,ζ 是 K 上 n 次本原单位根,称

$$Q_n(x) = \prod_{\substack{s=1 \\ \gcd(s,n)=1}}^{n} (x-\zeta^s)$$

为 K 上 n 次分圆多项式.

注 C3.1　$Q_n(x)$ 与 ζ 的选择无关,$\deg Q_n(x)=\phi(n)$.

C3.3　分圆多项式性质

设 K 是特征为 $p>0$ 的域,n 是不被 p 整除的正整数,则

(1) $x^n-1=\prod_{d|n} Q_d(x)$;

(2) $Q_n(x)$的系数属于 K 的素域,当 K 的素域是有理数域时,$Q_n(x)$的系数属于 $\mathbf{Z}$;

(3) 若 $K=F_q$,$\gcd(q,n)=1$,则 Q_n 可分解为$\phi(n)/d$ 个 d 次不可约之积,$K^{(n)}$ 是任一不可约因子在 K 上的分裂域,$[K^{(n)}:K]=d$,其中 d 为使得 $q^d\equiv 1(\mathrm{mod}\, n)$的最小正整数.

C4　有限域上的多项式

C4.1　有限域上的多项式环

有限域 F 上定义的多项式集合

$F[x]=\{f(x)\mid f(x)=a_nx^n+\cdots+a_1x+a_0, a_i\in F, a_n\neq 0, n\geqslant 0\}$,

令 $g(x)$,$h(x)$分别是 k 次多项式和 l 次多项式,

$$g(x)=a_kx^k+\cdots+a_1x+a_0,\quad a_k\neq 0,$$

$$h(x) = b_l x^l + \cdots + b_1 x + b_0, \quad b_l \neq 0.$$

在 $F[x]$上定义标准的加法和乘法：

$$g(x) + h(x) = \sum_{i=0}^{\max(l,k)} (a_i + b_i) x^i,$$

$$g(x) \cdot h(x) = \sum_{i=0}^{k+l} c_i x^i, \quad c_i = a_i b_0 + a_{i-1} b_1 + \cdots + a_0 b_i.$$

$(F[x], +, \cdot)$是有限域 F 上的多项式环.

C4.1.1　不可约多项式、因子

若 $F[x]$中次数大于 1 的多项式 $f(x)$不能写成两个低次多项式的乘积，则称 $f(x)$为 F 上的不可约多项式. 在多项式环 $F[x]$中，对次数不为零的两个多项式 $g(x)$，$h(x)$，存在唯一的 $F[x]$中的多项式 $q(x)$，$r(x)$，使得 $g(x)=q(x)h(x)+r(x)$，其中 $r(x)$的次数小于 $h(x)$的次数. 如果 $r(x)=0$，则称 $h(x)$为 $g(x)$的因子.

例 C4.1　在 $F_2[x]$中，$g(x)=x^6+x^5+x^3+x^2+x+1$，$h(x)=x^4+x^3+1$，则 $q(x)=x^2$，$r(x)+x^3+x+1$.

C4.1.2　最大公因子

在有限域 $F_p=\{0,1,\cdots,p-1\}$上的多项式环 $F_p[x]$ 中，若 $f(x)$同时是非零多项式 $g(x)$，$h(x)$的因子，而且是所有 $g(x)$，$h(x)$公共因子中次数最高的，则称 $f(x)$为 $g(x)$，$h(x)$的最大公因子. 当 $f(x)=1$ 时，称 $g(x)$，$h(x)$互素. 可以使用 Euclidean 算法计算最大公因子.

若 $f(x)$是 $g(x)$，$h(x)$的最大公因子，则在 $F_p[x]$中，存在 $s(x)$，使得 $s(x)g(x)+t(x)h(x)=f(x)$.

C4.1.3　$\mathrm{F}_p[x]$中的 Euclidean 算法

输入：$g(x)$，$h(x) \in F_p[x]$.

输出：$g(x)$，$h(x)$的最大公因子.

算法：(1) 当 $h(x) \neq 0$ 时，

$$r(x) \leftarrow g(x) (\mathrm{mod}\ h(x)), \quad g(x) \leftarrow h(x), \quad h(x) \leftarrow r(x);$$

(2) 返回 $g(x)$.

例 C4.2　求 $g(x)=x^6+x^5+x^3+x^2+x+1$，$h(x)=x^4+x^3+1$ 的最大公因子.

解　用 Euclidean 算法有

$$g(x) = x^2 h(x) + x^3 + x + 1,$$
$$h(x) = (x+1)(x^3 + x + 1) + x^2,$$
$$x^3 + x + 1 = x \cdot x^2 + x + 1,$$
$$x^2 = (x+1) \cdot (x+1) + 1,$$

$$x+1=(x+1)\cdot 1,$$

于是得到 $g(x)$,$h(x)$的最大公因子 $f(x)=1$. 把上述过程反代回去可以求得 $s(x)$,$t(x)$,这里 $s(x)=x^3+x$,$t(x)=x^5+x^3+x^2+x+1$. 此时,由 $s(x)g(x)+t(x)h(x)=1$ 可得 $s(x)\equiv g^{-1}(x)(\mathrm{mod}\ h(x))$.

C4.2　有限域上的多项式

C4.2.1　多项式的阶(周期)

设 $f(x)\in F_q[x]$是次数为 $m\geqslant 1$ 的多项式,$f(0)\neq 0$,则存在正整数 $e\leqslant q^m-1$,使得 $f(x)\mid(x^e-1)$.

设 $f(x)\in F_q[x]$,$\deg f=m\geqslant 1$,$f(0)\neq 0$,则存在正整数 $e\leqslant q^m-1$,使得 $f(x)\mid(x^e-1)$成立的最小的正整数 e 称为多项式 $f(x)$的阶,记为 $\mathrm{ord}(f)$或 $p(f)$.

C4.2.2　不可约多项式的阶

设 $f(x)\in F_q[x]$是 m 次不可约多项式,$f(0)\neq 0$,则 $f(x)\mid(q^m-1)$.

C4.2.3　本原多项式

设 $f(x)\in F_q[x]$是 m 次不可约多项式,$f(0)\neq 0$,如果 $p(f)=q^m-1$,则称 $f(x)$为 $F_q[x]$中的本原多项式.